Dirk Althaus



# Fibel zum ökologischen Bauen

## Kreislaufwirtschaft und Energieeffizienz im Bauwesen

Bauwerk

**Die Deutsche Bibliothek – CIP-Einheitsaufnahme**

**Althaus, Dirk:**

**Fibel zum ökologischen Bauen –**
**Kreislaufwirtschaft und Energieeffizienz im Bauwesen**

**Dirk Althaus; 1. Aufl. – Berlin: Bauwerk Verlag, 2000**

**ISBN 3-934369-14-6**

1. Auflage 2000



Satz: Albert M. Craemer, Wuppertal

Druck und Bindung: Verlagsdruckerei Schmidt GmbH, Neustadt/Aisch

Umschlaggestaltung: moniteurs, Berlin

# Fibel zum ökologischen Bauen

**Kreislaufwirtschaft und Energieeffizienz im Bauwesen.**

**Inhalt**

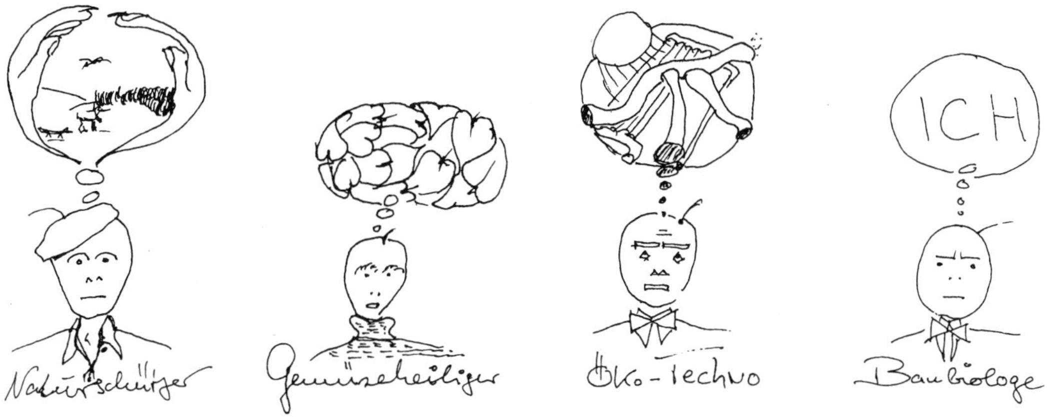


## Vorbemerkung



Die einst kahle Literaturlandschaft zum Thema „Ökologisches Bauen" ist mittlerweile mit einem Wald von Beiträgen zu den verschiedenen einzelnen Fachgebieten gefüllt. Die Autoren gehen dabei sehr unterschiedlich mit dem Wort „ökologisch" um und grenzen mit ihm ihr eigenes, oft enges Interesse gegen andere Dinge ab. Missverständnisse & Ratlosigkeit sind vorprogrammiert. Die Thematik „ökologisch" ist auseinander gedriftet. Die „Gemüseheiligen" finden sich in Einklang mit der Pflanzenwelt, der „Öko-Techno" saugt den letzten Rest Energie aus dem System, mit welchen Folgen auch immer, der „Naturschützer" möchte seine Art verleugnen und vergeht vor Altruismus, der „Baubiologe" denkt nur an sein eigenes Heil in der Welt. Unter dem gleichen Wappenspruch ist eine Konkurrenz der Tendenzen ausgebrochen, die völlig unnötig ist und schadet. Es mag daran liegen, dass „ökologisch" keine Eigenschaft darstellt, also jede in das Wort gelegte Bedeutung annehmen kann. Das schwesterliche Wort „ökonomisch" wird oft als Gegenpol gesetzt, obwohl es im Grunde die gleiche Bedeutung hat. An dieser vermeintlichen Ambivalenz soll der Begriff in seiner Bedeutung dargestellt werden.

*Ökologie* – das wissen wir – *ist die Lehre von der Beziehung der belebten Umwelt miteinander und mit der unbelebten Umwelt und ihren Faktoren.* Sie beschreibt das Wirtschaftssystem der Natur, den Naturhaushalt. Ökologie wird als Zweigwissenschaft der Biologie geführt, weil diese Betrachtung der Natur noch sehr jung ist. Eigentlich ist Biologie Teil der Ökologie.

*Ökonomie* – das wissen wir – *ist die Lehre von den wirtschaftlichen Beziehungen der Menschen untereinander.* Sie beschreibt das Wirtschaftssystem der Menschen. Da wir Menschen zur belebten Umwelt zählen und in derselben unbelebten Umwelt leben, ist unsere Ökonomie ein Teilgebiet der Ökologie. Alles, was wir tun, ist in diesem Sinne „ökologisch", auch unsere selbstvernichtende Veränderung des Lebensraums.

Unser Hang zum Begriff „ökologisch" mag mit der romantischen Sehnsucht in den Schoß der „Natur" zusammenhängen, den wir so schnöde verlassen haben (> Prolog, Epilog). Er kann aber auch ein ökonomisches Konzept darstellen ( > Teile I–IV), das die Ökonomie der Menschen in ähnlicher Weise ablaufen lässt, wie es die Ökologie für das Naturgeschehen beschreibt.

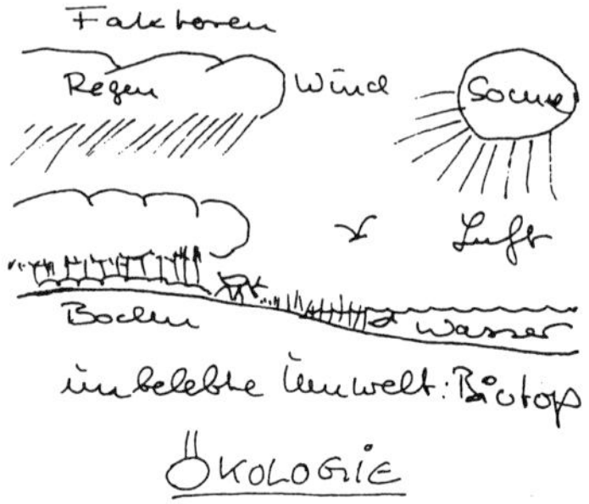


## *Energieeffizienz & Kreislauf der Materie*

Ökologie ist ökonomischer als unsere Ökonomie. Wenn wir unsere Ökonomie in gleicher Weise wie das Wirtschaftssystem der Natur aufbauen – immerhin Milliarden Jahre erprobt – und hoch effizient den Materialfluss unserer Wirtschaft zusammenschließen, endet die selbstvernichtende Veränderung unseres Lebensraums. Kreislaufwirtschaft ist das Zauberwort für diese Denkweise, an deren Schwelle wir heute stehen *(D. Althaus, Müll ist Mangel an Phantasie, Hamburg 1992).*

Was in der Produktion an „externen Kosten" der Gesellschaft aufgebürdet wird, muss in die „internen Kosten" einfließen. Der Naturhaushalt unterscheidet diese beiden Kostenarten nicht.

Das Bauwesen verändert unsere belebte Erdoberfläche nachhaltig und langfristig. Es ordnet die Welt der Menschen und verhilft zu einem angenehmen Leben. Umso mehr muss Bauen den ökonomischen Tendenzen des Naturhaushalts folgen, um langfristig effizient zu bleiben.

Es kann definiert werden:

Ökologisches Bauen ist hoch effiziente Herstellung, Betrieb und Reduktion gebauter Umwelt für die Menschen im Rahmen des Naturhaushalts.

Das Ganze ist ein Gewinnmaximierungssystem, wie es die natürlichen Ökosysteme sind.

Das Bauwerk wird im Sinne des jungen Wirtschaftszweigs „Facility Management“ als Unternehmen betrachtet, dessen Wirtschaftlichkeit, ganzheitlich bilanziert, von der Wiege bis zur Bahre darzustellen ist.

Mit dem Untertitel „über Kreislaufwirtschaft & Energieeffizienz im Bauwesen“ soll das ökologische Bauen aus der romantischen Nische, in die es gern gestellt wird und in die es sich gern begibt, in die reale Welt des Wirtschaftsgeschehens mit seiner Bedeutung für die Zukunft gestellt werden.

Eigentlich reicht diese Definition zum Verständnis des ökologischen Bauens, und der Leser kann sich mit dem kategorischen Imperativ *„Kreislaufwirtschaft & Energieeffizienz“* zufrieden zurücklehnen. Wenn er ihn einhält, baut er „ökologisch“.

Die Fibel gibt ein Bild der grundlegenden Dinge des ökologischen Bauens, wie es dem heutigen Erkenntnisstand entspricht, und stellt es in den Rahmen seiner gesellschaftlichen Bedeutung. Fachinformation, Tabellenwissen und Kleingedrucktes sind zur besseren Übersicht in der Fibel vermieden. Verstehen rangiert vor Wissen. Zum Wissenserwerb gibt es jene Fülle an Fachliteratur und das Internet, aus denen nichts wiederholt wird. In die Literatur steigt der geneigte Leser mit dem hier geschärften Blick selbstständig ein. Nur selten werden Hinweise gegeben.

Den Lesern des „neuen Analphabetentums“ (Enzensbergers Piktogramm-Konsumenten) zuliebe, z.B. Architekten, sind dem Text kleine illustrierende & markierende Randskizzen zugesellt.

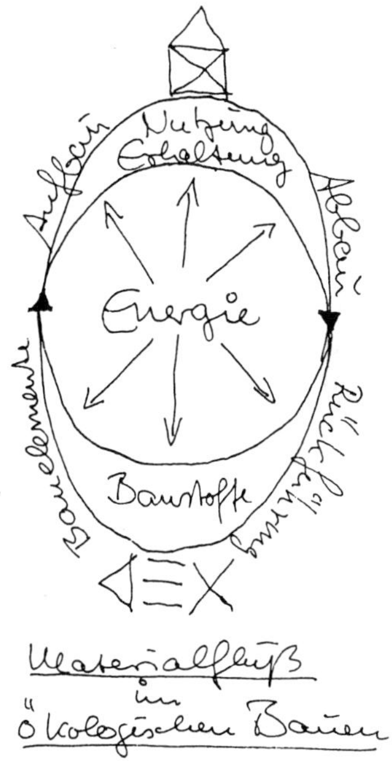

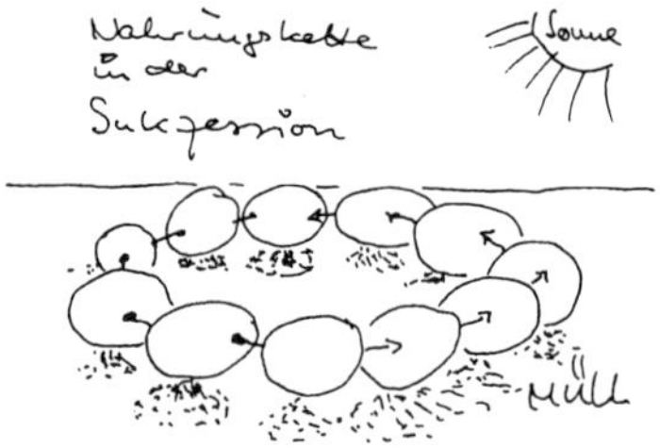


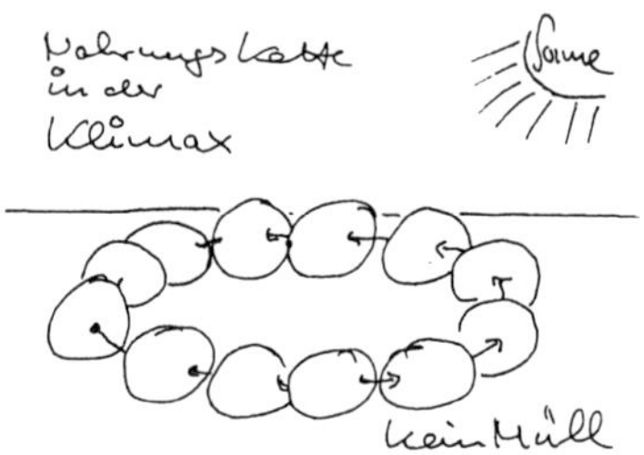


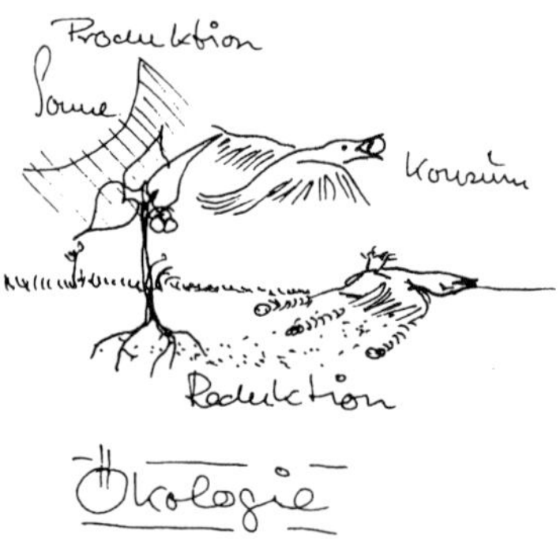


# PROLOG
# Ökologisches Bauen & Naturgesetze

Das „Ökologische“ am ökologischen Bauen ist in zwei Naturgesetzen des Lebendigen beschrieben, nach denen sich Ökosysteme bilden und halten, insbesondere in ihrem Endzustand, der Klimax:

maximale Effizienz in der Nutzung von Energieressourcen;

optimal angelegter Kreislauf der Materie.

Jede Art in der Lebensgemeinschaft versucht, so viel Sonnenenergie wie möglich für sich zu gewinnen, so viel Nahrung wie möglich für sich zu erbeuten und effizient damit umzugehen. Selektion entwickelt die Siegertypen in der Konkurrenz um die Energie- & Materieressourcen.

Jede einigermaßen in sich abgeschlossene Lebensgemeinschaft (Ökosystem) eines Ortes (Biotop) wird in der Aufeinanderfolge ihrer Zusammensetzung (Sukzession) zu einer Konstellation von Arten kommen, deren materieller Umsatz keine Reste übrig lässt, die zur Veränderung des Biotops und damit zur Veränderung dieser letzten Konstellation der Lebensgemeinschaft führen (Klimax). Die nur wenige Zentimeter dünne Humusdecke des tropischen Regenwaldes ist Signal der Klimax, in der in der Fülle des Lebendigen fast alle Materie im Kreisprozess unterwegs ist. Bei Brandrodung ist das Lebenssystem völlig zerstört, von der üppigen Fruchtbarkeit der alten Klimax bleibt karges Steppenland.

Wir Menschen haben uns von dem Gang der Natur längst emanzipiert. Wir sind „aus der Natur entlassen“ (Konrad Lorenz) oder sogar ein „Irrläufer der Evolution“ (Arthur Koestler). Wie haben wir diese Sonderstellung erreicht?

## Weitsprung: Zähmung des Feuers

In der Natur ist allein die Pflanze in der Lage, Energie in Materie umzuwandeln und damit festzuhalten (Primärproduzenten). Alle anderen Lebewesen konsumieren in mehreren Stufen die Pflanzenproduktion, auch wir.

Mit der Zähmung des Feuers haben wir ebenfalls die Macht der Wandlung von Energie in Materie und umgekehrt erworben, auch wenn wir dadurch nicht zu Primärproduzenten wurden. Dieses Ereignis hat wohl zugleich mit der Entwicklung der Sprache (siehe Epilog) begonnen und ist wie diese noch nicht beendet. Die Zähmung des Feuers hat wie kein anderes

Phänomen zur Veränderung der Welt nach menschlichen Bedürfnissen beigetragen, denn der Umgang mit Energie erschloss uns die Natur und ihre Gesetze.

Feuer bedeutet im Naturhaushalt völlige Zerstörung und Katastrophe. Was fliehen kann, flieht, was immobil ist, stirbt. Feuer ist die Umkehrung von pflanzlicher Sonnenenergiesammlung durch den bewundernswert subtilen und effizienten Vorgang der Photosynthese. Jahrelange Sammlung von Biomasse wird im Nu durch Verbrennung in den Weltraum abgestrahlt und ist somit für die Erde verloren. Die Restmaterie oxidiert und ist für das Lebendige zunächst unbrauchbar. Der Physiker spricht von Zunahme der Entropie, von gewachsener Unordnung.

Zähmung des Feuers

21 % Sauerstoff in der Atmosphäre lassen die meisten Materialien erst bei einigermaßen hohen Temperaturen entflammen. Schon bei 25 % atmosphärischen Sauerstoffs gäbe es unkontrollierbare Feuersbrünste. Wie fein ist die Atmosphäre aufgebaut! Feuer in der Natur ist die Ausnahme. Nach Feuersbrünsten beginnt das Lebendige von niedriger Stufe an aufs Neue.

Plötzlich beherrscht eine einzelne Primatenart der Konsumenten diese Naturkatastrophe und macht sie handhabbar. Welch ein Vorteil gegenüber den anderen Lebewesen! Aufrechter Gang ermöglichte das Handhaben als Voraussetzung für den Umgang mit Feuer. Der mit der Sprachentwicklung wachsende mentale Apparat war geeignet, planend und kontrollierend vorzugehen, rechtzeitig die notwendige Menge Brennmaterial zu beschaffen, rechtzeitig die richtige Menge nachzulegen und das Feuer zu bewachen. Zunächst wird das „gefundene" Feuer aus Gewitterbränden o.Ä. benutzt worden sein. Auch der Wohlgeschmack an Gebratenem und Gesottenem wird man Zufällen z.B. nach Feuersbrünsten anrechnen können.



Mit dem Schritt, selbst Feuer entzünden zu können, erweiterte sich der Lebensraum der Menschen. Unabhängigkeit und Mobilität wuchsen beträchtlich, konnten sie doch an beliebiger oder fest gebauter Stelle ihres Aufenthalts kochen und braten. Mit wachsender Sesshaftigkeit emanzipierten sie sich von dem Standortklima durch Beheizung ihres Heims.

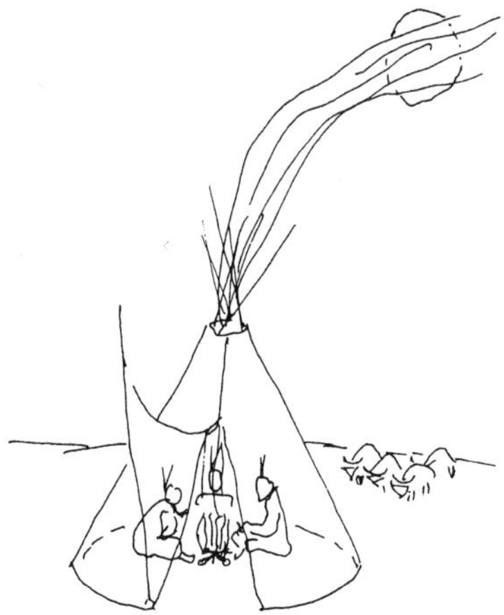

Raumheizung + Mobilität

Der große Weitsprung der Zähmung des Feuers aber liegt darin, dass der Umgang mit Energie die Grundlage der Naturwissenschaft, der Physik und der Chemie ist. Welcher Zufall aus Erz im Feuer plötzlich eine glänzende Flüssigkeit von Zinn & Kupfer hervortreten ließ, die nach Erkalten bronzehart wurde, mag Sage bleiben. Aus kreativer Neugier und mit

„Trial & Error" gelangte man mit wachsender Erkenntnis zu gezielter Analyse & Forschung. Die Einteilung der Welt in Erde, Wasser, Luft, Feuer wich dem Periodensystem der Elemente, das wir alle aus dem Chemieunterricht der Schule kennen, und es erweiterte sich bis in unsere Zeit zur Mikrophysik der Quarks & Leptonen.

Die Fähigkeit, Energie durch Reduktion in Materie zu binden, war bisher den Pflanzen vorbehalten. Allein sie konnten Sonnenenergie in Materie umsetzen, festlegen und wieder nutzbar machen. Der Rhythmus von Einstrahlung auf der Sonnenseite und Abstrahlung auf der Nachtseite der Erde war unterbrochen. Einstrahlung wurde in Materie gespeichert und der nächtlichen Abstrahlung entzogen. Dieser Energiegewinn gestattete dem Lebendigen, sich entgegen dem Entropiesatz (siehe Kap. Entropie) von einfachen Formen zu immer komplizierteren Strukturen zu entwickeln, sogar zu solchen, die darüber nachdenken können, wie sie entstanden sein mögen.

Nun produzieren wir Menschen nicht Energie aus der Einstrahlung, sondern benutzen die von anderen Lebewesen vorgefertigte Energiespeichermasse, sei es Holz, Torf, Kohle, Öl oder Gas. Das tun wir auf sehr primitive Weise, indem wir die doch auf so feine Weise gewonnene Masse schlicht verbrennen, statt sie, wie es unser Körper tut, wohl dosiert einsetzen. Wie auch bei natürlichen Feuersbrünsten ist diese Verbrennung Beschleunigung der Entropie. Unsere Methode der Energiegewinnung ist Feuersbrunst & Naturkatastrophe.

Bei der Energiegewinnung durch Spaltung von Atomen allerdings greifen wir in das Energiereservoir des Urknalls ein.

Erst mit der Solartechnik, insbesondere der Photovoltaik, nähern wir uns der Kunst der Pflanzen, Sonnenenergie einzufangen, festzuhalten und nach Belieben anderswo und zu anderer Zeit einzusetzen.

Was wir selbst bei der primitiven Verbrennung aber mit der gewonnenen Energie veranstalten, ist höchst bemerkenswert und spannend. Die Kunst, jedes Element unserer Erde darstellen zu können, den Bau seiner Atome zumindest modellhaft handhabbar zu kennen und damit gestalterisch spielen zu können, hebt uns weit aus dem Naturhaushalt heraus in die Einsamkeit der Selbstverantwortung. Mit Energie können wir „die Entropie umdrehen", wir können Materie von einfachen zu komplizierten Ordnungen verwandeln und Energie in sie einbinden. So können wir Werkzeuge entwickeln, die in der Natur bislang nicht vorkamen. Pflanzen ist nur ein enger Weg der Energieeinbindung eigen. Wir können Materie nach Belieben innerhalb der Naturgesetze verändern.

Die Zähmung des Feuers hat alle naturwissenschaftlichen Erkenntnisse ermöglicht und alle zivilisatorischen Annehmlichkeiten unserer Welt eingeleitet. Sie hat ebenfalls alle Schäden, die wir unserem Lebensraum beibringen, zur Folge, insbesondere durch unseren primitiven Umgang mit Energie.

*Als Prometheus den Göttern das Feuer stahl und es den Menschen brachte, wurde er grausam von den Göttern bestraft.*

Feuer war von Beginn seiner Beherrschung an geheimnisvoll, ambivalent und magisch. Der großen Gefahr von unkontrollierbaren Bränden standen seine wohlige Wärme und die neue Art der Speisenzubereitung gegenüber. Die Umwandlung der Stoffe mittels Feuer, die Veredlung von Materie der Erde zur Erweiterung des Lebensraums mit Technikentwicklung wurden aber auch zur Kriegsführung und zur Feindesvernichtung vorangetrieben – mit dem Ziel der ehernen Naturgesetze: Arterhaltung und weitestmögliche Verbreitung.

Feuer als magisches Mittel zur völligen und restlosen Reinigung von Krankheiten, aber auch von „unreinen" Gedanken war z.B. zu Pestzeiten, in der Christenverfolgung und dann in der Ketzer- und Hexenverfolgung üblich. Das Gefühl der Verwandlung des Schädlichen in Asche als restlose Entsorgung gepaart mit mystischem Gottesopfer lässt den Flammentod als Befreiung erscheinen. Magie haftet dem Feuer noch heute an. Der Flammentod ist in Sekten wie dem Ku-Klux-Klan rituelles Moment. Magie liegt in der Betrachtung des heimischen Kaminfeuers. In der Nutzung des Gartengrills flammen Urzeiten unseres Jäger- und Sammlertums auf. 15

Das aber sind Marginalien. Der Flammentod ist ein wichtiger Faktor unseres Wirtschaftssystems geworden. Eine Großindustrie hat sich zur Verbrennung des Schädlichen, Ungeliebten, Gehassten und Gefürchteten aufgetan: Müllverbrennung ist die moderne Hexenverbrennung.

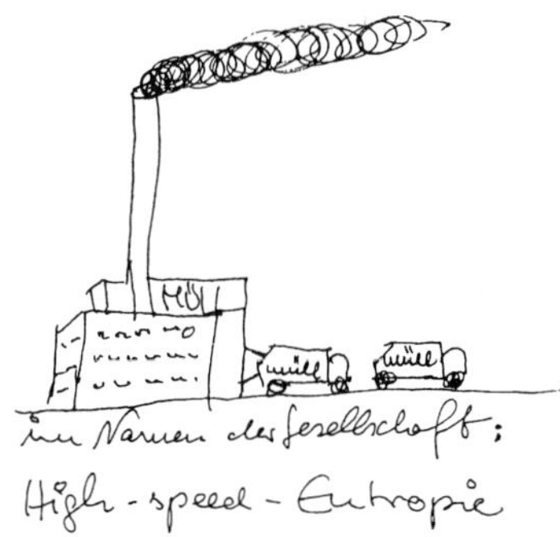


Asche zu Asche, Staub zu Staub feiern technische Auferstehung. Die Reste unserer Zivilisation, seien sie noch so kompliziert zusammengesetzt und mit großer Kunst aufgebaut, werden zum Feind, sobald sie den Dienst versagen, sobald neue, bessere Dinge sie ersetzen, sobald die Mode wechselt. Euphorisch wird von Energiegewinnung geschwärmt. Verschwiegen werden Energie & Kunst, die einst in die Brandopfer der Müllverbrennung gesteckt wurden. Wie Feuer in der Natur Katastrophe

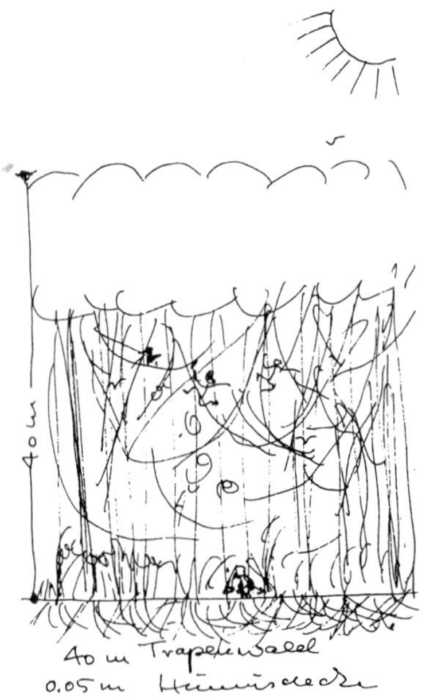


ist, so ist Müllverbrennung in der menschlichen Kultur Katastrophe, Verlust mühsam gesammelter Energie, verbrannt auf niedrigem Niveau und dissipiert in den Weltraum: Müllverbrennung ist selbst verursachte Entropie mit Hochgeschwindigkeit.

## Biologie: Löcher & Haufen

Natürliche Ökosysteme in der Klimax haben nach vielen hundert Jahren einen Kreislauf der Materie aufgebaut, der nur geringe Zwischenlager an mineralischer Materie im Boden benötigt, wie der tropische Regenwald als populärstes Beispiel. Nach dem Prinzip der Nahrungskette mit Produzenten, Konsumenten in mehreren Stufen (wozu wir Menschen gehören) und Reduzenten hat sich ein nahezu perfektes System der logistischen Vernetzung von lebensnotwendiger Materie und ihrer Aufbereitung zur Wiederverwendung unter Sonnenenergienutzung aufgebaut. Diese Ökosysteme sind komplex, und ihr Entstehen ist von uns zwar zu beobachten, nicht aber zu erklären. Man könnte ein von uns nicht wahrnehmbares Informationssystem der Beteiligten vermuten.

Jede einzelne biologische Art in diesem wunderbaren und für alle Beteiligten nützlichsten Gefüge „Ökosystem" wirtschaftet darin aber allein zum eigenen Wohl, egozentrisch nach den Prinzipien der Arterhaltung & weitestmöglichen Verbreitung. Das Wohl der anderen Arten interessiert sie nicht. Selbst Symbiosen sind Zweckgemeinschaften zum eigenen Vorteil und würden aufgelöst, wenn die eigene evolutionäre Technikentwicklung in der Selektion dies zur besseren Erhaltung & Verbreitung zuließe. Der Expansionsdruck einer Art im natürlichen Lebensgefüge wird durch den Gegendruck der anderen Mitglieder der Lebensgemeinschaft eines Ökosystems eingegrenzt.

Der dem Ökosystem in der Klimax eigene Kreislauf der Materie ist nicht auf die einzelnen Arten der Gemeinschaft zu übertragen. Alle biologischen Arten wirtschaften jede für sich allein linear, das heißt, sie verbrauchen zu ihrem Erhalt Materie & Energie und scheiden Materie & Energie auf niedrigerem Niveau ab. Ihr wirtschaftliches Interesse liegt allein auf der Konsumentenseite. Die Abfälle sind ohne Bedeutung für sie. Sie werden von anderen Arten der Gemeinschaft als Ressourcen verarbeitet, deren Reste wiederum Ressourcen für andere sind, in der Klimax nahezu als vollständiger Kreislauf der Materie.

Jede Art frisst vorn Ressourcen und scheidet hinten Reste aus. Sie ist allein an den Ressourcen interessiert. Die Reste sind nicht von Interesse.

Diese Art linearen Wirtschaftens haben wir Menschen beibehalten. Sie ist, wie für jede biologische Art, stammesgeschichtlich in uns festgeschrieben. Wir verhalten uns damit natürlich.

Schon als Kinder bekommen wir unser kreatives Interesse an dem, was uns verlässt, gründlich ausgetrieben. „Ä-Ä“ oder „Bä-Bä“ ruft die erzürnte Mutter, und das forschende Kind wird abrupt und bei Strafandrohung um seine Neugier gebracht. Keine Mutter und kein Vater erklären dem Kind, welch wunderbare Nahrung für die kleinen Lebewesen im Boden, deren Kaiser der Regenwurm ist, aus ihm herauskommt und wie die Bodenbakterien den wertvollen Stoff zu Nahrung für leckere Möhren, Äpfel, Bananen und auch den grässlichen Spinat verwandeln, den die Kinder dann wieder essen dürfen, und dass all das ein großes Wunder des Lebendigen ist.

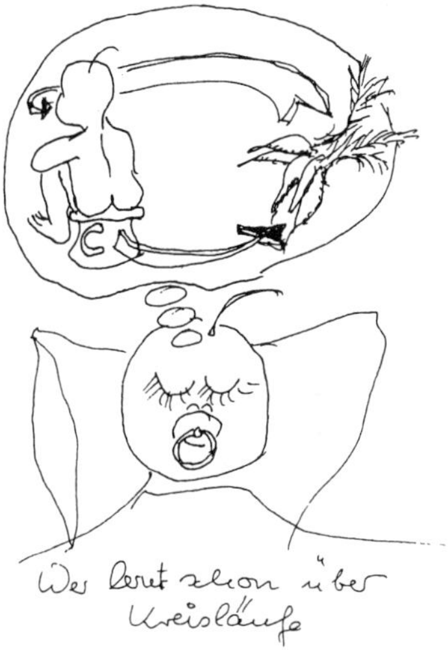


Die Fernsehwerbung besteht zu großen Teilen aus Spots zur Sauberkeit an den Abgabestellen des Stoffwechsels. Symbol unserer Linearität ist das Wasserklosett: Ziehen, Rauschen, weg der Mist – aus den Augen, aus dem Sinn.

Im Naturhaushalt eines Ökosystems ist dieses Verhalten für die einzelne Art kein Problem. Andere Arten freuen sich über den Ressourcenzuwachs. Nun aber haben wir Menschen Techniken entwickelt, mit denen und durch die wir eine Menge Reststoffe herstellen, die vom Rest der Welt nicht mehr als willkommene Ressource gesehen werden kann, weil die Masse an Stoffen nicht mehr zu verarbeiten ist und die Ablagerung derselben zur Weiterverarbeitung den Lebensraum dergestalt verändert, dass die potentiellen Verarbeiter darin nicht mehr existieren können.



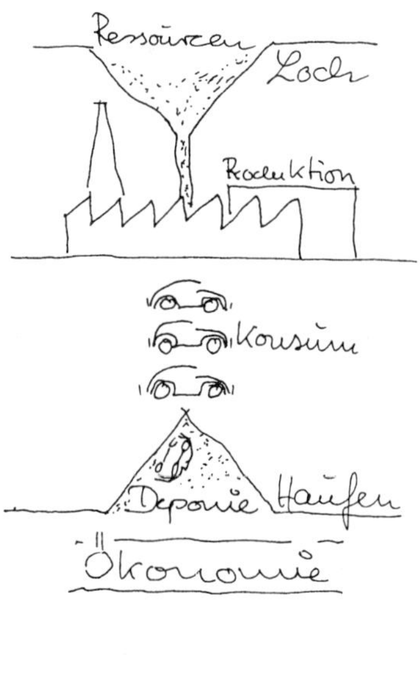


Darüber hinaus hat uns die Zähmung des Feuers befähigt, Materialien zusammenzusetzen, die es in dieser Form in der Natur nicht gibt. Die Verarbeitung dieser Stoffe in der Nahrungskette ist nicht möglich, da sie in der natürlichen Materiallogistik nicht vorkommen. Vielmehr können solche Stoffe, vielleicht gemischt mit anderen Resten, den Lebensraum der verarbeitenden Natur weiter verändern und womöglich sogar unbelebbar machen.

Wir Menschen graben tiefe Löcher vor uns und schütten hinter uns große Haufen an. Wir sind allein an der Ressourcengewinnung interessiert. In einer betrieblichen Kalkulation für Produkte werden allein Ressourcen, Produktion & Vertrieb berücksichtigt. Der Rest sind „externe“ Kosten, die den Unternehmer nicht bewegen. Unsere gesamte Wirtschaft funktioniert wie das Wasserklosett.

Erst seit wenigen Jahren spüren wir die Last der angehäuften Berge in Boden, Wasser & Atmosphäre und müssen zwangsweise an die Restmaterie der Menschengesellschaft denken. Wir merken, dass selbst bei der „Reinigung" durch Feuer Schäden entstehen können, die bösartiger in der Natur wirken als die unverbrannte Materie. Wir müssen uns um unsere Reste bemühen, ihren Wert erkennen und nutzen.

## Kreislauf: unwahrscheinlich

Wir schwärmen gern von Kreisläufen, wenn wir von Ökologie sprechen, und von unserer Rolle im Naturhaushalt. So ist der Sprachgebrauch, auch hier in dieser Fibel.

In Wirklichkeit ist der Kreislauf, in dem sich die Schlange in den Schwanz beißt, sehr unwahrscheinlich. Nehmen wir die Zeit als Dimension hinzu, ist ein Kreislauf unmöglich: Selbst wenn man an der Ausgangsposition wieder ankommt, ist doch Zeit vergangen.

Wir definieren immer wiederkehrende Phänomene als Kreisläufe, etwa die Nahrungskette der Lebensgemeinschaften im Ökosystem. Zwischen Produzenten, Konsumenten und Reduzenten besteht im Idealfall ein Kreislauf der Materie. Bekannt ist auch der globale Wasserkreislauf mit seiner solaren Destillation und terrestrischen Filterung, der uns immer wieder wohlschmeckendes Süßwasser beschert. Diese Kreisläufe sind offen und nehmen Energie auf. Sie schwanken gemäß ihren Umweltfaktoren und ihren Energiequellen.



In der Natur geht es abwärts oder aufwärts. Die Natur kennt keine geschlossenen Kreisläufe, allenfalls spiralförmig wiederkehrende Prozesse, aber zu anderer Zeit und auf anderem Niveau. Die Spiralen weisen abwärts für die unbelebte Materie. Das sagt der zweite Hauptsatz der Thermodynamik:

*„Wärme geht in einem geschlossenen System nicht von selbst aus einem Körper niederer Temperatur in einen Körper höherer Temperatur über."*

Darum können wir nicht unsere Hände an einem Eisblock wärmen, wobei sich dieser noch weiter abkühlt. Darum bekommen wir nicht die Wärme unseres abgekühlten Kaffees aus dem Zimmer in die Tasse zurück.

Diese Einbahnstraße der Wärme – sie erklärt sich aus der mechanischen Bewegung der Moleküle – wird auf die gesamte Materie, ja auf das gesamte Universum übertragen:

*„Materie geht in einem geschlossenen System nicht von selbst aus einem Zustand niederer Ordnung in einen Zustand höherer Ordnung über."*

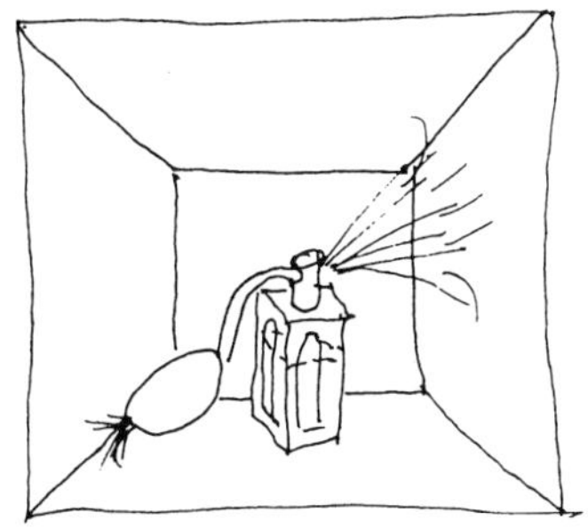

Darum kommt ein zerstäubtes Parfum nicht von selbst in den Flakon zurück, es ist und bleibt verduftet. Darum kommen die Lottozahlen, sind sie erst aus ihrer Reihe in die Trommel gerollt, nie mehr in gleicher Reihenfolge 1 bis 49 wieder zurück – oder mit unendlich geringer Wahrscheinlichkeit. Diese für das materielle Naturgeschehen grundlegende Regel, der Entropiesatz, bestimmt den Gang des Universums bis zum sog. thermodynamischen Gleichgewicht, dem „Wärmetod" der *„gleichmäßigen Mischung lauwarmer Materie" (Clausius)* in x Milliarden Jahren.

Der erste Hauptsatz der Thermodynamik, der Erhaltungssatz, bilanziert lediglich Energie & Materie in einem geschlossenen System. Dabei ist es gleich, ob eine heiße Tasse Kaffee im Raum steht oder eine kalte in einem ein wenig wärmeren Raum. Es ist auch gleich, ob Parfum im Flakon ist oder dissipiert im Raum schwebt, wenn nur die Bilanz stimmt. Auch die Reihenfolge von Lottokugeln ist nicht Inhalt des ersten Hauptsatzes, wenn nur alle da sind und damit Energie & Materie erhalten bleiben.

Erst der Entropiesatz beachtet die Qualität des Systeminhalts und gibt für das geschlossene System wachsende Unordnung vor.

Am Gang der Entropie lesen wir die Zeit ab. Landet ein Schwimmer, rückwärts aus dem Wasser kommend, trocken auf seinem Sprungbrett oder steigt ein zersprungenes Weinglas, den verschütteten Rotwein einsammelnd, auf den Tisch und stellt sich heil und ruhig hin, erkennen wir den alten Kinotrick, Handlungen rückwärts ablaufen zu lassen. Auch wenn sich die Lottokugeln aus der Mischtrommel in richtiger Reihenfolge wieder in ihrem Auslaufkanal einreihten, wüssten wir sofort, dass die Zeit rückwärts läuft, oder, wie *Stephen Hawking* sagt: „Liefe die Zeit rückwärts, könnten wir uns an die Lottozahlen von morgen erinnern" *(Eine kurze Geschichte der Zeit).*

Ordnung, so sagt uns schon unser Gefühl, ist das Maß an Unwahrscheinlichkeit eines Zustands in der Natur. Je unwahrscheinlicher etwas erscheint, desto höher ist seine Ordnung.

Die Herstellung von Ordnung (wachsender Unwahrscheinlichkeit) braucht Energie. Der Weg zur Unordnung lässt Energie frei. Alle Dinge, die wir zu unserem Wohlergehen auf der Erde in eine höhere Ordnung gebracht haben, enthalten Energie; je höher die Ordnung, umso mehr Energie. Ihre

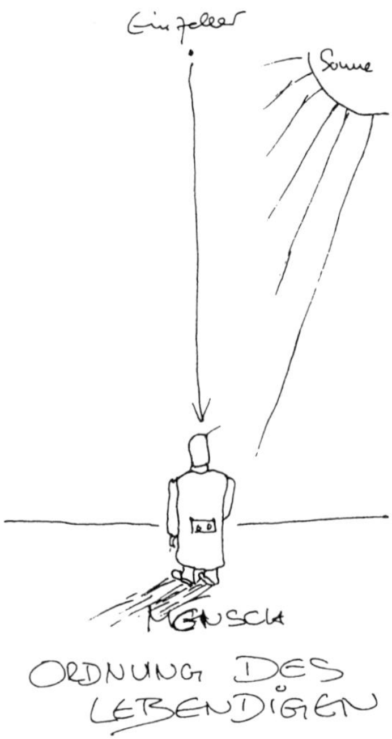


Unwahrscheinlichkeit in der Natur steigt. Entfällt die Energiezufuhr, setzt Entropie ein, die Unordnung wächst.

Das klassische Beispiel für schnell wahrnehmbare Entropie ist die Sandburg am Strand. Der kunstvolle Bau einer Gruppe Kinder verfällt nach Fertigstellung zusehends und ist in wenigen Tagen eingeebnet. Sandburgen am Strand sind als Naturerscheinung unwahrscheinlich und enden bald in der wahrscheinlichen Form eines glatten oder welligen Strands.

Materiell gesehen ist unsere Erde ein geschlossenes System, sehen wir einmal von materiellen Gewinnen durch Meteore und Verlusten durch Satelliten, vielleicht von ein wenig Wasserstoff am Rande der Atmosphäre ab. Alle Materie unterliegt der Entropie, dem Verfall. Wiederkehrende Prozesse des Materiellen auf der Erde sind deshalb keine Kreisläufe. Sie folgen einer Spirale abwärts. Das Maß des Gefälles ist das Maß der Entropie, des Verfalls.

Wenn wir bauen, schaffen wir unwahrscheinliche Ordnung der Materie. Dazu brauchen wir Energie. Selbst das Erhalten dieser Ordnung braucht Energie (>Teil IV).

Anders ist es beim Lebendigen. Es besteht zwar auch aus Materie und ist dem Verfall ausgeliefert, aber das Lebendige erhält und verbessert sich mittels Sonnenenergie. Im Gegensatz zur unbelebten Materie ist die belebte Welt ein offenes System mit einer für unseren allgemein begreifbaren Zeithorizont dauerhaften Energiequelle. Der Entropiesatz gilt nicht.

Das Lebendige kann nicht nur seinen Standard halten, es verbessert ihn ständig in der Evolution. Es kann aus der Sonneneinstrahlung so viel Energie speichern, dass ständig neue, höhere Ordnungen die bestehenden ablösen. Über die Systemerhaltung hinaus stellt das Lebendige Energie zur Systemoptimierung bereit, wie sie in der Selektion betrieben wird. Die Strukturen des Lebendigen werden komplexer und komplizierter mit dem Ziel, mehr Energie zu gewinnen und diese noch effizienter zu nutzen. Evolution ist Gewinnmaximierung. Das Spiel von Energiegewinn & Informationsgewinn als aufstrebende Doppelhelix hat *Konrad Lorenz (Die Rückseite des Spiegels)* beschrieben.

Es ist offenbar, dass höhere Ordnungen des Lebendigen mehr Energie schon zu ihrem Erhalt benötigen als einfachere. Auch der zur Evolution notwendige Energieüberschuss wird höher sein als bei einfachen Lebewesen und länger dauern.

Der Kreislauf des Lebendigen also ist eine nach oben strebende Spirale, deren Steigungsmaß der evolutionäre Fortschritt ist.

Kommen wir wieder zu unserem Ausgangspunkt eines Kreislaufs zurück, in dem sich die Schlange in den Schwanz beißt, so erkennen wir dessen Unwahrscheinlichkeit in der Natur. Es geht in Wirklichkeit aufwärts und abwärts. Nur wenn das Maß der Entropie dem Maß der Evolution entspräche, träfe dieser Kreislauf zu. Er bedeutet Stillstand.

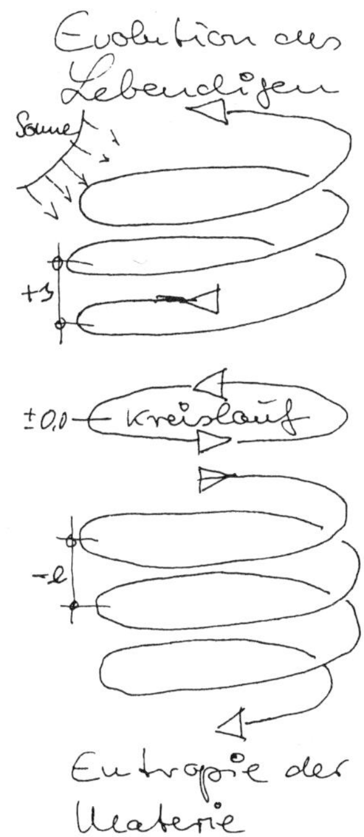


Dieser Exkurs über Kreisläufe mag spitzfindig wirken. Es ist aber hilfreich zu wissen, dass es mit der Materie ständig bergab geht und mit dem Lebendigen bergauf, wenn wir uns mit dem Ziel der Kreislaufwirtschaft befassen wollen und mit der Rolle der gebauten Umwelt darin. Nicht zuletzt verstehen wir auch die vielen Dinge des Alltags unter diesen Aspekten besser.

## Naturgesetz: Wachstum

*„Small is Beautiful“* von *E.F. Schumacher* war ein Kultbuch der frühen Ökologiegesellschaft. Wachstum war und ist verpönt, „back to the roots“ bleibt die Parole. In tiefem Missverständnis von Schumachers These zogen sich viele Menschen in die ländliche Idylle zurück oder übten das einfache Leben gar in der Stadt. Dem intellektuellen Anspruch folgte harte und zeitraubende Arbeit, so dass die erstrebte Selbstversorgung alsbald wieder zu ALDI verlegt wurde. Dieses rückwärts gerichtete Verhalten ist unnatürlich und mag aus der Ratlosigkeit kommen, was in Zukunft sein mag.

Evolution sieht keinen Rückwärtsgang vor. Nicht einmal Stillstand der technischen Entwicklung von Pflanzen oder Tieren ist die Regel. Selektion schreitet immer voran, angetrieben von den beiden Motoren: Arterhaltung & weitestmögliche Verbreitung. Bleiben die technischen Verbesserungen für eine Art aus, droht sie von allen anderen überholt zu werden. Stillstand (Kreislauf) ist lebensbedrohend. Eine Entwicklung „rückwärts“ ist in der Natur höchst unwahrscheinlich und könnte nur mit Wiederherstellung früherer, besserer Lebensbedingungen am Ende einer Fehlentwicklung, eines Irrtums erklärt werden. Wachstum, zumindest im Maß aller konkurrierenden Arten, ist die Regel. Je nach Empfindung wird dieser Vorgang als brutaler Kampf ums Überleben gesehen oder als kreative, kunstvolle und hoch technische Entwicklung, hinter der möglicherweise ein Mechanismus oder gar ein Plan steckt, der sich unserer Wahrnehmung entzieht.

Die Technikfeindlichkeit ökobewegter Menschen ist unnatürlich. Im Naturhaushalt werden Techniken weiterentwickelt und immer wieder verfeinert. Die Evolution ist ein globales Technologiezentrum unter unbekannter Leitung. Wachstum ist Naturgesetz des Lebendigen.

Schumacher meinte anderes. Technikentwicklung ist kritisch zu betrachten, wo sie die Menschen abhängig macht, indem sie menschliche Fähigkeiten ersetzt und damit verkümmern lässt. Nicht der Stromverbrauch eines elektrischen Brotmessers ist zu kritisieren – der ist marginal – , sondern der Verlust an handwerklicher Kunst, Brot zu schneiden. *Charlie Chaplin* zeigte 1936 in seinem Film *„Moderne Zeiten"* solche Situationen auf seine besondere Art.

Schon längst sind wir ohne unsere technischen Prothesen nicht mehr überlebensfähig. Deshalb sollten wir unsere Eigenständigkeit und unser Maß an Fertigkeiten bei der Technikentwicklung beachten. Das Bild vom genetisch programmierten und vervielfältigten Menschen, wie die Mitglieder der viel älteren Ameisenstaaten, von *Aldous Huxley* in *„Brave New World"* (1932) dargestellt, rückt mit der biotechnischen Entwicklung nahe.

Wachstumskritik & Technikfeindlichkeit beziehen sich aber vorwiegend auf den Weitsprung aus dem Naturhaushalt hinaus durch die Zähmung des Feuers und die daraus erfolgende grenzenlose Eroberung der Welt sowie ihre Veränderung mit unseren Löchern & Haufen. Wir beginnen zu erkennen, dass unser Wirken auf der Erde einen Lebensraum gestaltet, der unsere weitere Existenz darin nicht mehr zulässt. Arterhaltung war nach der Zähmung des Feuers kein Motor unserer Evolution. Weitestmögliche Verbreitung allein war der Antrieb. Heute könnte Arterhaltung als Motor technischer Entwicklung eine neue Rolle spielen und die Technikentwicklung in eine neue Richtung treiben, dorthin, wo Materiekreisläufe inszeniert werden. Das ist ein hoch kreatives und ingeniöses Feld der Forschung & Entwicklung, das neues Denken und integrale Zusammenarbeit vieler Fachrichtungen erfordert.

Wachstum in der menschlichen Gesellschaft ist notwendig. Die Richtung allerdings muss neu bestimmt werden: zur Arterhaltung und zur Integration in den „Rest der Welt".

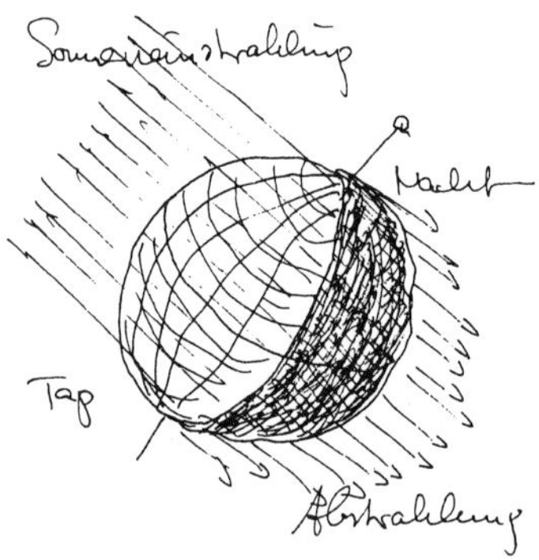


## Naturgesetz: Energieeffizienz

Noch einmal: Energetisch betrachtet ist unsere Erde ein offenes System. Sie empfängt auf der Tagseite Sonnenstrahlung und gibt sie nachts auf niedrigerem Niveau wieder in das Universum ab. Dieser Prozess ist kontinuierlich und wird durch die Geometrie der Erdrotation (Tag/Nacht) und der Bahn unserer Erde um die Sonne (Jahreszeiten) bestimmt. Wenn auch die Strahlungsintensität der Sonne im Laufe der Jahrmillionen schwankt, können wir für den von uns überschaubaren Zeitraum eine recht gleichmäßige Energieeinstrahlung annehmen. Dieses Energiepotenzial ist die Ressource des Lebendigen, die zur Evolution geführt hat.

Betrachten wir den Lebensvollzug der pflanzlichen Produzenten im Naturhaushalt, so muss es im Sinne der Erhaltung & Verbreitung Konkurrenz um die Ressource „Sonne" gegeben haben. Die erreichbare Fläche zur Nutzung der Einstrahlung war im Spiel von „Innendruck" der Art und „Außendruck" anderer Arten schnell erreicht. Das Forschungs- und Entwicklungsinteresse der Produzenten musste auf Effizienz in der Nutzung zielen. Effizienz mit dem Ziel der Gewinnmaximierung ist Naturgesetz des Lebendigen. Natürlich spielen zum Wachstum von Pflanzen viele Faktoren eine Rolle, und Justus von Liebig hat mit seinem „Minimumfaktor" beschrieben, wie Mangel oder gar Fehlen nur eines kleinen Faktors im Haushalt einer Pflanze ihr Gedeihen oder Verkümmern beeinflusst. Ohne Energie aber kommen diese Prozesse nicht einmal in Gang.

Wir dürfen auch nicht die verschwenderische Fülle, mit der im Laufe der Erdgeschichte Biomasse produziert wurde, als Völlerei und Misswirtschaft ansehen. Die Massen an organischer Substanz – heute in Form von Kohle, Öl oder Gas von uns verbrannt – sind durch den biologischen Motor Erhaltung & Verbreitung entstanden und durch geologische Veränderungen eingeschlossen und damit verwahrt worden. Die Effizienz in der Produktion bleibt bestehen, so viel Biomasse auch immer produziert wurde.



Bei Konsumenten und Reduzenten in der Nahrungskette ist Gewinnmaximierung im energetischen Bereich nicht so offensichtlich zu beschreiben wie bei den Produzenten, konsumieren sie doch „vorgefertigte" Sonnenenergie und scheiden zumeist noch recht energiehaltige Reste aus. Erst die Gesamtbetrachtung der Nahrungskette von der Produktion bis zur Reduktion lässt rationelle Energieverwertung erkennen. In einer Energiekaskade, beginnend bei der Produktion über mehrere – in der Regel nie mehr als fünf – Konsumentenstufen bis zur Reduktion, wird die energiehaltige Biomasse optimal verwertet und ausgenutzt, bis die energiearme Restmaterie von den Reduzenten wieder zur neuen „Auffüllung" für die Produzenten aufbereitet wird.

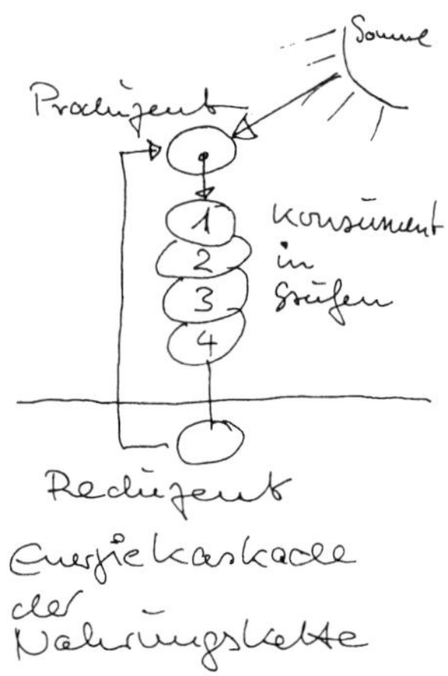


Die Schlagworte der natürlichen Energiegewinnung sind uns durchaus geläufig:

- Solarkraftwerk durch Produzenten
- Energienutzung durch Konsumenten & Reduzenten
- Wiederaufbereitung durch Reduzenten

Energieeffizienz war uns Menschen wie jeder biologischen Art umso mehr eigen, je direkter wir der Natur ausgesetzt waren. Unsere Technikentwicklung zielte auf Effizienz & Erweiterung der materiellen Ressourcen. Die klassische Behauptung, alle Erfindungen würden aus Faulheit & Bequemlichkeit gemacht, belegt die Tendenz zu maximaler Effizienz, mit weniger Aufwand das Gleiche oder gar mehr zu erreichen.

Die Zähmung des Feuers brachte den ersten Schub des sorglosen Umgangs mit Energie. Genügend Ressourcen machten verschwenderisch. Waren die Ressourcen verbraucht, zog man weiter. Viele Wüstungen in unserer fruchtbaren Gegend belegen diesen leichtfertigen Umgang mit den Ressourcen durch „Überweidung“. In kargen Zonen stieg der Erfindungsreichtum. Ausgeklügelte Bewässerungs-, Bau- und Heizsysteme hatten z.B. die Anasazis in New Mexiko (z.B. Mesa Verde), um mit minimalen Ressourcen optimale Lebensbedingungen zu schaffen. Erst nach mehreren Jahren Dürre mussten sie den Raum verlassen.

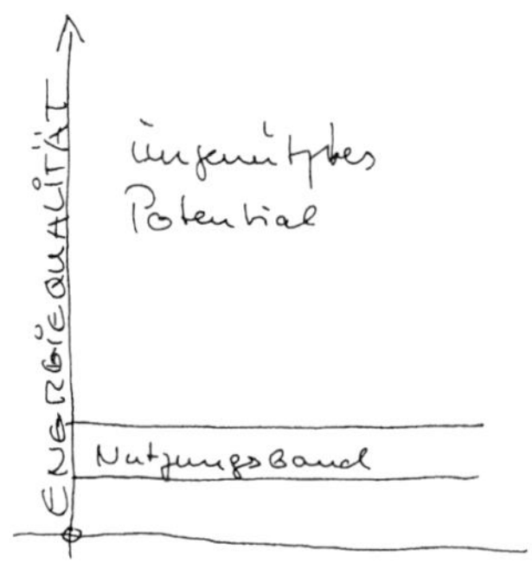


Die Entdeckung der fossilen Energieträger Kohle, Öl und Gas als unerschöpfliche Quelle hoch verdichteter Energie und die darauf folgende industrielle Revolution hat für uns Menschen das Naturgesetz „Energieeffizienz“ aufgehoben. Angemessener Energieeinsatz und rationelle Energieverwendung waren angesichts „unermesslicher“ Ressourcen nicht vonnöten. Energieverwertung geschah einstufig auf hohem Niveau selbst für niedere Nutzung, nicht in Energiekaskaden, wie es die Natur vormacht.

Für eine biologische Art ist das natürlich. Die Auswirkung kurzfristiger Verbrennung von Jahrmillionen eingespeicherter Biomasse auf den Rest der Welt entspricht einer linear wirtschaftenden biologischen Art. Die Abgabe von Energie auf hohem Niveau als „Anergie“ in Wasser & Atmosphäre kümmert ebenso wenig. Unser Umgang mit Energie entspricht unserer stammesgeschichtlichen Rolle im Naturhaushalt: ex & hopp!

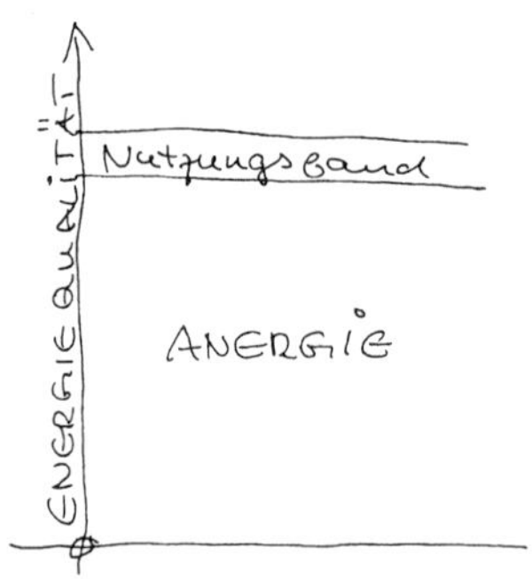


Nun müssen wir Menschen uns nicht in tiefer Zerknirschung Schuld & Sünde vorwerfen, handeln wir doch, wie uns die Natur geschaffen hat. Vielmehr sollte unser Denken angesichts schwindender fossiler Energiequellen kreativ und engagiert auf wachsende Energieeffizienz als Forschungs- & Entwicklungsziel ausgerichtet werden.

Im Bauwesen gilt diese Forderung wie in allen Wirtschaftsbereichen. Dazu soll das Bauwerk wie eine Wirtschaftseinheit betrachtet und in seiner Gesamtbilanz von der Herstellung, dem Betrieb in der Nutzung bis zur Restverwertung nach Abbau bilanziert werden. Das lernen wir erst.

Das Naturgesetz „Energieeffizienz“ ist Resultat optimaler Ökonomie in einer Ressourcennutzung, deren obere Grenze festliegt. Da wir uns auf diesen Zustand hin bewegen, wird dieses Naturgesetz Grundlage für eine ökonomische Wirtschaftsstruktur der Menschen.

## Naturgesetz: Kreislauf der Materie

Als die ersten lebendigen Strukturen entstanden, wäre es mit ihnen nach kurzer Zeit beinahe wieder zu Ende gegangen. Absterbende Organismen sanken auf den Grund des Wassers, und bald mangelte es an Baumaterial für die folgenden Generationen in den Leben ermöglichenden Zonen der Gewässer. Erst als einige Organismen die Materie der abgestorbenen Artgenossen oder anderer lebender Strukturen als Baumaterial für neue Strukturen wieder verwendeten, war das Leben auf der Erde gesichert.

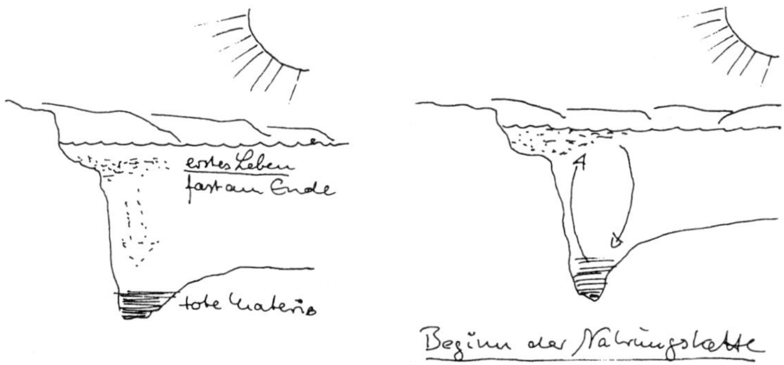


Inzwischen ist der Materialfluss in einem Ökosystem sehr komplex und vielfach verzweigt. Eine komplizierte Logistik der Stoffströme führt im Idealzustand des Ökosystems, der Klimax, zu fast geschlossenen Materiekreisläufen, einen regelmäßigen Austausch (z.B. Regen & Verdunstung) eingeschlossen.

In der Natur stellt sich dieser Zustand im Zusammenspiel zwischen drei Komponenten dar:

- belebte Umwelt: Biozönose
- unbelebte Umwelt: Biotop
- Umweltfaktoren: Sonne, Regen, Wind etc.

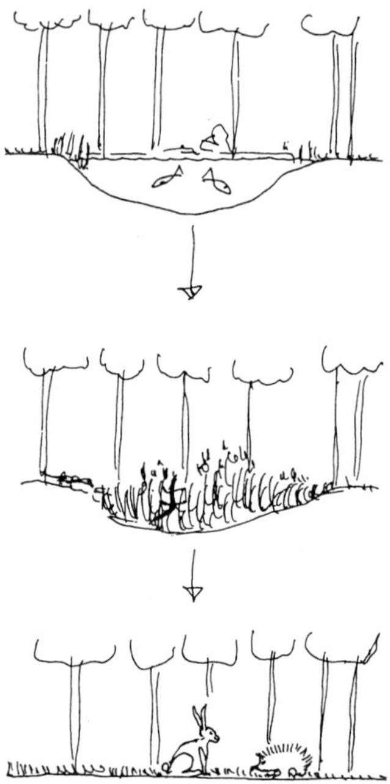

Sukzession: Teichverlandung

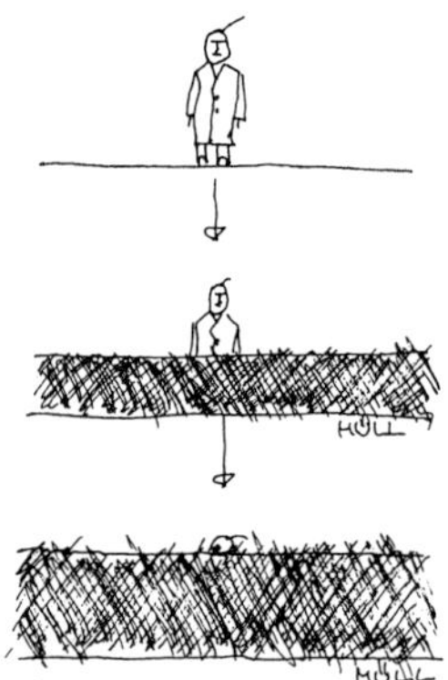

Sukzession:
Ende der Menschen

Diese drei Größen bestimmen den Energiehaushalt und die Vernetzung von Materialflüssen innerhalb der Nahrungskette. Wenn sie sich ändern, hat das Auswirkung auf das System.

Belebte Umwelt als Lebensgemeinschaft greift intensiv in das System ein. Ehe die Restmaterie einer Art vollständig von anderen verwertet wird, häuft sie sich ungenutzt an und verändert das Biotop, vielleicht so nachhaltig, dass die betreffende Art dort nicht mehr leben kann, vielleicht geeignet für eine andere Lebensgemeinschaft. Verlandet ein Waldtümpel, so leben dort zunächst Stichlinge, dann vielleicht noch Molche und schließlich Hase & Igel. Nicht Fische haben sich über Molche zu Hase & Igel verwandelt (Evolution), sondern es haben sich neue Lebensgemeinschaften entsprechend dem veränderten Biotop gefunden. Diese Aufeinanderfolge von Lebensgemeinschaften heißt „Sukzession“. Fast alle uns nahestehenden Ökosysteme befinden sich in Sukzession.

Unbelebte Umwelt ist in ihrer Zusammensetzung konstant. Änderungen im Biotop, abgesehen von den beschriebenen, sind in der Regel Naturkatastrophen. Ein Meteor im Wald könnte wieder zu einem Tümpel führen, dessen Sukzession erneut begänne. Der Verfall, dem die Materie ausgesetzt ist, findet in Zeiträumen statt, die die Sukzession kaum berühren.



Die Faktoren des Standorts – Strahlung, Niederschläge, Temperaturen – bestimmen sehr stark die Lebensgemeinschaft und verändern das Biotop. Auswaschung, Erosion, Änderung des pH-Werts durch Niederschläge führen zu Sukzession, wenn der Leidensdruck der Arten (ökologische Valenz) überschritten wird.

Betrachten wir unserer Rolle in dieser Struktur des Lebendigen, so wird klar, dass der von uns beanspruchte Umsatz an Materie & Energie nicht oder nur in kleinen Portionen vom Rest der belebten Welt aufgenommen werden kann. Wir befinden uns in einer Sukzession, die den eigenen Lebensraum an der Erdoberfläche nachhaltig verändert (< Löcher & Haufen). Nach den Gesetzen der Natur gehen wir an diesem Problem im Laufe der Zeit auf „natürliche“ Weise unter. Wir handeln dabei gemäß unserer natürlichen Veranlagung.

Das Naturgesetz „Kreislauf der Materie“ ist kein in sich geschlossener, statisch ruhender Kreis. Die natürliche Nahrungskette ist eine unter stetigem Energieverlust abwärts führende Kaskade sich ständig vereinfachender Materie, bis sie im Kraftwerk Pflanze mittels Photosynthese Energie der Sonne auflädt und erneut im Kaskadengefälle der Konsumenten stufenweise Energie abgibt. Die geniale Logistik der Stoffströme in der Klimax macht die Vernetzung der Nahrungskette aus.

Dieses Vorbild ist Grundlage für eine von Menschen gesteuerte Kreislaufwirtschaft.

## Missing Link: Reduktion als Betriebszweig

Betrachten wir die Hauptkomponenten der natürlichen Nahrungskette, so machen wir drei wesentliche Elemente aus:

- Produzenten: Pflanze als Kraftwerk für Sonnenenergie
- Konsumenten: Nutzer der produzierten energiereichen Biomasse
- Reduzenten: Regenwurm & Co. als Recyclingunternehmen für Biomasse.

Betrachten wir die Hauptkomponenten der menschlichen Wirtschaft, so kommen wir nur auf zwei wesentliche Elemente:

- Produzenten: Hersteller aller lebensnotwendigen Dinge
- Konsumenten: Nutzer aller lebensnotwendigen Dinge.



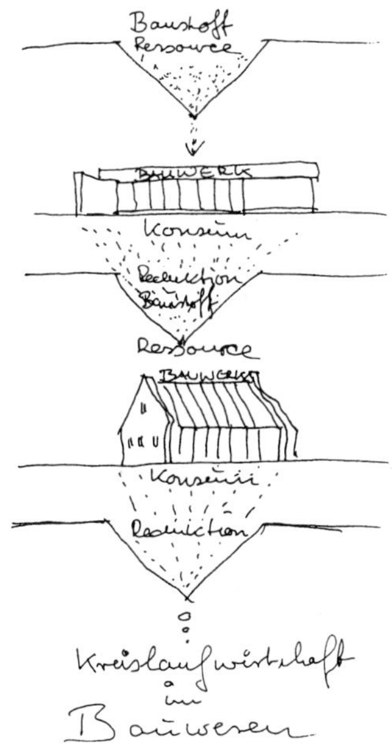


Als Stoffbilanz stellt sich eine Linie dar:

Rohstoffbergung – Produktion – Konsum – Müllhalde (Deponie)

Das Kapitel „Löcher & Haufen“ erklärt das Fehlen des dritten Elements der Wiederverwertung. Es ist nicht unsere Natur, Reduktion zu betreiben. Im Naturhaushalt machen das besondere Arten. Erst die Lebensgemeinschaft insgesamt kann in Verbindung mit dem Biotop und den Klimafaktoren eine weitgehend geschlossene Nahrungsvernetzung gestalten. Wie groß die „Abteilung Reduktion“ darin ist, verdeutlicht ein Bild: Unter der Fläche, die zur Ernährung einer auf ihr weidenden Kuh ausreicht, lebt Biomasse vom Gewicht der Kuh an Reduzenten im Boden.

Das „Missing Link“ unserer Wirtschaft ist die Reduktion. Mit dem Begriff „Recycling“ starten erste Ansätze zur Kreislaufwirtschaft, und „Gelber Sack“, Glas- und Papierrecycling beginnen, die Gesellschaft auf Kreisläufe der Materie vorzubereiten. Am weitesten ist die Werbung damit gediehen.

In der Industrie sind solche Materiekreisläufe überall zu finden, wo der

Ressourcenabbau und die Deponierung von Restmaterie teurer ist als die Wiederverwertung. Der Straßenbau ist vorbildlich im Recycling.

Das Bauwesen – immer recht wertkonservativ geblieben – ist mit seinen kleinen Projekten nicht so spektakulär in den Bilanzen, dass dringend nach Wirtschaftlichkeit gesucht wird, zumal die Zeiträume der Veränderung lang sind und nicht beabsichtigt. Der Gedanke, ein Bauwerk als Wirtschaftsunternehmen zu führen (Facility Management), ist jung und erst im Wachsen. Hier wird das Bauwerk in seinem gesamten Lebensvollzug von der Erstellung bis zum Abbau gesehen:

Produktion – Konsum – Reduktion (wie natürliche Ökosysteme).

Und als Stoffbilanz lautet die „Fruchtfolge":

Produktion – Konsum – Reduktion – Produktion – Konsum – usw. (auch wie natürliche Ökosysteme).

Gleichzeitig verliert die Kreislaufwirtschaft den irrigen Begriff *„Entsorgung"*, den es nicht gibt, denn irgendwo im System verbleibt die Materie (1. Hauptsatz der Thermodynamik: Erhaltungssatz). Jeder Stoff muss *„ver"*sorgt werden, am besten im Wirtschaftssystem. Auch wenn wir die Spülung ziehen, ist unsere Restmaterie nicht entsorgt, sondern folgt einem komplizierten Versorgungssystem, im Idealfall – gut aufbereitet – bis zur landwirtschaftlichen Produktion.

Grundlage kreativer Entwürfe für Kreisprozesse ist die Bilanz von Energie & Materie in ihrer Wirkung auf den Rest der Welt. Unsere bestehenden Umweltgesetze geben Forschungsanreiz zur Verdünnung von Reststoffen auf ein erlaubtes Maß. Hier forschen Ingenieure mit falschem Ziel, denn erhöhte Verdünnung bedeutet gesteigerte Entropie (gleichmäßig verteilte Masse). Dem Rest der Welt hilft diese Verteilung nicht. Die mit dem Ausstoß von Restmaterie in die Umwelt erfolgende Veränderung geht nicht in die Produktbilanz ein, sondern gilt als *„externe Kosten"*. Abwendung von Schaden zahlen die Bürger oder nachfolgende Generationen.

Erst der Forschungsansatz auf völlige Bilanzierung aller Materie als *„interne Kosten"* mit dem Ziel der Wieder- und Weiterverwendung aller Materie kann uns Materiekreisläufen näher bringen. Das ist eine ungeheure und herrliche Aufgabe, der wir uns mit aller Kreativität und Neugier zuwenden müssen.

Mit der Einführung des Missing Link „Reduktion" verlassen wir erneut den Pfad natürlicher Eigenschaften, denn Kreislaufwirtschaft einer einzelnen biologischen Art ist unnatürlich, ist uns stammesgeschichtlich nicht gegeben. Wir müssen unser Verhalten entgegen unserer Veranlagung lernen. Das fällt schwer.

Recycling ist der Anfang einer Wirtschaftsordnung, in der Reduktion als Betriebszweig fest etabliert ist. Es ist dabei gleich, ob neue Betriebe sich der Reste annehmen, wie es in der Natur der Fall ist (z.B. Papier- oder Glasverwertung), und die Rohstoffe erneut zur Verfügung stellen oder ob Produzenten ihre Produkte nach Nutzung wieder zurücknehmen und für den Produktionskreislauf aufbereiten (z.B. Automobilrücknahme). Bei dieser Art Kreislaufwirtschaft besteht die Chance ganzheitlicher Planung bis zur Demontage in wieder verwertbare Elemente oder Materie.

Ökologisches Bauen ist ein Teil dieser Tendenz zur energieeffizienten Kreislaufwirtschaft, an deren Schwelle wir uns offensichtlich befinden. Romantische Naturbezogenheit ist in diesem Sinne ebenso einseitig wie technokratische Energiehysterie. Und doch sind alle auseinander strebenden Ideale ökologischen Bauens unter dem Begriff Effizienz & Kreislauf zu vereinen – jedes in seiner Bedeutung für das Ganze.

# TEIL I – Ökologisches Bauen & Stadtplanung

Ökologisches Bauen wird gern allein mit dem Begriff „Energieeinsparung" definiert. In Anbetracht der sorglosen Verbrennung wertvoller Biomasse in Form der „fossilen Energieträger" kommt der effizienten Energienutzung im Bauwesen große Bedeutung zu.

Wenn über Energie gesprochen wird, spielt gleichzeitig Materie eine ebenbürtige Rolle und umgekehrt, sind doch alle Umwandlungsprozesse in der Natur ein Spiel zwischen den beiden Zuständen in der Physik: Energie oder Materie ($e = m \cdot c^2$). Dieser Teil beleuchtet zunächst den betrieblichen Umsatz der Ressourcen, insbesondere der Energie für Bauwerke und ihr Gefüge zu Siedlungen und Städten auf der Erdoberfläche als Biotop der Menschen in ihrer selbstgestalteten Lebensgemeinschaft.

Zukunftsstandort der Hochkultur

## Genius mundi – Genius loci

Die Einteilung der Räume hat sich in der Geschichte vorwiegend aus den örtlichen Gegebenheiten und den dadurch möglichen Wirtschafts- und Verkehrsstrukturen geformt. Zum Teil ist Raumordnung politischer Herkunft und durch Machtstrukturen geprägt. Raumplanung reagiert auf regionale Ressourcen, wie es Ökosysteme tun, und kann mit dieser Einbindung in die Region zum ökologischen Bauen zählen oder erfüllt politische Ziele und hat mit ökologischem Bauen nicht zwingend zu tun.



Wenn wir über ökologisches Bauen nachzudenken beginnen, ist es gut, von großen räumlichen Zusammenhängen auszugehen, um stufenweise zu den uns nahe liegenden Bereichen zu gelangen. Jedes kleine Ökosystem ist in größere Strukturen eingebettet und diese wieder in noch größere. *Jim Lovelock* postuliert sogar ein globales Ökosystem „GAIA" als Klima steuernde biologische Ganzheit und belegt seine Hypothese (*„Gaia – a new look at life on Earth"*, Oxford 1979) mit akribischen Details.

Ökologisches Bauen endet nicht mit der engen Betrachtung des eigenen Raumes. Es muss diesen zwingend im Zusammenhang mit größeren Regionen bewerten und im globalen Geschehen sehen. Raumordnerische Planung im Sinne der Effizienzmaxime des ökologischen Bauens stellt das lokale Potenzial einer Region für das gesamte Gesellschafts-Umwelt-System dar und bindet es sinnvoll in den übergeordneten Rahmen bis zur globalen Bedeutung ein. Die sich ständig entwickelnden Mittel globaler Informations-, Energie- und Materialflüsse sind in diesen Plan dynamisch einzubeziehen. Raumplanung ist ein ständiger Prozess der Optimierung mit sich fließend verändernden Faktoren. Vergleichbar ist der Prozess der Sukzession von Ökosystemen bis zur Klimax.

Das Beschwören des Genius loci *(Christian Norberg Schulz)* als selig machende Kraft gebauter Umwelt für Menschen kann also in einer Welt nicht allein stehen, die heute rundum vernetzt ist und aus der jeder Mensch zu jeder Zeit Bilder sehen und in die er zu jeder Zeit zu jedem Punkt in Kürze gelangen kann. Wir haben die gesamte Erdkugel erobert und uns darauf ausgebreitet. Information umfliegt sie mit Lichtgeschwindigkeit, materielle Transporte sind ein wenig langsamer. Wir wissen, der Mittelpunkt der Erde ist immer dort, wo wir gerade stehen. Den Blick in den Rest der Welt verstellen wir uns gern mit eigenen Problemen oder der eigenen Verblendung. Nur im Rahmen des globalen Geschehens aber können wir unsere – bescheidene – Rolle im Gang der Welt einschätzen.

Der Lebensraum auf der Erde, in dem wir auch ohne die Prothesen unserer Zivilisation leben könnten, sind die tropischen & subtropischen Zonen. Die Zähmung des Feuers, die Nutzung fossiler Brennstoffe hat uns den Rest der Welt eröffnet. Was ist, wenn diese Quellen versiegen? Werden wir der Sonne folgend wieder zu unserer alten Welt zurückkehren? Wird sich unsere Hoch„kultur" dorthin verlagern?

Die effiziente Energienutzung der „postfossilen" Wirtschaftssysteme auf Solarbasis ist dort, wo Sonne im Überfluss scheint. Setzen wir einen weitgehenden Kreislauf der Materie zu dem Zeitpunkt voraus, sind die Orte der Ressourcenbergung für Kulturansiedlung nachrangig, allein die Energiequelle zählt. Diesem Aspekt folgend, würde die Dritte Welt die Erste und umgekehrt. Eine Verlagerung der Hoch„kultur" und ihres Erfindungsreichtums den Ressourcen folgend ist die Konsequenz. Dieses Gesamtbild der global wichtigsten Energiequelle „Sonne" und ihrer effizienten Nutzung ist für ökonomische Perspektiven der Zukunft von Bedeutung. Genius mundi (im Geiste der Welt) hebt die Augen weit über den Horizont des Standorts.

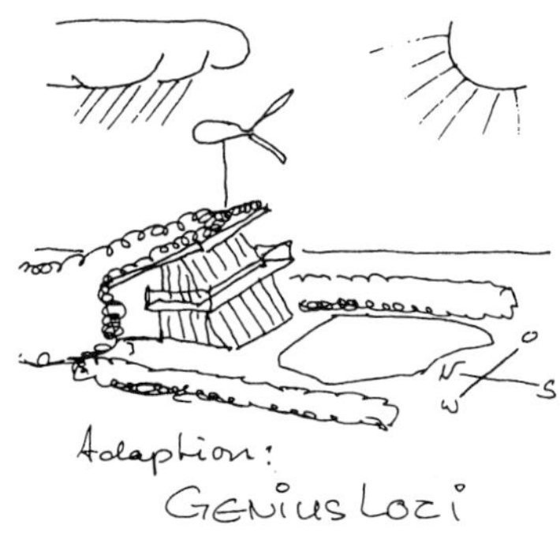


Jeder Standort hat sein eigenes Ressourcenspektrum. Je geringer das Potenzial an Ressourcen ist, desto effizienter muss es genutzt werden, um gute Lebensbedingungen zu erhalten. Mangel macht erfinderisch. Ausgeklügelte Wasserversorgung finden wir in der Landwirtschaft der Wüstengebiete.

Je weiter die gebaute Umwelt auf die Besonderheit der örtlichen Ressourcen eingeht, desto mehr wird sie vom Ort geprägt, umso effizienter nutzt sie das örtliche Potenzial der gegebenen Klimafaktoren, umso mehr verdient der Ort menschlicher Ansiedlung das Prädikat „Genius loci" (im

Geiste des Ortes). Das Selbstverständnis, das „Sein im Sein" *(Martin Heidegger)* macht die gebaute Umwelt zur Naturerscheinung – nur hier und nicht anderswo möglich. Diese Identität – so Norberg Schulz – führt auch die Bewohner zu einer Identifizierung mit dem Ort.

OHNE GENIUS LOCI

Die gesichtslosen Masken ortloser Bauwerke des „international style" sind nur durch den verschwenderischen Umgang mit fossiler Energie zur Heizung bzw. zur Kühlung je nach Lage möglich gewesen. Schon aufgrund des Energieverbrauchs können diese Bauwerke nicht zukunftweisend sein, auch nicht in ihren hochtrabenden Varianten mit Doppelfassade, die sich in kühner Arroganz „ökologisch" nennen.

Ökologisches Bauen wird im übergeordneten Sinn des Genius mundi immer die Qualität des Genius loci aufweisen.

## – Nutzungszuordnung

Die Ordnung der Lebensgemeinschaft und ihr Materialfluss in Ökosystemen folgt der Tendenz zu maximaler Effizienz (Klimax). Ob dieser Tendenz ein Steuermechanismus zugrunde liegt und wie dieser aussehen könnte, entzieht sich offenbar unserer Wahrnehmungsfähigkeit. Wir beobachten den Effekt.

Jäger & Sammler

Die Ordnung menschlichen Lebens begann, eingebunden in den Naturhaushalt, als eine Primatenart in Ökosystemen zunächst als Jäger & Sammler. Ebenfalls noch eingebunden in regionale Ökosysteme war die erste Epoche der Agrargeschichte *(Wilhelm Abel, „Die drei Epochen der deutschen Agrargeschichte"*, Hannover 1962). Es ist die Natural- oder Einplanwirtschaft der beginnenden Sesshaftigkeit. Der frühe Bauernhof gab seinen Bewohnern alles, was sie zum Leben brauchten: Behausung, Nahrung, Kleidung und anderes aus seiner direkten Umgebung.

Einplanwirtschaft

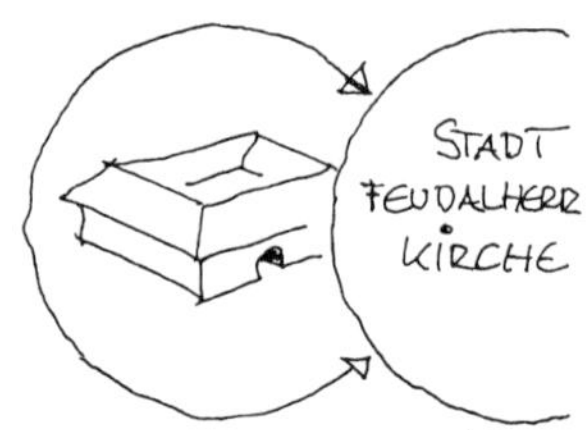

Feudalwirtschaft

GENOSSENSCHAFTEN

Die zweite Epoche, die kommerziell-feudale Gesellschaftswirtschaft, entfernte sich aus dem direkten Bezug zur Region. Die Agrarproduktion musste erhöht werden, um andere Menschen, seien es Feudalherren, Kirchenfürsten oder eine Stadt, mit ernähren zu können. Es entstand ein Markt. Mit dem Erlös seiner Überproduktion konnte der Bauer Dinge erwerben, die die Natur um seinen Hof nicht zu bieten hatte (oft entsprach seine Lieferung allerdings nur einem Schutzgeld vor erpresserischen bösen Räubern oder dem erpressenden Feudalherren selbst).

Die dritte Epoche, im Zeitalter der Industrialisierung, brachte große Produktionseinheiten und Genossenschaften.

Die räumliche Zuordnung von Produzenten und Konsumenten ist an dem Idealbild des *Johann von Thünen* (um 1820) darzustellen (Abel s.o.):

„*Man denke sich eine sehr große Stadt* (nur Berlin und Hamburg hatten damals mehr als 100 000 Einwohner) *in der Mitte einer fruchtbaren Ebene gelegen, die von keinem schiffbaren Fluße oder Kanale durchströmt wird. Die Ebene selbst bestehe aus einem durchaus gleichen Boden, der überall der Kultur fähig ist. In großer Entfernung von der Stadt endige die Ebene in einer unkultivierten Wildnis, wodurch dieser Staat von der übrigen Welt gänzlich getrennt ist... Wie wird sich unter diesen Verhältnissen der Ackerbau gestalten und wie wird die größere oder geringere Entfernung von der Stadt auf den Landbau einwirken, wenn dieser mit höchster Konsequenz getrieben wird?*“



Thünen postuliert, dass sich um die Stadt konzentrische Ringe legen werden, in denen nacheinander freie Wirtschaft (Obst & Gemüse), Forstwirtschaft (Heizung & Baumaterial), Fruchtwechselwirtschaft (Getreide & Rüben), Dreifelderwirtschaft (Getreide) und Weidewirtschaft (Fleisch & Milchprodukte) betrieben wird.

Dieses als „*Thünensche Kreise*“ berühmte Bild hat im Grunde nicht an Bedeutung verloren, wollte man eine Stadt effizient aus der Region ernähren. Es kann im Sinne regionaler, human gesteuerter Ökosysteme durchaus Vorbild für örtliche Versorgungsstrukturen und damit Ziel ökologischer Planung sein. Der von Thünen beschriebene „Insel“-Betrieb einer selbstversorgenden Gesellschaft muss nicht nur für Inseln gelten. Auch in unserer Welt des Informations- und Verkehrsverbunds ist diese Struktur denkbar, wenn hohe Effizienz des örtlichen Potenzials das Ziel ist. Nach den beiden Weltkriegen kam es z.B. zu Plänen, Städte aus umliegenden Gärtnerhöfen mit intensivem Anbau zu ernähren. Aus Not und wegen der gestörten Verbindung zum Rest der Welt konnte dieses Modell entstehen.

Heute ist der Markt auch für Nahrungsmittel und Naturprodukte wie Holz global, und die Verkehrsmittel ermöglichen schnelle Lieferung zu geringen Preisen, solange es Länder mit sehr unterschiedlichen Löhnen gibt. Unsere Landwirtschaft verliert die wirtschaftliche Notwendigkeit und wird mit hohen Kosten in ihrem Zustand erhalten. Günstiger wäre eine extensive Landwirtschaft, noch weniger Kosten würde eine Industrielandschaft im grenzenlosen Naturschutzgebiet mit den Bauern als Hegern verursachen. Unsere Industrieprodukte tauschen wir gegen Nahrungsmittel. Dieses preiswerte Modell macht Angst, und dafür zahlen wir.

Ökonomisch, in der gegenwärtigen Welt, sind räumliche Nutzungszuordnungen nur erforderlich, wo arbeitsintensive Tätigkeiten in Niedriglohngebiete verlegt werden. Rohstoffe und Energie kommen von überall her und gelangen überall hin. Feste Standorte an Rohstoffquellen oder nahe der Energieproduktion sind Vergangenheit.

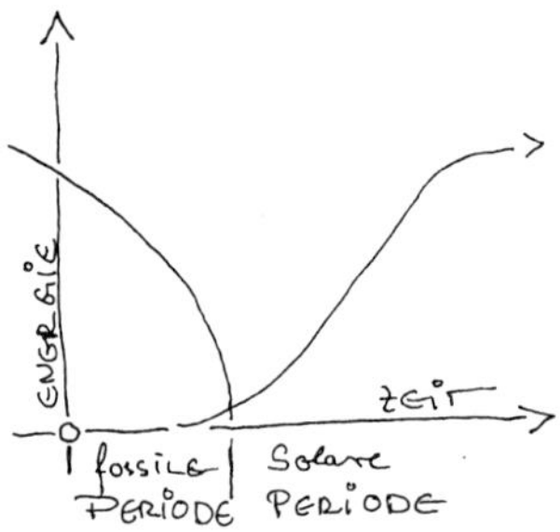


Ökologisch ist die Grundversorgung aus der Kraft der eigenen Region (Genius loci) sinnvoll. Von diesem sicheren Standort aus ist in die Welt zu blicken (Genius mundi), Industrie aufzubauen und Handel zu betreiben.

## – Energiegewinnung

Die verbleibende kurze Zeit fossiler Energieversorgung wird in dieser Fibel als Übergang in ein neues Energiezeitalter gesehen werden. Die Möglichkeit, über Spaltung oder Fusion von Atomen an die Energie des Urknalls zu gelangen, ist mangels gesicherter Restverwertung bis zur Klärung diese Problems nicht diskutabel. Es bleibt das Einfangen der gegenwärtigen Energie: Sonne, Wind- und Wasserenergie oder Biomasse.

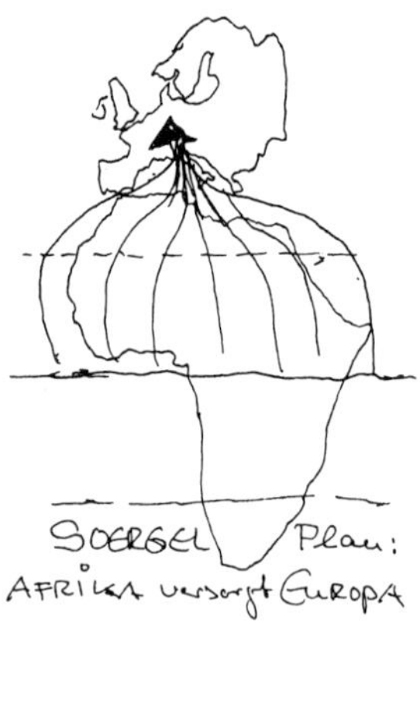


Es ist raumplanerische Aufgabe, Standorte intensiver Energiedichte festzustellen und für die Nutzung des gebotenen Energiepotenzials auszuweisen. Über die dezentrale Nutzung am Objekt hinaus (Genius loci) ist konzentrierte Energienutzung an geeigneter Stelle zu betreiben (Genius mundi).

Aus globaler Sicht kommen auf der Suche nach Standorten intensiver Energiedichte die äquatorialen Breitengrade in Frage, und es gibt genügend Pläne, auf ein paar Quadratkilometern Wüste mittels Photovoltaik die westlichen Industrienationen vielleicht sogar per Supraleiter zu versorgen.

Ein ehrgeiziges Modell der 30er Jahre war der Soergel-Plan. Der Architekt Soergel schloss die Straße von Gibraltar und ließ das Mittelmeer um 100 m verdunsten. Die großen Flüsse mündeten in riesigen Wasserkraftwerken, und es wurde eine Menge Land gewonnen. Afrika wurde mit dem Wasser des Mittelmeeres (Salzwasser!) zur Kornkammer Europas, die Afrikaner zu Sklaven der Europäer. Neue Hafenstädte wurden von berühmten Architekten zu dem Plan beigesteuert. Kaum ein Kollege konnte sich der Faszination einer so tiefgreifenden Veränderung auf der Erde entziehen. Aber bei den Politikern, selbst bei dem Gigantomanen Hitler, dessen Blick damals starr & fest nach Osten gerichtet war, hatte Soergel keinen Erfolg. Auch letzte Versuche, den Plan in den Fünfzigern des zwanzigsten Jahrhunderts noch einmal zu aktivieren, scheiterten. Weder im ökologischen noch im gesellschaftlichen Ansatz war dieser gigantische Plan wünschenswert.

Naheliegender, weil ökonomischer, ist die allmähliche Verlagerung der zur Zeit in den westlichen Industrieländern zelebrierten Hochkultur in die energiereichen Zonen der Welt.

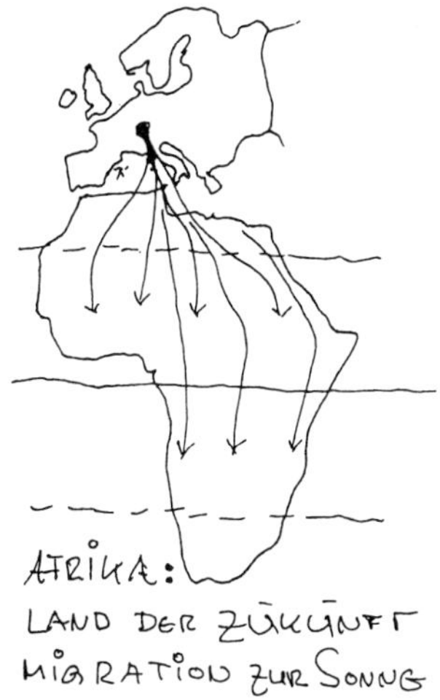




## – Mobilität

Erhaltung & Verbreitung sind die Motoren der Evolution. Verbreitung ist Angelegenheit der Mobilität. Die Techniken der Verbreitung entwickeln wir zu wachsender Geschwindigkeit bei geringerem Energieaufwand. Dieser Vorgang entspricht dem Gang der Evolution, allerdings mit in der Natur unvergleichlicher Rasanz.

Die *Informations-Mobilität* ist bereits so weit fortgeschritten und so rapide, dass ihre Geschwindigkeit und die damit verbundene innovative Entwicklung das Fassungsvermögen der meisten Menschen überschritten hat. Sie läuft schneller als unsere Generationsfolge. Kinder können heute viele Dinge der Welt nicht mehr bei den Eltern, schon gar nicht bei den Großeltern abfragen, sondern müssen sich anders orientieren. *Konrad Lorenz* führt das als einen Grund für die Entfremdung der Generationen an (*„Das sogenannte Böse"*). Dieser Vorgang entspricht nicht dem Gang der Evolution und ist Folge jener unnatürlichen Rasanz der menschlichen Entwicklung. Sie hat offenbar unsere natürliche Veranlagung und die maximal mögliche Auffassungsgeschwindigkeit überholt. Nur können wir nicht zurücknehmen, was wir wissen und wie schnell wir unsere Errungenschaften weiterentwickeln können.

Die wesentliche Aufgabe der Informationsverarbeitung in Zukunft wird nicht sein, Information massenhaft zu sammeln und zu speichern, sondern die Informationsflut wählerisch zu sortieren und zu werten. Wir müssen in Zukunft die mit Information überfluteten Menschen Selektion der gebotenen Fülle lehren.

Technische Informationsnetze sind durchaus geeignet, Energie- & Materieflüsse zu vermindern, ja zu vermeiden, z.B.:

- Dezentrale Arbeitsplätze in digitaler Vernetzung vermeiden Berufsverkehr, lockern Arbeitszeiten und fördern Teilzeitarbeit & Arbeitsteilung. Der Versicherungsmanager arbeitet aus der Hängematte seines Gartens heraus mit Kundschaft & Firma.
- Virtuelle Simulation technischer Vorgänge in der Planung verkürzt Entwicklungen und deren materiellen & energetischen Aufwand. Der Scheinwerfer eines Autos wird z.B. erst nach gründlicher CAD-Studie als Prototyp gebaut.
- Digitale Nachrichtentechnik ersetzt den hohen Papieraufwand und beschleunigt die Informationsverbreitung. Eine Zeitung wird erst im letzten Augenblick ihrer Entstehung auf Papier materialisiert. Aller Inhalt kommt digital & virtuell zusammen.

- Virtuelle Materiallager helfen Aufwand für Bau und Unterhaltung großer Waren- und Materiallager zu sparen. Der Auftrag „als Kommission" lagert vor der Fertigung auf der Festplatte und wird erst nach völliger Vorbereitung im virtuellen Bereich am Ende materialisiert und geliefert. „Lieferzeit" heißt das virtuelle Lager, das auf den Kunden verschoben wird. Gelingt noch die Vorabkasse eines Drittels bei Bestellung, müssen nicht einmal die Kosten vorgestreckt werden.

Das Zeitungsbeispiel lässt deutlich die Problematik der Ent-Materialisierung und Ent-Sozialisierung einer digitalen Welt erkennen. Die Bildschirmnachricht kann das Zeitungsblatt am Frühstückstisch noch nicht ersetzen. Ein schönes Buch in der Hand hat andere Qualitäten als die gleiche Nachricht auf CD vom Bildschirm.

Home-shopping, -banking, -assuring, -learning bis zu virtuellen Sexspielen konzentrieren die Welt auf den Bildschirm und fördern autistische Züge in der durch die Verdichtung der Art schon dazu vorgeprägten Gesellschaft. Kommunikativer Ausgleich und die Freude an schönen Dingen sind zwingende Ergänzung zur digitalen Welt. Ob dann die energetische & materielle Einsparung in der Berufswelt durch neue Sehnsucht nach Kommunikation & haptischen Freuden wieder aufgehoben wird, soll die Entwicklung zeigen.

Die *Energie-Mobilität* ist durch die Transportmedien für Energie bzw. Energieträger begrenzt. Sie nimmt z.Zt. nicht die hohe Entwicklungsgeschwindigkeit der Informationssysteme auf, folgt aber auch der Tendenz, bei geringerem Aufwand mehr leisten zu wollen.

Von den örtlichen Energiequellen (Wald, Wasser, Wind & Sonne), wie in den *Thünenschen Kreisen* dargestellt, zu den fossilen Energieträgern hat sich das Bild der Energieflüsse nicht einschneidend verändert. Alle aus der Erdkruste geborgenen Energieträger als Feststoff (Kohle), Flüssigkeit (Erdöl) oder Gas (Erdgas) mussten nach aufwendiger Bergung ebenso aufwendig transportiert und verteilt werden. Industrie siedelte sich dort an, wo Rohstoffe und Energie nahe beieinander lagen (Ruhrgebiet, Elsass-Lothringen, Saarland, Oberschlesien).

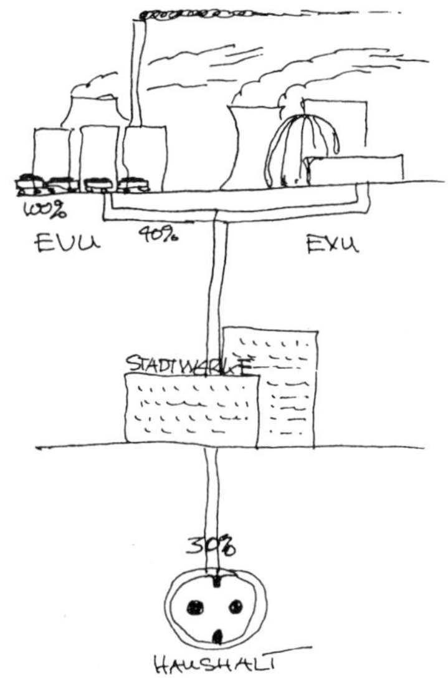


Mit Entwicklung und Rationalisierung von Transportsystemen schwand die örtliche Gebundenheit von Produktionsstätten an Rohstoff- & Energiequellen mit kurzen Wegen und wenigen Stoffumschlägen (Heben und Umladen).

Der Transport von Energie geschieht nur noch für Kohle als Stück- bzw. Schüttgut am besten auf dem Wasser, aufwendiger per Gleis oder Straße. Gase & Flüssigkeiten fließen in Pipelines, deren Wartung allerdings auch mit Aufwand verbunden ist. Die feine Verteilung in Rohren ist nur bei Gas üblich. Flüssigkeiten werden in Vorratsbehälter eingelagert.



Die Umwandlung der so genannten primären Energieträger (als biologisch eingespeicherte Sonnenenergie sind sie schon „sekundär“) in elektrischen Strom geschieht in thermischen Kraftwerken mit mäßiger Effizienz. Kann das Kraftwerk noch aus den fossilen Trägern ca. 40 % Strom herausholen (der Rest ist „Ab“wärme), so kommen in der Steckdose ca. 30 % des primären Einsatzes an. Der Rest geht unterwegs verloren. Diese Verluste entstehen im Wesentlichen durch die Umformung in Hochspannung für weiten Transport und in der Hochspannung selbst. Die Konzentration auf große Kraftwerke und die notwendige Feinverteilung sind der Grund.

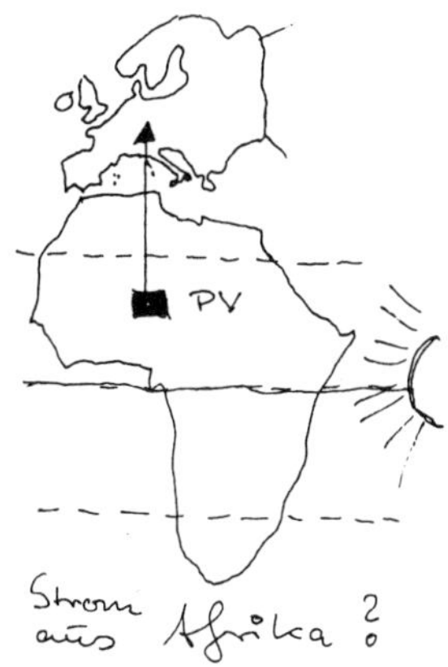


Die Vision großer photovoltaischer Kraftwerke z.B. in der Sahara zur Versorgung unserer Breiten mit Strom wird allein durch die enormen Leitungsverluste gebremst. Der Traum von verlustarmen Supraleitern erfüllt sich nicht, so lange diese bei ca. –200 °C gehalten werden müssen. Die Umwandlung von Solarstrom in Wasserstoff hat Transportprobleme, weil das kleinste Atom des Periodensystems übliche Leitungsmaterialien durchdringt.

Die eingeschränkte Mobilität von Energie kann unser bestehendes System ökonomischer Konstellationen in Zukunft, wenn fossile Energie verbraucht ist, global verändern, wenn es nicht neue Erkenntnisse für den rationellen Stromtransport gibt. Wie sich die Industrie an den gefundenen Ressourcen der Erde ansiedelte und dort mit wachsender Prosperität Kunst & Kultur konzentrierte, wird nun die rationellste Energienutzung vor Ort mit kurzen Leitungen unter geringer Spannung zunehmend der Ort der Industrie, der dann die Kultur tragende Region wird. Das ist geographisch der Kontinent Afrika mit dem meisten Land am Äquator sowie Indien und Mittelamerika.

Die *Material-Mobilität* hängt ab von der Art & Menge des Transportguts, dem Transportmittel und dem Transportweg, der Verpackung, dem notwendigen Hebezeug, der Zahl der Umschläge sowie der Eile. Materialtransporte sind heute kein die Wirtschaft hemmendes Ereignis. Rohstoffe, Halbzeuge und Fertigprodukte werden in standardisierten Containern um die Welt geschickt, damit an verschiedenen Orten der Erde unterschiedliche Handhabungen daran getätigt werden. Die frische Nordseekrabbe aus dem Delikatessenladen war nach dem Fang aus der See bereits in Marokko, wo sie „gepult" wurde. Der italienische Designeranzug wurde in Taiwan genäht, die keltische Volkstums-Schnitzerei auf Reykjaviks Touristenmarkt stammt aus China (steht auf keltisch drunter). Die moderne Wirtschaft nennt das „Outsourcing". Das bedeutet, die Arbeit an einem Projekt so geschickt zu verteilen, dass in der Summe das Beste zum günstigsten Aufwand herauskommt. „Do, what you can best and outsource the rest", heißt der Slogan.

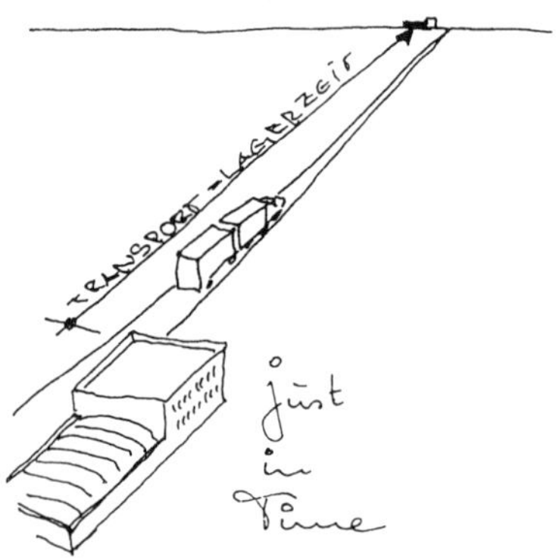


Es verwundert nicht, wenn das Lebendige der Natur sich dieser neuen Transportmittel bedient und auszubreiten versucht. Pflanzen- und Tierarten werden andernorts eingeführt oder finden eigene Wege ungewollten Exports. Vogelspinnen in Bananenstauden oder Piranhas in der Gironde sind bekannte Beispiele der Nutzung menschlicher Transportsysteme zur eigenen Verbreitung (*„Die Ameise als Tramp", Bernhard Kegel*, Zürich 1999).

Die Transportgeschwindigkeit für Massengüter ist auch heute nicht außergewöhnlich gestiegen. Der Logistiker eines Produktionsteams achtet vielmehr darauf, dass alle Materie zur richtigen Zeit am richtigen Ort ist. Transportmittel sind auf diese Weise zu mobilen Materiallagern der Produktionskette geworden und wirken kostensparend auf den Gesamtprozess. *„Müll ist Materie zur falschen Zeit am falschen Ort"*, beleuchtet dieses komplizierte und empfindliche Waren-Verkehrsnetz. *„Just in time"* ist das Zauberwort des globalen Materialflusses und der Vermeidung kostenintensiver und umschlagreicher Lagerwirtschaft. Dieser Begriff könnte Schlüssel zu einer gemächlichen aber zeitgenauen Entwicklung werden.

Wenn ein großer Teil der Ressourcen unserer Erde abgebaut ist oder sein Abbau teurer wird als dessen Recycling und wenn die Deponierung von Restmaterie teurer wird als das Recycling der Stoffe, ist die menschliche Kultur von den Rohstoffquellen entbunden und kann an jeder Stelle der Erde und nach anderen Kriterien als den materiellen den geeigneten Ort zum Leben finden. Die geringen Bergbauarbeiten zur Auffüllung des Entropieverlustes sind marginal. Wenn es dann nur um rationelle Energienutzung gehen wird, steht wieder der afrikanische Kontinent als Favorit vorn.

*Menschen-Mobilität* hat rapide zugenommen. Die Informations-Mobilität bringt die Welt zusammen, gibt uns Einblick, nimmt die Angst vor dem Fremden oder gibt sie erst. Sie macht uns neugierig mit einem sicheren oder bedrückenden Gefühl. Der Wille zur Mobilität ist durch die globale Information geweckt oder gelähmt.

Die globale Mobilität per Flugzeug gestattet uns, in weniger als einem Tag an der gerade von uns entferntesten Stelle auf der Erde zu sein. Manche Menschen kennen kaum ihre Stadt, aber „jetten" um die Welt. Der Genius mundi verschafft uns wieder einen Hauch vom Jäger & Sammler.



Die lokale Mobilität wird geprägt vom in persönlicher Freiheit zu gestaltenden Individualverkehr und dem sozial zusammenfassenden gemeinschaftlich organisierten Kommunalverkehr.

Rationale Argumente allein für diese oder jene Form, für dieses oder jenes Zusammenspiel beider Systeme oder die Schwerpunkte der Systeme in den unterschiedlich dichten Regionen scheitern an dem geschickt aufgebauten Prestige-Image des Automobils. Es ist mehr als Verkehrsmittel, hochstilisiert durch hervorragende Marktstrategien, deren Sklaven die meisten Menschen bereits sind. Wenn wir die Lebenszeit, die wir für Kauf & Unterhaltung eines Autos arbeiten müssen, sowie die Zeit für Fahren, Parken & Staustehen darin zusammenrechnen, wäre ein Fahrrad in den meisten Fällen wirtschaftlicher und Zeit sparender. Die Selbstorganisation, sich mit seiner Mobilität an Fahrplänen kommunaler Verkehrsmittel zu orientieren, sollte leicht fallen, wenn diese gute Rhythmen aufwiesen. Wir nehmen sie nur notgedrungen. Der Jäger will allein in die Wildnis reiten. Der Kampf verbissen radelnder städtischer Verkehrsplaner gegen das Auto und damit gegen den Individualverkehr ist grotesk. Sinnvolles städtisches Verkehrsverhalten kann es erst nach einer Verlagerung des Mythos, zu dem das Automobil wurde, auf einen anderen Gegenstand des Lebens geben („*Der neue Nomade, E.W. Heine*, Zürich 1986).

## Städtebau

Mit dem Städtebau beginnt die „Genius loci"-Denkweise. Sie kann heute nicht ohne „Genius mundi"-Gedanken sinnvoll sein. Schon Johann von Thünen hat sein Stadtmodell wie ein theoretisches Spiel beschrieben, das die Stadt als Insel ohne Anbindung an die Welt darstellt. Unsere menschliche Welt stellt sich auf zwei Ebenen dar:

- Die natürliche Umwelt, das Biotop mit seinen Boden-, Wasser- und Lebensverhältnissen und dem bestehenden Potenzial an Lebenskraft und die Faktoren des lokalen Klimas mit allen Gegebenheiten an Sonnenstrahlung, Niederschlägen und Wind. Diese Welt ist im Grunde in sich ruhend mit geringen Verbindungen nach außen, wie Thünen seine ideale Stadt beschreibt. Ohne menschliche Ansiedlung wäre die Welt so in Ordnung. Genius loci.

- Die künstliche Welt der Menschen, die das Biotop völlig verändert und überfordert hat (und das nicht immer unter den Maximen „Effizienz & Kreislauf der Materie") und die zur Selbsterhaltung weit über den Standort hinaus Versorgungsnetze des Austauschs gesponnen hat. Diese Welt ist heute global ausgebreitet und wirkt bis in die kleinste Siedlungseinheit. Ein Gang durch ALDI bestätigt das. Genius mundi.

Diese beiden Welten überlagern sich. Die erste könnte ein Merkmal des Ortes in seinem Potenzial und in seiner Bedeutung für den Rest der Welt sein, der zweite in seiner Bedeutung *in* der Welt. Die Ausschöpfung des eigenen Potenzials, bevor anderes von anderswoher in Anspruch genommen wird, ist sicher gesamtwirtschaftlich sinnvoll. Insofern könnte das Ideal der Thünenschen Kreise als städtebauliches Leitbild durchaus Bedeutung im Sinne von Effizienz und Materiekreisläufen gewinnen. Genius loci gewinnt erst dann wieder ökonomische Bedeutung, wenn sich globaler Ressourcen- und Lohnausgleich einstellt.

## – Bauleitplanung

Nach einer eher hinweisenden Raumordnung & Landesplanung sind Bauleitpläne Gemeindegesetze. Vorbereitender Bauleitplan ist der Flächennutzungsplan, verbindlicher Bauleitplan ist der Bebauungsplan. Sie sollen

*„eine geordnete städtebauliche Entwicklung und eine dem Wohle der Allgemeinheit entsprechende sozialgerechte Bodennutzung gewährleisten und dazu beitragen, eine menschenwürdige Umwelt zu sichern und die natürlichen Lebensgrundlagen zu schützen und zu entwickeln“* (Baugesetzbuch). Das Letztere könnte mit Mühe als Aufforderung im Sinne Thünens ausgelegt werden, ist aber sicher verstärkend zum Naturschutz unter der Maxime „mehr Grün in die Städte“ zu verstehen.

Nein, im Sinne von Energieeffizienz & Kreislauf der Materie bietet das Baugesetzbuch nichts. Es ist vornehmlich für die Verhältnisse der Menschen untereinander bestimmt, für Besitzverhältnisse und gegenseitigen Schutz voreinander. Es ist nicht für die Verhältnisse der Menschen zum Rest der Welt bestimmt. Trotzdem legen Bauleitpläne gesetzmäßig Dinge fest, deren Durchführung dem ökologischen Bauen helfen oder ihm entgegenstehen.

*Flächennutzungspläne* zonieren Nutzungen für das Plangebiet und darüber hinaus anteilig für übergeordnete Systeme (Autobahn, Flugschneisen, Abbaugebiete). Sie wirken verkehrsfördernd, wenn Arbeitsstätten oder Freizeiteinrichtungen weit von Wohnorten entfernt sind. Sie wirken landverbrauchend und kostentreibend, wenn die Bebauungsdichte große Grundstücke und nachfolgend hohe Infrastrukturkosten (Wasser, Abwasser oder Schule, Kindergarten) mit sich bringt. 

Der Flächennutzungsplan könnte über seine bestehende Aufgabe hinaus nach sorgfältiger Analyse des örtlichen Naturpotenzials Grundlage für eine fein abgestimmte Nutzung dieses Potenzials sein. Wasser- & Windkraftanlagen könnten ermittelt & festgelegt, Solarnutzung gefordert und Biogasproduktion aus organischen Resten der Land- & Forstwirtschaft und der Kläranlagen eingerichtet werden. Windschneisen zur Stadtlüftung und Grünzüge zur Entstaubung sind nach Lokalklimastudien einzurichten. Dazu bedarf es der örtlichen Registrierung des Lokalklimas. Jedes Rathaus muss eine Wetterstation auf dem Dach haben, und die Gemeinde sollte ihren Architekten Langzeitmessungen des örtlichen Klimas bieten. Erst dann lässt sich angemessen bauen.

Ein „ökologischer“ Flächennutzungsplan für städtische Bereiche, aufgestellt unter der Maxime „Energieeffizienz & Kreislauf der Materie“ hätte folgende Merkmale:

– Hohe Dichte: Insbesondere Wohngebiete in verdichteter Form, zweigeschossig bis viergeschossig mit Dachgärten. Andere Wohnformen mit hohem Flächenbedarf sind nicht „ökologisch“.

- Nutzungsmischung: Wohnen, Arbeit, Freizeit & Kultur können heute dicht beieinander liegen. Lärm, Schmutz in Boden, Wasser & Luft sind per Verordnung minimiert, so dass der einstige Grund für die Nutzungstrennung als städtebauliche Qualität entfallen ist.
- Freiflächen: Die durch Verdichtung eingesparten Flächen siedlungsnah für tägliche Naherholung gestalten, Kultureinrichtungen dort ansiedeln, Spiel & Sport dazu gesellen.
- Verkehr: Die Mischung vorwiegend fußläufig erschließen, Fahrrad, Inliner oder Skateboard und andere muskelbetriebene Fahrzeuge wie kommunales Laufrad fördern. Gute Nahverkehrsanbindung an ein Zentrum.
- Infrastruktur: Angemessene Ausstattung mit Läden, Kindergärten, Grundschule etc. in den Freiflächen.
- Versorgung: Kurze Leitungen mit hoher Ausnutzung, wenig Straßen, gut ausgebautes Wegenetz sparen Erschließungsaufwand.

Flächennutzungspläne in solcher Qualität sind rar. Des braven Bürgers Heiligtum, das frei stehende Einfamilienhaus, bleibt so lange Gegenstand der Stadtplanung, wie ein Stadtrat demokratisch gewählt wird. Es ist nun einmal eine Schwäche demokratischer Systeme, pluralistische (die Mehrheit befriedigende) Entscheidungen fällen zu müssen, wollen die Entscheidungsträger von eben jener Mehrheit wiedergewählt werden. Pluralistische, populistische Entscheidungen landen erfahrungsgemäß am unteren Rand der Mäßigkeit. Jeder einzelne Wähler denkt an seinen Vorteil. Er wählt nicht, was allgemein gut sein könnte, sondern, was ihm nützt. Die Summe dieser Einzelinteressen landet auf dem geringsten Nenner.



Städte, zu denen wir, ihre Struktur bewundernd, reisen, sind in der Regel „aus einer Hand", meist sogar „von starker Hand" geplant. Herrscher oder Militärs sind die Autoren. Milet, Priene, New York, Mannheim oder Karlsruhe sind Beispiele. Der Architekt Oskar Niemeyer hatte Mitte des 20sten Jahrhunderts noch einmal die Chance, „Brasilia" als Hauptstadt Brasiliens insgesamt zu entwerfen. Auch die „gewachsenen" Städte unserer Bewunderung folgten strengen Regeln der Ausnutzung jeden Quadratmeters innerhalb der schützenden Mauern. Rat und Zünfte führten ein strenges Regiment. Rothenburg o.d.T. und San Gimigniano sind herausragende Touristenattraktionen, eigentlich jede „Altstadt". Niemandem fiele ein, Stadtentwicklungen unserer Tage zu besuchen.

Einsam herausragendes Beispiel für ökologische Stadtentwicklung ist das *„Leinesee-Projekt“* des Architekten *Peter Grobe* in Hannover zur Gestaltung der EXPO 2000. Es sah im Kiesabbaugebiet der Leine einen großen See vor, der sich vom Maschteich am Rathaus über den Maschsee nach Süden bis vor Pattensen erstreckte. An diese unbebaubare Wasserfläche, die das Gefühl von Weite bot, gliederte er verdichtete Wohnbebauung teils mit Graften an, platzierte einen Teil der EXPO 2000, der später Dienstleistungen aufnehmen sollte; Bäder, Segelschulen, Bootsverleih und Wanderwege schufen ein intensives Freizeitgelände für ganz Hannover. Seetheater, Skulpturenpark, Kunstpfade und Energiepark um den See herum boten eine Vielfalt an Erholung auf unterschiedlicher Ebene. Mit einer Linienschifffahrt konnten alle Einrichtungen vom Wasser aus erschlossen werden, so dass alles zu Fuß erreichbar war, aber auch per Fahrrad oder mit anderen Muskelfahrzeugen. Östlich des Leinesees führte die Stadtbahn parallel dazu nach Süden Richtung Hildesheim. Westlich sollte die im Pendlerverkehr völlig überlastete B3 mit einer neuen Stadtbahnlinie mindestens bis Pattensen verstärkt werden. Sie würde später die B3 entlasten und den Leinesee von der Westseite her bedienen.

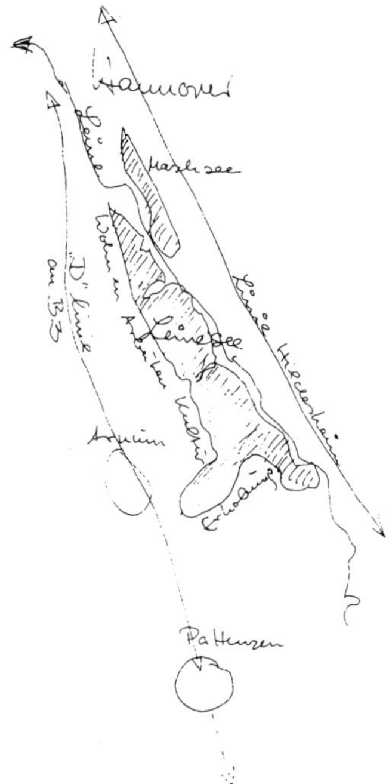




Dieses Projekt wurde auf der Wiener Tagung *„Die ökologische Stadt“* (1993) international beachtet und bewundert, war es doch der einzig großräumliche Vorschlag, der den Tagungstitel verdiente.

Die Stadt Hannover und ihre Bürger lehnten diesen Vorschlag rigoros ab.

*Bebauungspläne* legen Art & Maß der baulichen Nutzung, die Bauweise, die überbaubare bzw. nicht bebaubare Fläche sowie die Stellung der baulichen Anlagen, Größe, Breite & Tiefe von Grundstücken fest. Sie greifen damit intensiv in die bauliche Gestalt des Plangebiets ein.

Betrachten wir Einfamilienhausgebiete jüngerer Zeit, in denen alle Baumarktartikel in vollständiger Breite der Angebotspalette zur Schau gestellt werden (sog. Wildschweinsiedlungen), so ist eine regulierende Bauleitplanung wohltuend. Noch in den fünfziger Jahren, als es nur begrenzt und lokal wirksam Baustoffe gab, entstanden sehr einheitlich wirkende Siedlungen. Zu den Auswirkungen der Baumärkte lese man *Matthias Horx' „die wilden Achziger“* letztes Kapitel über „Bebraismus“.

Bebauungspläne mit engen Festsetzungen und Gestaltungssatzung sind oft besonders phantasiereichen Bauherren & Architekten ausgesetzt, die die Lücken suchen und dann sehr außergewöhnliche Geschwülste auf die Grundstücke platzieren.

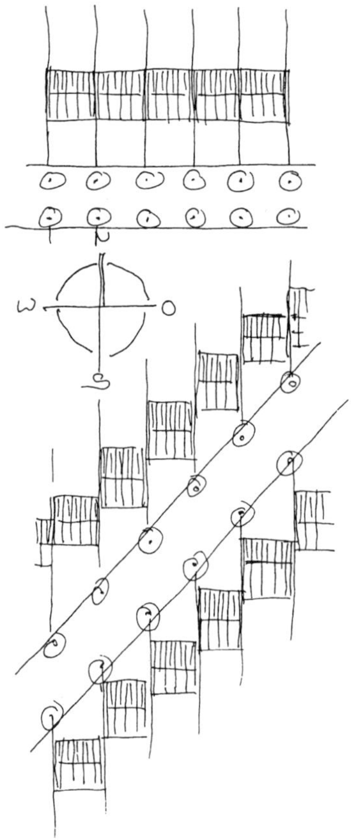

Bebauungspläne mit wenigen Festsetzungen „verwildschweinen“ sofort. Genius loci, der Sinn für den Ort, die Integration in das Gegebene kann vom Häuslebauer nicht erwartet werden, vielleicht von niemandem.

Die harmonische Gestaltung von Siedlungseinheiten kann wohl nur erreicht werden, wenn sie „aus einer Hand“ erstellt und erst dann vergeben wird, um die Baumarkt-Accessoires zumindest auf eine einheitliche Grundstruktur kleben zu lassen.

Zum anderen kann ein Bebauungsplan mit Pflanzgeboten eine Grünstruktur entstehen lassen, die auch eine „Wildschweinsiedlung“ in ihren alles bedeckenden Mantel nimmt.

Der Wunsch nach einer schönen Stadtgestalt ist im Bebauungsplan nur sehr mühsam festzulegen. Sinnvoller und oft praktiziert ist die gemeinsame Abstimmung von Projekten in gegenseitiger Beachtung der Interessen zu einem von allen gewünschten Ergebnis.

Für das ökologische Bauen kann der Bebauungsplan nachhaltige Auswirkung haben. Als auf o.a. Tagung „Die ökologische Stadt“ der Wiener Bürgermeister die Folie einer „Ökosiedlung“ auflegte und verzweifelt drehte, bis sie richtig lag, entlarvte er unbewusst ihre Qualität. Auch ohne Nordpfeil sollte ein „ökologischer“ Bebauungsplan sofort in seiner Ausrichtung erkannt werden, denn er richtet sich nach dem Gang der Sonne. Die Möglichkeit zur Nutzung von Sonnenenergie, aktiv oder passiv, sollte für jede Nutzungseinheit im Plangebiet die Regel und nur ausnahmsweise nicht gegeben sein. Die Südausrichtung der Gebäude ist Standard. Das Anrainen an anders laufende Straßenzüge kann gestaffelt verlaufen.

Die Bebauungsplanung sollte alle zum ökologischen Bauen von Gebäuden zählenden Forderungen ermöglichen. Das fällt schwer, wo diese Forderungen unterschiedlich bzw. noch nicht erkannt oder nicht mehr Stand der Erkenntnis sind. Gebote & Verbote von Baustoffen aus „ökologischer Verantwortung“ z.B. sind oft übertrieben oder gar ungerechtfertigt. Das Verbot von Tropenholz oder gar Aluminium (das vierthäufigste Element in der Erdkruste) stammt aus wenig verständigem Sendungsbewusstsein.

Auch wenn der Bebauungsplan langfristig wirksam das öffentliche Interesse und die soziale Ausgeglichenheit tragen soll, werden Aussagen zum schadfreien, wieder- oder weiter verwendbaren Abbau der zu errichtenden Bauwerke nicht gemacht. Kreislauf der Materie & Energieeffizienz gehen noch in die Bebauungsplanung ein.

## – Stadtraum

Stadtraum ist alles zwischen den Bauwerken. Wohn- oder Arbeitsumfeld sind neue Worte für Teilbereiche. Der Städter lebt allein oder in kleiner Gruppe in seinem Bau und arbeitet allein oder in kleiner Gruppe im selben oder in einem anderen Bau. Wenn er seinen Bau verlässt, ist er im Stadtraum mit allen anderen Städtern zur selben Zeit am gleichen Ort. Er ist in Gassen und Wegen, auf Straßen, auf Plätzen, in Parks oder Grünanlagen, im Freibad oder am Leinesee.

Stadtraum ist auch in Gebäuden, die allen zugänglich, also öffentlich sind, auch wenn sich mancher Raum dem Besucher nur gegen Entgelt öffnet. Läden & Kaufhäuser, Theater & Museen, Bäder & Sportbauten oder das Rathaus sind z.B. Stadtraum. Schulen, Universitäten oder Krankenhäuser sind auf bestimmte Städter abgestimmte Räume, die andere nur unsicher und mit der Beklemmung des nicht Berechtigten betreten.

Stadtraum obliegt der öffentlichen Planung, selten der privaten. Er könnte „aus einer Hand“ gestaltet sein, zeigt aber letztlich Spuren vieler Hände unterschiedlicher Epochen und anderer Entwicklungen als Stil- und Gestaltmix mit manchmal chaotischem Charme. Stadtraumgestalt ist oft der planerischen Willkür aufeinanderfolgender Schwerpunktthemen sowie Moden ausgesetzt. Einmal dominiert Denkmalpflege im Übermaß, dann Naturschutz & Grünplanung oder der Hass auf Automobile als Planerfeind N° 1 oder die Möblierung von Stadtraum mit Pollern, Kübeln, Buden, Bänken oder Mäuerchen. Das Ergebnis ist oft verheerend. Denkmalauflagen zwingen Hausbesitzer, jegliche Pflege am Objekt zu unterlassen, verbissene Ökologisten verhindern die Bebauung von Bauland wegen einer Blume, oder klassische dominante Stadtverkehrsachsen werden Fußgängerzonen unter Umleitung des Fahrverkehrs auf verschlungener Fährte, damit kein Fremder sich zurechtfindet. Straßenzüge mit parallelen Häuserfronten und Straßenbäumen werden künstlich zu Slalompisten verballhornt und locken zu Mopedrennen um die Schikanen. Bürgerproteste dokumentieren den verbissenen Eigensinn so mancher öffentlichen Planung.

Genius loci, der Sinn für den Ort, kann offenbar nicht einmal Stadtraumgestaltern und ihren Ratsherren etwas bedeuten. Die den Bestand in seiner Bedeutung und Gestalt integrierende Entwicklung & Erneuerung des Stadtraums geschieht bescheiden und in Betonung der vorhandenen Struktur, so sie es verdient. In der Befürchtung, dass solche Stadtgestaltung zeitgemäße Architektur darstellt, fliehen viele Planer in den Historismus und „tümeln“ mangels Phantasie nach Väter Sitte in ihrem Stadtraum.

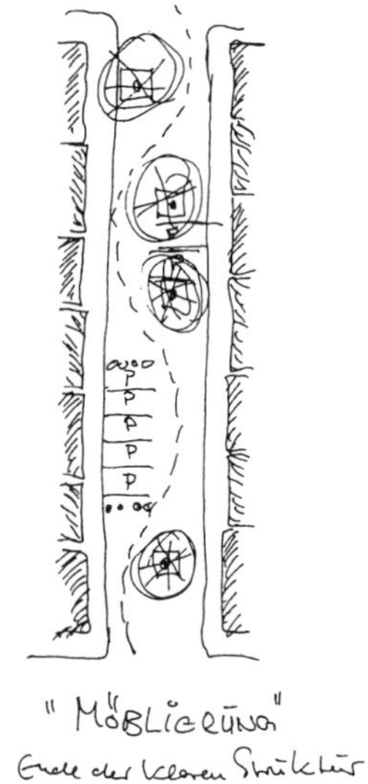


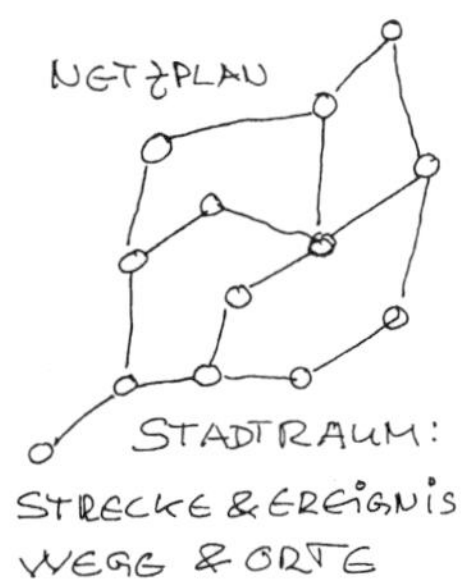


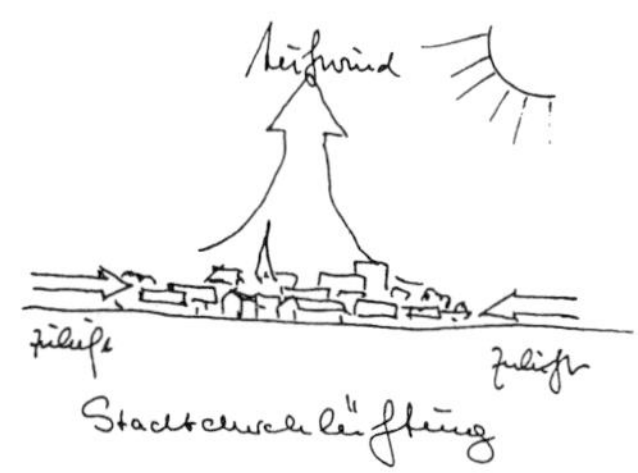

Nun hilft Gemähre wenig, weil die Dinge einfach geschehen, ob sie allen passen oder nicht. Schädlich ist nur, wenn im Namen des ökologischen Bauens Monstrositäten entfacht werden, die den eigentlichen Grundsätzen von Effizienz & Kreislauf nicht entsprechen.

Stadtraumgestaltung ist in erster Linie eine künstlerische & soziale Aufgabe. Das Spiel von Weite & Begrenztheit, die Anordnung von Brennpunkten und ruhigen Strecken, die Harmonie von Außenraum und Innenraum sind Gegenstand der Raumkunst.

Im Sinne ökologischen Bauens nimmt Stadtraumplanung folgende funktionale Aspekte zusätzlich zur künstlerischen und sozial qualitätvollen Gestaltung städtischer Außenräume auf:

- Stadtdurchlüftung gemäß der lokalen Hauptwindrichtung selbst bei Flaute oder Inversionslagen in geeigneten Windschneisen fördern
- Luftbefeuchtung & Staubbindung durch Wasserspiele, offene Regenwasserführung, Grünanlagen & Fassadengrün
- Wetterschutz trocken & schattig mit Arkaden, leichten Dächern oder Galerien
- Verkehrsmischung für alle Arten der Mobilität
- Nutzungsmischung zur Belebung der Stadträume zu allen Tageszeiten
- Geringe Festlegungen zur Nutzungsüberlagerung und zur Förderung von Toleranz & Rücksichtnahme
- Verbindung & Vernetzung von größeren Stadträumen mit angrenzenden Landräumen zur Naherholung und Freizeitgestaltung.

Ein großer Bereich städtischen Raums hat sich bisher weitgehend der städtischen Planung entzogen und ist einer kleinen Gruppe Menschen, Studenten, Bohemiens oder wohlhabenden Penthouse-Bewohnern, vorbehalten. Die Dächer der Stadt – vielleicht die Hälfte ihrer Fläche – sind fast ungenutzt, und doch liegen sie der Sonne nahe mit Blick in die mächtigen Baumkronen ihrer Straßenalleen. Stadtraum auf den Dächern, Gärten, Lokale, Spielplätze und Parks, Rad- und Fußwege, Brücken zwischen den Blockinseln eröffnen die Weite städtischer Strukturen auf neuer erhabener Ebene. Eng bebaute Stadtviertel werden zu Licht, Luft & Sonne geführt. Ungestört und nicht störend verläuft der Fahrverkehr am Boden. Das zweite Geschoss Stadtraum ist mit Fahrstühlen und Treppen nach unten vernetzt. Öffentliche Bauten wie auch private Wohnhäuser sind von beiden Niveaus zu erschließen. Die Tendenz, zur Hebung der Urbanität düstere unterirdische Stadtraumerweiterungen anzubieten, wird durch die Stadtdach-Nutzung abgelöst.

Technisch möglich und letztlich effizient wäre die Auslegung der Stadtdächer zur Energiegewinnung. Strom & Wärme aus der Sonne könnten einen beträchtlichen Beitrag liefern. Eine 9 $km^2$ große Kleinstadt (3 km × 3 km) mit 4 $km^2$ Dachaufsichtsfläche empfängt jährlich (Einstrahlung: 1000 $kWh/m^2a$) vier Mrd. kWh oder 4000 MWh Sonnenenergie. Davon könnten etwa 10 % Strom und 30 % Wärme genutzt werden. Bei 30 Pfennig/kWh wären das immerhin 480 Mio DM. Da brauchen die Stadtwerke nur wenig Energie zuzuliefern und die schadstofffreie Energielieferung könnte die „Ökosteuer“ mindern, die für externe Kosten anderer Produktionen aus unserer Haushaltskasse gezogen wird. Der schöne Stadtraum auf den Dächern aber wäre belegt.

Ein Konflikt zwischen technischer Nutzung oder gesellschaftlicher Qualität tritt hier auf. Die energetischen Erbsenzähler neigen zur Nutzung jeden Quadratmeters für die Energiegewinnung. Es sollte jedoch angemerkt sein, dass wir in erster Linie leben und uns dieses so angenehm wie möglich gestalten wollen. Einseitige Auslegung von Interessen (s.o.) ist fast immer gegen Lebensvielfalt & Lebensqualität. Stadtraum aber ist in erster Linie der Ort für Lebensqualität. Jedes nicht genutzte Dach der Stadt bedeutet Landverbrauch und ist Grundstücksverschwendung.



## Stadttechnik

Stadttechnik bewältigt einen Teil des materiellen & energetischen Umsatzes der Stadt, den Stoffwechsel des von Menschen geschaffenen Ökosystems Stadt als eine Art Ernährungs- & Verdauungssystem des städtischen Großorganismus. Die meist verborgen liegenden Pipelines für Wasser, Strom, Gas, Wärme oder Information aber auch die sichtbaren für Straßenbeleuchtung, Abfälle bzw. Reststoffsammlung, Stadtreinigung bis zur Feuerwehr stellen ein kompliziertes & komplexes Gesamtsystem dar, das aufgebaut, gepflegt, erhalten sowie stets aktualisiert werden muss, wenn es optimal und zukunftsträchtig arbeiten soll. Der Entwurf stadttechnischer Anlagen ist kreative Ingenieuraufgabe, die der Bürger, gemessen an anderen städtischen Einrichtungen, kaum wahrnimmt.

Aus der Geschichte wissen wir um Pest & Cholera durch mangelhafte Stadttechnik und um heldenhaftes Ausharren bei Belagerung durch ausgeklügelte Stadttechnik, z.B. mittels Zisternenbau.

Der Beitrag der Stadttechnik zu Energieeffizienz & Kreislauf der Materie ist sehr hoch.

Dem Stadtbürger allerdings ist der Effekt, mit weniger Umsatz das gleiche oder gar mehr zu erreichen (z.B. Wasser- oder Energieeinsparung) dann verdächtig, wenn gleichzeitig die Kosten für die verbrauchte Einheit ($m^3$ Wasser oder kWh Strom) steigen. Dass Wartung & Aktualisierung des Stadtnetzes nun auf geringeren Umsatz umgelegt werden müssen, ist dem Bürger durch die Verborgenheit des Systems schwer nahe zu bringen.

## – Trinkwasser

Trinkwasser ist Lebensmittel und entsprechend amtlich überwacht. Die Versorgung mit Trinkwasser ist selbst in niederschlagsreichen Gegenden mit wachsender Dichte und zunehmender Bodenveränderung durch Industrie & Landwirtschaft immer schwerer geworden. Grund- oder Quellwasser zum direkten Gebrauch sind Rarität. Wasserwerke arbeiten das gewonnene Wasser chemisch & mechanisch zu Trinkwasser auf. Viele Städte bereiten sogar das eigene Abwasser auf. „If you drink this water, it will have passed eight people“, stand an einer Londoner Zapfstelle (Kreislauf der Materie). Andere Städte können kein Trinkwasser in der Leitung liefern. Der Pariser kauft sein Trinkwasser wie manch anderer Franzose im Supermarchée. In sehr wasserarmen Gegenden werden keine Trinkwasserleitungen gebaut (z.B. Kuwait). Der Wasserverkäufer liefert es vom LKW in die häusliche Zisterne. Diese Lieferung in Rationen regt zum Sparen an.

Wasser wird in einem natürlichen Umlauf mit Sonnenenergie auf dreifache Weise aufbereitet:

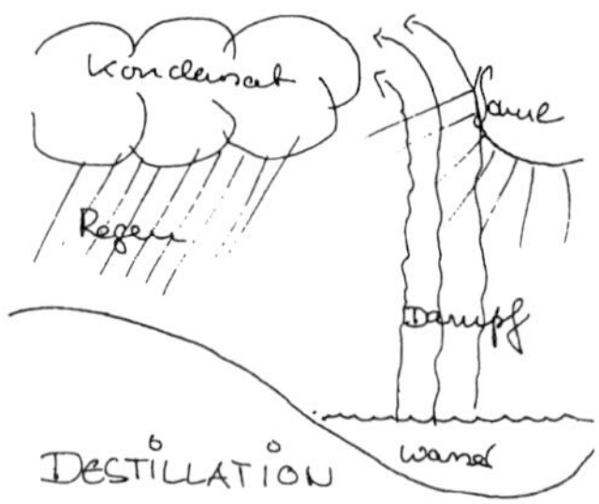


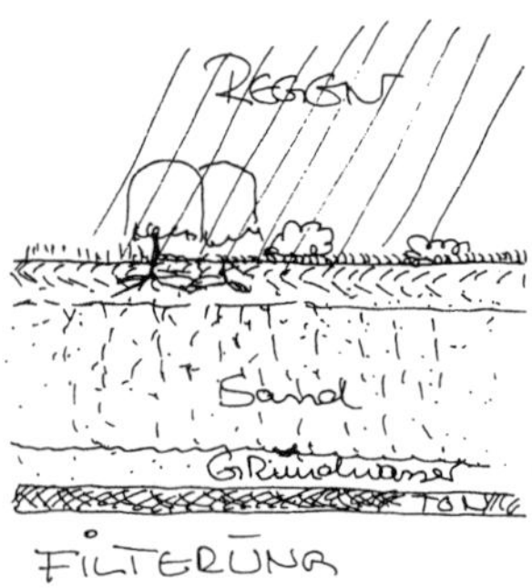

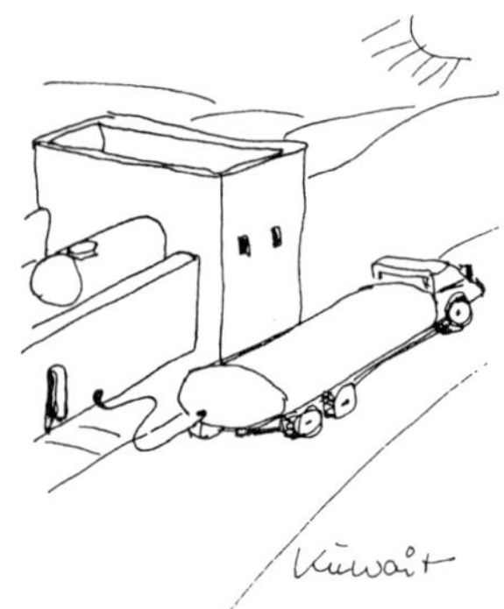

1. Sonne verdunstet Wasser zu molekularem Dampf, der in die Atmosphäre aufsteigt. 12 300 km$^2$ Wasser sind ständig in der Atmosphäre und erneuern sich 40-mal im Jahr. Das ist eine Destillation, die reines Wasser ($H_2O$) ergibt. Obwohl es in unserer inzwischen an Materie reichen Atmosphäre Stoffe aufnimmt, schmeckt Regenwasser fad wie Aqua destillata ($H_2O$).
2. Niederschläge versickern im Boden durch einen natürlichen Filter aus mineralischen Schichten von Sand & Kies, der Schwebstoffe zurückhält und das Wasser mineralisiert. So bekommt es seinen frischen und herzhaften Geschmack, ist kühl & nahezu keimfrei.
3. Oberflächengewässer wie Seen & Flüsse bereiten Niederschläge und Wasserzuläufe biologisch auf und verwerten sie in ihren Ökosystemen aus Pflanzen und Kleinlebewesen.

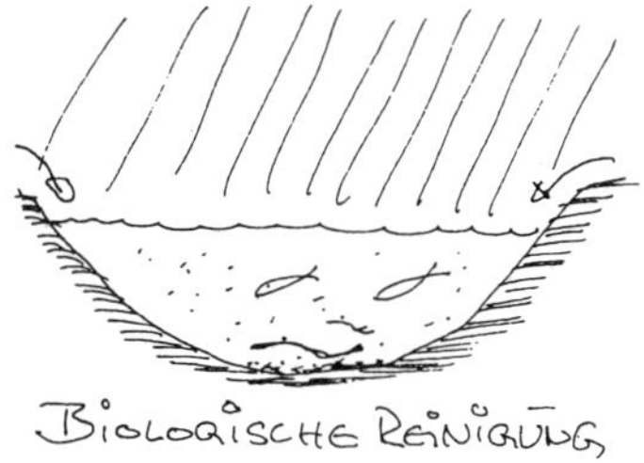


Trinkwasser wird aus Grundwasser, Flüssen & Seen gewonnen, selten direkt aus Niederschlägen (Zisternen). Da das gesamte Trinkwassernetz Behälter für Lebensmittel ist, wird es streng überwacht. Ausschlaggebend für die Wasserqualität an der Zapfstelle sind die Verweilzeiten im Netz. Selbst große Wasserverbände betreiben deshalb dezentrale kleine Wasserwerke mit möglichst kurzen Leitungen und entsprechend geringen Standzeiten als effiziente Trinkwassersysteme.

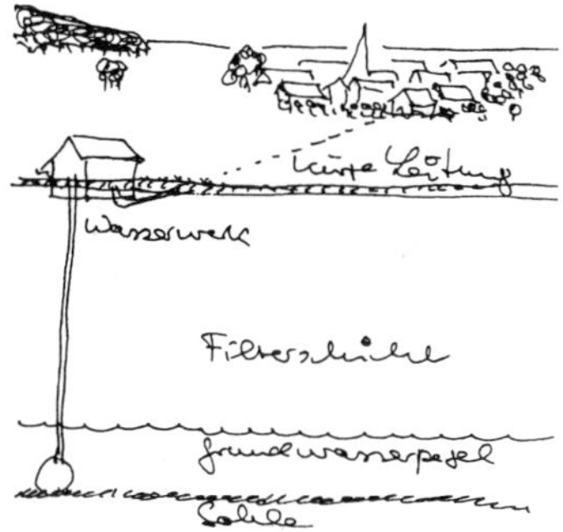


Große Versorgungsachsen für Trinkwasser müssen in bestimmten Abständen Wasserwerke zur Aufbereitung des auf dem Wege mit Keimen angereicherten Wassers unterhalten. Anspruch auf Trinkwasserqualität haben nicht alle Nutzungen im Haushalt. Vor allem Toilettenspülung könnte minderes Wasser nutzen (>).

Die städtische Vorhaltung von zwei Wasserversorgungssystemen (für Trinkwasser und für Brauchwasser), um kostbares und kostenträchtiges Trinkwasser einzusparen, wurde mehrfach ausprobiert und hat sich nicht langfristig bewährt (>). Kurzschlüsse in den Systemen und falsche Nutzung sind die Gründe.

Pragmatische Zweitsysteme sind gekauftes Trinkwasser (Paris) oder dezentrale Quellen aus Brunnen oder Regenwasser. Gewerbebetriebe bereiten ihr Wasser oft selbst auf (z.B. Autowaschanlagen).

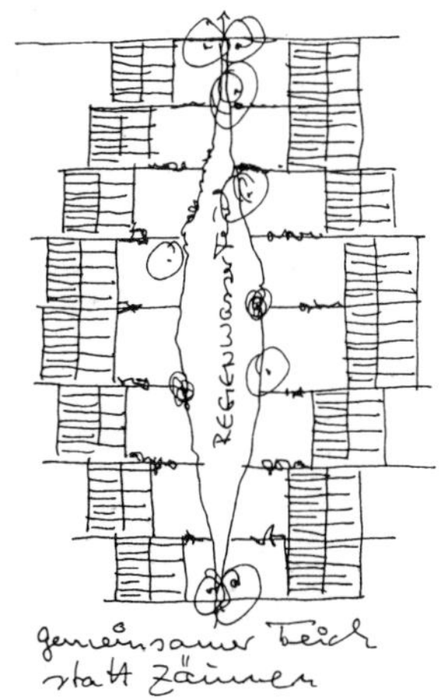


## – Regenwasser

Noch bis in die achtziger Jahre war es Ziel der Siedlungswasserwirtschaft, alle in Siedlungsgebieten anfallenden Wässer, sogar kleine Fließgewässer, in Kanälen abzuleiten und zentralen Behandlungssystemen ungeachtet ihrer Qualitäten zur Reinigung zuzuführen. Die Kosten zahlte der Bürger. Heute wird teils Rückbau betrieben, und die Maximen lauten:

- Regenwasser so lange wie möglich im Gebiet halten
- Regenwasser stark verzögert ableiten
- Regenwasser als Brauchwasser nutzen.

Und die baulichen Einrichtungen dazu sind Rückhaltung, Versickerung, Gründächer und Zisternen (>).

Rückhaltung geschieht in Pufferbecken in angemessener Größe, die intensive Regenereignisse bergen und nach Abfluss der Wassermengen verzögert ableiten.

Regenwasserversickerung kann dezentral am Haus, in Hausgruppen bis zu zentralen Anlagen größerer Einheiten geplant werden (>). Zu berücksichtigen sind Herkunft & Qualität des Wassers, Hydrogeologie, Wasserschutz, Topographie, verfügbare Fläche, Wasserwirtschaft & Wasserbewirtschaftung.

Die üblichen Versickerungstechniken sind Muldenversickerung oberirdisch in flachen, begrünten Landschaftsmulden und unterirdisch als Rohr-Rigolenversickerung mit Drainrohren in Kiesmantel oder Schachtversickerung. Auch Kombinationen der Methoden werden angewandt. Sickerfähigkeit des Bodens und Grundwasserstand begrenzen die Versickerungsmöglichkeit (>).

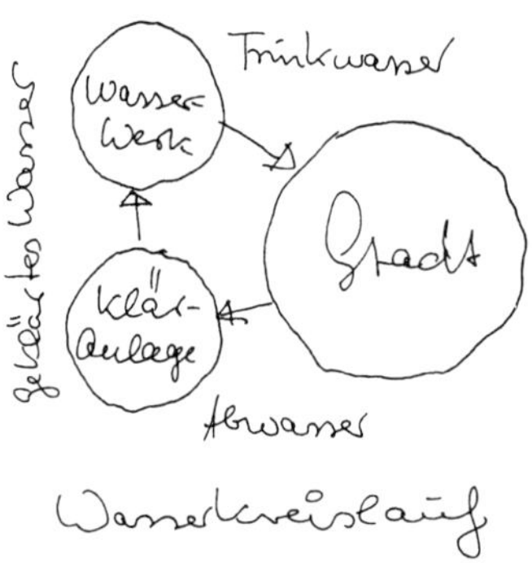


## – Abwasser

Trinkwasser wird nicht allein zum Trinken und Kochen benutzt, sondern auch zum Waschen, Reinigen, sogar zur Toilettenspülung. Nach Nutzung kommt Wasser niederer Qualität aus den Haushaltungen heraus: Abwasser. Es enthält im Idealfall die Reste unseres Nahrungsumsatzes und Schmutz sowie die Reinigungsmittel, mit denen der Schmutz entfernt wurde. Schon in Haushaltungen können zusätzlich Farbreste, Lösungsmittel, Photochemikalien u.Ä. beigemischt werden. Das Fanggitter der Kläranlage sammelt ein Kuriositätenkabinett.

Abwasser wird in unterirdischen Kanälen beträchtlichen Durchmessers gesammelt. Selbst in großen Metropolen der Welt wird es ohne Klärung einem Fluss oder See überlassen, ins Meer geleitet oder irgendwo versickert. Die Aufarbeitung des Wassers wird den natürlichen Systemen überlassen, auch wenn die enthaltenen Substanzen nicht zu verarbeiten sind. Die Schäden in den Gewässern sind enorm, und die Lebensqualität im verseuchten Naherholungsgebiet sinkt. Programme zur Abwasseraufbereitung laufen und sollten vordringlich gefördert werden.

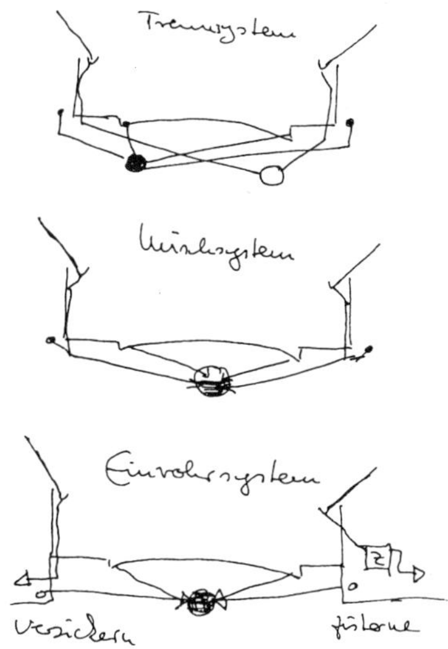


Am besten wird Abwasser gesammelt und Kläranlagen zur Aufbereitung zugeleitet. Diese nehmen auf chemische, biologische und mechanische Weise die eingeleiteten Stoffe aus dem Wasser und lassen gereinigtes Wasser in Flüsse oder Seen ab. Selbst Wasserwerke können hier angeschlossen werden, die Trinkwasser herstellen und einen nahezu geschlossenen Wasserkreislauf inszenieren.

Zwei Abwassersysteme sind in dem Städten üblich: Trennsystem und Mischsystem.

Trennsysteme führen ein Schmutzwasser- und ein Regenwasserrohr. Regenwasser wird direkt in die „Vorflut“ geleitet, Schmutzwasser durchläuft die Kläranlagen. Dieses System ist im Netz aufwendig, für die Klärung aber effizient.



Mischsysteme führen Schmutz- und Regenwasser in einem Rohr. Das ist im Netz zwar günstig, auch mit weiten Durchmessern für Platzregenfälle, erfordert aber aufwendige Klärung großer Wassermengen mit verdünnter Substanz. Bakterien in Kläranlagen hätten gern Dickes, um gut zu leben.

Heute werden „Einrohr“systeme propagiert, die Schmutzwasser zur Kläranlage transportieren. Regenwasser soll auf den Grundstücken versickert oder gespeichert und genutzt werden. Diese Tendenz entspricht den Maximen des ökologischen Bauens, örtliche Ressourcen zu nutzen.

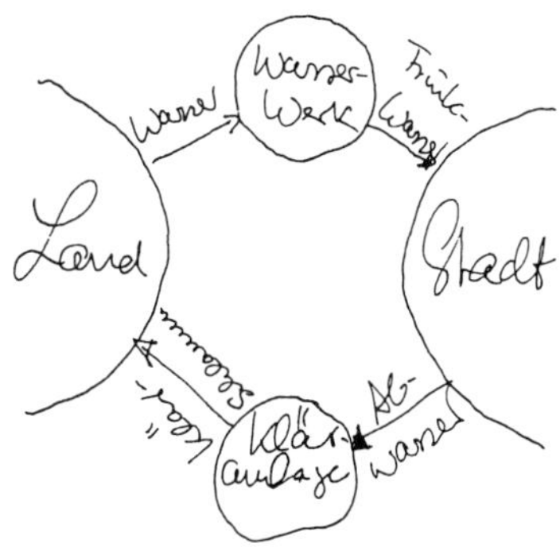


Straßenabwässer sollten wegen der Verschmutzung mit schwer abbaubaren Stoffen die Kläranlage passieren.

Städtische Strukturen sind in ihrer Infrastruktur homogene Einheiten. So auch das Abwassersystem. Je nach Größe sind entsprechende Klärungen zu bauen. Es ist falsch verstandene „Ökologie“, in der Großstadt eigene kleine Kläranlagen mit Pflanzen oder Tropfkörpern zu basteln, wie es zu Beginn der Ökowelle nach ländlichem Vorbild geschah.

Im Sinne des Nahrungskreislaufs wäre eine Trennung der Haushaltsabwässer von Gewerbeabwässern sinnvoll oder eine dezentrale Vorklärung gewerblicher Wässer am Ort der Entstehung. Der Klärschlamm der städtischen Anlagen könnte so bedenkenlos den Weg zurück auf die Äcker zur erneuten Nahrungsmittelproduktion finden.

## – Strom

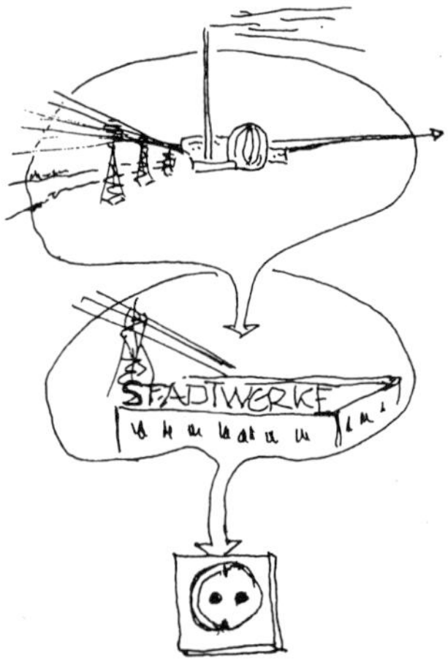


Strom kommt aus der Steckdose. Davor aber kommt er von den Stadtwerken, und die beziehen ihn vom Kraftwerkbetreiber. Der verbrennt in der Regel fossile Energieträger, macht Dampf und treibt damit Generatoren an. Manche lassen Atome aufspalten, machen aber auch nur Dampf und treiben Generatoren an. Stromproduktion ist primitiv und wenig effizient. Zwischendurch wird Strom umgeformt, hochgespannt und wieder herunter, abgesichert und gezählt, ehe er an der Steckdose zur Verfügung steht. Das Erdkabel ist effizienter und weniger schädlich als die Freileitung, die zum „Elektrosmog" beiträgt.

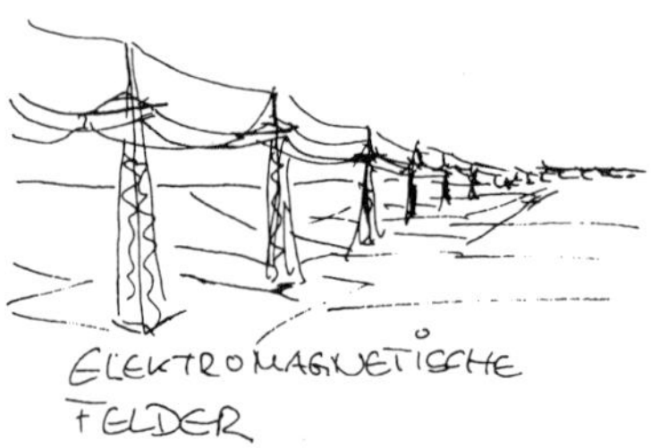


Das städtische Leitungsnetz versorgt alle Haushalte. Es kann von allen Seiten auch Strom empfangen. Jede kleine Photovoltaik-Anlage, jedes Windrad oder kleines Wasserkraftwerk können das städtische Netz abrechenbar bedienen. Die Tendenz vieler Stadtwerke zu autarken Einheiten, die ihre Energie aus unterschiedlichen Quellen, auch aus der Region beziehen, nimmt zu und ist im Sinn regionaler Ressourcenausnutzung zukunftsweisend und dringend zu fördern.

Elektrischer Strom ist trotz seiner primitiven Produktion die edelste Energieform, die wir kennen und die universell einsetzbar ist. Trotzdem sollten wir diese wertvolle Energie nur dort nutzen, wo andere Energieformen versagen (siehe Gebäudetechnik), wollen wir nicht mit Kanonen auf Spatzen schießen (>).

## – Information

Information verteilen Informationsgesellschaften. Das Monopol der Post als öffentliche Einrichtung ist beendet. Die persönliche und wechselseitige Information per Telefon, Fax, Bildschirm und E-Mail übernehmen Telefongesellschaften. Die rezeptive Information per Rundfunk & Fernsehen tragen Kabelgesellschaften, wenn nicht die brave Antenne oder die Satellitenschüssel unabhängig von der Stadttechnik Bild & Ton bieten.

Mit Elektrizität oder mit Licht in Glasfaserkabeln werden Informationen über ein städtisches Verteilernetz in die Haushalte geführt. Auch dieses unsichtbare System von so hoher Bedeutung für unseren Lebensbereich ist mit seinen Verstärkern, Verteilern und Kanälen Teil der in aller Stille vorgehaltenen Stadttechnik, deren Existenz wir erst bemerken, wenn etwas nicht mehr funktioniert.

Aus Sicht der Forschung im Themenkreis „Elektrosmog“ ist der Funkverkehr mit seinen elektromagnetischen Energien völlig gegen Kabelführungen auszutauschen. Wie wirksam schon kleine Funkanlagen auf empfindliche elektronische Apparaturen wirken können, zeigt das vorbeugende Verbot von Mobiltelefonen in Krankenhäusern, Flugzeugen oder Datenzentralen.

## – Wärme

Wärme kann als Fernwärme auch Gegenstand städtischer Verteilung sein. Fernwärmeleitungen oberirdisch verlegt sind plump & hässlich. Sie verschandeln den Stadtraum. Unterirdisch ist der Installationsaufwand größer, die Effizienz höher und das Stadtbild ungestört.

Wärme als Heißwasser in Rohren lange Strecken zu transportieren, erscheint unsinnig. Trotz guter Wärmedämmung der Leitungen ist die Wärmeabgabe in die Umwelt hoch, liegt doch der Temperaturunterschied im kalten Winter bei 100 °C, im Erdreich bei 80 °C. Effiziente Wärmeverteilung kann nur in hochgedämmten kurzen Leitungen denkbar sein. Wärme ist kein Medium für lange Transporte.



Fernwärme ist sinnvoll, wenn an geeigneter Stelle Wärme abzugeben ist, die andernfalls nach Umweltbelastung in das Universum abginge.

Heizwerke mit alleiniger Wärmeproduktion sind unsinnig. Allein die Konzentration der Verbrennung und die Vermeidung vieler, vielleicht schlecht und wenig effizient geführter Brennstellen rechtfertigt weder den technisch-materiellen Aufwand noch den hohen Energieverlust der Anlage.

Ideal stände das thermische Kraftwerk, sei es mit unterirdisch zugeführten fossilen Brennstoffen oder durch Kernspaltung (ist ja sicher) betrieben, im Zentrum der Stadt. Die Generatoren lieferten den Strom direkt an der Stelle des größten Verbrauchs. Die 60 % ungenutzte Wärme würden über kurze Leitungen die Stadt versorgen. Nicht der Kirchturm, sondern das Kraftwerk ist das Signal des ersten Erkennens einer Stadt. Abgebrannte Kernbrennstäbe könnten, in Quarzglas gegossen (ist ja sicher), über Jahrtausende die Gewächshäuser der Peripherie heizen (Thünen-

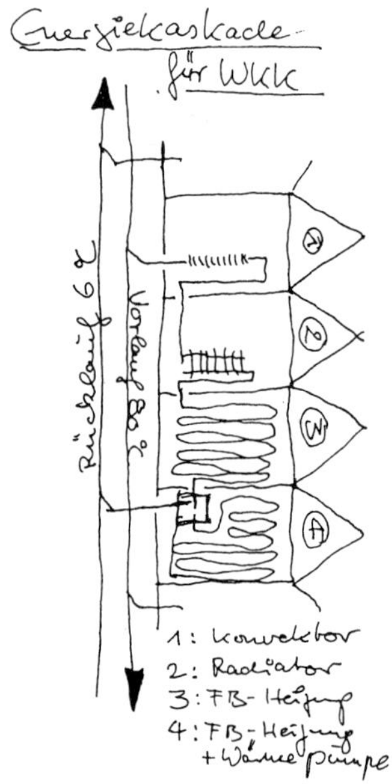


sche Kreise) oder, dezentral, sogar Einfamilienhäuser mit einer dauerhaften Wärmequelle versorgen.

Wärme-Kraft-Kopplung heißt die oben in großem Maßstab beschriebene Technik, die in kleineren Einheiten mit Nah-Wärme-Systemen eine sinnvolle Variante der Fernwärme darstellt. Ein Generator produziert mit hoher Effizienz Elektrizität. Eine Maschine treibt ihn mit geringerer Effizienz an, sei es ein Diesel- oder Ottomotor, eine Gas- oder eine Dampfturbine. Die nicht in Strom umsetzbare Wärme – im Kraftwerk heißt sie „Ab"wärme – wird zu nahen Nutzern geleitet und sorgt für Warmwasser & Raumheizung (>).

Die Ausnutzung der Fern- oder Nahwärme aus der städtischen Leitung ist noch nicht gut genug, um effizient genannt zu werden. Natürlich muss das System ganzheitlich aufeinander abgestimmt werden. Bisher werden die 80 °C Vorlauf über Radiatoren genutzt, deren Rücklauf mit 60–50 °C immer noch gedämmt werden müsste. Eine Kaskadenschaltung könnte optimale Energieausnutzung mit erdwarmem Rücklauf ohne Dämmung einbringen. Die Kaskade kann haus- oder geschossweise erfolgen. Nach Abzweigung aus der Hauptleitung wird zunächst der Warmwasserspeicher temperiert, dann wird eine Konvektorenheizung bedient, dann Radiatoren, eine Fußbodenheizung und, über Wärmepumpe, noch eine Heizstufe. Der Rücklauf mit etwa 6 °C friert im Winter nicht ein. Das Aufwärmpotential an der Wärmequelle ist wesentlich höher. Dieses Modell einer Wärme-Kraft-Kopplung ist zu fördern.



## – Gas

Gas ist die einzige Primärenergie, die im städtischen Netz verteilt wird. Ölleitungen oder Kohlebänder wurden nie versucht. Das ist gut. Öl & Kohle zu verbrennen ist primitiv und unverantwortlich angesichts der vielen Möglichkeiten, die diese der Neige entgegen gehenden Stoffe für unsere Kultur bieten, z.B. in Pharmazie oder in der Kunststoffherstellung.

Gas ist nicht so wertvoll wie die anderen fossilen Stoffe, ist leicht zu transportieren und auf verschiedene Weise herzustellen, wenn die fossilen Quellen des Erdgases ($CH_4$) versiegen. Sumpfgas, Deponiegas, Biogas, selbst unsere eigenen Abgase sind gleicher Art: Methan $CH_4$.

Die Stadtgasleitung ist von großer Bedeutung für die Stromeinsparung, können doch die meisten Wärme verbrauchenden Prozesse mit der Primärenergie Gas abgedeckt werden: Kochen, Backen, Raumheizung, Warmwasser und Kühlschrank. Selbst der Wärmeanteil der Waschmaschine, des Trockners und des Geschirrspülers können mit Warmwasser-Wärmetauschern laufen (>).

## – Müll

Die Stadt „Leonia" aus Italo Calvinos „Die unsichtbaren Städte" erstickt an ihren Resten von gestern. Müll ist Materie zur falschen Zeit am falschen Ort, und Müll ist ein nur noch schwer wieder trennbares Gemisch von Stoffen: wachsende Entropie.

Die Verarbeitung der Reste ihrer Bürger wird für die Städte eine zunehmend schwere Aufgabe. Wurde einst jeglicher Abfall als Müll gesammelt und „vor das Stadttor" auf eine außen liegende, wie auch immer gestaltete Deponie geschüttet, beginnt mit der Wertschätzung der Reste und ihrer möglichst reinen Sammlung für die städtische Müllabfuhr das Problem der mehrgleisigen Sammlung, der getrennten Lagerung und des Absatzes der eingesammelten Rohstoffe zur Wieder- oder Weiterverwertung. Aus der Dienstleistung „Müllabfuhr" ist eine Abfallbörse mit materiellem Umsatz entstanden. Müllmänner werden Geschäftsleute.

Dieser Wandel zur Kreislaufwirtschaft ist erst am Anfang. Das erschwert die Geschäftsführung des Stoffabsatzes, denn fließende Stoffströme, wie sie später einlaufen, sind erst auszumachen und ändern sich ständig. Unter diesem Aspekt ist nicht verwunderlich, wenn mühsam vom Bürger gesammelte Stoffe mangels Absatzes doch als Müll auf der Deponie landen. Der Rohstoffmarkt folgt nur zäh dem Sammeleifer der Stadtbürger.

Ob die Reststoffverwertung „in einer Hand" der Stadt bleibt oder an Spezialunternehmen übergeben wird, wie schon bei Glas & Papier, ist sicher unterschiedlich.

Materialtrennung in den Haushalten braucht Raum, auch Stadtraum als Zwischenlager zur Abholung. Leichte Plastiksäcke bei Starkwind z.B. gestalten den Stadtraum neu und müssen aufwendig eingesammelt werden. Dauerhafte Einrichtungen als Zwischenlager stehen 7 Tage der Woche hässlich herum. Phantasie ist gefragt.

Materialsammelhöfe in Stadtquartieren mit geschultem Personal sind über Glascontainer sowie Papier- und Gelbsackabholung hinaus eine erfolgreiche Einrichtung zur Sortierung von Haushaltsabfällen. Gerade Sondermüll oder Sperrmüll und Reste aus Wohnungsrenovierungen werden hier fachmännisch zugeordnet. Wilde Deponien von Kühlschränken im Wald neh-

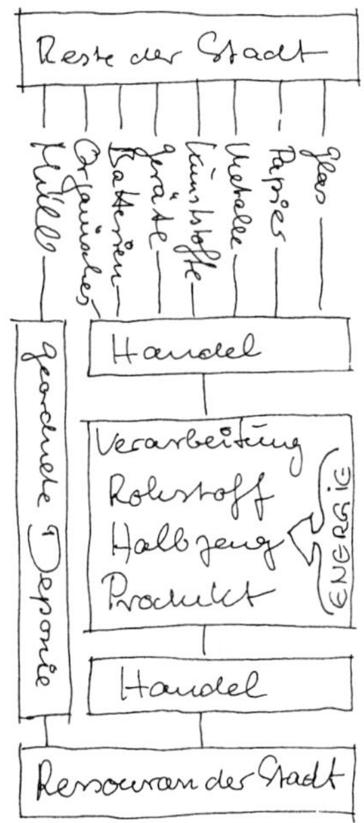

men mit dieser Möglichkeit der Entledigung sperriger Reste ab. Auch Werkstätten zur Aufarbeitung von Haushaltsgeräten und Flohmärkte entlasten das Müllaufkommen. Städte sollten solche Einrichtungen fördern.

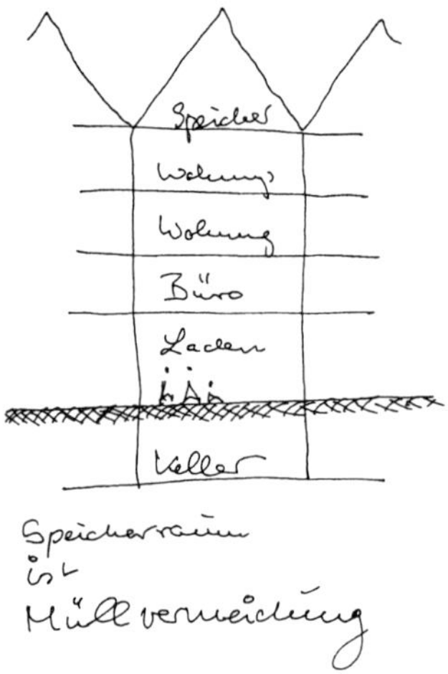


Eine städtebauliche Maßnahme zur Müllvermehrung ist die Förderung des Dachausbaus zu mehr Wohnungen. So gut städtische Verdichtung im Sinne geringen Landverbrauchs ist, es wird Speicherfläche abgebaut und das familiäre Zwischenlager aufgelöst, das den Enkeln die Dinge der Großeltern nahebrachte. So wird alles, was nicht in Nutzung ist, Müll. Familientradition kann nicht erhalten oder aufgebaut werden.

Die materiellen Abfälle der Städte sind ein Zukunftsthema, soll es ihnen nicht ergehen wie Leonia.

## Ländliche Planung

Von tiefem Grund her sind wir Jäger & Sammler. Die Sesshaftigkeit, die Fron der Landwirtschaft, um die wachsende Bevölkerung zu ernähren, entspricht uns nicht. Sie war und ist eine Notlösung. Unmenschlich! Dafür wurde der aufrechte Gang nicht erfunden. Den Blick nach vorn und nicht nach unten ist Ziel des Homo erectus.



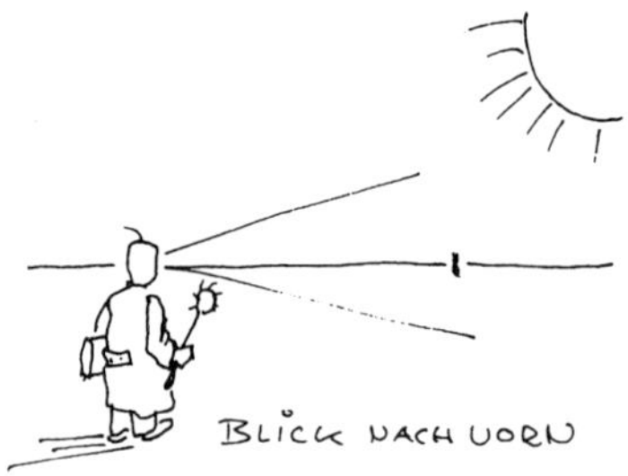


Nach der ausreichend großen freien Wildbahn der Nomaden ist die Stadt die nächst bessere Lösung für Jäger & Sammler. Wie schon erwähnt, ist es gleich, ob Beeren im Wald oder im Supermarkt gesammelt werden, kein krummer Rücken, keine Zeitverschwendung, wie in der Landwirtschaft. Zeit für Muße, für andere Dinge. Alle Kultur, alle Innovation kommt vom Jäger & Sammler, kommt aus der Stadt. Bauern hatten keine Zeit. Sie mussten die Stadtmenschen ernähren. Keiner dankt es ihnen. Die Landmenschen sind Sklaven der Städter. Bauern tragen unsere Kultur – auf dem Rücken, den Blick nach unten auf den Acker.

Die Sehnsucht des Landmenschen in die Stadt ist verständlich, ist hier doch die Freiheit und das pralle Leben. Die Sehnsucht des Stadtmenschen auf das Land ist aufgesetzt und romantisch und endet in der Regel an der Stelle, wo sich der Stadtmensch selbst ernähren will. Landmenschen lachen darüber.

Die Unterdrückung des ländlichen Raums, sogar die eigene Unterwerfung den Städten gegenüber ist noch vorhanden. Das Gefälle ist offensichtlich und wird in situ gehalten. Ländliche Planung wird von Stadtmenschen gemacht. Dorferneuerung und „unser Dorf soll schöner werden“ sind vielfach romantische Träume städtischer Besucher, wie ein Dorf aussehen sollte.

Ländliche Planung nach der Maxime „Energieeffizienz & Kreislaufwirtschaft“ betrachtet das Dorf mit seiner Gemarkung als von Menschen organisiertes Ökosystem, dessen Umsatz mit den örtlichen Ressourcen und dem „Rest der Welt“ zu optimieren ist. Die Entdeckung des Genius loci und die Bedeutung im Genius mundi sind Grundlagen ländlicher Planung.

Zu Beginn der Sesshaftigkeit wirtschaftete jeder Siedler nur für seinen Eigenbedarf in der Natural- oder Einplanwirtschaft (*Abel, „Die drei Epochen...“*).

Mit wachsender Dichte musste über den Eigenbedarf die Versorgung anderer Menschen übernommen werden, und es entstand die Gesellschaftswirtschaft. Feudalherren, Klöster und Städte wurden mit Nahrung versorgt. Als Gegenwert wurde den „zinsenden“ Bauern Schutz oder die Gnade Gottes geboten, selten der Marktwert ihrer Ware. Die Erträge des bewirtschafteten Landes mussten den Eigenbedarf übersteigen. Seither beliefert der ländliche Raum die verdichteten Räume, die sich ohne diesen nicht selbst ernähren könnten. Gerade in der globalen Betrachtung der Nahrungsmittelproduktion ist das Gefälle zwischen Lieferanten und Konsumenten spürbar.



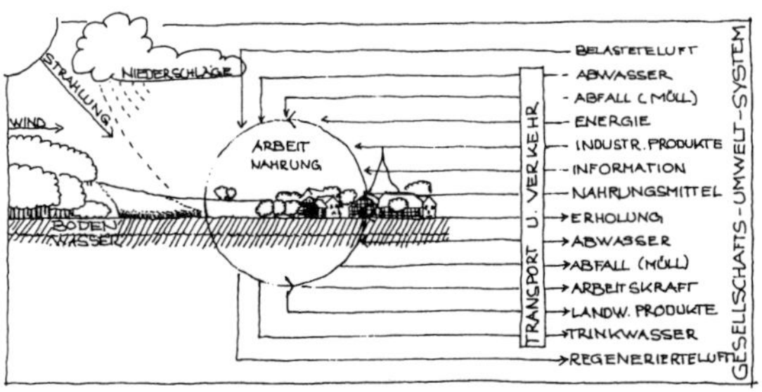


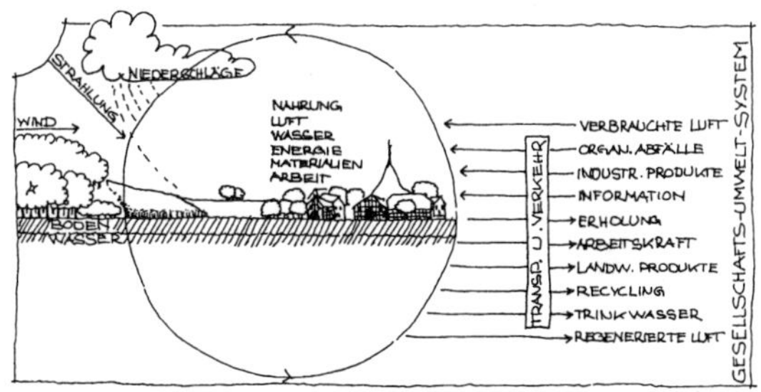


Heute hat der ländliche Raum nicht mehr die direkte Anbindung an die zu versorgende Stadt, wie sie noch auf den Wochenmärkten anzutreffen ist. Die Vielfalt des Angebots weltweiter Landwirtschaft kann nicht aus der Region kommen. Der ländliche Raum kann aber mehr, als ihm zur Zeit abverlangt wird. Sein Potenzial ist in Zukunft besser zu nutzen.

## – Dorf & Gemarkung

Jedem Dorf ist Land zugeordnet, seine Gemarkung. Dörfer stoßen nicht mit ihren Ortsrändern aneinander, sondern mit ihren Gemarkungen. Dorf

| LANDW. BETRIEBE MIT VIEHHALTUNG | ZAHL DER BETR | ZAHL DER TIERE |
|---|---|---|
| 1 RINDVIEH: 578 TIERE | 5 | 1-5 |
| MILCHKÜHE 162 TIERE | 4 | 6-9 |
| | 7 | 10-19 |
| | 1 | >20 |
| INSGESAMT 19 BETRIEBE | 17 | 162 |
| 2 SCHWEINE: 1213 TIERE | | |
| MASTSCHWEINE | 21 | 1-49 |
| | 4 | 50-200 |
| | 1 | >200 |
| | 26 | 858 |
| ZUCHTSAUEN | 25 | 355 |
| 3 LEGEHENNEN 4644 TIERE | | |
| | 27 | 1-99 |
| | 1 | >99 |
| | 28 | 4644 |

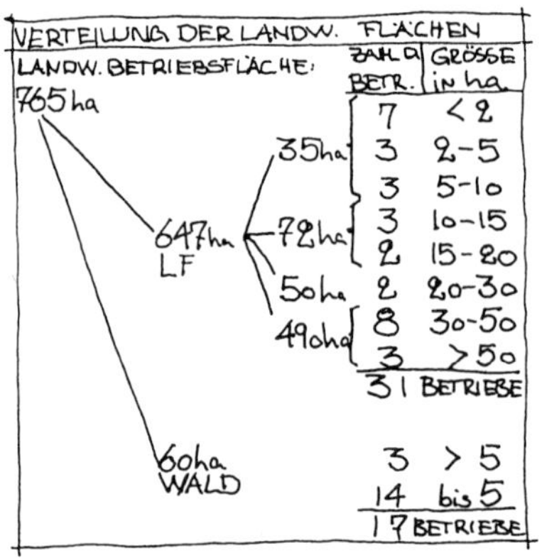


& Gemarkung sind die zu betrachtende Einheit, deren regionales Potenzial und deren „Überschuss" für die Gesellschaft zu ermitteln ist. Eine Bestandsaufnahme des Dorfes und seiner natürlichen Standortfaktoren stellt das lokale Potenzial sowie seinen Eigenbedarf dar:

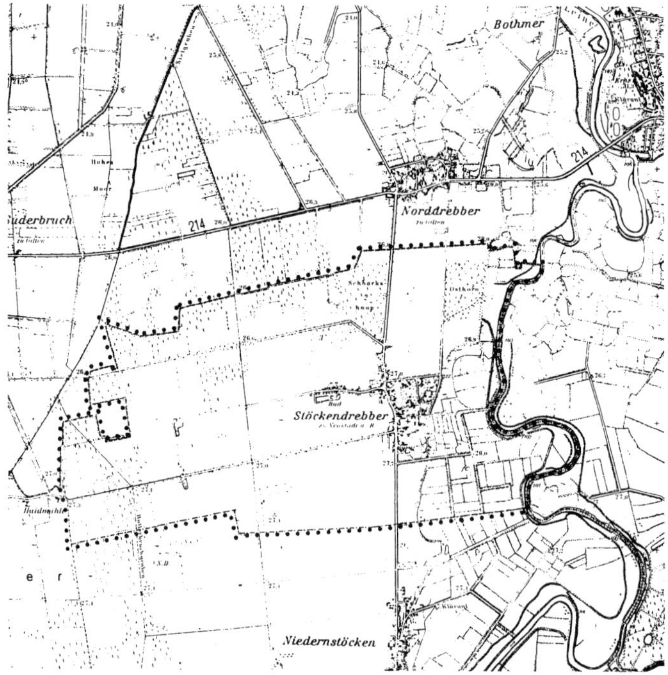


– Die Bewohner des Orts sind zunächst darzustellen. Die Information über Anzahl der Haushalte, Personenzahl, Altersstruktur, Landwirte, andere Berufe, am Ort oder anderswo (Pendler) arbeitend, ohne Erwerb arbeitend erhält man in der Landesstatistik. Damit baut sich ein Bild der menschlichen Tätigkeiten im Dorf auf, das Einblick über den Bedarf und die bestehende Nutzung des örtlichen Potenzials gibt. Danach werden Gemeinden z.B. in Gewerbegemeinden oder Wohngemeinden oder Agrargemeinden und in Mischformen unterschieden.

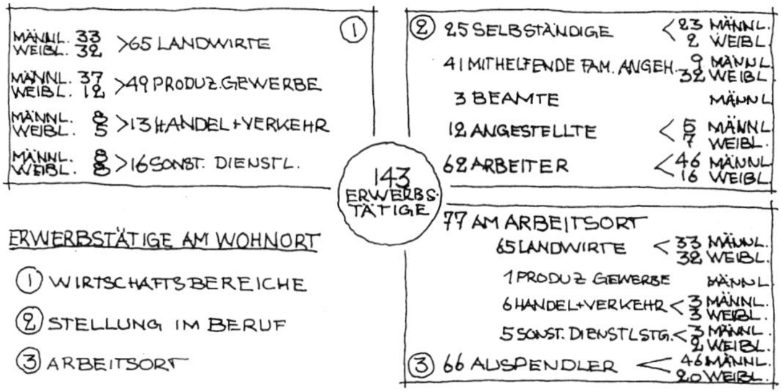


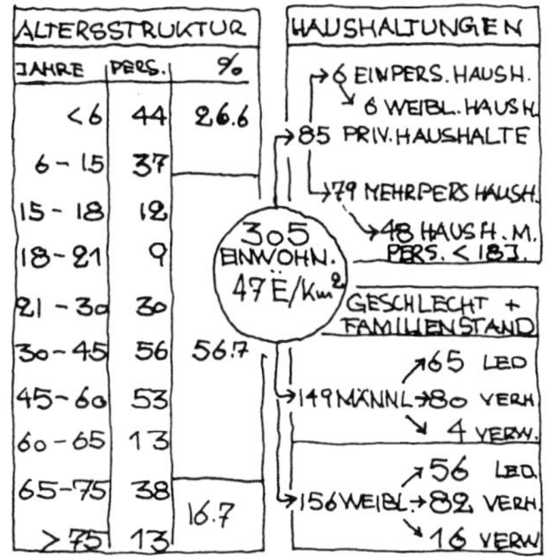


- Sonneneinstrahlung mit ihrem Energiepotenzial ist zu ermitteln. Das fällt schwer, solange das Messnetz auf Wetterämter beschränkt ist. Örtliche Besonderheiten können andere Werte verursachen als die amtlichen Mittelwerte der meteorologischen Langzeitbeobachtungen an anderer Stelle. Langzeitmessungen aber sollten Grundlage solarer Energiemodelle sein. Zur Kartierung lokaler Klimazonen sollte auf jedem Rathaus oder an charakteristischer Stelle eine Wetterstation stehen.
- Windverhältnisse vor Ort sind ebenso schwer aus abgelegenen Wetterstationen zu übertragen wie Sonneneinstrahlung. Lokale Windkraft kann durch vergleichende Messung zu meteorologischen Daten annähernd definiert werden. Auch hier ist die Wetterstation nötig.
- Der Wasserhaushalt ist sicherer zu bestimmen. Niederschläge werden wegen der landwirtschaftlichen Bedeutung in dichtem Netz gemessen und langfristig notiert. Grundwasserströme, -intensität und -lage sind in der Regel bekannt. Oberflächengewässer sind in ihrem jahreszeitlichen Wechselzustand darzustellen.
- Bodenverhältnisse sind wie der Wasserhaushalt sehr genau kartiert & bewertet. Topographie, Bodentypen, -qualität und -nutzung sind untersucht. Eine Bewertungsskala zur landwirtschaftlichen Nutzbarkeit von 1–100 stellt die „Bonität" des Bodens dar.
- Landwirtschaft im Vollerwerb sowie im Nebenerwerb stellt sich in Art & Größe der bewirtschafteten Acker- & Waldfläche dar, die von der Bonität der Böden und dem Klima abhängt. Diese Fläche ist heute

nicht mehr identisch mit der Gemarkung. Pacht- und Kaufflächen außerhalb kommen dazu bzw. nach außen verpachtete Flächen fallen aus der Betrachtung heraus. Es sollten die bewirtschafteten Flächen zugrunde liegen. Dazu kommt die Viehwirtschaft in Art, Anzahl und Zweck der Haltung.

Die gesamte natürliche und menschlich gesteuerte Lebensgemeinschaft mit ihren Faktoren und dem Biotop wird erfasst und beschrieben.

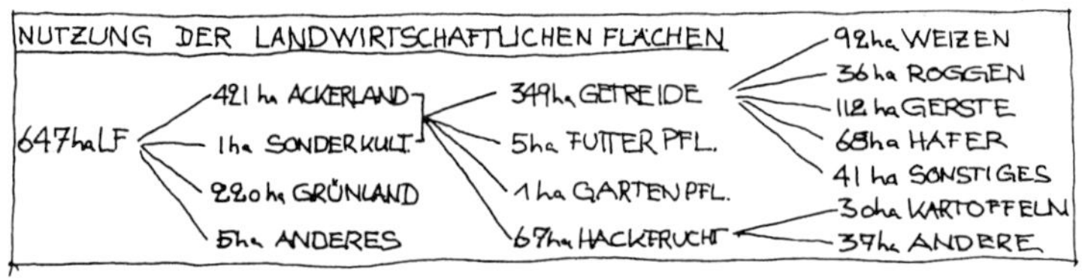


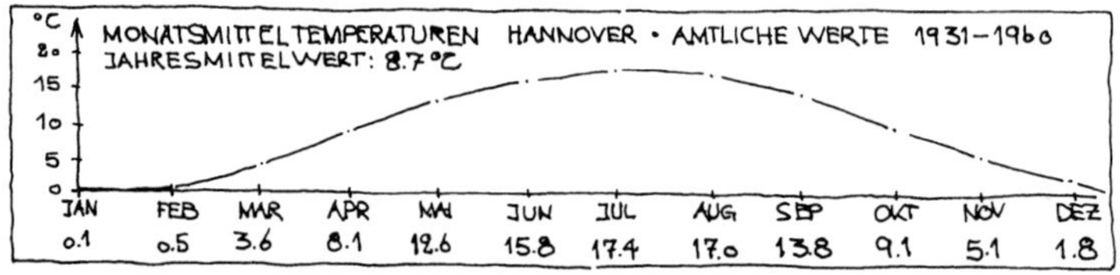


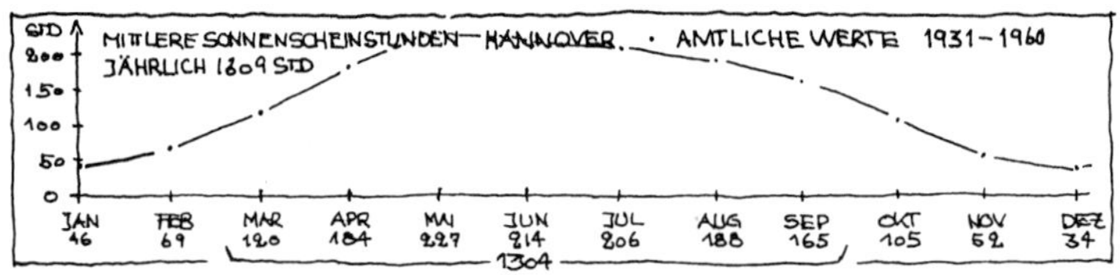


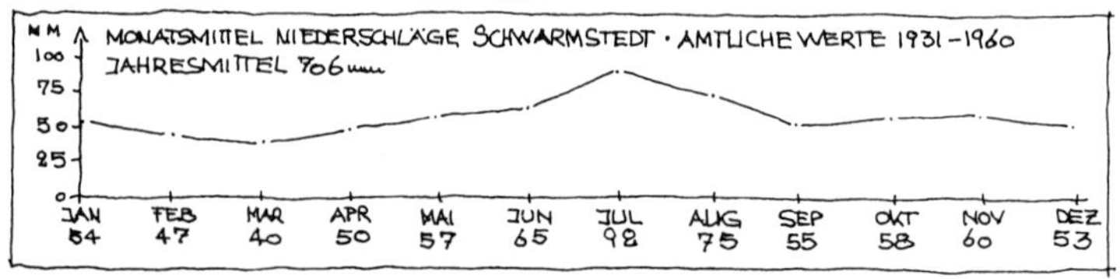


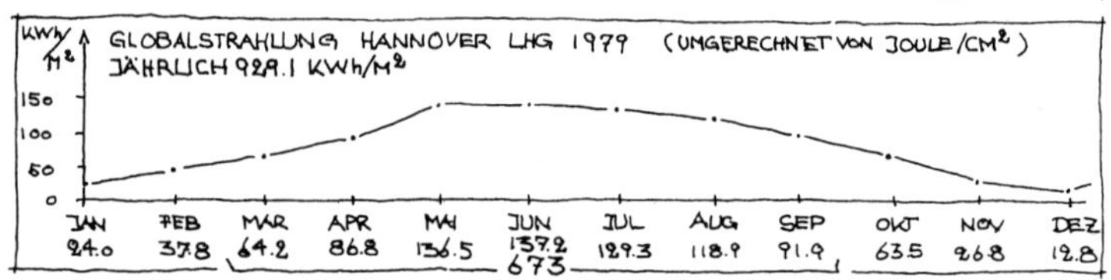

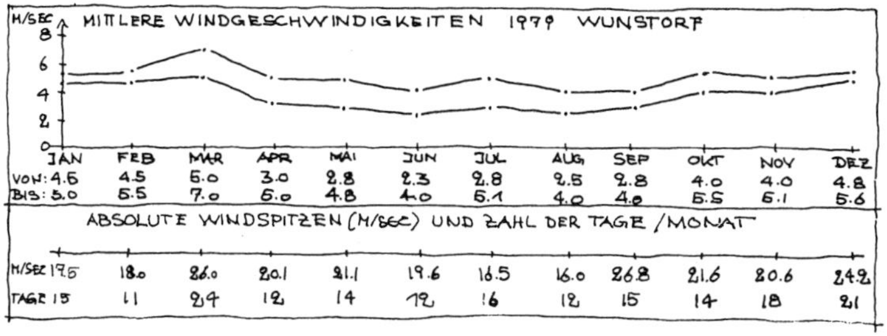


## – Energiepotenzial

Wenn wir nicht im Boden nach vergrabenen Schätzen fossiler Energieträger suchen, besteht das Energiepotenzial der Erdoberfläche aus der Sonneneinstrahlung und ihren Folgeerscheinungen Wind, Wasserkraft und pflanzliche Energiesammlung (Biomasse).

- Sonne scheint in der niedersächsischen Heimat des Autors jährlich mit knapp 1000 kWh/m$^2$ auf den Erdboden. Ein Hektar (1 ha = 10 000 m$^2$) „erntet" jährlich 10 Mio. kWh Sonnenenergie. Eine Gemarkung von 10 km$^2$ (1000 ha) empfängt dann also im Jahr 10 Mrd. kWh. Dafür müsste ein Kraftwerk von 1200 MW Leistung ganzjährig 24 Stunden täglich laufen. Nun ist Energie nicht gleich Energie, und nähmen wir diese Energie allein für uns in Anspruch, herrschte „darunter" die Eiseskälte des Universums. Diese Energiemenge macht unser Klima und ermöglicht unser Leben. Wir können nur davon nehmen, wo unsere Einrichtungen ohnehin kein anderes Leben ermöglichen, also an unseren Bauten.

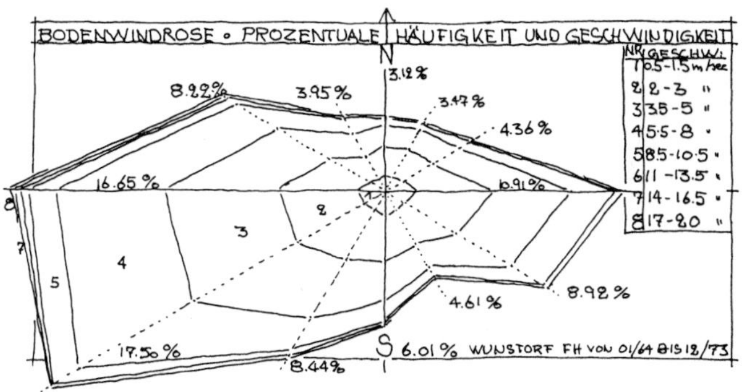

- Wind kann in der Gemarkung sehr unterschiedlich sein. Es gibt Düsen auf Kuppen oder in Schneisen und ruhige Zonen in geschützter Lage. Bevor Starkwindzonen gemessen werden, sind Topographie, Baumwuchs und Verwehungszonen als Wind-Indikatoren zu beobachten. An geeigneten Stellen kann Windkraft genutzt werden (>).
- Wasserkraft ist an fließenden Gewässern zu messen. Fallhöhe und Volumenstrom (fließende Menge Wasser je Sekunde) sind mit einfachen Messmethoden festzustellen. Jahreszeitliche Schwankungen von Pegeln und Schwemmgut sind zu beachten (>).
- Biomasse als Energieträger ist bereits von Pflanzen konzentriert. Das Verbrennen von Holz oder Torf ist Tradition. Gas- oder Alkoholproduktion sind noch weiter zu entwickeln. Biomasse allein zur Energieproduktion anzubauen ist angesichts der Nahrungsqualität zumindest von Teilen der Pflanzen wenig sinnvoll, bleiben doch nach Ernte des für die Ernährung nutzbaren Energieanteils der Pflanze genügend energetisch verwertbare Reste. Diese kommen aus der Waldwirtschaft, der Feldwirtschaft und der Viehhaltung (>).



Der Eigenbedarf der dörflichen Haushalte und der landwirtschaftlichen oder anderen Betriebe ist dem Energiepotenzial entgegenzustellen. Es kann für einen dörflichen Haushalt in alter Bausubstanz ein jährlicher Energiebedarf von 66 000 kWh angenommen werden. Davon sind über 90 % Niedrigwärme und etwa 6 % Bedarf an Strom. Bei aktuellem Wärmeschutz und sinnvollem Einsatz von Primärenergie kann der Verbrauchswert der Haushalte auf 30 000 kWh bei nur noch 1,5 % Stromanteil ohne Komforteinbuße gemindert werden.

Gemäß dem Energiepotenzial werden Modelle entworfen, die Sonnenenergie nutzen, Biomasse verwerten oder Wind- und Wasserkraft verwenden sowie Kombinationen davon. In „Ökologie des Dorfes“ (Althaus, 1984) wurden für eine Mischgemeinde nahe einer Großstadt Modelle entworfen, die über die Eigenversorgung hinaus Energie nach außerhalb liefern konnten. Die Modelle können, ideal, genossenschaftlich von der Dorfgemeinschaft oder, real, von einem Energieversorgungsunternehmen im Sinne dezentral vernetzter Kraftwerke aufgebaut und betrieben werden. Positiver Nebeneffekt wäre der Behälterbau für die unter Auftragmangel leidenden Werften, die viele dörfliche Biogasanlagen produzieren könnten, die wiederum organische Reststoffe in Energie wandeln und hochwertigen Dünger liefern.

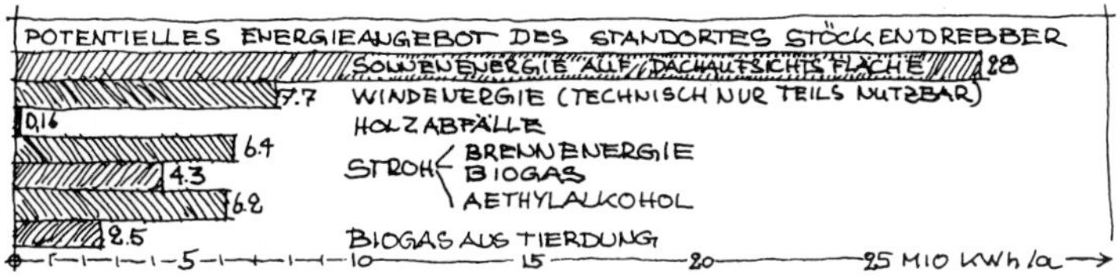
POTENTIELLES ENERGIEANGEBOT DES STANDORTES STÖCKENDREBBER
SONNENENERGIE AUF DACHAUFSICHTSFLÄCHE
28
7.7
WINDENERGIE (TECHNISCH NUR TEILS NUTZBAR)
0,16
HOLZABFÄLLE
6.4
4.3
6.2
STROH
BRENNENERGIE
BIOGAS
AETHYLALKOHOL
2.5
BIOGAS AUS TIERDUNG
0
5
10
15
20
25 MIO KWh/a

STROHVERBRENNUNG
BIOGASANLAGE

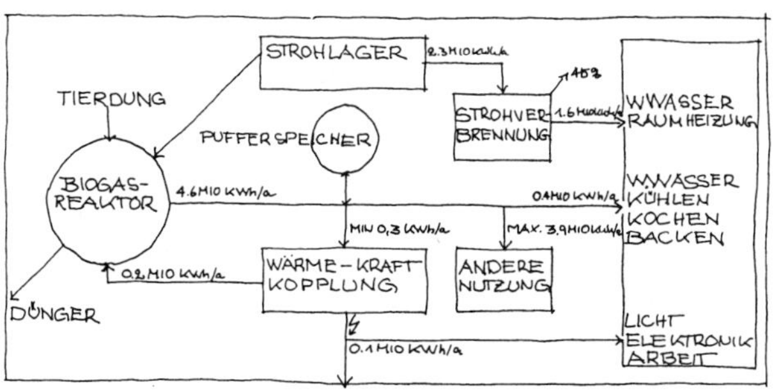
STROHLAGER
2.3 MIO KWh/a
TIERDUNG
STROHVERBRENNUNG
1.6 MIO KWh/a
WWASSER
RAUMHEIZUNG
PUFFERSPEICHER
BIOGAS-REAKTOR
4.6 MIO KWh/a
0.4 MIO KWh/a
WWASSER
KÜHLEN
KOCHEN
BACKEN
MIN 0,3 KWh/a
MAX. 3.9 MIO KWh/a
WÄRME-KRAFT KOPPLUNG
ANDERE NUTZUNG
0.2 MIO KWh/a
DÜNGER
LICHT
ELEKTRONIK
ARBEIT
0.1 MIO KWh/a

WÄRMESPEICHER
MIT
KOLLEKTOREN
SOLARZELLENFELD

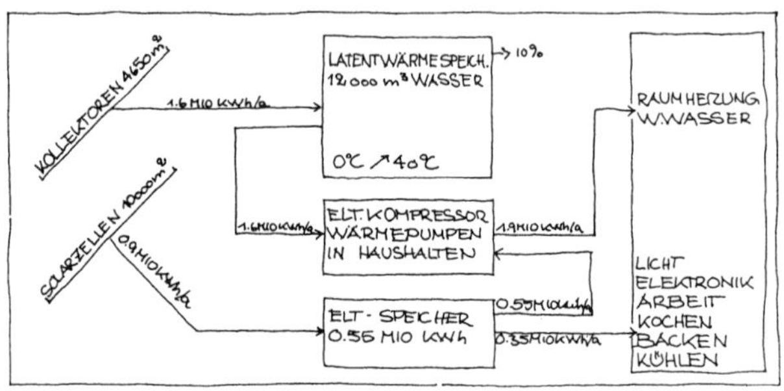
KOLLEKTOREN 4650 m²
SOLARZELLEN 10000 m²
1.6 MIO KWh/a
0.9 MIO KWh/a
LATENTWÄRMESPEICH.
12.000 m³ WASSER
0°C ↗ 40°C
→ 10%
1.6 MIO KWh/a
ELT. KOMPRESSOR
WÄRMEPUMPEN
IN HAUSHALTEN
1.9 MIO KWh/a
ELT - SPEICHER
0.55 MIO KWh
0.55 MIO KWh/a
0.33 MIO KWh/a
RAUMHEIZUNG
W.WASSER
LICHT
ELEKTRONIK
ARBEIT
KOCHEN
BACKEN
KÜHLEN

## – Trinkwasser

Der ländliche Raum ist in niederschlagsreichen Gegenden grundsätzlich Trinkwasserlieferant für die Ballungsräume, sei es aus Grund- oder aus Oberflächenwasser. Diese Lieferung wird noch nicht entgolten. Kleine dezentrale Wasserwerke mit kurzen Netzen und geringer Verweilzeit des Trinkwassers sind ökonomisch und kommen der ländlichen Struktur entgegen. Trotzdem werden ländliche Gemeinden an große Wasserstrukturen angeschlossen, und das eigene Wasserpotenzial wird nicht genutzt. Das mag an der Sehnsucht nach dem Städtischen liegen, aber auch an dem Aufwand, Wasser im kleinen Wasserwerk aufzubereiten, das mit überschüssigen Düngemitteln („Mehr hilft mehr") angereichert ist. Zu einer dezentralen Trinkwasserwirtschaft gehört eine angemessene Landwirtschaft.

Die Siedlungswasserwirtschaft sieht für die Zukunft das Umland städtischer Ballungsräume im Sinne der Thünenschen Kreise als Ver- und Entsorgungsgebiet für den städtischen Wasserhaushalt. Land- und Forstwirte werden zu „Wasserwirten", die mit besonderer, verlustarmer Flächenbewirtschaftung und in besonders angelegten Feuchträumen sauberes und leicht zu Trinkwasser aufzubereitendes Rohwasser als Oberflächenwasser liefern, das von den Abnehmern angemessen zu bezahlen ist.

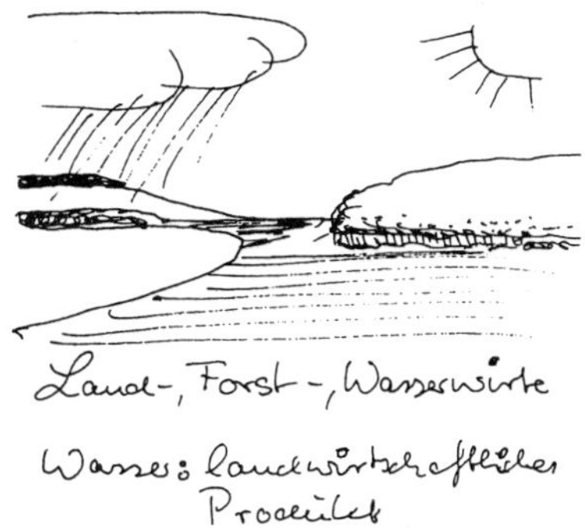


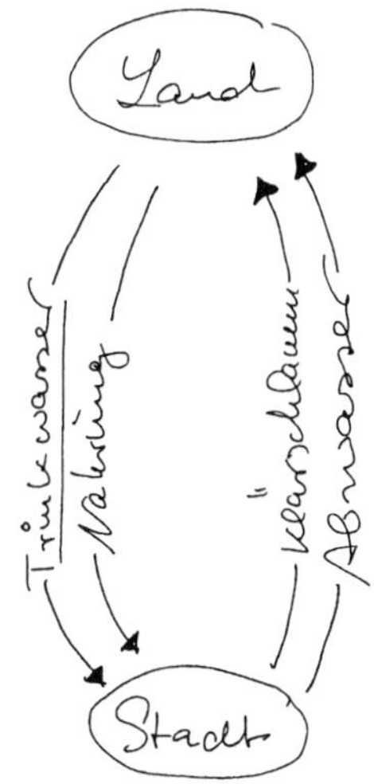




## – Regenwasser

Regenwasser kann im ländlichen Bereich gesammelt werden und zu vielen Nutzungen dienen, für die Trinkwasser zu schade ist. Die Regentonne ist Tradition im ländlichen Raum. Gartenbewässerung aus der Tonne ist selbstverständlich. WC-Spülung, Waschen sind mit gefiltertem Regenwasser aus der Zisterne oder dem Teich möglich. Die nicht genutzten Niederschläge versickern in durchlässigen Böden in die Grundwasserschichten oder fließen oberirdisch zu Gewässern und schließlich dem Meer zu. Sie können in die zur städtischen Versorgung angelegten Feuchträume fließen (>).

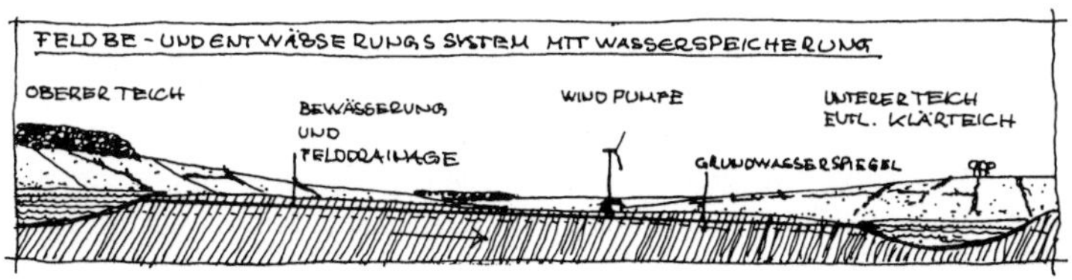

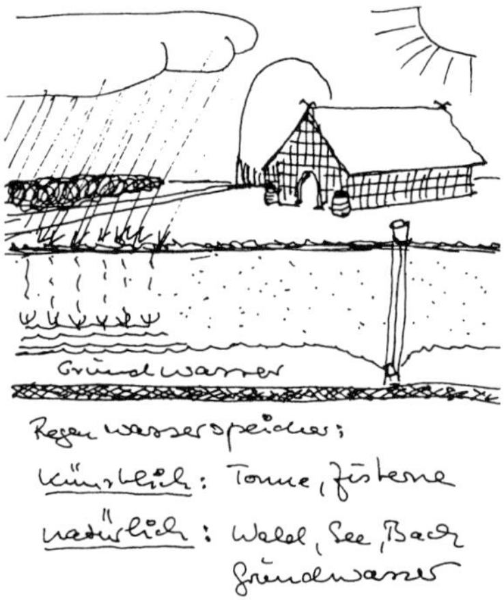


Eigene Brunnen können aus dem örtlichen Grundwasservorrat als Brauchwasser genutzt werden und die gleichen Nutzungen wie Regenwasser abdecken, wenn sie nicht Fremdstoffe wie z.B. Eisen mitführen.

Doppelte Wassersysteme sind auf dem Lande als interne Einrichtungen durchaus üblich und durch den kleinen Kreis der Nutzer auch einigermaßen sicher. Ein dorfeigenes Brauchwassersystem aus den eigenen Ressourcen mit externer Trinkwasserversorgung in Flaschen nach großstädtischem Vorbild ist in vielen Ländern ohne allgemeines Trinkwassernetz üblich (>).

## – Abwasser

Während in Ballungsgebieten zentrale Kläranlagen die angemessene Abwasseraufbereitung darstellen, können im ländlichen Bereich Methoden angewandt werden, die das Nahrungspotenzial unseres Abwassers für die reduzierenden Lebewesen ausnutzen, vorausgesetzt, es befinden sich keine unverträglichen Stoffe darin (siehe Kap. Stadttechnik). Mehrere Methoden dezentraler Abwasserreinigung stehen zur Verfügung.

Die einfachste Form sind *Klärteiche.* Sie reinigen allein mit dem Sauerstoffeintrag aus der Luft über ihre Oberfläche. Algen, Bakterien und Kleintiere bis zu Fischen ernähren sich in komplizierter Nahrungsvernetzung von unseren Resten. Sauerstoff dazu wird über die Wasseroberfläche eingebracht. 10 $m^2$/EGW (Einwohnergleichwert ist eine technische Größe der Wasserwirtschaftler) benötigen diese Anlagen. Klärteiche sollten in Lee von Siedlungen entfernt in der Natur liegen. Sie können schön gestaltet als Durchfluss mäandern, bis der Abfluss nach der Laufzeit nahezu reines Wasser entlässt.

Effizienter und Flächen halbierend sind belüftete Teiche, die den Sauerstoffeintrag beschleunigen und bei jedem Wetter sichern. Sie vergrößern die Wasseroberfläche durch Kaskaden, Fontänen, Springbrunnen oder blasen Luft ein (z.B. Stallabluft).

*Bepflanzte Gewässer,* durch die Abwasser geleitet wird, nutzen die Pflanzenernährung und sind effizienter als Teiche (ca. 3 $m^2$/EGW), zumal die Pflanzen geerntet werden können. Als Beispiel sei das *„Krefelder System"* von *Käthe Seidel* genannt, das Binsen und Iris zur Klärung nutzt. Am Systemausgang kommt sauberes Wasser heraus, das versickern oder abfließen kann.

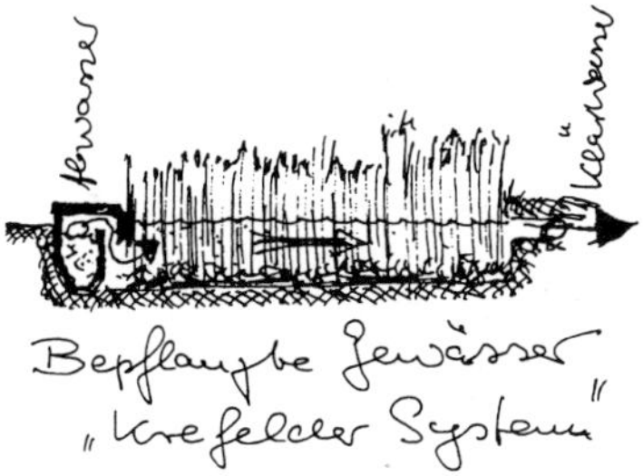


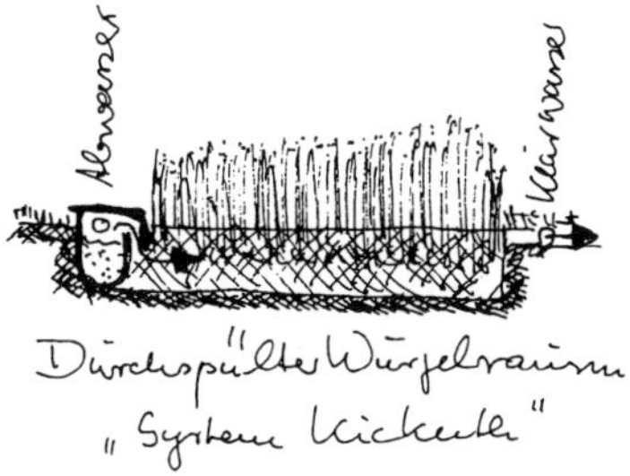


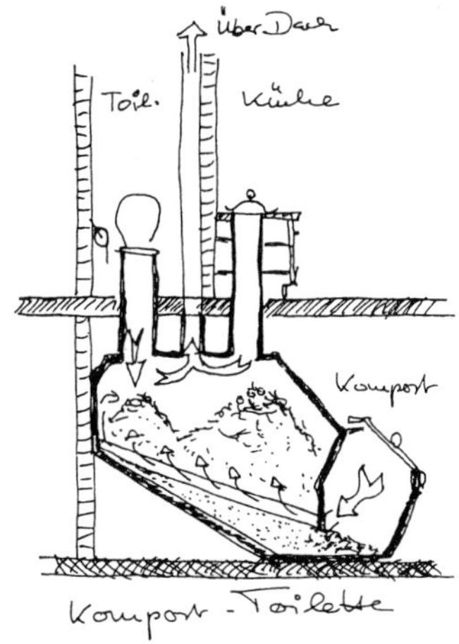


Neben der Wasserbehandlung kann auch eine *Landbehandlung* (ca. 3 $m^2$/EGW) im Wurzelraum von Pflanzen, im Wesentlichen Schilf, erfolgen, wie es *Kickuth* vorschlägt. Abwasser durchwandert ein dicht bepflanztes Becken, dessen Wurzelraum durch die Schilfhalme gut belüftet ist. Die Nährstoffe des Abwassers werden im Wurzelraum gebunden und verwertet. Die Pflanzen wachsen, blühen & gedeihen. Am Auslauf kommt klares trinkbares Wasser heraus. Solche Kläranlagen sind in der Landschaft daran zu erkennen, dass eine reiche Biozönose für Uferleben besteht und Bachstelzen oder Libellen herum schwirren.

Diese Prinzipien können vielfältig entworfen und variiert werden. Mäandernde Wallhecken, spiralige Schilfgräben und sanft geformte Teiche sind Teile der Landschaft und Biotope für viele Arten. Sie sind in einiger Entfernung vom Dorf zu planen, da zumindest beim Einleiten Geruch auftritt.

Abwasserklärung für Einzelbauten ist noch immer mit den Drei- bzw. heute auch Vierkammergruben üblich, die wohl verbreitetste aller Abwasserbehandlungen. Der Absetz- und Faulschlamm muss periodisch abgefahren werden und landet, wenn es gut ist, in einer Kläranlage. Die restliche Flüssigkeit versickert im Boden. Auch hier könnten Pflanzengräben über der Sickerleitung die Restreinigung übernehmen.

Kompostierung der Fäkalien ohne Wasserverbrauch und Pflanzenklärung des Grauwassers aus Bad und Küche sind gute Möglichkeiten für Einzelbauten, das eigene Abwasser völlig zu verwerten. Das aus Schweden stammende „Clivus Multrum" ist ein Beispiel für die Kompostierung von Toiletten-, Küchen- und Gartenabfällen (>).

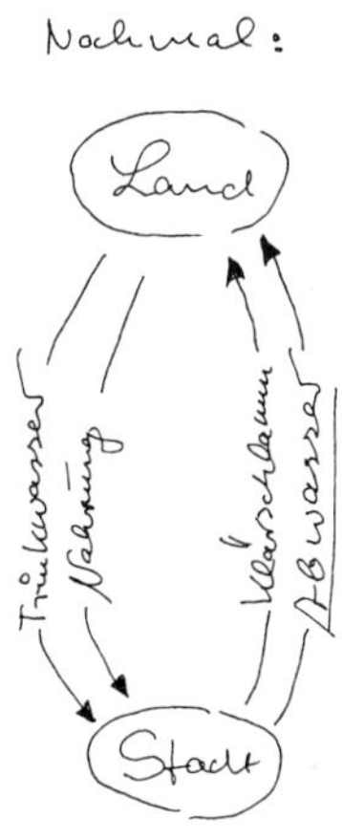


Wird eine Biogasanlage im Dorf gebaut, kann das Abwasser gemeinsam mit der Gülle und landwirtschaftlichen Abfällen anaerob vergärt und zu Gas & Dünger verarbeitet werden (>). Biogasanlagen können nass laufen, da ihr Vergärungsprozess anaerob unter Luftabschluss verläuft. Anaerobe Lebewesen sind sehr empfindlich gegen Antibiotika und als Intensivtierhaltung einer besonderen Obhut zu unterstellen.

Die Entsorgungsaufgabe der Land- & Forstwirte für städtische Abwässer wird in der Zukunftsplanung der Siedlungswasserwirtschaft als Rückführung des biologisch gereinigten Abwassers in den Umraum und die Belieferung der Landwirtschaft mit den kompostierbaren organischen Abfällen zu einem geschlossenen Stoffkreislauf formuliert. Auch die bewirtschafteten Feuchtgebiete können abgeerntet werden, Schilf kann als Baustoff, andere Biomasse als Futter, Alkohol, Gas oder für andere Produktionen eingesetzt werden. Die Rückführung von kostbarem Kompost schließt die Nahrungskette im stadtnahen Bereich und unterstützt die enge Nahrungsbeziehung von Stadt und Land nach dem Idealbild Johann von Thünens.

## – Müll

Müll gab es bis weit ins zwanzigste Jahrhundert im ländlichen Bereich nur spärlich. Fast alles fand irgendwo Verwendung: Küchenabfälle im Gartenkompost, Dung & Faulschlamm auf dem Acker, Bauschutt in den Feldwegen, Brennbares im Ofen. Häusliche Müllhaufen wurden sporadisch abgefahren und in eine Kuhle geworfen.



Mit Supermarkt und moderner Lebensausstattung kamen Stoffe in den ländlichen Raum, die dort nicht verbleiben konnten. Heute unterscheidet sich der ländliche Mülleimer nicht wesentlich vom städtischen, und hier wie dort sind Materialtrennung im Haushalt sowie Sammelstellen und getrennte Abholung der Rohstoffe zur Wiederaufbereitung vorzusehen.

Seit Dörfer verwaltungsmäßig „Stadtteile“ sind, werden sie auch so behandelt und bekommen z.B. gebührenträchtig eine „Grüne Tonne“ aufgezwungen. Diese wird brav gefüllt, muss sie ja bezahlt werden, auch wenn

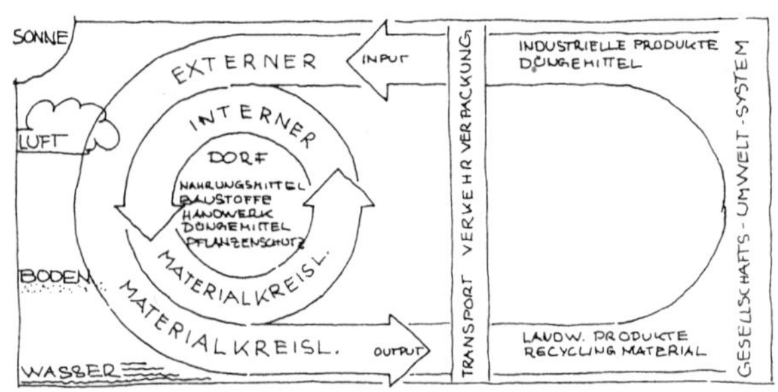

einst der Komposthaufen im Garten guten Boden lieferte und Igelquartier für den Winter war. Regelmäßige Abfuhr ist teure Pflicht der Stadt.

In *„Ökologie des Dorfes"* (1984) wird ein Sammelhof mit Materialdepots vorgeschlagen, in dem Glas, Papier, Metalle, Kunststoffe und Holz, aber auch Sperrmüll und Sonderstoffe lagern. Er wird z.B. von Rentnern überwacht und in Ordnung gehalten. Ist ein Behälter voll, holt der zuständige, möglicherweise privatunternehmerische Materialverwerter die volle Ladung ab. Verglichen mit regelmäßiger städtischer Abfuhr über weite Strecken ist der Transportaufwand gering und daher lohnend.

## – Landwirtschaft

Das sarkastische Bild, keine Landwirtschaft sei, wie bereits erwähnt, für uns die preiswerteste Lösung, extensive Landwirtschaft auf großen Schlägen ohne Dünger & Pflanzenschutz die nächst billigere und die bestehende Landwirtschaft sei die teuerst denkbare Variante, ist derzeit nicht zu widerlegen. Industrieländer werden von Agrarländern in Naturalien ausbezahlt. Sie haben nichts anderes und könnten andernfalls unsere Industrieprodukte nicht bezahlen. Unser Export würde stagnieren. Wozu dann noch eigene Naturalien? Andere können es billiger, und wir sind angesichts unseres Exports auf deren Lieferungen angewiesen.

Im Sinne des „Genius mundi" also müssen wir unsere Landwirtschaft einstellen, die Landwirte als Heger & Gärtner oder „Wasserwirte" (<) einsetzen und bezahlen. Der nicht in der Landwirtschaft beschäftigte Bürger führe durch wunderbare Parklandschaften zur Arbeit.

Im Sinne des „Genius Loci" ist die effiziente Nutzung regionaler Ressourcen und Kreislaufwirtschaft zu postulieren. Ballungsräume sind aus dem Umland sternförmig zu versorgen (Thünensche Kreise).

Gleichwertig mit dem Wald ruft das bäuerliche Idyll im dort nicht beschäftigten Bürger romantische Emotionen, ja sogar Ängste wach, sollte daran gerüttelt werden. Er führe voller Beklemmung durch den schönen Park, nicht wissend, wo sein Essen herkommt, und ängstlich, dass es ausbleiben könnte. Wir leisten uns unsere teure Landwirtschaft aus Romantik und Angst. Der bestellte Acker gibt das Gefühl von Sicherheit, ernährt zu werden.

Aber es könnte effizienter und den Naturgesetzen folgend besser gewirtschaftet werden. Agrarchemie für Dünger & Gift ist überflüssig und teuer. Die ausgeglichene Haltung von Vieh entsprechend der Fläche, die Rücknahme städtischer Kompostmasse oder hochwertigen Düngeschlamms aus der Biogasgewinnung sind Dünger genug. Knapp bemessene Düngung schont das Grundwasser und lässt es langsam genesen. Sinnvolle Pflanzenkombination ersetzt Gifte in großen Mengen und schont wiederum das Grundwasser. Es müssen nicht kleinbäuerliche Mischbetriebe sein, die diese Vielfalt traditionell betreiben. Gut organisierte Spezialbetriebe (mit gegenseitiger Abnahmegarantie oder genossenschaftlich zusammengeschlossen) können effizienter und heutiger Technik gemäß in gleicher Vielfalt produzieren. Der von vielen Experten in die grüne Ecke gedrängte ökologische Landbau ist auf gutem Wege zu einer dem Naturhaushalt folgenden Landwirtschaft hoher Effizienz.

Die Landwirtschaft der Zukunft wird in der Kreislaufwirtschaft mehr Aufgaben erfüllen müssen:

- Sie ist maßgebend für den Nahrungskreislauf zwischen Stadt und Land.
- Sie wird Produzent und Reduzent (nach städtischer Klärung) des städtischen Wasserkreislaufs sein.
- Sie ist mit ihren weiten Räumen Luftreiniger und -befeuchter für verbrauchte & belastete Stadtluft.

Nach wie vor trägt der Bauer mit krummem Rücken die Arbeit zum Wohle der Städter, hat wenig Zeit zur Besinnung und ist dabei angesichts seiner Subventionen ungeliebt, solange er da ist. Kraft und Bedeutung des ländlichen Raums sowie gesellschaftliche Verantwortung der Landwirtschaft steigen in der Kreislaufwirtschaft erheblich. Vielleicht irgendwann auch die Anerkennung bei den konsumierenden Stadtbürgern.

Die Landwirtschaft sollte als traditioneller Wirtschaftszweig intensiver Solarenergiegewinnung und, zumindest früher fast perfekter, Kreislaufwirtschaft in unsere Vorstellungen eingehen. Erst mit der Photovoltaik (>) haben wir eine Technik entwickelt, die an die landwirtschaftliche Solartechnik heranreicht und mit ähnlicher Effizienz Sonnenenergie hochwertig konzentriert zur Verfügung stellt. Äcker sind seit jeher Solarfelder mit hoher Energieausbeute. Die historische Kreislaufwirtschaft der Ernährung ist im ökologischen Landbau wieder zum Ziel erklärt und mit Technik der Gegenwart im Austausch von Erzeugern und Ernährten gut möglich.

## TEIL II
## Ökologisches Bauen & Energie

Wie schon gesagt, Energie ist für die meisten Menschen das wesentliche Thema des ökologischen Bauens, für viele sogar das einzige, und es werden darüber hinaus alle anderen Aspekte ökologischen Bauens, die uns ein angemessenes Leben bescheren, verdrängt.

Es ist wichtig zu wissen, dass jedes Lebewesen zu seiner Erhaltung Energie aufnimmt und mit niedrigerem Niveau wieder abgibt. Dieser Umsatz ist zur Regeneration des komplizierten lebendigen Gefüges notwendig und das Lebendige stirbt, wenn er nicht mehr stattfindet. Unseren Bauwerken ist ein ähnlicher Umsatz zuzugestehen, wenn wir darin angenehm leben wollen. Das Maß dieses Umsatzes kennen wir noch nicht, sicher aber sollte es nicht gegen null gehen, wie viele Energie-Fetischisten ohne Rücksicht auf das darin stattfindende Leben anstreben.

Nähern wir uns der Energiefrage entspannter.

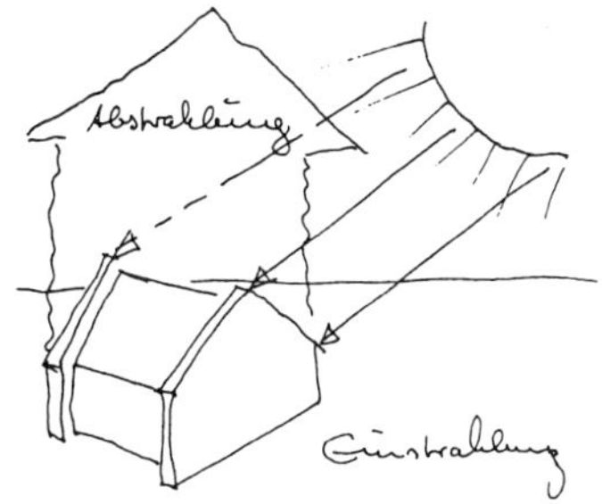


### Sonne

Die jährliche Sonneneinstrahlung auf unsere Erde beträgt $5{,}4 \cdot 10^{24}$ J. Das sind 1,5 Billiarden (eine 1 mit 15 Nullen!) Megawattstunden im Jahr. Das ist 15-mal mehr, als der „Weltenergieverbrauch" der Menschen, aber es leben ja noch andere Wesen davon. Wir sollten Strahlung nur dort beanspruchen, wo wir bereits anderes Leben verdrängt haben, z.B. an unseren Bauwerken, oder dort, wo gezielte Verschattung neue Lebensmöglichkeiten, z.B. für landwirtschaftliche Nutzung, bieten kann. Dann nutzen wir Strahlung da, wo ihr Übermaß Leben verhindert.

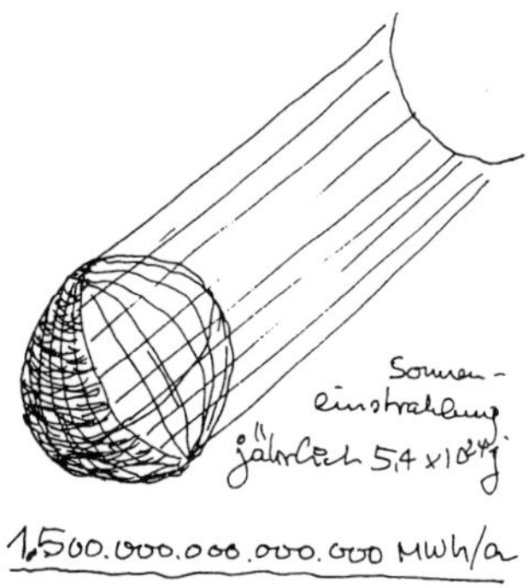




Sonne strahlt in unseren Breitengraden um 50° eine Energiemenge von ca. 1000 kWh/m² im Jahr ein. Wir wissen bereits, von der Sonne kommt alle nutzbare Energie auf der Erde, die „fossile" Energie wie auch Wind- und Wasserkraft. Nur die Energie, die Atome zusammenhält, entstammt früheren Vorgängen, als sich nach dem angenommenen Urknall Materie bildete. Die Modelle der Physiker zu dieser Entstehungszeit des Universums sind immer noch unsicher. Kernspaltung bringt uns in eine Zeitphase, wo es noch kein Leben gab. Erhöhte Radioaktivität führt uns in die kreative Zeit der Entstehung des Lebens, als komplizierte Strukturen wie wir nicht lebensfähig waren.

Unter den Maximen Energieeffizienz & Kreislauf der Materie ist Sonnenenergie die für unser Kultursystem einzig nutzbare Energieform, und wir müssen sie uns mit allen anderen Lebewesen auf der Erde teilen. Die Verbrennung fossiler Energieträger erzeugt oxydierte Materie, die Boden, Atmosphäre und Wasser zum Nachteil des Lebendigen verändert, vielleicht sogar das globale Klima beeinflusst. Diese Nachteile der Verbrennung, aber auch die Endlichkeit der Ressourcen – fast könnte man froh darum sein – lassen für zukünftige Energiemodelle allein die Sonnenenergie sinnvoll erscheinen.

Unter diesem Aspekt könnten tiefgreifende Veränderungen für uns Menschen anstehen, und es ist nicht auszuschließen, dass in Zukunft die Zentren menschlicher Kultur dort liegen, wo die Sonne scheint.

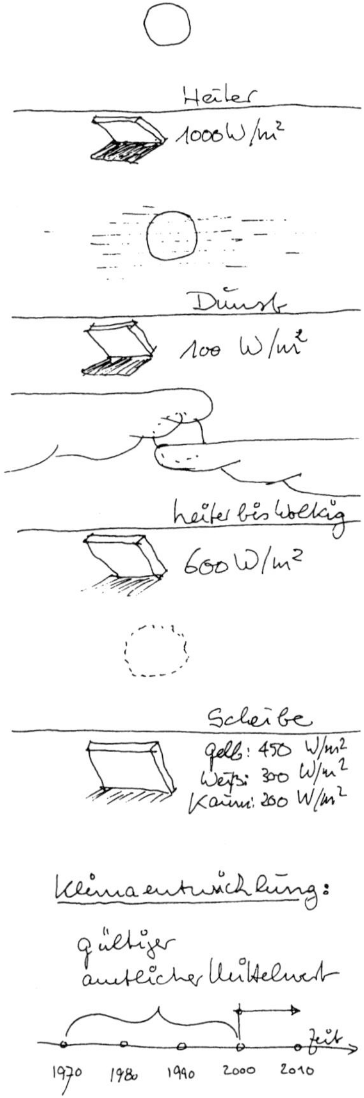


## – Energiedichte

Sonne scheint nicht überall gleich stark und gleich lang. Kontinentale Klimagebiete haben auch im Winter blauen Himmel und intensive Strahlung. Maritime Zonen haben zwar milderes, aber bedecktes Wetter. Mit höheren Breitengraden machen sich Sommer & Winter zunehmend bemerkbar. Winter ist Folgeerscheinung mangelnder Sonnenenergie.

Sonne strahlt nicht nur Energie, wenn blauer Himmel ist. Auch bei bedecktem Himmel erreicht uns durch diffuse Strahlung Sonnenenergie, wenn auch sehr geschwächt. Von der Strahlungsintensität um 1000 W/ m² bei Sonnenschein bleiben an einem trüben Wintertag an diffuser Strahlung nur noch 100 W/m². Die Summe aller Einstrahlung aus Sonnenschein & diffuser Strahlung heißt Globalstrahlung und ist Gradmesser für das örtliche Klima. Die lokale Energiemenge an Einstrahlung hängt ab von der Einstrahlungszeit über das Jahr und der Strahlungsintensität. Wetterstationen messen neben Sonnenscheinstunden auch Globalstrahlung und geben „amtliche Mittelwerte" der letzten 30 Jahre heraus. Diese werden alle 10 Jahre durch Verschieben des Messzeitraums aktualisiert. Da der Jahresverlauf des Wetters schwankt, ist der amtliche Mittelwert die zuverlässigste Größe zur Konzeption von Solaranlagen. Da Wetterstationen vorwiegend an Flughäfen liegen, gibt es oft ganz erhebliche Unterschiede der dortigen Wetterbedingungen zu denen des Bauortes. Diese sind einzuschätzen, wenn keine langfristigen Messungen vorliegen. Zur optimalen Ausnutzung lokalen Klimas ist wie erwähnt eine Wetterstation auf jedem Rathaus sinnvoll, deren Daten z.B. von einer zentralen Fachstelle ausgewertet würden. Jedem Planer stünden aktuelle lokale Klimadaten zur Verfügung.

## – Ausrichtung

Die Sonne geht im Osten auf, wandert bis Mittag gegen Süden und geht im Westen unter. Im Sommer startet sie schon gegen Nordost und sinkt Nordwest unter den Horizont. Mittags steht sie steil im Süden. Das liegt an der Neigung der Erde um 23,5 ° zur Umlaufbahn um unseren Energiespender Sonne, die uns Sommer & Winter beschert.

Auf der Südseite der Erde steht die Sonne mittags im Norden, schließlich ist man südlich des Äquators, um den die Sonne mit geringen Schwankungen übers Jahr mittags senkrecht von oben scheint.

Wenn wir Sonnenenergie nutzen wollen, wenn wir Sonnenschein in unsere Bauwerke lassen oder uns vor ihrer Hitze und Blendung schützen wollen, ist diese auf der gesamten Erde gleiche Geometrie des Sonnengangs am Himmel Grundlage für die Ausrichtung unserer Bauwerke. Schon ein „gespiegelter" Grundriss, wie er so gern in Doppel- und auch in Reihenhaus-Entwürfen vorgelegt wird, benachteiligt eine Partei, verläuft für die gespiegelten die Sonne doch nicht anders herum.

Bebauungspläne – wir wissen es bereits – sollten die Ausrichtung zur Sonne ermöglichen und den Architekten genügend Spielraum dafür lassen. Bauwerke sollten die Himmelsrichtung erkennen lassen und ihre Fassaden danach gestalten. Vier nach allen Seiten gleiche Fassaden, z.B. auch mit Sonnenschutzanlagen im Norden, haben keinen funktionellen Hintergrund und gehorchen allein gestalterischen Ansprüchen, z.B. der allseitigen Wiedererkennung.

Es ist nicht unbedingt Regel, alle Räume nach Süden zu orientieren. Der Osten bietet die tief stehende Morgensonne, die zum Erwachen von Bedeutung ist. Der Westen mit seinen farbenfrohen Sonnenuntergängen lässt nach dem Tagesverlauf Entspannung und Ruhe aufkommen. Nordlicht, das lernen wir, ist für Künstlerateliers geeignet, weil es diffus und schattenfrei belichtet. Es hat viel mehr Qualitäten. Die Umgebung aus einem Südfenster bei Sonnenschein sehen wir dunkel und schemenhaft als Schlagschatten und werden geblendet. Wir können nicht viel wahrnehmen. Aus einem Nordfenster ist die Umgebung im gleißenden Sonnenlicht farbenfroh und gut erkennbar. Der Betrachter genießt die Sonne im Widerschein der beleuchteten Gegenstände, ohne geblendet zu sein. Nicht die direkte Strahlung, sondern ihr Widerschein auf den Dingen der Erde machen die Qualität ihrer Wahrnehmung aus. Gehen wir also entspannt an die allseits geforderte Südausrichtung heran und bedenken wir die anderen Qualitäten.

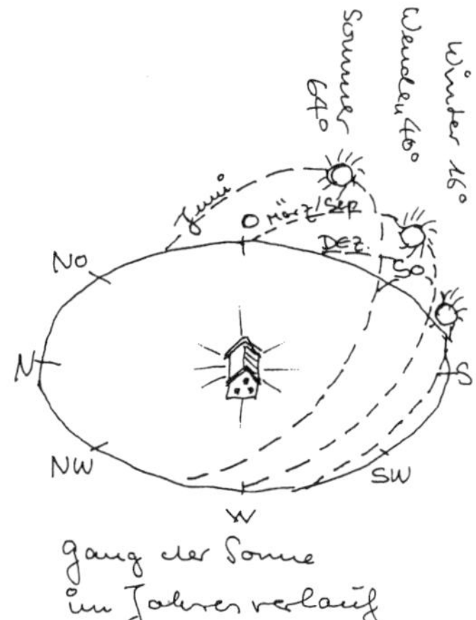


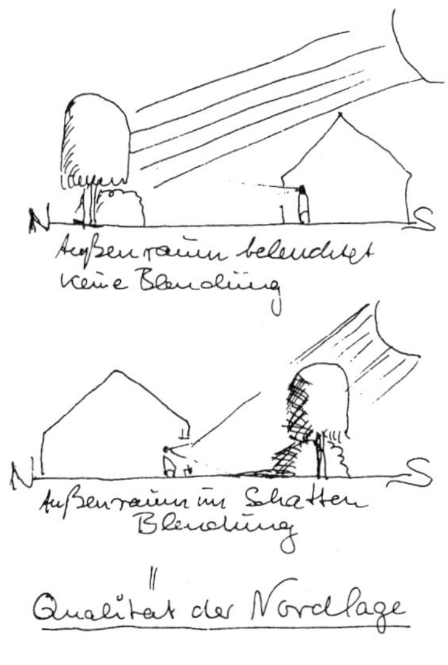

Für eine optimale Energiegewinnung allerdings ist die Geometrie des Sonnengangs von großer Bedeutung. Auch hier gibt es keine allein gültige Regel zur Anordnung von Energiegewinnungsanlagen. Wir müssen für jede Anlage gemäß ihrem Nutzungskonzept die geometrische Anordnung der Sammelflächen festlegen und optimieren, um für den beabsichtigten Zweck eine effiziente Anordnung zu finden.

Für die Wassererwärmung im Sommer sind die Kollektoren wegen des steilen Sonnengangs flach, fast horizontal nach Süden anzuordnen. Warmwasser im Winter benötigt wegen der tief stehenden Sonne steil gestellte Kollektoren.

Wird Raumheizung mit Sonnenenergie betrieben, gilt die Sommerstellung, wenn ein Langzeitspeicher für die Winterzeit mit Wärme gefüllt werden soll, weil die meiste Energie im Sommer einstrahlt. Kollektoren zur direkten Winterheizung sind wiederum steil anzuordnen, wenn sie effizient sein sollen.

Auch klimatische Besonderheiten sind zu berücksichtigen. Wo z.B. oft vormittags die Sonne scheint und nachmittags Dunst aufzieht, sind die Kollektoren nach Südost bis Ost auszurichten. Bei fast ausschließlich diffuser Einstrahlung ist eine horizontale Lage der Kollektoren die beste Anordnung, wenigstens ein wenig Energie zu gewinnen.

Wo Verschattung von Bergen, Wald, Bäumen oder Bauwerken die Möglichkeit der Strahlung mindert, ist die Ausrichtung gemäß den Möglichkeiten vorzunehmen. Mittels einer Panorama-Winkelmessung sollte der Planer den für den Ort gegebenen „wahren Horizont" für die Sonneneinstrahlung ermitteln. Über die möglichen Stunden für Sonneneinstrahlung lässt sich die maximal erreichbare Energieausbeute einschätzen.

Steile Sommersonne: Flach geneigte Kollektoren verschatten Dachgarten

Flache Wintersonne: Fassadenkollektoren

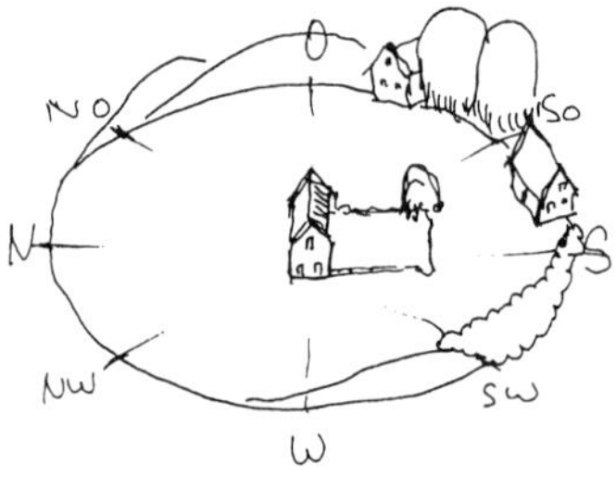

Besetzung des Horizonts: „Wahre" Sonnenstunden

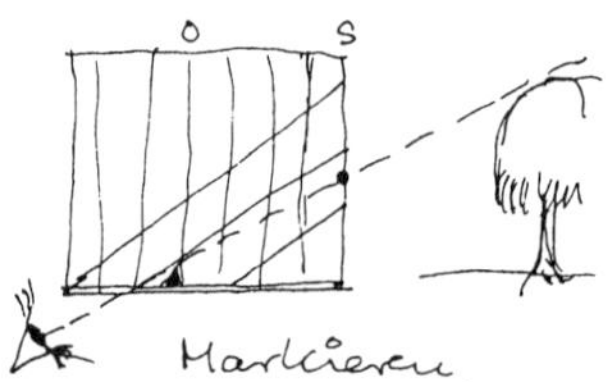

Markieren der „wahren" Horizonthöhen

Höhen über dem Horizont

Für die Gewinnung von elektrischem Strom gelten andere Prinzipien der geometrischen Anordnung dafür vorgesehener Flächen. Strom wird immer und mit maximaler Effizienz gebraucht.

Jede sinnvoll angebrachte Sonnenschutzeinrichtung ist potenzielle Stromgewinnungsfläche. Nachführbarer Sonnenschutz optimiert auch den Energiegewinn. Beide Nutzungen ergänzen einander perfekt.

Glasdächer und Fassadenteile, die gedämpftes Licht durchlassen sollen, können in unterschiedlicher Dichte mit Solarstromelementen besetzt werden und liefern Energie mit ihren Verschattungsteilen.

In sonnigen Zonen sind zur optimalen Stromausbeute die Flächen dem Sonnengang nachzuführen. Die dazu benötigte Energie wird durch das Nachführen sicher abgedeckt. Die notwendige Mechanik aber ist empfindlich und wartungsintensiv, so dass solche Maßnahmen ökonomisch kontrolliert werden müssen. Bei vorwiegend diffuser Strahlung sind auch Stromgewinnungsflächen horizontal anzuordnen. Wenn sie nicht noch einen anderen Nutzen haben, sollten sie mangels Effizienz vermieden werden.

Sonne

## – Treibhauseffekt

Glas, der unsichtbare Baustoff, hat über seine Durchsichtigkeit hinaus noch eine besondere Eigenschaft, die wir uns seit langem in Gärtnereien zunutze machen und die deshalb „Treibhauseffekt“ heißt.

Wir wissen aus der Schule, dass das „weiße“ Sonnenlicht sich aus einem Spektrum unterschiedlicher Wellenlängen zusammensetzt, deren Frequenzbereiche für unser Auge vom langwelligen Rot über Orange, Gelb, Grün, Blau, Indigo zum kurzwelligen Violett reichen. Weiten wir das Sonnenlicht über ein Prisma auf, stellen sich diese Farben in der Projektion nebeneinander dar. Scheint die Sonne in eine abziehende Regenwolke, brechen die vielen Regentropfen das Sonnenlicht ähnlich dem Prisma und wir sehen einen Regenbogen.

Was wir Menschen nicht wahrnehmen können, benennen wir mit magischen Namen der Unerreichbarkeit: Infra-, Ultra-, Hyper-, Mikro-, Nano- und ähnlich. So auch beim Licht.

Auf der kurzwelligen violetten Seite des sichtbaren Lichtspektrums beginnt das Ultraviolett, dessen Strahlung schädlich für das Lebendige ist, die langwellige rote Seite setzt sich mit unsichtbarem Infrarot fort und geht in noch längerwelliges Ultrarot über.

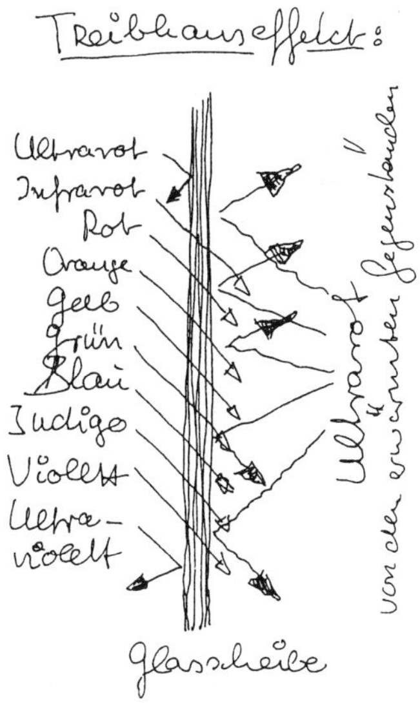

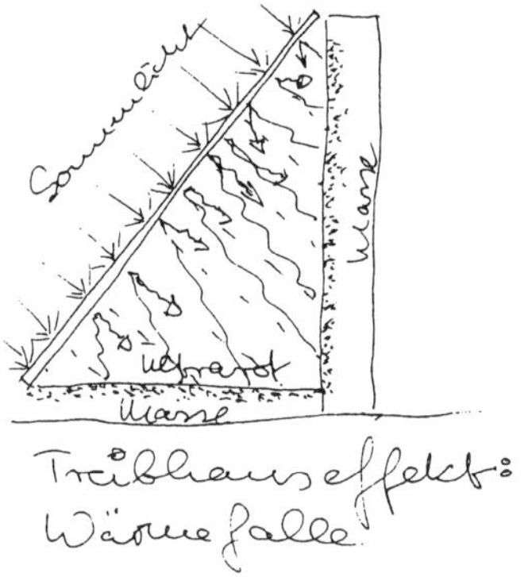


Glas lässt Ultraviolett nicht durch. Nur reines Quarzglas kann das und es wird dort eingesetzt, wo die Wirkung ultravioletter Strahlung als keimtötend gebraucht wird. Das längerwellige Licht durchdringt Glas und lässt es uns durchsichtig erscheinen. Das Licht lässt uns die Gegenstände hinter dem Glas wahrnehmen. Es erwärmt diese durch seine Strahlungsenergie. Die aufgeheizten Gegenstände, deren Moleküle in ihrem Verbund heftiger zu schwingen beginnen, werden selbst zu Wärmestrahlern. Die Frequenz dieser Strahlung ist sehr langwellig im Bereich Ultrarot. Glas nun lässt Ultrarot nicht durch. Die Wärme sitzt in der Falle. Sie kommt hinein, aber nicht mehr hinaus.

Im globalen Rahmen ist der gleiche Effekt in der Atmosphäre zu beobachten. Zu Beginn des Lebendigen auf der Erde schien die Sonne mit 30 % weniger Energie, aber es war wärmer, weil die damalige Atmosphäre aus Ammoniak & Kohlendioxyd als „Treibhausgase“ einen Schutzmantel bildete. Heute fürchten wir mit der Erhöhung des Kohlendioxyd-Anteils in der Atmosphäre durch die rasche Verbrennung von Jahrmilliarden alten organischen Stoffen eine globale Erwärmung.

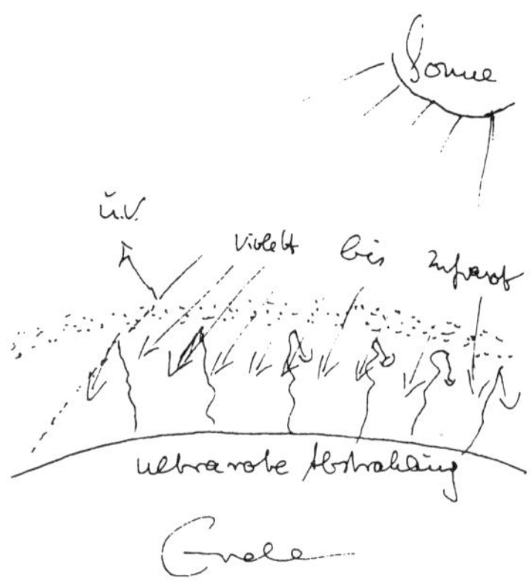


Dieser Erwärmung entgegen steht der „Albedo-Effekt“, die Helligkeit der Erde z.B. durch Wolkenbildung des bei der Verbrennung erhöhten Anteils Wasserdampf und Reflexion von Sonnenwärme ins Universum und Auskühlung der Erdoberfläche.

Beide Effekte sind positiv rückgekoppelt, selbstverstärkend bis zur maximalen Wirkung: sehr heiß oder sehr kalt. Alle Planeten, die wir kennen, haben einen der beiden Zustände. Einzige bekannte Ausnahme ist unsere Erde, die seit Beginn des Lebendigen eine Gratwanderung zwischen den Extremen mit einem Leben ermöglichenden Klima beibehält *(Lovelock: Gaia, A new look at life on Earth,* 1979; *Althaus: Müll ist Mangel an Phantasie,* 1992). Ob die Wirkung von Menschen auf der Erde dieses System zerbricht, ist unwahrscheinlich. Wir bilden uns wohl zu viel ein.

## – Fenster

Die Wärmefalle der Gewächshäuser trifft für jedes Fenster zu. Es lässt nicht nur Licht herein und uns herausschauen, es lässt Wärmestrahlung ein, aber nicht mehr hinaus. In der Übergangszeit und an sonnigen Wintertagen freuen wir uns darüber, im Sommer ist der Effekt lästig. Das Fenster ist der einfachste multifunktionale Sonnenkollektor für Wärme. Wir leben hinter Fenstern in einem Sonnenkollektor.

Dem Gewinn von Strahlungswärme steht beim Fenster der Verlust von Transmissionswärme entgegen. Glas ist ein guter Wärmeleiter und lässt Raumwärme schnell in die kühle Außenwelt abwandern. Fenster sind wärmetechnisch die „dünnste" Stelle am Bauwerk, und es bedarf der konstruktiven Phantasie, die guten Eigenschaften zu bewahren und die schlechten zu vermeiden (>).

## – Glashäuser

Gläserne Anbauten wie Wintergärten stammen aus der Gewächshaus-Technik, um exotische Pflanzen (damals aus den tropischen „Kolonien") bei uns zu halten und überwintern zu lassen. Sie bilden eine Pufferzone zwischen außen und innen.

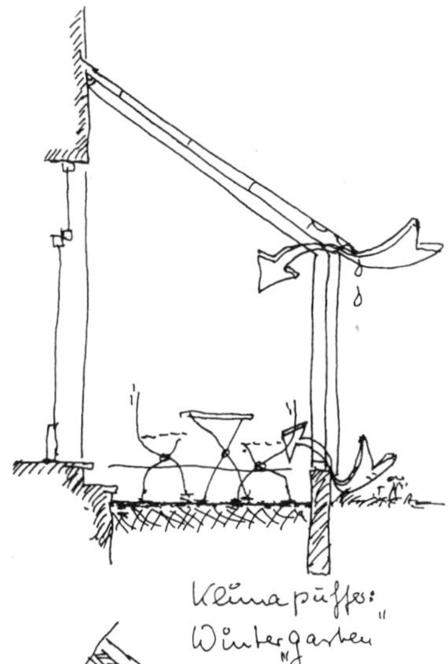


Der klassische Wintergarten ist ähnlich einem Treibhaus einfach verglast und sollte gut belüftet sein. Bei Sonnenschein heizt er sich und alles in ihm gemäß dem Treibhauseffekt extrem auf. Ein Aufenthalt ist kaum möglich. Man sollte draußen im durch Feuchte & Wind kühlenden Schatten eines Baumes sein. Abends allerdings kann die gespeicherte Wärme wohltuend den Aufenthalt im fast Freien verlängern.

Ohne Sonnenschein kann die Glasfläche durch das Temperaturgefälle von innen nach außen mit Feuchtigkeit beschlagen und Kondenswasser innerhalb der Scheiben herunter laufen oder von der Schrägverglasung tropfen. Das ist konstruktiv, aber auch aus Sicht der Nutzung zu bedenken. Dieser Halb-Außenraum ist nur zeitweilig bewohnbar und als überdeckter Garten zu sehen. Es gehören Terrassenböden hinein, Steinplatten oder Holzroste, weißer Perlkies für die Reflexion unter Pflanzen oder schwarzer zur Energiegewinnung. Gartenmöbel stehen darin und wetterfeste Gegenstände. Der klassische Wintergarten ist preiswert, aber eingeschränkt nutzbar. Er stellt ein bewohnbares Kastenfenster dar, in dem nicht nur Alpenveilchen, sondern auch Menschen sein können. Mit Aufkommen des Begriffs „ökologisches Bauen" ist der Wintergarten zu einem ideologischen Symbol dafür geworden.

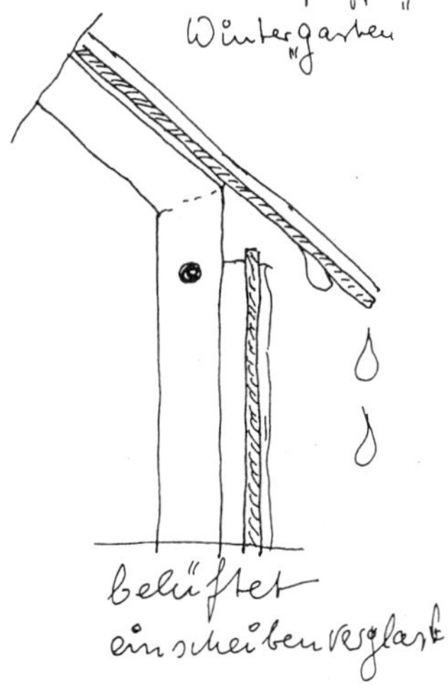


In Wirklichkeit lässt sich die Bauherrschaft dann die mehr als dreimal so teure Variante des gläsernen Wohnzimmers bauen, denn sie wollen im Grunde ihre Nappaleder-Sofagarnitur auf dem Perserteppich im Glashaus haben und immer gleiche Temperatur, wie überall in der Wohnung. Wärmedämmglas mit dicht schließenden Lüftungselementen, thermisch getrennten Trägerprofilen, außen liegendem, automatisch verstellbarem Sonnenschutz, wärmegedämmtem Fußboden und Raumheizung, viel-

leicht sogar -kühlung sind die eigentlichen Wunsch-Wintergärten mit dem Pseudo-Siegel der Ökologie. Sie haben mit Energieeffizienz nichts mehr gemein, da sie extrem Energie verbrauchen und im Grunde bei Sonnenschein auch nicht zu nutzen sind.

Diese „dichten" Glashäuser nehmen den dahinter liegenden Räumen vielfach die Möglichkeit der direkten Lüftung, die ein Raum für Menschen haben sollte. Wenn Glashäuser nicht zum Aufbau von Temperaturzonen (>) an Bauwerken entworfen werden, ist zu überlegen, ob sie nicht als Gartenhaus eigenständig und optimal ausgerichtet solitär im Garten stehen sollten.

Große Glasüberdachungen als lichtdurchfluteter Wetterschutz haben Tradition seit Paxtons Kristallpalast zur Londoner Weltausstellung 1851, z.B. in der Mailänder Galerie oder im Moskauer Kaufhaus GUM. Moderne Messeanlagen verbinden ihre Hallen mit gläsernen Galerien. Die hohen Volumina und die Temperaturschichtung der leichteren warmen Luft in den oberen Zonen lassen die Aufheizung nur bedingt spürbar werden. Gute Durchlüftung ist Voraussetzung, Sonnenschutz zu empfehlen. Die Gewinnung elektrischer Energie aus der Sonne (< & >) mit variabler Verschattung ist auf diesen Dächern möglich (Akademie des Innenministeriums, Herne 1999).



## – Doppelfassaden

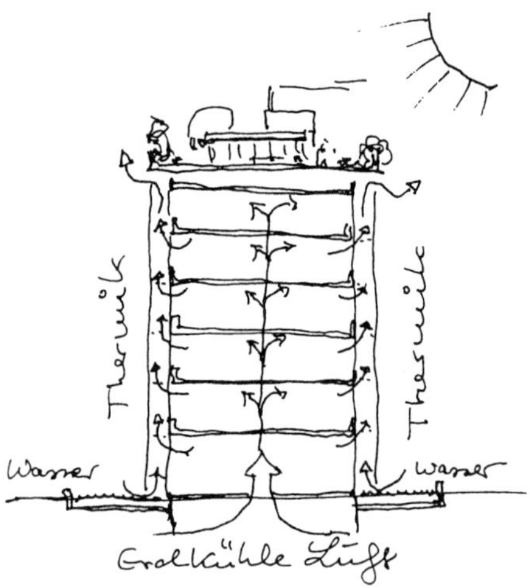


In der Hochhaustechnik hat sich das „begehbare Kastenfenster" in Form einer das gesamte Bauwerk umschließenden gläsernen zweiten Fassade unter dem Begriff „ökologisches Bauen" als Energie optimierende Bauweise etabliert. Diese Rundum-Verglasung nimmt bei den gebauten Beispielen keinen Bezug zum Gang der Sonne. Direkte steile oder im Winter flache Südeinstrahlung im Süden, flache Ost- und Westeinstrahlung oder mangelnde Nordstrahlung werden baulich mit dem gleichen Effekt bewertet. Steht da die Eitelkeit des Bauwerks und seiner Gestalter vor der solaren Ausrichtung (<)? Genutzt werden soll die zwischen den beiden Fassadenschichten entstehende Thermik durch die solare Erwärmung der Luft hinter der äußeren Glasschicht zum Abtransport der verbrauchten und aufgeheizten Innenluft, zur Wärmegewinnung oder zur Kühlung (>). Über die Lebensqualität der Menschen hinter diesen technischen Einrichtungen gibt es noch keine Langzeitberichte. Prinzipiell kann der Effekt von Wintergärten angenommen werden. Die energetische Effizienz dieser Technologie hat sich an einigen gebauten Beispielen nicht in dem erwarteten Maß erwiesen. Bevor sie allerdings als kurzlebige Mode abgetan wird, sollten physikalische Wirkung & Effekte auf ihren Nutzen untersucht und sinnvoll eingesetzt werden. Der thermische Effekt ist z.B. im solaren Aufwindkraftwerk sinnvoll genutzt. Er könnte z.B. als Lüftungsmotor wirken. Die gezielt auf den Sonnengang abgestimmte Doppelfassade kann Bauwerke zu „teilweise intelligenten" machen.

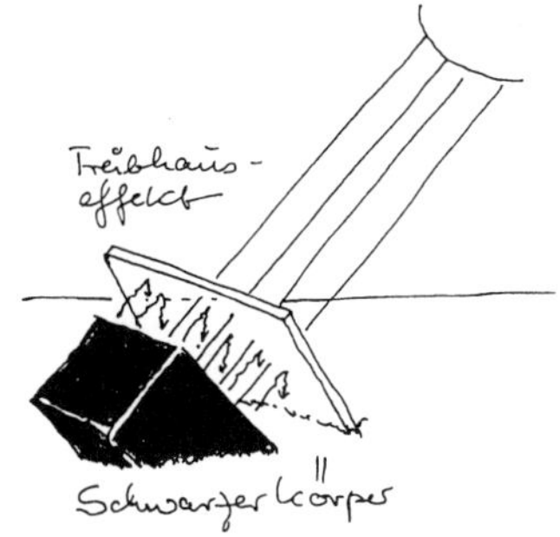


## – Flachkollektoren

Zur Gewinnung von Wärme aus Sonnenstrahlung wird über den Treibhauseffekt hinaus ein zweites physikalisches Gesetz genutzt: der schwarze Körper.

Die Sonne sendet elektromagnetische Strahlung aus, die wir teils als Licht wahrnehmen, teils als Wärme aufnehmen. Das Maß der Wärmeaufnahme, das Absorptionsvermögen eines Körpers, hängt von seiner Struktur ab. Er reflektiert den Wellenbereich des Lichts, den wir sehen, der Rest wird absorbiert. Das grüne Blatt z.B. absorbiert das Lichtspektrum außer Grün, das wir sehen. Der ideale weiße Körper reflektiert das gesamte Lichtspektrum und dürfte sich nicht aufheizen. Der ideale schwarze Körper absorbiert das gesamte Lichtspektrum und setzt es in Wärme um. Den idealen schwarzen Körper könnten wir nicht sehen, da wir Körper nur am reflektierten Licht wahrnehmen. Weder kennen wir ideal weiße noch ideal schwarze Körper. In der Physik ist der „schwarze Körper" Maßstab für das Absorptionsvermögen elektromagnetischer Strahlung (Kirchhoffscher Satz).

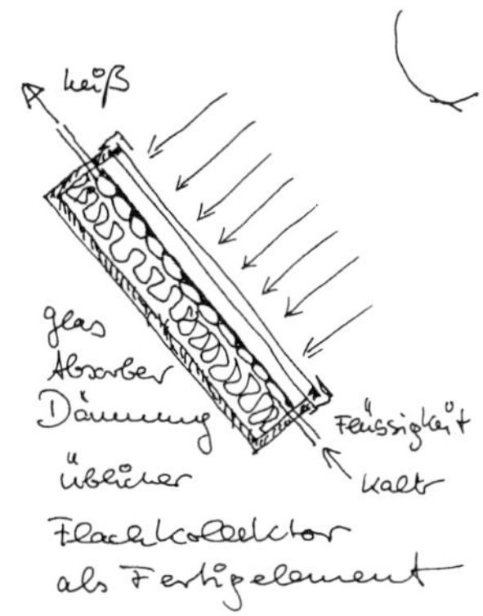


Zur effizienten Energiegewinnung aus der Sonnenstrahlung versuchen wir, mit den Wärmeabsorbern dem schwarzen Körper so nahe wie möglich zu kommen. Wärmegewinnung nutzt also zwei physikalische Prinzipien:

- den Treibhauseffekt als Wärmefalle für Sonnenstrahlung,
- den schwarzen Körper zum Einfangen möglichst großer Energiemengen.

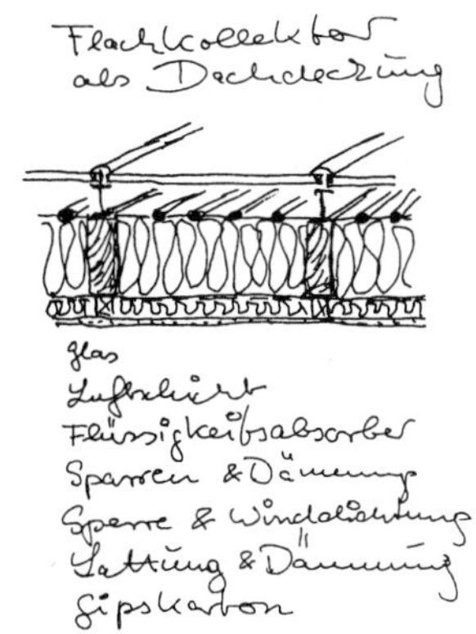


Hinter einer Glasscheibe, eventuell Doppelglas, wird der schwarze Körper angeordnet, der die Einstrahlung absorbiert. In einem Wärmetauscher überträgt sich die Wärme auf ein Transportmedium, das den Gewinn abtransportiert.

Die mit einem Flachkollektor erreichbaren Temperaturen sind Bauart bedingt, gehen aber selbst bei Sonnenschein nicht weit über 100 °C hinaus. Sie sind in direktem Einsatz zur Warmwasserbereitung und zur Raumheizung im Sommer und in Übergangszeiten sinnvoll. Soll Sommerwärme in Langzeitspeichern (>) für den Winter gesammelt werden, ist eine Wärmepumpe (>) zur Einspeisung wie zur Entnahme einzusetzen.

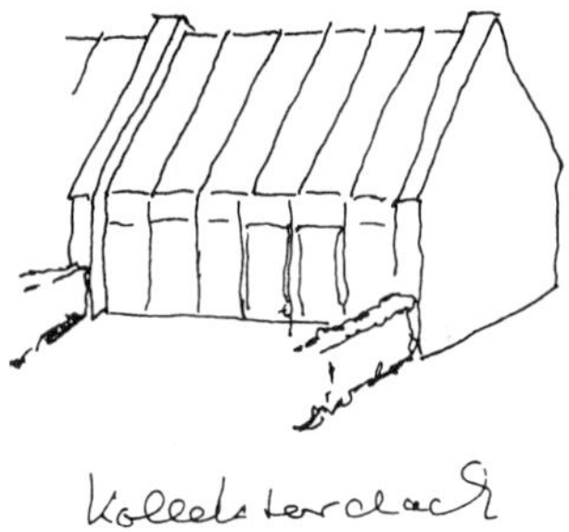


Auch die Effizienz der Kollektoren ist nach Bauart unterschiedlich. Von der eingestrahlten Energie werden um 50 % für uns nutzbar, das entspricht bei 1000 kWh/($m^2$ · a) Einstrahlung einer maximalen Energieausbeute von 500 kWh/($m^2$ · a). Teure Systeme können effizienter sein. Sind allerdings Dachkonstruktion und Kollektor eine technische & gestalterische Einheit, überwiegt zur Optimierung der ganzheitliche Effekt den maximalen Wirkungsgrad des Kollektorsystems, wenn z.B. die große Fläche eines Süddachs insgesamt Kollektor wird.

Sonnenkollektoren haben bei blauem Himmel & Sonnenschein ihren höchsten Wirkungsgrad, nehmen aber auch bei bedecktem Himmel aus der diffusen Strahlung noch Energie auf, wenn auch entsprechend geringere Mengen.

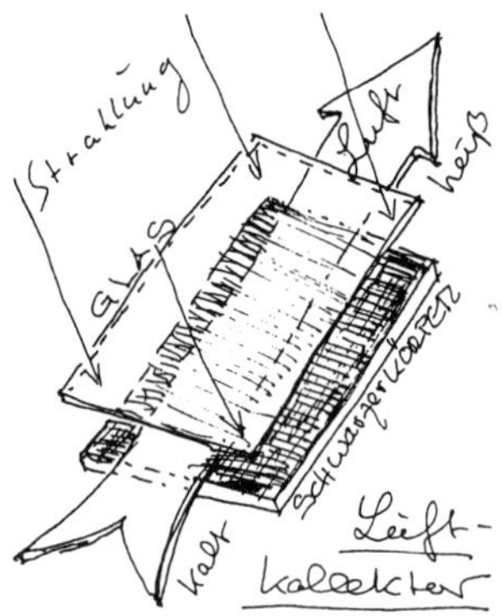


Flachkollektoren mit Flüssigkeitsabsorber sind am weitesten verbreitet. Der schwarze Absorber aus gut Wärme leitendem Metall, am besten Aluminium oder Kupfer, heizt eine frostbeständige Flüssigkeit auf, die ihn durchströmt und die gewonnene Wärme an anderer Stelle in einen Wärmespeicher (>) durch Auskühlung einlagert. Der Transport kann durch Schwerkraft (warme Flüssigkeit ist leichter als kalte) oder in Pumpenumlauf erfolgen. Der Flüssigkeitsabsorber funktioniert wie ein Heizkörper, nur umgekehrt. Flüssigkeiten nehmen viel Wärme auf und geben sie rasch wieder ab. Deshalb sind Flüssigkeitskollektoren effizient und Platz sparend. Sie werden generell als Fertigelemente oder gar Komplettsysteme geliefert und auf die Dachfläche montiert. Material sparend ist die Anordnung von Absorbern unter einer Glasdacheindeckung. Die Integration der Solartechnik in die Baukonstruktion steht noch in den Startlöchern.



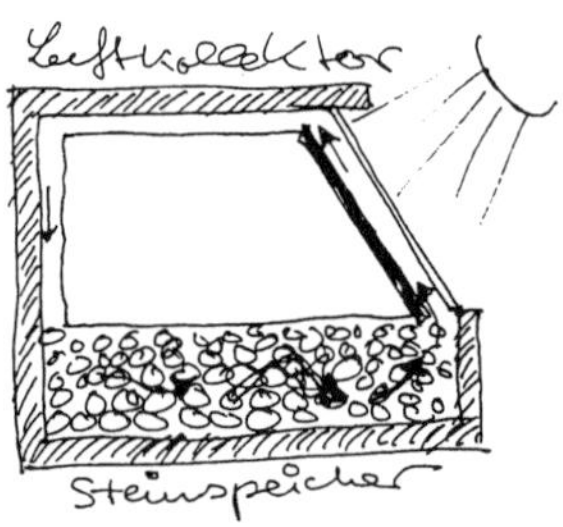


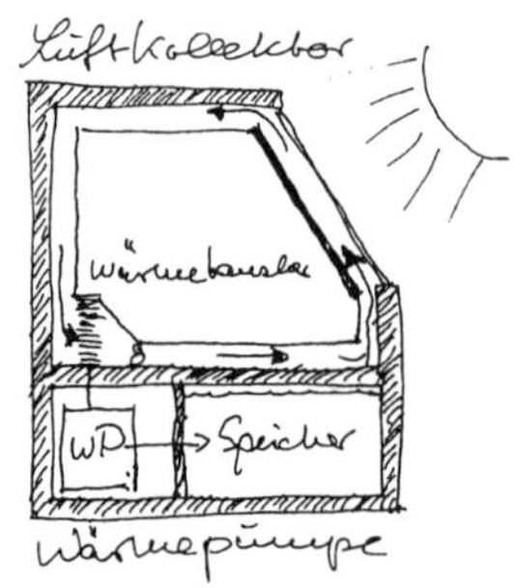

Flüssigkeitskollektoren werden grundsätzlich im geschlossenen System konstruiert. Der Durchlauf, z.B. von Leitungswasser zum Duschen, wäre zwar effizienter und weniger aufwendig, würde aber bald die Rohre verstopfen, denn bei der Erwärmung können an den Rohrwänden Ablagerungen entstehen, die den Wärmegewinn mindern und den Querschnitt verringern. Wärmeaufnahme & Wärmeabgabe sind mit Wärmetauschern (>) durchzuführen.

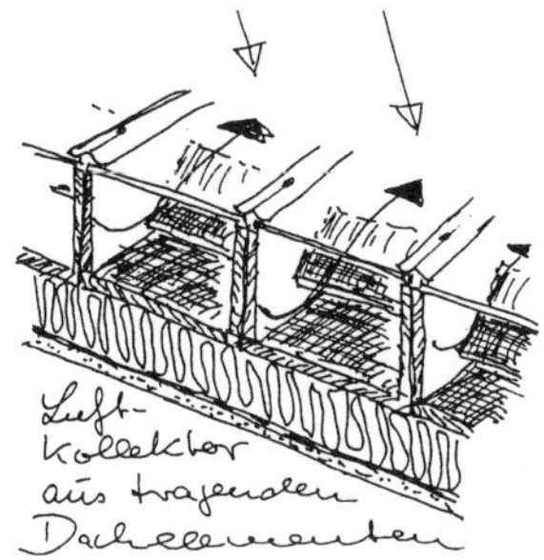


Luftkollektoren benutzen die Luft als Transportmedium. Unter Glas werden schwarze Wandungen oder Lamellen erhitzt. Sie erwärmen den eingeschlossenen Luftraum, und die heiße Luft steigt auf oder wird per Ventilator umgewälzt. Die Wärmeabgabe in einen Speicher kann über Wärmetauscher (>) ähnlich dem Autokühler in einen Speicher erfolgen, oder die Luft strömt direkt z.B. durch einen Steinspeicher (>) und erwärmt diesen, um abgekühlt wieder zum Kollektor zu strömen.

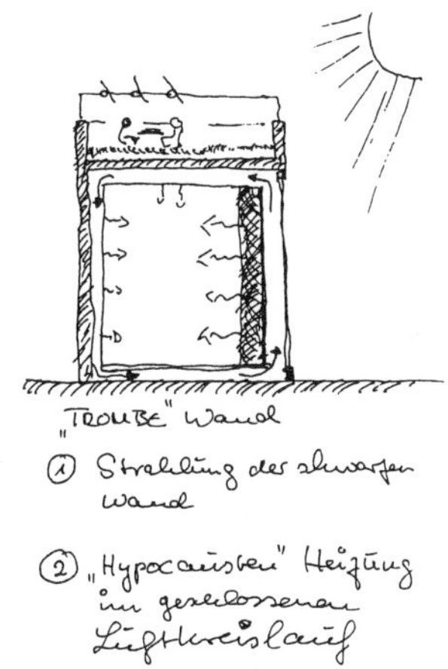


Luft kann nur geringe Mengen Wärme aufnehmen. Für einen effizienten Wärmetransport sind daher große Strömungsquerschnitte und hohe Strömungsgeschwindigkeiten vorzusehen. Das braucht Raum. Legt der Architekt z.B. die Wärmedämmung durchgehend unter die Dachsparren, könnte der Sparrenzwischenraum, mit Glas gedeckt, als Luftkollektor ausgebildet werden. Darüber hinaus können Luftkollektoren entwickelt werden, die gleichzeitig Dachtragwerk & Dachdeckung darstellen.



Luftkollektoren sollten ebenfalls als geschlossene Systeme laufen, wenn längere unkontrollierbare Luftschächte entstehen. Temperaturänderungen in der durchströmenden Luft können Wasserdampf kondensieren lassen. Feuchte Wandungen binden Partikel aus der Luft, und es entsteht eine Kruste von Luft verunreinigenden Stoffen, die in offenem System den Wohnbereich durchfließen könnten. Die regelmäßige Reinigung selbst zugänglicher Kanäle ist vom Bewohner nicht zu erwarten.

Die Trombe-Wand *(Félix Trombe)* ist ein besonderer Luftkollektor, der Treibhauseffekt, schwarzen Körper und Massespeicher (>) vereint. Die schwere schwarze Wand hinter Glas heizt sich durch Sonnenstrahlung auf. Wärme wandert nach innen und trifft dort um die Wanderzeit verzögert ein, z.B. am Abend. Gleichzeitig kann die erwärmte Luft direkt genutzt werden, um abgelegene Räume zu erwärmen, oder, mit geschickter Klappensteuerung, sogar zur Kühlung (>) beitragen.

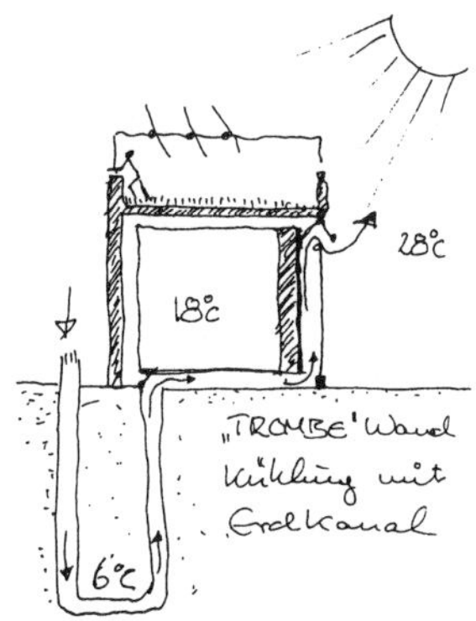


Ohne Treibhauseffekt und schwarzen Körper, sondern allein mit Erwärmung funktionieren Absorberdach oder Absorberfassade. Sie folgen dem Prinzip einer umgekehrt laufenden Fußbodenheizung unter der Außenhaut. Schon ein Gartenschlauch auf der Laube macht bekanntlich im Sommer warmes Wasser für die Planschwanne des Babys. Der geringe Wirkungsgrad ohne optimale Ausnutzung der Physik macht das Absorberdach zur Wärmequelle für Wärmepumpen (>). Zur Energieoptimierung z.B. von Baudenkmalen ist dieses Prinzip eine gute Alternative. Bevor ein Dachausbau vorgenommen wird, ist das Absorberdach zu erwägen. Bevor eine Fassade saniert oder besser gedämmt wird, ist an geeigneter Stelle an Absorber zu denken.

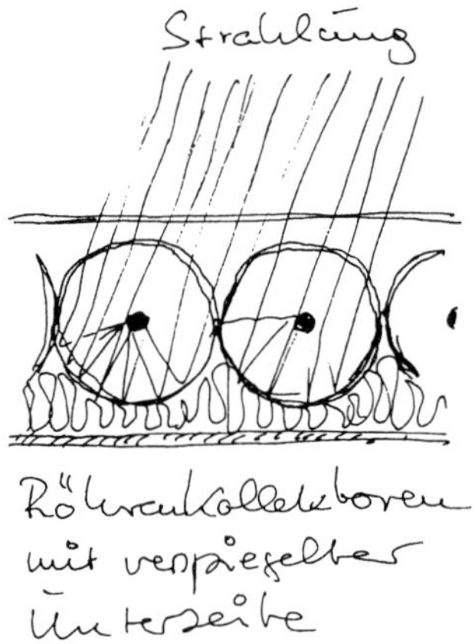


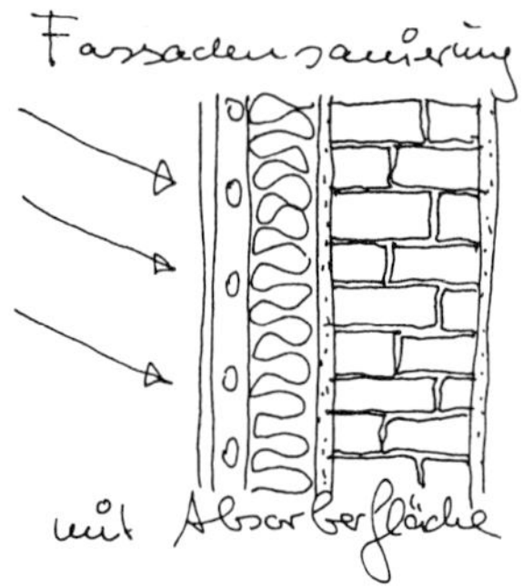


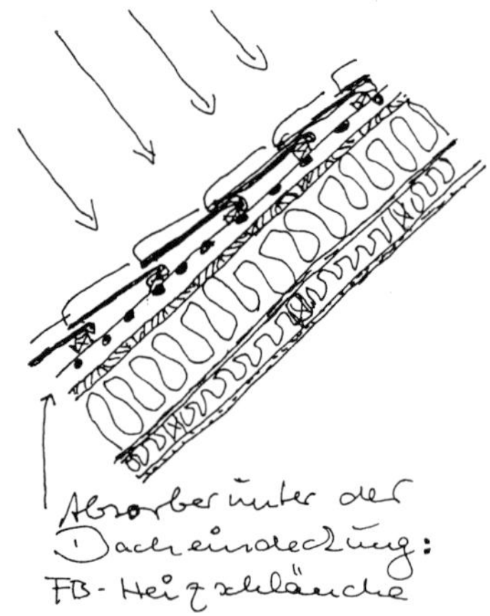


High-Tech unter den Wärmesammlern ist der Röhrenkollektor. In halb verspiegelten gläsernen Vakuumröhren verläuft im Brennpunkt ein schwarzes Rohr, das konzentriert Wärme empfängt. Die Technik ist effizient und kann mit geringerer Fläche auskommen. Höhere Temperaturen führen zu besser genutzten Speichern. Hohe Kosten schmälern die Vorteile, so dass projektbezogen Vergleiche anzustellen sind. Röhrenkollektoren sind als Komplettsysteme, die z.B. auf Dächer gesetzt werden, bei namhaften Anbietern der Heizungsbranche im Angebot.

Die „Heat-Pipe" sei der Vollständigkeit halber dargestellt. Sie nutzt zum Wärmetransport das Prinzip der Latentwärme (>) bei Verdunstung. Eine im Bereich der Einstrahlungstemperatur verdunstende Flüssigkeit wird an der oberen Seite der Heat-Pipe kondensiert und gibt dabei die eingesammelte Wärme an den Wärmetauscher ab, der sie zum Speicher weiterführt. Die kondensierte Flüssigkeit läuft zurück in das von der Sonne erhitzte Rohr und verdunstet erneut. Wärmeverluste werden so geschickt vermieden.

Noch ein Flachkollektor ist die transparente Wärmedämmung (TWD). Eine durchsichtige Dämmstruktur (kleine Lufträume aus Röhrchen, Körnung oder anderen leichten, transparenten Stoffen) lässt Sonne, wenn auch mehrfach reflektiert oder gebrochen, auf einen dahinter liegenden schwarzen Körper strahlen. Dieser erwärmt sich. Er kann die Wärme durch die Dämmstruktur nicht nach außen führen. Sie wandert nach innen. Eine effiziente Trombe-Wand würde man sagen, wäre das Verfahren preiswert. Noch ist es teuer und lebt insbesondere durch die PR-Arbeit der Fraunhofer-Institute, die bekanntlich immer ein paar Grad vollmundiger ist, als das gepriesene Forschungsergebnis. TWD ist nur begrenzt einsetzbar und nicht das energetische Wundermittel zur Rettung der Spezies Mensch.

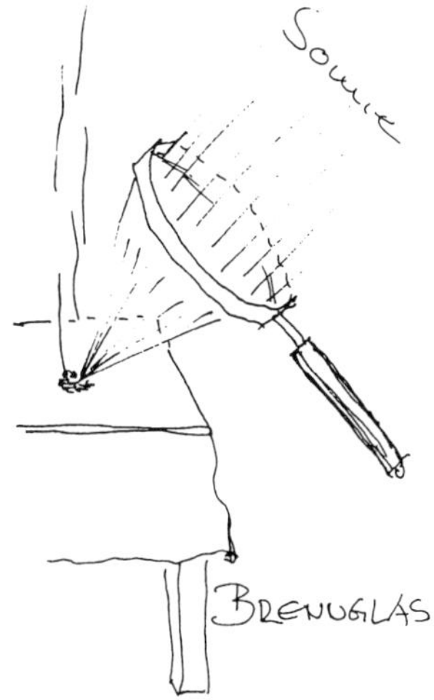


## – Konzentrierende Kollektoren

Das Solarkraftwerk in Odeillo (Pyrenäen) kann durch Konzentration der Sonnenstrahlen Temperaturen bis zu 4000 °C erzeugen. Ein großes, dem Sonnenverlauf nachgeführtes Planspiegelfeld versorgt einen festen 2000 $m^2$ großen Parabolspiegel, in dessen Brennpunkt diese hohen Temperaturen bei 1000 kW Leistung für sehr empfindliche chemische Versuche erzeugt wurden. Bereits Hohlspiegel von 9 cm Durchmesser zünden eine Zigarette an, mit einem Durchmesser von 90 cm kann er als Grill verwendet werden. Konzentrierende Kollektoren sammeln nicht *mehr* Energie ein. Sie *bündeln* die einfallende Energiemenge auf hohes Temperaturniveau.

Konzentrierende Kollektoren sind optische Geräte. Ob Lupe (Brennglas) oder Hohlspiegel, sie funktionieren nur im nahezu parallel verlaufenden Sonnenstrahl, denn nur dieser ist optisch zu konzentrieren. Diffuse Strahlung aus bedecktem Himmel lässt konzentrierende Kollektoren kalt. Sie müssen der Sonne in ihrem Verlauf nachgeführt werden, damit die paral-

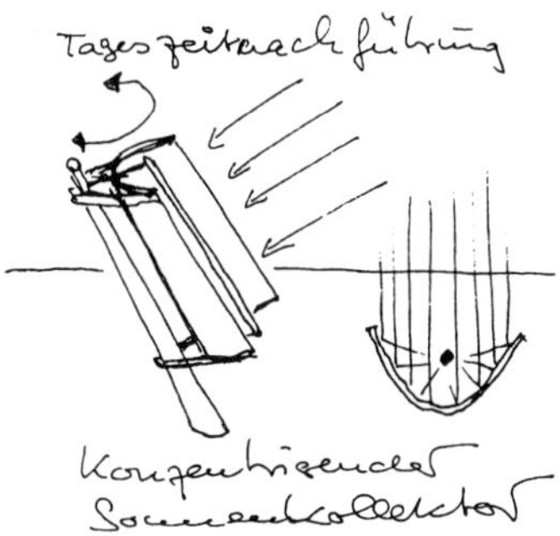


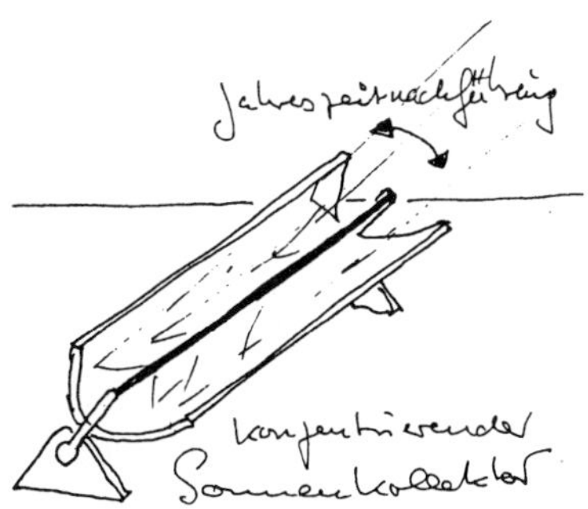


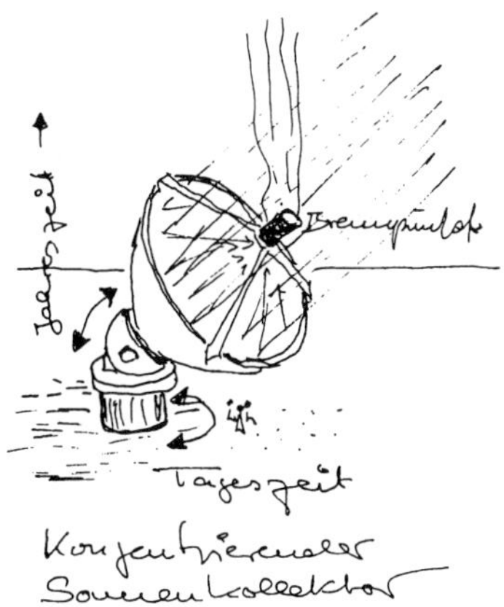

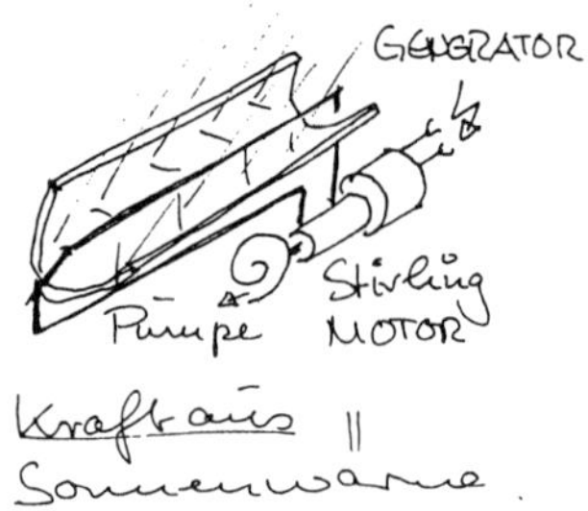


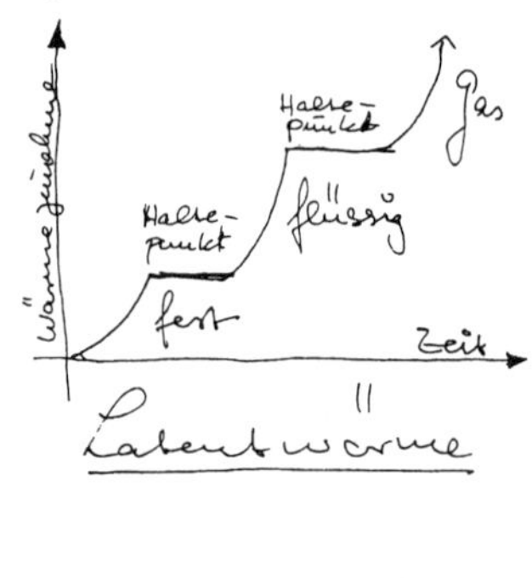


lelen Strahlen immer so auf das optische System treffen, dass am Brennpunkt die konzentrierte Energie entnommen werden kann.

Große Lupen, wie sie Archimedes in Syracus genutzt haben soll, um die vom Meer angreifende Perserflotte zu verbrennen, gibt es nicht. Die Geschichte ist sehr unwahrscheinlich. Alle konzentrierenden optischen Geräte von größeren Ausmaßen sind parabolische Spiegel, sei es in Tonnenform mit einer Brennlinie oder als Rotationsparabel mit Brennpunkt. Da schon ein geringer Schmutzfilm die Effizienz des Spiegels schmälert, ist erhöhter Pflegeaufwand vonnöten. Konzentrierende Kollektoren sind in Erstellung & Betrieb komplizierte und aufwendige Einrichtungen.

Der Sonnenofen zum Kochen in heißen, sonnigen Gegenden spart das knappe Brennmaterial oder weist ihm eine bessere Nutzung zu (Holz zum Bauen, Kuh- oder Kamelmist zum Düngen). Es gibt sehr einfache Geräte zu diesem Zweck. Sie könnten über Kochen, Backen, Braten auch als „Durchlauferhitzer“ zur Warmwasserbereitung funktionieren. Größere Anlagen zur Wärmegewinnung werden in Gewächshäusern als zusätzliche Heizung genutzt.

Die Technik konzentrierender Kollektoren lässt ihren Aufwand erst bei anspruchsvolleren Nutzungen sinnvoll erscheinen. So kann Kraft aus der Sonne gewonnen werden. Solare Dampferzeugung kann Dampfmaschinen oder Dampfturbinen betreiben, der schon mit geringem Temperaturniveau funktionierende Stirling-Motor im Brennpunkt eines Hohlspiegels kann Kraft liefern. Pumpen oder Arbeitsgeräte können auf diese Weise abgasfrei laufen, Generatoren liefern „sauberen“ Strom.

Techniken zur Wasserentsalzung für trockene Zonen in sonnigen Breiten sind mittels Konzentration von Sonnenwärme als Salz gewinnende Destillation möglich.

## – Kühlung mit Sonne

Mit Sonne kühlen erscheint widersprüchlich, aber es geht. Das einfachste Prinzip ist Verdunstung und funktioniert mit Wasser & Wind. Fächern wir unsere schweißnasse Haut, spüren wir angenehme Kühle. Die ungebrannte irdene Wasserflasche der mediterranen Hirten ist ein wenig porös. Sie hängt im Schatten eines Olivenbaums. Der Wind verdunstet das nach außen tretende Wasser und kühlt den Inhalt.

Wechseln Stoffe ihren Aggregatzustand von fest über flüssig zu gasförmig, so nehmen sie Latentenergie (>) auf. Beim Kondensieren und Er-

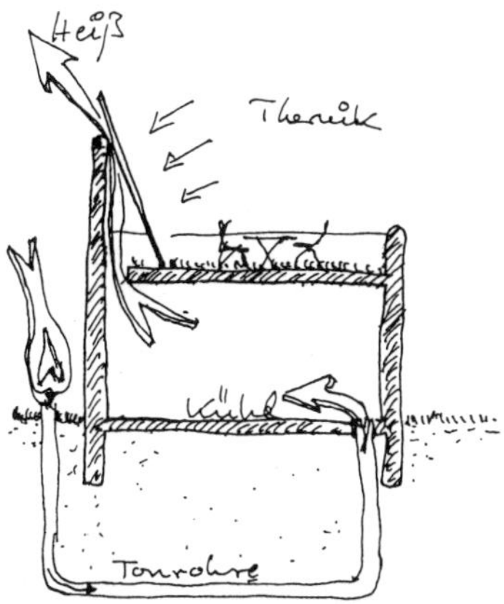


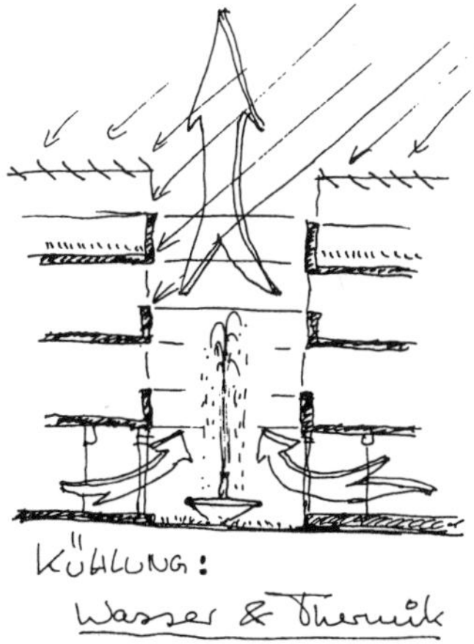


starren geben sie diese wieder ab. Die Bindung von Energie der Umgebung bei Verdunstung fühlen wir als Kühlung. Irgendwann und anderswo kondensiert der Wasserdampf und gibt die enthaltene Energie ab.

Zur Kühlung durch Verdunstung brauchen wir Feuchtigkeit & Wind. Da Sonnenstrahlung all unsere Winde verursacht, können wir diesen Effekt der Thermik gezielt einsetzen. Luftkollektoren (<) oder die Trombe-Wand (<) erzeugen einen aufsteigenden Luftstrom durch Erhitzen der Luft. Lassen wir diese Strömung an einer feuchten Struktur entlang streichen, so kühlt diese ab. Der Luftstrom wird mit dem verdunsteten Wasserdampf in die Atmosphäre entlassen.

Je größer die verdunstende Oberfläche ist, umso effizienter das Kühlsystem. Pflanzen kühlen sehr gut über die Blattoberfläche. In einem Laubwald ist es bei Hitze und Wind kühl. Wasseroberflächen kühlen nur mäßig durch Verdunstung, aber als Springbrunnen oder Wasserfall kühlen sie umso mehr, je feiner die Wassertröpfchen zerstäubt werden. Beide Prinzipien sind Tradition in den Innenhöfen von Häusern der heißen Zonen. Pflanzenreiche und feuchte Räume können durch Aufbau einer Luftströmung Kühlung bewirken. Beim Entwurf ist darauf zu achten, dass warme Luft mit weiter schwingenden Molekülen immer aufsteigt. Soll sie nach unten strömen, muss sie durch Ventilatoren dazu gezwungen werden.

Luftkollektoren können auch kühle Luft aus Erdkanälen mit dem Venturi-Effekt (>) in die zu kühlenden Räume bringen.

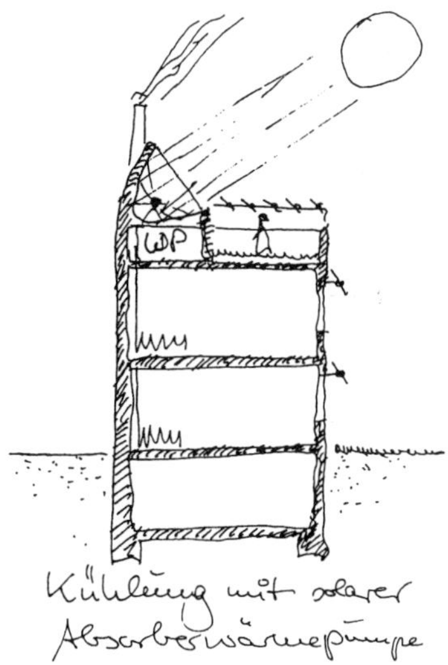

Komplizierter und mit Aggregaten verbunden ist die Kühlung mittels Wärmepumpen (>), wie unsere Kühlschränke und Klimaanlagen funktionieren. Sonnenenergie kann hier unterschiedlich eingesetzt werden.

Die Kühlung mittels Absorber-Wärmepumpe (>) kann direkt mit konzentrierter Sonnenwärme erfolgen, die die Gasflamme des Camping-Kühlschranks ersetzt.

Konzentrierte Sonnenenergie kann aber auch einen Stirling-Motor (<) antreiben, der eine Kompressor-Wärmepumpe (>) zur Kühlung betreibt.

Schließlich kann solarer Strom die Kompressor-Wärmepumpen speisen, die wie unsere „normalen" Kühlschränke funktionieren.

Kühlung bedarf eines erheblich höheren Energieeinsatzes als Erwärmung. Vor dem Einbau von Kühlanlagen ist deshalb jegliche entwurfliche Maßnahme zum Heraushalten der Hitze aus dem Bauwerk zu beachten. Dann erst sind solarthermische & solarelektrische Methoden (<) anzuwenden, denn Sonnenhitze & Kühlung fallen gleichzeitig an.

## – Strom aus Sonne: Photovoltaik (PV)

Die direkte Gewinnung von elektrischem Strom aus Sonnenstrahlung heißt Photovoltaik (PV). Sie kann mit Blick auf die Zukunft als größter Erfolg unserer gesamten Technikentwicklung betrachtet werden. Die geringe Dichte der Sonneneinstrahlung reicht thermisch genutzt gerade einmal zur Warmwasserbereitung. Aus diesem niedrigeren Energiepotential stellen wir nun die edelste, konzentrierteste und dichteste Energieform her, die wir kennen und nutzen. Das befördert uns auf die Ebene der Pflanzen, die in der Photosynthese aus Sonnenlicht auf geniale Weise wachsen und unsere energiereiche Kraftnahrung produzieren. Photovoltaik ist wie Photosynthese primäre Nutzung solarer Energie unter Transformation auf ein hohes Niveau. Alle anderen Solarnutzungen, die fossilen wie Wind- und Wasserkraft sind sekundär. Mit Photovoltaik sind Menschen wie Pflanzen zu energetischen „Primärproduzenten" im Naturhaushalt geworden, die Sonnenenergie einfangen, speichern und nutzen können. Ein großartiger Evolutionssprung, ohne den die Kreislaufwirtschaft nicht denkbar wäre.

Es begann mit der Selenzelle, die Licht in Elektrizität wandeln konnte. Ältere Belichtungsmesser haben diese Zellen. Heute ist Silizium – das zweithäufigste Element auf der Erdkruste – der Grundstoff für PV. Andere Methoden werden erforscht und bestehende weiterentwickelt. PV-Technologie beginnt gerade und sollte intensive Förderung erfahren, ist sie doch nachhaltig (sustainable) und ohne die Erdkruste verändernde Emissionen – wie sonst alle anderen Methoden der Energiebereitstellung. Wenn keine anderen Energiequellen (Kernfusion, Weltraumenergie o.a.) zu praktikablen Lösungen führen, ist PV die einzig sichere & Zukuft weisende Energiequelle im Sinne der Maximen Energieeffizienz & Kreislaufwirtschaft.

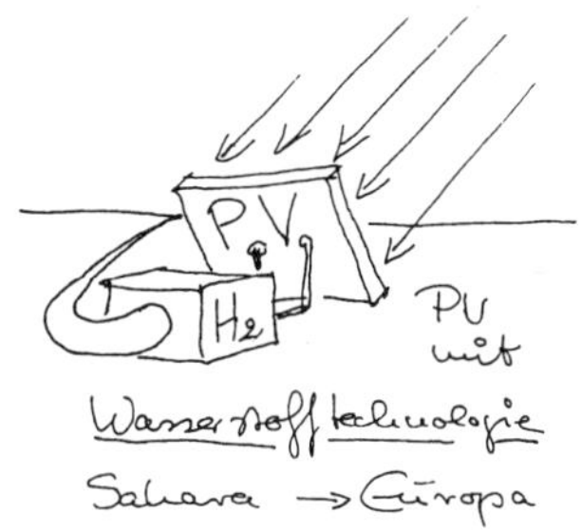




Über die kleinen Nutzungen vom Taschenrechner zum Betrieb des Laptops auf der Baustelle hinaus ist PV in großem Stil einzusetzen. Selbst die PV-Eindeckung ganzer Dächer kann nicht den elektrischen Energiebedarf der Hausbewohner und ihrer Tätigkeiten decken und die bestehenden Kraftwerke ersetzen, schon gar nicht in unseren trüben Zonen. Um aus der geringen Energiedichte solarer Einstrahlung große Energiemengen zu gewinnen, sind große Flächen mit PV-Elementen zu besetzen. Allerdings sollten diese nach Möglichkeit in der Sahara liegen, um die Anlage mit maximaler Effizienz nutzen zu können.

Schwierig erweist sich in diesem Modell der Stromtransport über Tausende von Kilometern. Hochspannungsleitungen sind schon für die bekannten kurzen Strecken sehr verlustreich, selbst als Erdkabel. Supraleiter, die fast ohne Widerstand Strom leiten, funktionieren im Labor. Zur Aufrechterhaltung ihrer Eigenschaften sind selbst die „heißen" Leiter auf höchstens – 180 °C zu halten. Das ist über lange Strecken nur mit großem Aufwand machbar und verbraucht viel Energie. Die Umwandlung von Solarstrom in Wasserstoff durch Elektrolyse (der erste Versuch in der ersten Physikstunde: Knallgas) und der Bau von Pipelines scheinen wahr-

scheinlicher, auch wenn Wasserstoff als leichtestes Element im Periodensystem (N° 1) eine sehr dichte Hülle braucht. Brennstoffzellen und andere Energiespeicher sind in der Entwicklung. Mobile Energieträger zur Aufrechterhaltung unseres Verkehrskomforts könnten auch den Ferntransport von solarer Energie übernehmen.

Die Bindung der fern von uns gewonnenen Solarenergie ist Forschungsthema und ebenso intensiv zu fördern wie PV selbst.

Sehr viel rationeller und durchaus möglich ist eine langfristige Verschiebung der industriellen Hochkultur in die sonnigen Breiten der Erde, wo Afrika das meiste Land aufweist. Die Wanderung der Völker „an die Fleischtöpfe“ ist im Laufe der Geschichte zu beobachten. Rar werdende Ressourcen werden aufgesucht, wenn ihr Transport schwer fällt oder verhindert wird. Die Wanderung zu den Energiequellen steht an. Erdumspannend zur dauerhaften Energieversorgung verläuft ein groß angelegter PV-Gürtel. Seine Konstruktion an Land macht unter einer gezielt angelegten Verschattung durch die PV-Elemente und mittels künstlicher Bewässerung die öden Wüstenregionen zu fruchtbaren, in Dauerernte nutzbaren Agrarflächen mit mehrgeschossiger Landwirtschaft. So werden die äquatorialen Ballungsgebiete versorgt. Hier konzentrieren sich bald die gesamte Weltkultur, Industrie & Ökonomie, Kunst & Religion. Eine (fast) perfekte Kreislaufwirtschaft mit hoher Energieeffizienz, wie sie entstehen könnte, wenn nicht andere Energiequellen völlig andere Bahnen einschlagen lassen. Wir brauchen für die Zukunft der Energieversorgung global-ökonomische Modelle, die auch die eigene Mobilität mit einbeziehen. Genius mundi.

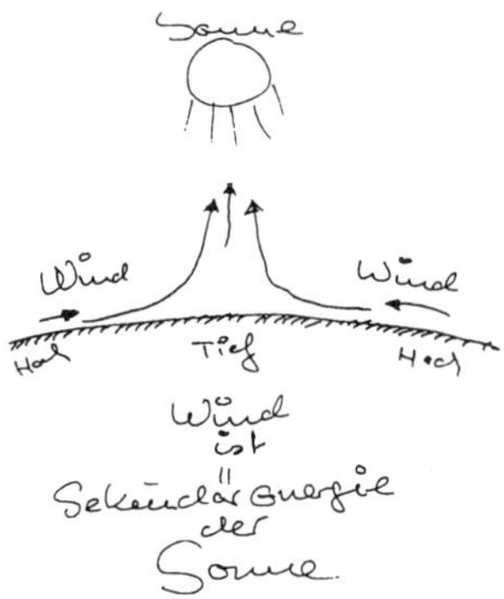


## Windenergie

Wind ist bewegte Luft und eine Sekundärkraft der Sonnenenergie. Sonne erhitzt Luft. Die Gasmoleküle nehmen durch erhöhtes Schwingen mehr Raum ein, die Luft wird auf das Volumen bezogen leichter und steigt auf. Es entsteht Unterdruck in der heißen Zone (Tief) und ein Druckunterschied zu den benachbarten Gebieten (Hoch). Zum Ausgleich strömt Luft in Richtung des Unterdrucks: Wind. Die Beschleunigung zum tiefen Druck ist die Gradientenkraft und wird durch den Druckunterschied und der Entfernung der Unterschiede (Isobaren) definiert (Seefahrt: in hPa/60 sm). Liegen die Druckunterschiede dicht beieinander, haben wir einen hohen Druckgradienten und Starkwind, gleich hohe Druckunterschiede in weiter Entfernung erzeugen leichte Winde. Wind strömt immer von hohen zu niedrigen Drücken, um einen Ausgleich zu erreichen.

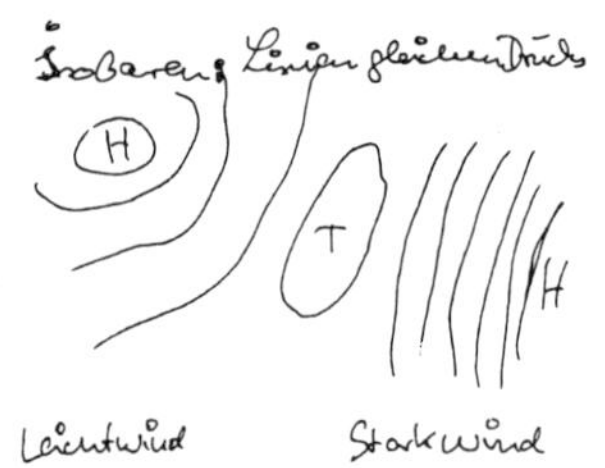

Auf der Erde kann er das nicht direkt. Während sich die Luft direkt zum Tief bewegt, dreht sich die Erde im Tagesverlauf und verschiebt das direkte Ziel um das Maß der Rotation, auf der Nordhalbkugel nach rechts, auf der südlichen nach links. Nach dem französischen Physiker Coriolis heißt diese Ablenkung *„Corioliskraft"* (auch wenn sie eine nicht nutzbare Kraft ist) und trifft auf alles sich Bewegende zu, auch auf einen ICE-Zug. Die Corioliskraft kann so groß werden wie die Gradientenkraft, so dass der zum Tief strömende Wind dort nicht ankommt, sondern parallel zu den Isobaren strömt.

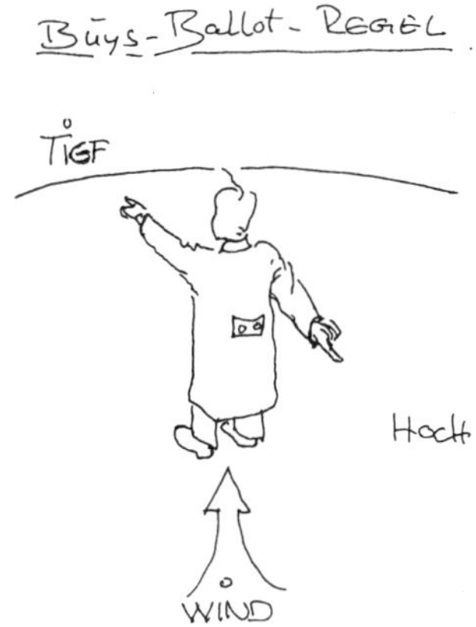


Diese Winde strömen in über 1500 m Höhe. Darunter verlangsamt mit zunehmender Tiefe Reibung die Windgeschwindigkeit, sodass die Ablenkung durch die Corioliskraft gemindert wird. Wind in bodennahen Schichten wird mit zunehmender Rauigkeit der überströmten Fläche nach links vom Höhenwind zum Tief abgelenkt. Das nach dem holländischen Admiral Buys-Ballot benannte Gesetz heißt:

*„Stellt man sich mit dem Rücken zum Wind, so hat man den tiefsten Druck vorn links und den höchsten Druck hinten rechts."*

(Auf der Südhalbkugel umgekehrt.)

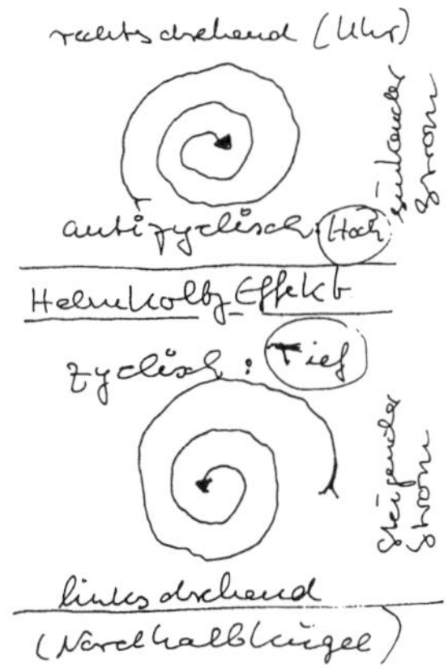


Der Ablenkungswinkel zum Höhenwind wächst mit sinkender Windgeschwindigkeit. Über Land kann er 30°–45° in Richtung Tief haben, über See etwa 10°. Letztlich kommt ein spiralförmiges Einfließen des Windes in ein Tief bzw. Ausfließen aus dem Hoch in den bodennahen Luftschichten zustande. Der sog. Helmholtz-Effekt, dass sinkende Ströme (Hoch) rechts drehende (antizyklische) und aufsteigende (Tief) links drehende (zyklische) Wirbel auf der Nordhalbkugel erzeugen, hilft diesem spiralförmigen Windstrom. Wir beobachten den Helmholtz-Effekt auch im abfließenden Wasser des Waschbeckens links drehend, entgegen der Uhr, zyklisch. Auf der Südhalbkugel drehen die vertikalen Ströme entgegengesetzt.

Windkraft nutzen wir seit Jahrtausenden in Windmühlen zur Verrichtung von Arbeit und auf See zum Antrieb von Schiffen. Welche Kraft im Wind steckt, sehen wir an den verheerenden Auswirkungen von Hurrikanen, Tornados und ähnlichen Stürmen.

## – Topographie

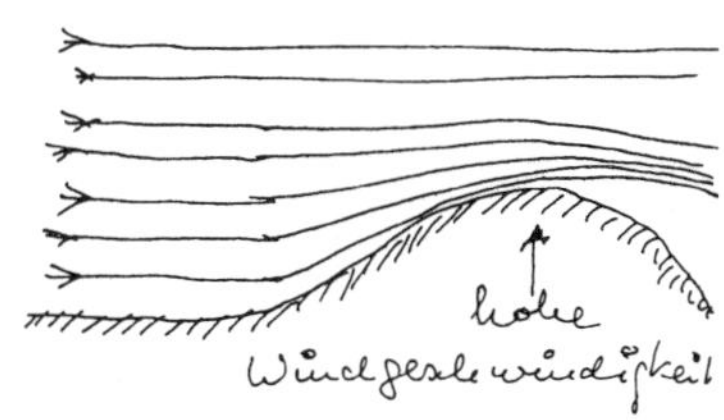


Reibung in bodennahen Luftschichten führt über die allgemeinen, hoch liegenden Luftbewegungen hinaus zu speziellen örtlichen Windsystemen mit eigenem Charakter. In größerem Rahmen sind das Winde, die sich aus klimatischen Besonderheiten zusammen mit der Großwetterlage bilden. Im

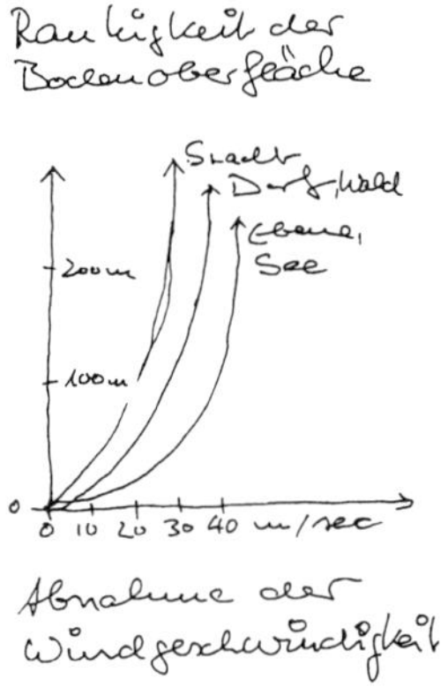


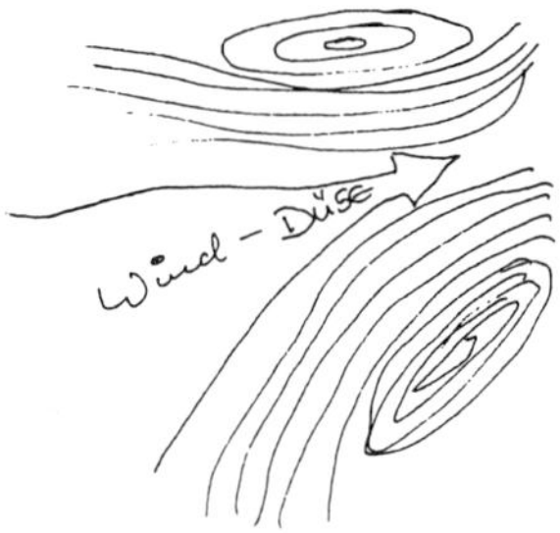


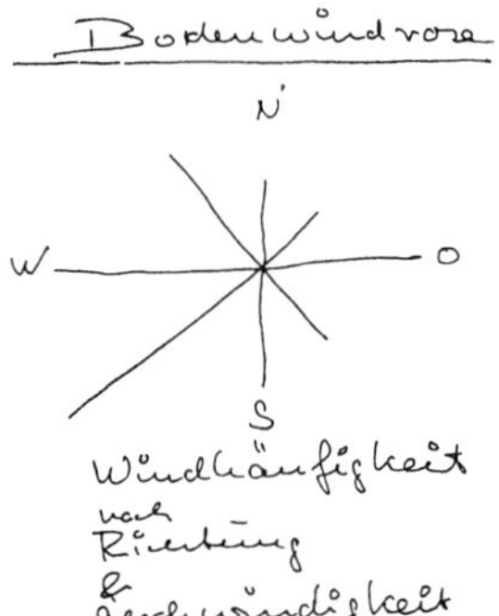


Mittelmeerraum kennen wir z.B. als typische Winde Mistral, Tramontana, Meltemi oder Schirokko. Im kleinen Rahmen können an verschiedenen Orten recht unterschiedliche Windgeschwindigkeiten auftreten. So haben Bergkuppen über die höhere Lage im Wind hinaus noch eine Steigerung der Windgeschwindigkeit durch die Luftverdichtung am Prallhang. Zwischen Höhenrücken können Düsen verdichteter Luft entstehen, die hohe Geschwindigkeiten erreichen. Auf der Leeseite dagegen können im Windschatten ruhige Zonen liegen, bis die Turbulenzen der wieder herab kommenden Kuppendüse in der „Windbruchzone" Schaden anrichten.

Zur Nutzung von Windkraft ist also nicht allein die Großwetterlage, sondern auch die lokale Topographie von ausschlaggebender Bedeutung.

Möglichst geringe Rauigkeit der Oberfläche ist ein Kriterium für hohe Windgeschwindigkeiten. Die See und flache Küstenregionen sind prädestinierte Windkraftregionen.

Da die Windgeschwindigkeit mit wachsender Höhe zunimmt, sind Bergkuppen die nächst günstigen Standorte für Windkraftwerke. Die hohe, flache Lasita-Ebene auf der Mittelmeerinsel Kreta ist voller traditioneller Segelwindmühlen.



Täler, die sich zwischen Bergen verengen, können zumindest aus einer Hauptwindrichtung heraus, wenn diese vorwiegend ist, ausreichend Windenergie zur Aufstellung von Windrädern bieten.

Die lokalen Winde werden bisher nur in Wetterstationen – zumeist an Flughäfen – gemessen & registriert. Windgeschwindigkeit & Richtung werden in der Bodenwindrose als übersichtliche Grafik zusammengefasst. Diese „amtlichen Mittelwerte" sind aus 30 Jahren Messung zusammengefasst und geben einen Richtwert. Alle 10 Jahre wird der Mittel-

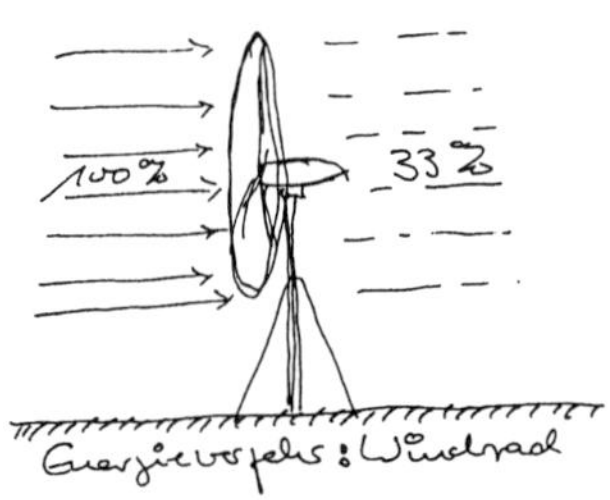


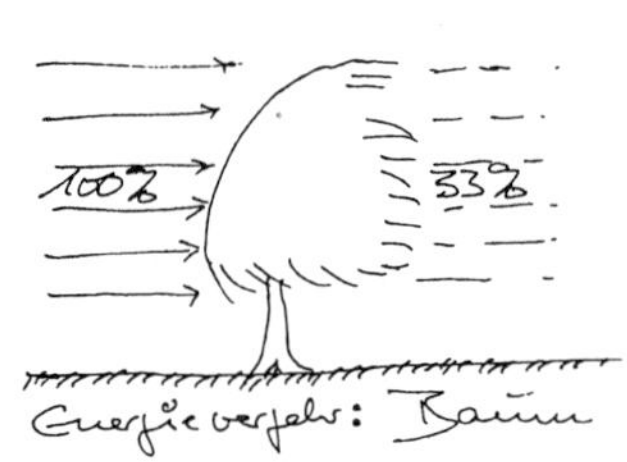

wert auf die letzten dreißig Jahre vorgerückt, um leichte Klimaschwankungen aufzunehmen. Die einzelnen Jahre können dabei, wie wir wissen, sehr unterschiedliche Windverhältnisse aufweisen. Die „Isoventenkarte" mit Linien gleicher Windintensität gibt Auskunft über die Windenergie des dargestellten Gebiets.

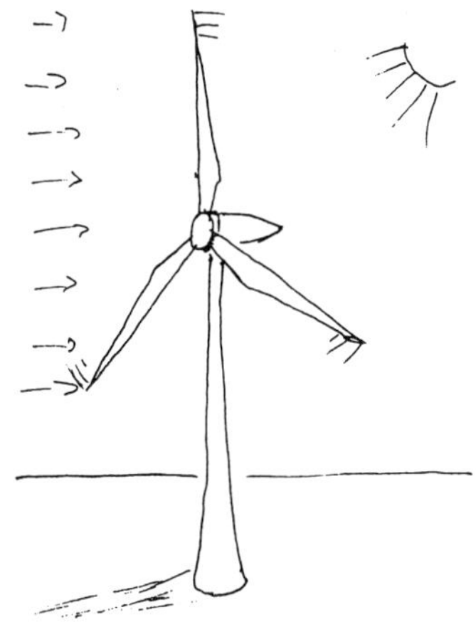

Zur Standortfindung reichen nicht allein die Isoventenkarte und die Bodenwindrose der nächst gelegenen Wetterstation. Es sollten Beobachtungen und Messungen an günstig erscheinenden Standorten durchgeführt werden. Windreiche Zonen erkennt man zunächst am Baumwuchs, an Erosionen oder im Winter als schneefreie Gebiete. Ortskundige und Natur beobachtende Menschen kennen ihre nähere Heimat genau und wissen um mögliche Standorte für Windräder. Dort können Testmessungen durchgeführt werden.

Windkraftwerke beeinflussen ihrerseits die Topographie mit ihrer unübersehbaren Erscheinungsform. Hier gehen die Meinungen auseinander von „Verschandelung der Landschaft" bis „Hervorheben des typischen Charakters einer Landschaft", von „vogelfeindlich & Natur zerstörend" bis „energiefreundlich & technisches Wunderwerk", von „entsetzlich & hässlich" bis „wunderschön & hochelegant". Es gibt Prozesse um Geräusche, Schattenwurf, Winddiebstahl und Schönheit. Emotionen werden allemal hervorgerufen. Es ist müßig, belehrende Windkraftbefürwortung zu predigen. Ein paar Hinweise aber sind hilfreich:



- Ein Windrad verbraucht so viel Wind wie ein gleich großer Baum.
- Die aerodynamisch geformten Flügel haben die gleiche hohe Ästhetik wie andere aerodynamisch geformte Dinge, z.B. Flugzeugflügel oder die Schwingen des Kondors.
- Am Mast kann man gestalterisch sündigen.
- Gemessen an Hochspannungsleitungen, die tiefe Schneisen in die Landschaft schlagen, hat die Einzel- oder Gruppenaufstellung von Windkraftanlagen an besonderen Orten gestalterisch höhere Qualität.

## – Windkraft

Windkraft ist Luftmasse mal Geschwindigkeit. Die Masse der Luft ist relativ gering, denn Luft wiegt gerade 1,2 kg/m$^3$ bei ca. 20 °C (Wasser wiegt dagegen 1000 kg/m$^3$). Zur Energiegewinnung braucht man demnach große durchströmte Flächen und hohe Luftgeschwindigkeiten.

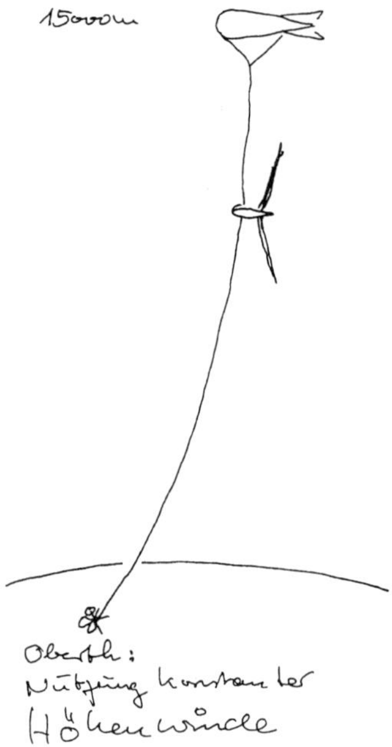


Windstärkenskala nach Beaufort

| Windstärke | Geschwindigkeit m/s | Auswirkungen |
|---|---|---|
| 0 | Windstille (bis 0,2) | – |
| 1 | 0,3 bis 1,5 | nur am Rauch erkennbar |
| 2 | 1,6 bis 3,3 | Blätter bewegen sich |
| 3 | 3,4 bis 5,4 | dünne Zweige bewegen sich |
| 4 | 5,5 bis 7,9 | dünne Äste bewegen sich |
| 5 | 8,0 bis 10,7 | kleine Bäume bewegen sich, Staub |
| 6 | 10,8 bis 13,8 | Pfeifen an Drähten |
| 7 | 13,9 bis 17,1 | Hemmung beim Gehen |
| 8 | 17,2 bis 20,7 | Zweige brechen, stürmisch |
| 9 | 20,8 bis 24,4 | kleine Schäden an Dächern |
| 10 | 24,5 bis 28,4 | entwurzelte Bäume, mittlere Schäden |
| 11 | 28,5 bis 32,6 | schwere Sturmschäden |
| 12 | 32,7 bis 36,9 | an Land äußerst selten, schwerste Schäden |

| Windstärken nach Beaufort | Windgeschwindigkeit m/s | abrufbare Flächenleistung $kW/m^2$ |
|---|---|---|
| 3 | 4,4 | 0,021 |
| 4 | 6,8 | 0,080 |
| 5 | 9,5 | 0,23 |
| 6 | 12,3 | 0,47 |
| 7 | 15,5 | 0,95 |
| 8 | 19,0 | 1,75 |
| 9 | 22,0 | 2,27 |
| 10 | 26,5 | 4,75 |
| 11 | 30,0 | 6,89 |
| 12 | 34,5 | 10,5 |

Die Geschwindigkeit wird in m/sec, km/h, in der Seefahrt in Knoten kn oder sm/h oder als Kraft in Windstärken *„Beaufort“* angegeben. Die Beaufortskala von 0 bis 12 verbindet mit der Windgeschwindigkeit deren Auswirkung in der Natur auf See und im Binnenland. Deshalb ist diese Skala von jedem Laien und ohne Messinstrument zu gebrauchen.

Für die abrufbare Leistung gibt König als Faustformel an:

$P$ (kW) = 0,000255 $v^3$ (m/sec) · A (Rotorfläche, $m^2$)

Die Zauberzahl steht für den aerodynamischen Wirkungsgrad von Windrädern (ca. 50 %) und einen Flügelwirkungsgrad von 0,9. Diese Formel erklärt die beschriebenen Auswirkungen der Beaufortskala, denn Windkraft steigt mit wachsender Geschwindigkeit in der dritten Potenz. Leistet Wind mit 3 Bft. gerade einmal 20 $W/m^2$, bieten 7 Bft. schon 1 $kW/m^2$ (50-mal so viel), und 12 Bft. leisten 10 $kW/m^2$ (500-mal so viel). Diese Kraft ist schwer zu kontrollieren. Das breite Spektrum der Windkraft ist ein großes Problem für die Konstrukteure von Windanlagen, denn gerade in Bodennähe ist der Wind unstetig in Richtung & Geschwindigkeit. Er kann in Böen schnell einmal ein paar Beaufort zulegen und dann zerstörerisch auch auf Windräder wirken. Mit wachsender Höhe wird der Wind stärker und stetiger. Der Raketenforscher Prof. *Oberth* hat Windräder in

15 000 m Höhe an Fesselballons hängen wollen. Die Wetterstationen geben mit ihrer Windstatistik gleichzeitig die Böenhäufigkeit und deren Spitzengeschwindigkeiten in den Kalendermonaten heraus.

## – Windkraftwerke

Windmühlen gibt es seit 4000 Jahren. Sie verrichteten Arbeit, pumpten oder schöpften Wasser, verscheuchten lärmend Vögel, bliesen Melodien (Äolsflöten) und verrichteten in Tibet sogar Gebete für ihre frommen Aufsteller. Ihre Formen waren vielfältig. Vorwiegend nutzten sie den Vortrieb des Windes und nur unbewusst manchmal einen Hauch von Aerodynamik. Erst die Holländer-Windmühle mit dem Knick im Profil des Flügels *(La Cour)* zeigte aerodynamische Ansätze und brachte entsprechend hohe Leistung. Einfache Windräder aus Holz oder mit Segeln, horizontal oder vertikal drehend, werden auf der Erde in weniger industrialisierten Ländern nach wie vor zur Verrichtung von Arbeiten wie Mahlen, Dreschen, Hämmern und Sägen, besonders aber zum Pumpen von Wasser eingesetzt, um zeitunabhängig einen Vorratsbehälter zu füllen. Selten wird mit einfachen Windrädern Strom erzeugt.

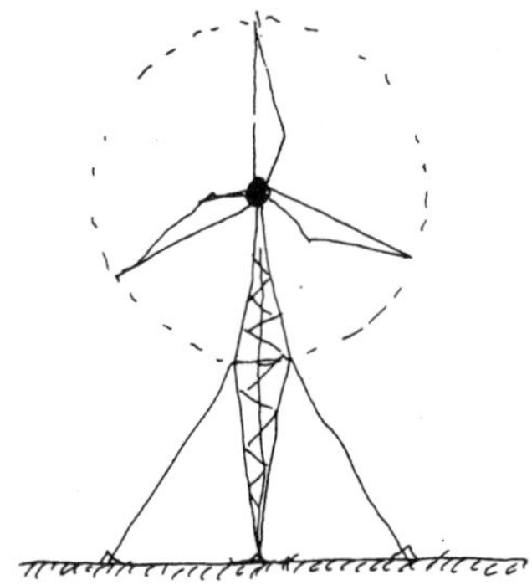

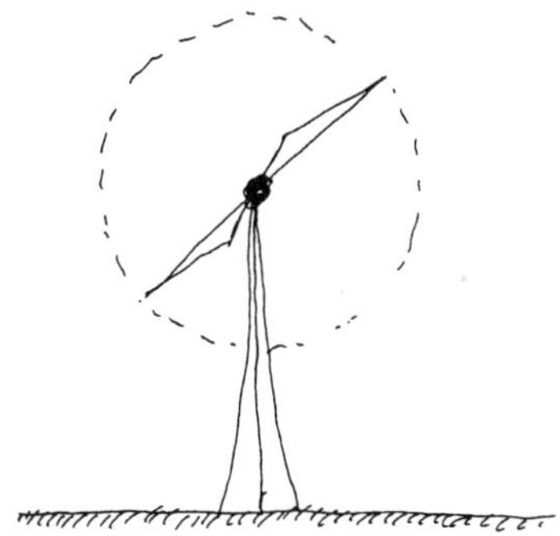

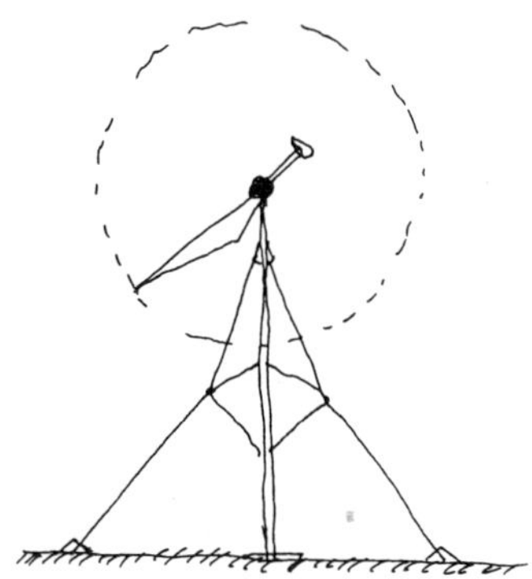

Moderne Windräder erzeugen ausschließlich Strom. Sie haben Flügelprofile, die aerodynamisch ausgefeilt wie Flugzeugflügel sind und entsprechend hohe Leistung bringen. Renommierte Firmen stellen diese Hightech-Turbinen her. Nach ein paar Entwicklungsjahren haben sich für die Stromproduktion aus Wind für das öffentliche Stromnetz Einheiten um 500 bis 1000 kW Leistung mit etwa 50 m Durchmesser als optimale Größenordnung, leistungsstark, sturmfest und wirtschaftlich erwiesen. Je nach Windstärken werden Dreiflügler, Zweiflügler oder gar Einflügler mit Ausgleichsgewicht aufgestellt. Wichtig ist, dass die rotierenden Flügel im durchströmenden Wind nicht in die turbulente Abrisszone des vorherigen Flügels geraten und dadurch an Wirkung verlieren.

Die technische Entwicklung tendiert zu immer größeren Windkraftwerken. 2–3 MW Leistung je Windrad sind Stand der Technik. Geplant werden Leistungen gegen 5 MW mit Rotordurchmessern von 112 m und einer Gesamthöhe von fast 200 m. Diese Giganten werden durch hochwertige Materialien möglich. Immerhin sausen die Flügelspitzen derart großer Windräder weit über Schallgeschwindigkeit durch die Luft. Hoch oben ist der Wind wegen der abnehmenden Wirkung der Bodenrauigkeit stärker und gleichmäßiger als in Bodennähe.

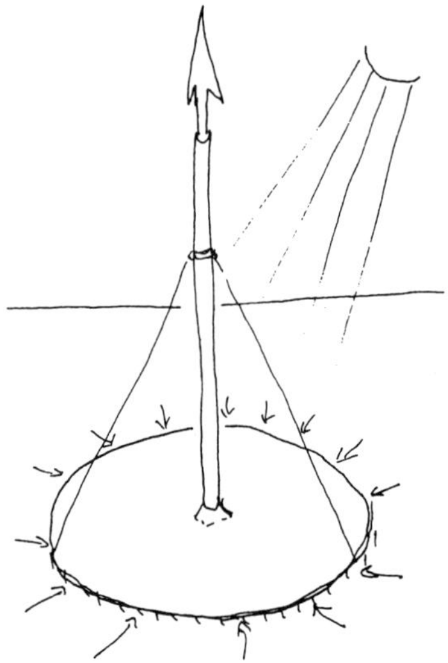

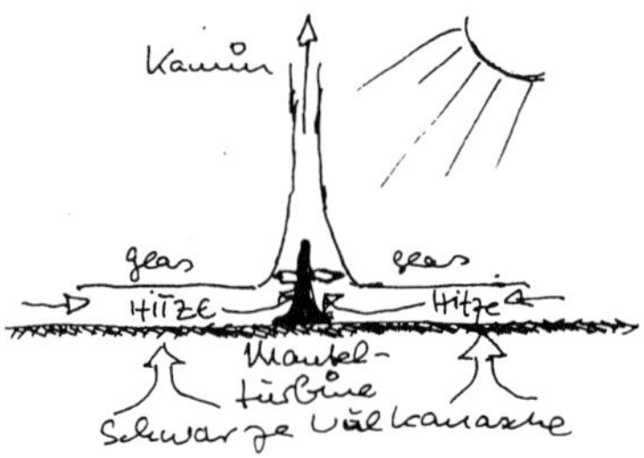


Aufwindkraftwerk von Jörg Schlaich ein künstliches Tiefdruckgebiet

Die auf der Achse der Windturbine gewonnene Kraft sollte so effizient wie möglich zu Strom verarbeitet werden. Zwar sind Elektrogeneratoren (wie der Fahrraddynamo) mit über 90 % Effizienz hochwirksam, benötigen aber hohe Drehzahlen, die ein kräftezehrendes Getriebe erfordern. Heute sehen wir einige Windkraftanlagen mit einer voluminösen Scheibe um die Achse. Das ist ein langsam drehender Dynamo mit vielen Wicklungen, der getriebelos die Windkraft in Strom umsetzt.

Auch die Umformung des Generatorstroms in handelsübliche Form mindert die Effizienz und sollte im elektrischen Konzept berücksichtigt sein.

Für den begrenzten Einsatz in dezentraler Lage können kleinere Anlagen im „Inselbetrieb" sehr wirtschaftlich sein. Weltumsegler, die selbst mit Diesel für die Maschine haushalten müssen, versorgen ihre Elektrik mit kleinen Windrädern oder Solar-Panels. Leuchtfeuer auf See versorgen sich autark mit Windkraft für die nächtliche Lichtquelle und ersparen aufwendige Verkabelung auf dem Meeresboden.

Inselbetrieb für abgelegene Siedlungen oder Einzelbauten kann sich selbst in seiner Stromgestaltung definieren. Ratsam allerdings ist die Anpassung an Elektrogeräte, die im Handel erhältlich sind. 220 V Wechselstrom oder 12 V Gleichstrom (Camping, Wohnmobile) sind die Alternativen. Die Speicherung in Batterien setzt Gleichstrom voraus, der für 220 V Wechselstrom verlustreich umgeformt & transformiert werden muss. Dieser Verlust ist in der Auslegung der Anlage zu berücksichtigen. Mit der fortschreitenden Entwicklung der Brennstoffzelle z.B. auf Wasserstoffbasis können Stromgewinnung und -nutzung entkoppelt werden.

Ein besonderes Windkraftwerk soll noch herausgestellt werden, da es auf genial einfache Weise Sonnenkraft direkt nutzt, sein Tiefdruckgebiet direkt & lokal erzeugt: das Aufwindkraftwerk von Jörg Schlaich. Inmitten eines gläsern abgedeckten, möglichst dunklen Feldes steht eine hohe Röhre. Die Sonne erhitzt die Luft im Feld und im zentralen Rohr. Die Moleküle schwingen stark, die Luft dehnt sich aus, wird leicht und steigt durch den Kamin der Röhre nach oben, je heißer, desto schneller. Es entsteht ein Tiefdruckgebiet unter dem gläsernen Feld. Kühle Luft strömt nach – direkt und radial in diesem kleinen Feld ohne spürbaren Coriolis-Effekt –, wird solar erhitzt und steigt durch den Kamin auf. An geeigneter Stelle betreibt eine hocheffiziente Mantelturbine den Stromgenerator. In heißen Wüstengebieten ohne andere Landnutzung ist das Aufwindkraftwerk eine genial einfache Anlage. Landwirtschaftlicher Unterglasanbau zumindest im äußeren Ring mit noch geringen Windgeschwindigkeiten ist zu erwägen.

## Wasserenergie

Die Nutzung von Wasserkraft ist so alt wie die Nutzung von Windkraft. Sie ist in der Regel effizienter, da Wasser eine höhere Dichte besitzt und sein Strom fassbar und dosierbar ist.

Auch Wasserenergie ist sekundäre Nutzung von Sonnenstrahlung: Wasser verdunstet durch Einstrahlung zu Wasserdampf und wird in die Höhe getragen. Dort kondensiert es wieder zu Wasser oder sublimiert zu Eis (Wolken) und wird vom Wind transportiert. Die Wolken regnen je nach Wetterkonstellation ab. Über Land kann das höher als der Meeresspiegel sein, dem alle Masse durch Gravitation zustrebt. Höher gelegenes Wasser enthält demnach Energie. Wir nutzen diese potenzielle Energie.

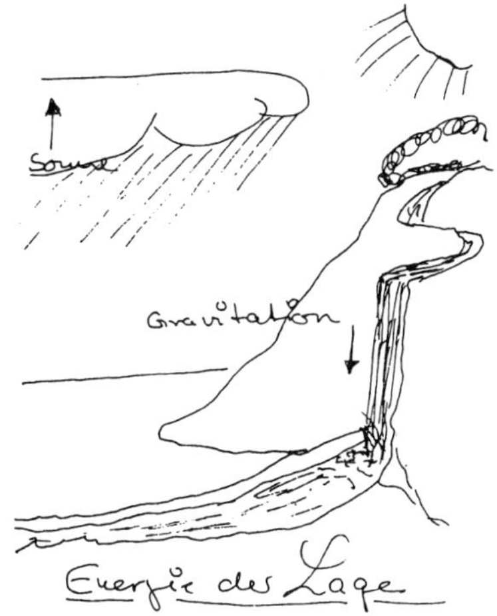


### – Topographie

Niederschläge auf See sind energetisch nicht zu nutzen. Erst der Höhenunterschied zum Meeresspiegel schafft Energie durch die Position von Masse weiter vom Erdmittelpunkt entfernt. Physiker nennen das „Energie der Lage“. Im Wettergeschehen sind das die Wassermassen, die als Wolken vom Wind über Land getrieben werden, an Gebirgen oder kalten (stabil) oder warmen (labil) Luftmassen zwangsweise aufsteigen, in der Höhe auskühlen und abregnen. In Tälern sammelt sich das Wasser zu Seen, in Flüssen strömt es dem Meeresspiegel zu. Dabei verliert es kontinuierlich die ihm innewohnende Energie, bis sie, im Meer angekommen, gegen null geht.

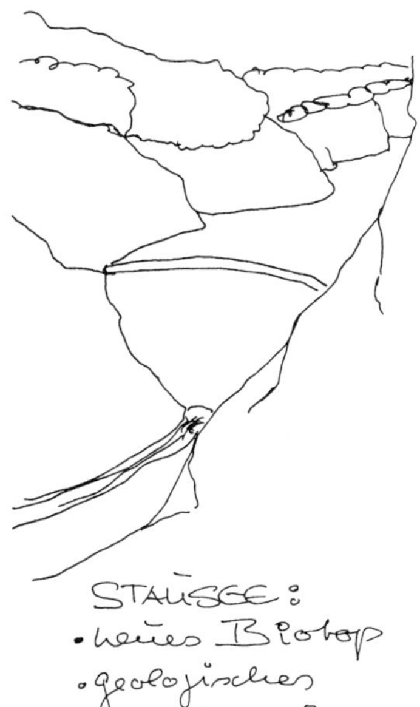


Die Nutzung von Wasserkraft ist wie schon die der Windkraft abhängig von Klima, Wetter und Topographie. Hohe Gebirge können Gelegenheit für große Fallhöhen bieten, weite Täler können große Wassermassen sammeln. Beide Faktoren bestimmen das Energiepotenzial an Wasserkraft, das wir zu nutzen vorhaben.

Bevor wir jedoch in das natürliche, über Jahrmillionen eingespielte System des Wasserhaushalts eingreifen, sind geologische wie biologische Folgen unseres Eingriffs, soweit möglich, einzuschätzen. In der Regel bedeutet die Nutzung von Wasserkraft eine Verzögerung des bisherigen Abflusses mit einem Stau auf der oberen und einem Mangel an der unteren Seite des Wasserkraftwerks. Jede wasserbauliche Maßnahme erzeugt ein verändertes Biotop und führt zu einer neuen Zusammensetzung der biologischen Lebensgemeinschaft. Am kunstvollen Biberbauwerk erkennen wir die hohe Qualität künstlicher Feuchtbiotope für die gesamte Umgebung. Der Stau des Rio Paraná zwischen Brasilien und Paraguay zum größten Wasserkraftwerk der Erde mit einem riesigen verzweigten Stausee ist in seinen geologischen Auswirkungen noch nicht einzuschätzen. So kann Wasser in dem neuen, bisher nie Wasser führenden Bett versickern oder abwandern und an entfernter Stelle andere Feuchtbiotope wachsen lassen. Biologisch wird er nach Überflutung eines großen Bereichs von tropischem Regenwald zu neuen und intensiven Lebensgemeinschaften führen. Wenn wir solche, für viele romantische Naturfreunde verwerflichen Eingriffe menschlicher Technik als gleichwertig mit Naturkatastrophen betrachten, so mag auf lange Sicht der Unwillen versiegen, hat sich doch das Lebendige mit allen Katastrophen arrangiert, oft sogar mehr Nutzen daraus gezogen.

Nicht nur die geologische & biologische Einschätzung ist Voraussetzung für den Standort eines Wasserkraftwerks. Auch die jahreszeitliche Schwankung der Energiequelle, wetterabhängige Fluten bei Schmelze oder nach Sommergewittern sind zu ermitteln. Schwankende Wasserpegel werden mit wachsender Versiegelung der Flusstäler durch Besiedlung und Rodung zu Problemen für Wasserkraftwerke, die unterhalb von menschlichen Ansiedlungen gelegen sind, also insbesondere Flusskraftwerke ohne Pufferung durch Stauseeanlagen. Die Einbindung einer Wasserkraftanlage in die topographischen Gegebenheiten mit dem Ziel der Verbesserung des Ortes ist planerische Absicht.

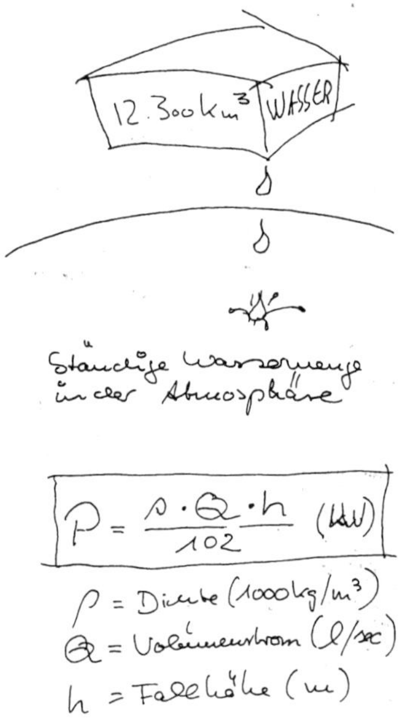


## – Wasserkraft

Es sind ständig 12 300 km³ (1 km³ = 1 Milliarde m³) Wasser in der Atmosphäre der Erde. Diese Wassermasse wird von der Sonne verdunstet und gehoben. Sie setzt sich 40-mal jährlich um, so dass die Sonne im Laufe des Jahres fast 500 000 km³ in die Atmosphäre hebt. Das sind 500 Billionen Tonnen Wassermasse. Die Dichte von Wasser ist mit 1000 kg/m³ hoch und macht die Nutzung von Wasserenergie effizienter als die von Windenergie. Wasser wiegt über 800-mal so viel wie Luft.

Von dem weltweit auf etwa 3 Mio. Megawatt (MW) geschätzten Potenzial an Wasserenergie werden nicht einmal 10 % genutzt. Westeuropa allerdings steht mit über 50 % an der Spitze der Wasserenergienutzung.

Potenzielle Energie der Lage wird bestimmt durch die Fallhöhe und die Masse des Fallguts. Die klassische Formel für Arbeit:

$$\text{Arbeit} = \text{Masse} \cdot (\text{Geschwindigkeit})^2$$

wird für Wasserenergie abgewandelt in:

Arbeit = Volumenstrom · Fallhöhe

Volumenstrom (l/s) stellt die Wassermasse dar, die in bestimmter Zeit die Fallhöhe vom Oberwasser zum Unterwasser (m) strömt.

Eine einfache Formel zur überschlägigen Berechnung der verfügbaren Leistung *P* gibt *Wilhelm Müller* an:

*P* (kW) = Dichte (1000 kg/m$^3$) · Volumenstrom Q (l/s) · Fallhöhe (m)/102.

Dazu kommt der Wirkungsgrad des Wasserkraftwerks, der schon bei einfachen Anlagen 70 % erreichen kann (Faktor 0,7).

Der Volumenstrom *Q* (l/s) ist ebenfalls nach Wilhelm Müller zumindest für kleine Gewässer einfach zu ermitteln. Wer den Bau eines Messwehrs scheut, kann an einer geraden Strecke gleichen Profils mit einem Schwimmer die mittige Strömungsgeschwindigkeit (m/s) messen. Dann braucht man den benetzten Umfang des Wasserlaufs *U* (m) und dessen Oberfläche sowie die Querschnittsfläche des Gewässers *A* (m$^2$), um den Reibungswiderstand *A/U* zu ermitteln, der die Geschwindigkeit mindert. Die Tabelle der *A/U*-Werte mit unterschiedlicher Oberfläche ermittelte Wilhelm Müller. Die gemessene Geschwindigkeit mal Reibungsfaktor gibt die mittlere Geschwindigkeit (m$V_m$) des Wasserlaufs. Der Volumenstrom ist dann:

Fläche *A* (m$^2$) . Geschwindigkeit $V_m$ (m/s) = Volumenstrom (m$^3$/s)

oder · 1000 = l/s.

Der Volumenstrom großer Gewässer oder Gezeitenströme werden im Prinzip ähnlich berechnet.

Werte für den Beiwert A/U zur Ermittlung der mittleren Strömungsgeschwindigkeit $V_m$, nach W. Müller

| $\frac{A}{U}$ | Holz, glatt oder Zementmauer | Holz, ungehobelt oder Ziegelmauer | Bruchsteinmauer | Erde |
|---|---|---|---|---|
| 0,1 | 0,860 | 0,840 | 0,748 | 0,565 |
| 0,2 | 0,865 | 0,858 | 0,792 | 0,645 |
| 0,3 | 0,870 | 0,865 | 0,812 | 0,685 |
| 0,4 | 0,875 | 0,868 | 0,822 | 0,712 |
| 0,5 | 0,880 | 0,870 | 0,830 | 0,730 |
| 0,6 | 0,885 | 0,871 | 0,835 | 0,745 |
| 0,7 | 0,890 | 0,872 | 0,837 | 0,755 |
| 0,8 | 0,892 | 0,873 | 0,839 | 0,763 |
| 0,9 | 0,895 | 0,874 | 0,842 | 0,771 |
| 1,0 | 0,895 | 0,875 | 0,844 | 0,778 |
| 1,2 | 0,895 | 0,876 | 0,847 | 0,786 |
| 1,4 | 0,895 | 0,877 | 0,850 | 0,794 |

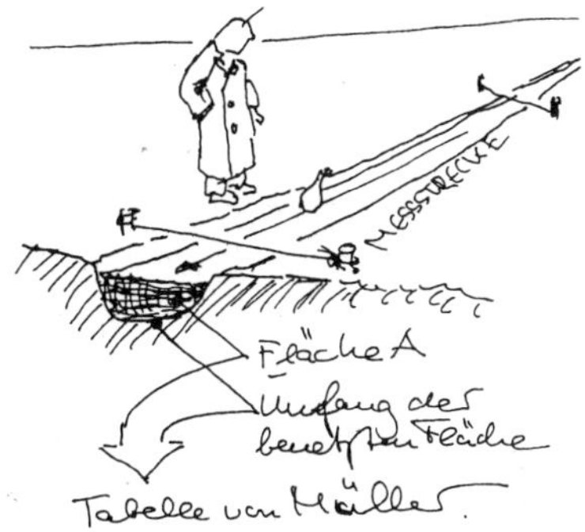




**Beispiel:**

Meßstrecke: 15 Meter.
Laufzeit des Schwimmers: 20 Sekunden.
Geschwindigkeit: $v = \frac{s}{t} = \frac{15}{20} = 0{,}75$ Meter pro Sekunde.
Das Gerinne hat rechteckigen Querschnitt, die Sohle ist 2 m breit, die Seitenwände 0,8 m hoch.
Der Wasserquerschnitt ist demnach $A = 2 \cdot 0{,}8 = 1{,}6\ m^2$.
Der benetzte Umfang ist $U = 2 + 0{,}8 + 0{,}8 = 3{,}6$ m.
Das Verhältnis $\frac{A}{U}$ beträgt $\frac{1{,}6}{3{,}6} = 0{,}445$.
Das Gerinne besteht aus Erde; damit ergibt sich für $\frac{A}{U} = 0{,}445$ ein Koeffizient von etwa 0,72.
Die mittlere Geschwindigkeit $v_m$ beträgt demnach $v_m = 0{,}75 \cdot 0{,}72 = 0{,}54$ m/s.
Daraus errechnet sich die Wassermenge wie folgt: $Q = v_m \cdot A = 0{,}54 \cdot 1{,}6 = 864$ l/s (oder 0,864 m$^3$/s).

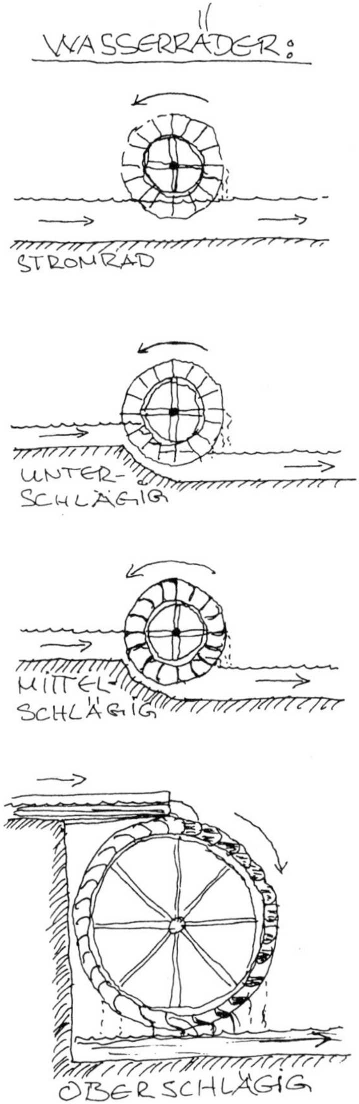


## – Räder & Turbinen

Wasserkraftanlagen sind ebenso alt wie Windkraftanlagen. Wasserräder werden auch heute noch in weniger industrialisierten Ländern zur Verrichtung von Arbeit genutzt. Die modernen Turbinen dienen ausschließlich zur Stromgewinnung.

Wasserräder nutzen die Geschwindigkeit der Masse des fließenden Stroms. Das einfache Stromrad dreht sich allein mit diesem Schub. Andere Wasserräder nutzen innerhalb ihrer Konstruktion eine Fallhöhe, also den beschleunigten Strom des Gewässers. Je nach Lage der Radachse zum Oberwasser heißen sie unter-, mittel- und oberschlägig. Je nach Landschaft heißt es auch -schlächtig statt -schlägig. Die beiden ersten gehen im Strom an einem Wehr und nutzen den dynamischen Strom in der Fallstrecke. Sie drehen rückwärts zur Fließrichtung. Das oberschlägige Rad liegt unter dem Wasserfall und wird vorwiegend durch das Fallgewicht des Wassers getrieben. Es dreht mit dem Strom. Seine Bauhöhe ist der Fallhöhe angepasst; es kann sehr hohe oberschlägige Wasserräder geben. Sie drehen auch bei sehr geringen Volumenströmen. Wirkungsgrade von 70 % bis 80 % sind schon bei diesen einfachen Technologien möglich.



Die vier prinzipiellen Bautypen der Wasserräder gehen auf die unterschiedlichen Gegebenheiten der Gewässer ein. Sie reichen vom glatten Strom über geringe bis zu großen Fallhöhen, die teils in Kaskaden von oberschlägigen Wasserrädern genutzt wurden. Ihre Größe aber ist beschränkt, die Leistung kann 25 kW kaum übersteigen. Der direkte Anschluss von Stromgeneratoren ist wegen der langsamen Drehzahl der Wasserräder nur über ein Getriebe möglich.

Turbinen nutzen Fallhöhe und Volumenstrom nicht nur nach Gewicht & Schub, sondern die Strömung als Ganzes, hydrodynamisch, wie Physiker sagen. Sie erreichen damit eine Kraftausnutzung bis 95 % und können Größen bis zu 750 MW je Turbine erreichen. Die Strom liefernden Wasserkraftwerke laufen mit Turbinen.

Drei Bauarten decken den Bereich zwischen großen und geringen Fallhöhen und Volumenströmen ab:

– die *Pelton*-Turbine

– die *Francis*-Turbine

– die *Kaplan*-Turbine.

Die *Pelton*-Turbine ist ein frei liegendes Schaufelrad mit vertikaler Drehachse, das von einer oder mehreren Düsen am Fuße von Druckrohren in einer Kammer tangential angestrahlt wird, als hielten wir den Gartenschlauch auf das Vorderrad unseres liegenden Bikes. Es eignet sich besonders für sehr große Fallhöhen (500 bis 1800 m), kann aber in den einzelnen Druckrohren nur einen geringen Volumenstrom verarbeiten. Pelton-Turbinen können bis zu 250 MW leisten und erreichen Wirkungsgrade von 90 %. Sie werden in hohen Gebirgen eingesetzt.

Die *Francis*-Turbine liegt horizontal im geschlossenen Wasserstrom. Ein Druckrohr führt das Wasser in einer sich verengenden Schnecke um die radial außen angeordneten Turbinenschaufeln und dreht sie um ihre Achse. Das Wasser fällt dann kraftlos aus der offenen Mitte der Turbine herunter, wenn sich die Turbine nahe dem Unterwasser befindet. Liegt sie mittig im Fall, saugt die untere Wassersäule das über der Turbine liegende Wasser durch die verengende Schnecke gegen die Schaufelräder. Bis zu 750 MW je Turbine sind mit über 90 % Effizienz zu erreichen. Die Francis-Turbine ist für mittlere Fallhöhen und Volumenströme geeignet, wird aber auch für Höhen bis 650 m eingesetzt. Sie ist mit unterschiedlicher Turbinenbauart weit einsetzbar.

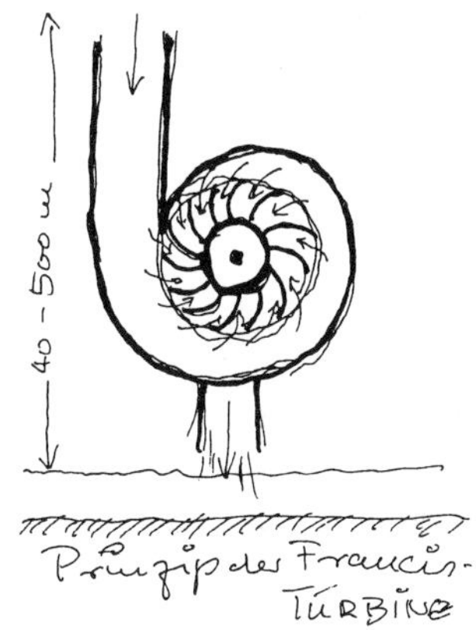


Die *Kaplan*-Turbine, oder einfacher das Kaplan-Rad, funktioniert wie eine umgekehrte Schiffsschraube. Es ist besonders für niedere Fallhöhen (10 bis 45 m) und große Volumenströme geeignet, also für Fluss- oder Gezeitenkraftwerke. Sie liegt wie die Francis-Turbine im geschlossenen Wasserstrom. Als Rohrturbine mit horizontaler Achse und umströmtem Generatorhaus braucht sie nur geringes Gefälle (max. 25 m) im Fluss oder an Gezeitendämmen. Mit vertikaler Achse wird das Kaplan-Rad an Staustufen eingesetzt. In Gezeitenkraftwerken kann die Kaplan-Turbine aus beiden Stromrichtungen Energie gewinnen. Je Einheit sind 180 MW Leistung zu ziehen.

Wegen der hohen Effizienz von Turbinen und Motor-Generatoren werden Kaplan- und Francis-Turbinen als Pumpen und Generatoren in Pumpspeicherwerken (See oben, See oder Fluss unten) eingesetzt, die effizient Stromspitzen in der täglichen Verbrauchskurve abdecken.

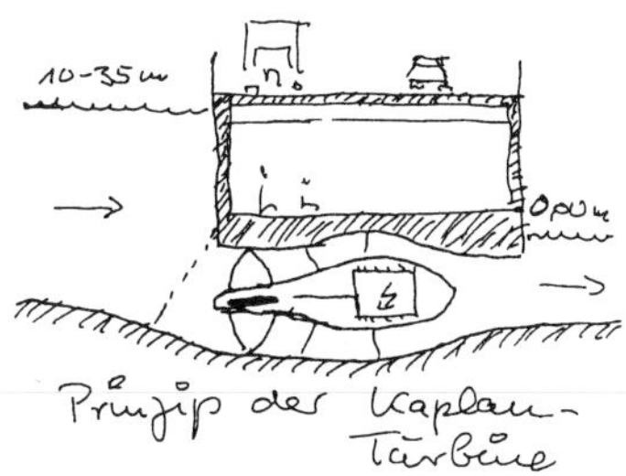


Kleine Wasserkraftanlagen im kW-Bereich werden heute fast ausschließlich zur Stromgewinnung gebaut. Alte Wasserrad-Anlagen werden zu Turbinenwerken umgebaut. Hiermit kann der Architekt eher einmal befasst sein. Dafür gibt es kleine Turbinen in Pelton- oder Francis- Bauart.

Verbreitet auf dem Gebiet kleiner Anlagen ist eine Durchström-Turbine, die nach den beiden Erfindern *Mitchell* oder *Banki* heißt. Das Wasser strömt eine Schaufelradwalze zunächst senkrecht tangential an, wird durch die Schaufeln nach innen horizontal umgelenkt und durchströmt die Walze ein zweites Mal, drückt die Schaufeln nach oben und wird dadurch senkrecht nach unten abgelenkt. Genial einfach und mit 88 % hoch effizient. Fallhöhen von 1 bis 300 m und Volumenströme von 1 bis 10 000 l/s ergeben Leistungen von 1 bis 1000 kW.

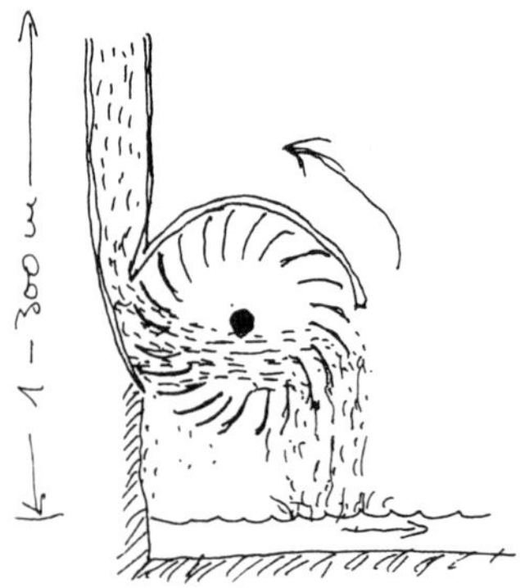

Prinzip der Mitchell-Turbine

Die Planung einer Wasserkraftanlage erfordert nach allen Voruntersuchungen und der wasserrechtlichen Klärung die Anlage eines Stausees, eine Entnahmestelle am Oberwasser mit Überlauf, Rechen und Zuleitungen, die Turbinenanlage mit ihrer wassertechnischen und elektrischen Anlage und die Rückgabeanlage in das Unterwasser. Die Zusammenarbeit mit einem Wasserbauingenieur ist ratsam.

Wenn die neue, kleine Anlage über ihre Bestimmung zur Energiegewinnung hinaus es schafft, den Grundwasserhaushalt zu stabilisieren, das Kleinklima zu verbessern, als vielfältiges und schönes Feuchtbiotop zu funktionieren und die Wasserqualität zu verbessern, vielleicht noch Fische zu halten, haben wir eine umfassende Qualitätssteigerung erreicht.



## Erdwärme: Geothermie

Tief im Inneren der Erde glühen Eisen und ein paar andere Elemente, und es ist hoch radioaktiv. Nur ein dünner Mantel harter Erdmasse trennt uns von den Resten der Supernova vor 5 Mrd. Jahren, die unser Sonnensystem gebar. Erdbeben & Vulkanausbrüche lassen uns spüren, auf welch dünnen Schollen wir in dauernder Bewegung über dem Feuerball schwimmen.

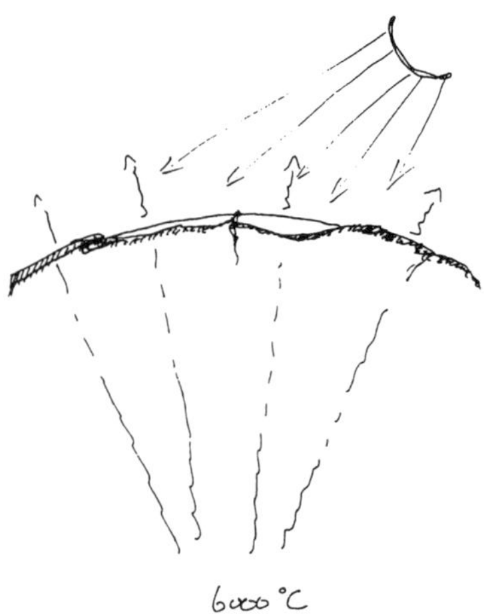

Wärmeverlust der Erde

Im Erdkörper an Land nimmt die Temperatur mit zunehmender Tiefe im Schnitt 30 °C je Kilometer zu. An der Oberfläche beeinflussen z.B. Sonnenstrahlung und Sicker- oder Grundwasser diesen Temperaturgang. Die Kernwärme der Erde dringt kontinuierlich nach außen (ca. 1/5000 der solaren Einstrahlung), die Erde kühlt aus, unsere harten Schollen, auf denen wir leben, werden dicker, wenn auch in für uns unfassbaren Zeiträumen.

Diese Wärme fließt kontinuierlich, unabhängig von Tages- oder Jahreszeit, und ist je nach Bedarf abzurufen oder zu belassen. Ihre Nutzung kühlt die Erde nicht weiter aus, konzentrieren wir doch nur einen ohnehin fließenden Wärmestrom und nutzen ihn.

Geothermie heißt diese Form der Energiegewinnung.

## – Topographie

Dort, wo die harten Schollen, auf denen wir leben, aneinanderstoßen, sich übereinander schieben oder wo sich Risse und Löcher bilden, ist Erdwärme direkt spürbar und kann zu Katastrophen führen. Island am oberen Rand eines solchen Grabens ist völlig auf die Nutzung von Erdwärme eingestellt und kultiviert in seiner unwirtlichen Lage Südfrüchte unter Glas.

Für große Kraftwerke sind diese geologischen Strukturen die geeigneten Standorte, könnte doch mit in der Tiefe hochgespanntem Wasserdampf ein konventionelles thermisches Kraftwerk emissionsfrei betrieben werden.

Oberflächennahe Geothermie aber ist an jeder Stelle möglich, wenn ein wenig in die Erde gebohrt wird. Diese Wärmequelle ist fast überall vorhanden.

## – Gewinnung & Anwendung

Es gibt zur Zeit vier prinzipielle Arten der Wärmegewinnung aus der Erde:

- *hydrothermale* Geothermie
- *oberflächennahe* Geothermie
- *tiefe Erdwärmesonde*
- *Hot-Dry-Rock*-Verfahren.

Hydrothermale Geothermie nutzt wasserführende Schichten (Aquifere) im Erdreich, die Wasser über 20 °C führen (Thermalwasser). „Heiße“ Aquifere haben über 100 °C Wassertemperatur und können mit ihrem Dampf bei Entspannung Turbinen zur Stromgewinnung betreiben. „Warme“ Aquifere führen Wasser unter 100 °C bis 40 °C und können zur Wärmeversorgung z.B. als Fern- oder Nahwärmenetz beitragen. Aquifere mit „Niedrigtemperatur-Wasser“ von 40 °C bis 25 °C sind Energiequellen, die mit Wärmepumpe (>) auf ein höheres Temperaturniveau gebracht werden. In der Regel wird das möglicherweise chemisch aggressive Thermalwasser aus einem Förderbrunnen an die Oberfläche gepumpt. In Wärmetauschern wird die Energie auf ein anderes Medium übertragen, und das ausgekühlte Wasser wird in einem zweiten Brunnen wieder in die Erde verpresst (Dublettenbetrieb).

*Oberflächennahe* Geothermie ist an jeder Stelle der Erde zu betreiben. Die mittlere Erdtemperatur z.B. in Deutschland beträgt 7–11 °C. Diese Energie ist relativ konstant und kann für kleine dezentrale Anlagen mittels Wärmepumpe (>) insbesondere für Raumheizung & Warmwasserberei-

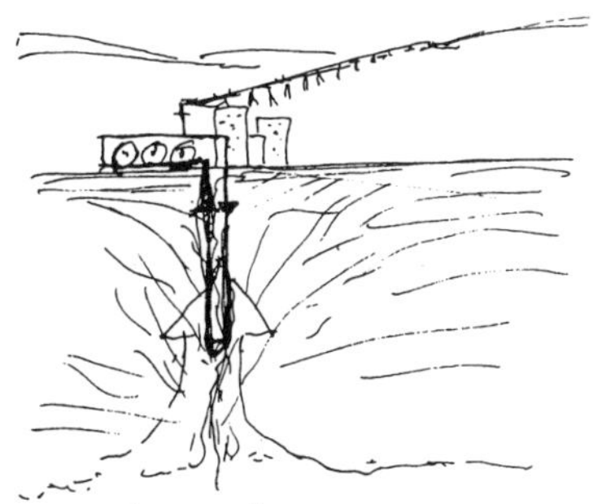

Geothermisches Kraftwerk: Emissionsfrei

tung genutzt werden. Die niedrigere Temperatur kann im Sommer direkt zur Kühlung herangezogen werden, bzw. es kann Sommerwärme im oberflächennahen Erdboden gespeichert werden.

Grundwasser als Wärmequelle funktioniert wie hydrothermale Geothermie. Da die Auskühlung oberflächennahen Wassers auf den Wasserhaushalt oder auch auf anderes Leben Einfluss hat, ist diese Technik nicht ohne wasserrechtliche Genehmigung durchführbar.

Erdwärmekollektoren z.B. im eigenen Garten können den Boden im Winter per Wärmepumpe zu einem Eisblock kühlen. Die Gartenvegetation bekommt den Charakter der Tundra. Diese oberflächennahe Energiegewinnung nutzt weniger die Erdwärme als die Sonnenenergie. So mindert sich der Energievorrat im Winter erheblich und führt zu dieser extremen Auskühlung des Bodens. Diese Technik ist deshalb aus biologischen Gründen zu vermeiden (>)!

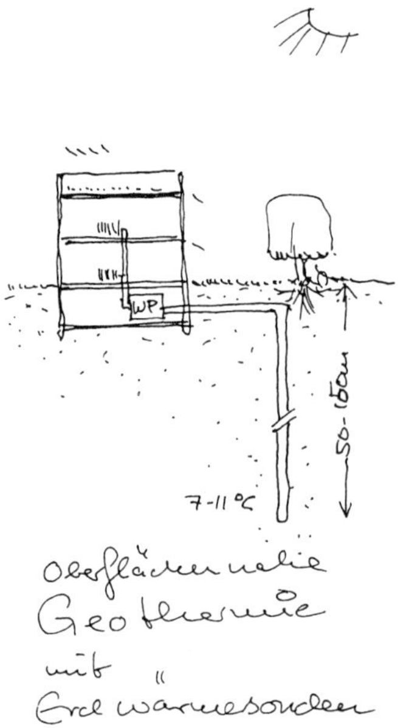


*Erdwärmesonden* (EWS) werden 50 m bis 150 m tief geführt und erreichen ein konstantes Temperaturniveau. Ein Doppelrohr ist im oberen Bereich gedämmt und bringt die Wärme durch Umlauf nach oben. Ein bis zwei Sonden reichen z.B. für ein 2-Familienhaus zur Heizung und Warmwasserbereitung. Diese Technik ist einfach, platzsparend und ohne biologischen Einfluss auf die Umgebung.

Wenn aus gründungstechnischen Zwängen tief reichende Bauteile eingesetzt werden müssen, können diese gleichzeitig als Energiesammler bzw. als Wärmetauscher zur Kühlung genutzt werden, wie im Reichstag zum Teil verwirklicht. Diese „Energiepfähle" lohnen sich nur, wenn sie sowieso gebaut werden müssen. Sie sind den Erdwärmesonden zuzuordnen.

*Tiefe Erdwärmesonden* können in alten Bohrungen z.B. des Bergbaus oder der Ölgewinnung angelegt werden und sind bis zu mehreren 100 kW Leistung ausbaufähig (400 kW in Prenzlau am Fernwärmenetz).

*Hot-Dry-Rock*-Verfahren heißt die Technik, heiße Gesteinszonen ohne eigene Aquifere durch Hereinpressen von Wasser auszukühlen und das dann hochgespannte Wasser als Dampf in Turbinen zur Stromproduktion zu nutzen, wie in bekannten thermischen Kraftwerken. Diese Technik ist an günstige geologische Formationen gebunden. Erste Erfolge weisen auf eine bisher kaum bekannte Möglichkeit, Strom sauber herzustellen, hin.

Geothermie ist Wärmegewinnung. Je nach geologischer Formation und Bohrtiefe werden unterschiedliche Temperaturniveaus mit unterschiedlicher Intensität erschlossen.

Hochtemperatur in ausreichender Menge kann thermische Kraftwerke betreiben und, je nach Lage, Nah- oder Fernwärmenetze versorgen. Mittlere Temperaturen können z.B. mit Stirling-Motoren Strom erzeugen und Wärme an Netze liefern. Niedere Temperaturen an der nahen Oberfläche sind als kontinuierliche Wärmequelle für Wärmepumpen (>) in Einzelanlagen zu nutzen.

## Energie aus Biomasse

Eingestrahlte Sonnenenergie bindet die lebendige Pflanze als Produzent von Biomasse in von uns überschaubaren Zeiträumen. Die darin enthaltene Energie ernährt die konsumierende und die reduzierende Lebenswelt. 1 m$^2$ Blattfläche produziert stündlich etwa 1g Zucker ($C_6H_{12}O_6$).

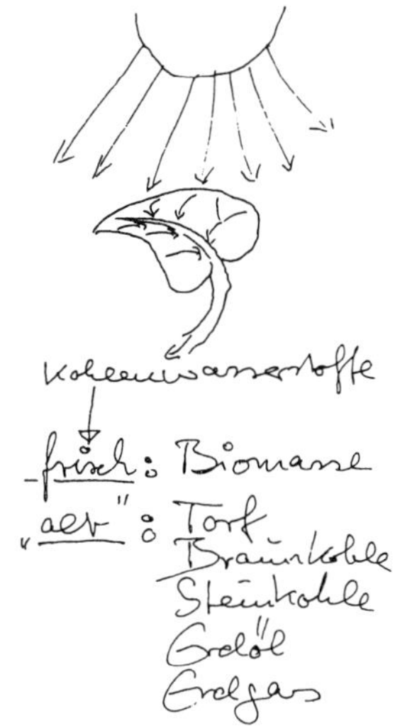


Seit der Zähmung des Feuers (<) verwenden wir Energie der Biomasse, beginnend mit dem zeitgleich wachsenden bis zu den erst jüngst erschlossenen fossilen Energiequellen.

Heute ist die Nutzung „frischer" Biomasse wieder aktuell, verspricht man sich doch eine Ausgewogenheit in der $CO_2$-Bilanz der Atmosphäre. Die Techniken zur Nutzung von Biomasse haben sich verfeinert und in der Effizienz verbessert.



### – Verbrennung

Verbrennung von trockener, nicht fossiler Biomasse ist die älteste Methode der Energienutzung und Ursprung der „Zähmung des Feuers" (<). Holz ist das bekannteste Brennmaterial (4,18 kWh/kg für Laub- & Nadelholz). Seine universelle Verwendbarkeit, insbesondere im Bauwesen, sollte vorrangig bleiben, so dass nur Reste der Holzernte zur Verbrennung gelangen. Laub, Stroh, Kuh- oder Kameldung oder andere Erntereste werden auch zur Wärmegewinnung verbrannt. Der durch die Photosynthese gebundene Kohlenstoff wird jeweils in der Verbrennung unter Energieabgabe oxydiert (exothermer Prozess).

Die „Zähmung des Feuers" wird gern am heimischen Kamin nachgespielt, und dieses Spiel ist den Kaminbetreibern wichtiger als der Energiegewinn. Der ist beim offenen Kamin ohnehin gering. Selbst der effizientere Kachelofen hat gern ein Fenster zur Beobachtung der Flamme. Das Spiel der Flammen, das Knistern der Scheite, der Duft von Verbrennendem, die Strahlung auf der Haut lassen uns mit allen Sinnen Feuer erfahren und unser Gefühl, diesen gefährlichen Prozess zu beherrschen, gibt ein angenehmes Kribbeln.

Energetisch betrachtet verursacht die Verbrennung von Biomasse eine Beschleunigung der Entropie (<). Die komplizierte Struktur des Lebendigen wird „nur" zu Wärme verwandelt. Das ist ein primitiver Abstieg. Angesichts der heute üblichen Technologien Wärme herzustellen, Restwärme aus edleren Prozessen zu nutzen, dürften Kamin & Kachelofen nicht mehr gebaut werden – wenn da nicht jenes Gefühl des Jägers & Sammlers wäre. Schädlich wird der „Hausbrand", wenn alle brennbaren Reste des Haushalts im Kamin als Energiequelle eingesetzt werden und am Schornsteinkopf eine besondere Mischung von Partikeln & Gasen undefinierbarer Chemie in die Atmosphäre gelangt. Das ist für den Herrn des Feuers verlockend und leider oft die Regel.

Professionell werden Erntereste, insbesondere Stroh (4,1 kWh/kg), oder Produktionsabfälle z.B. aus Tischlereien zur Wärmeerzeugung genutzt, wenn auch in kleinen dezentralen Anlagen. Bei angemessener Abgaskontrolle ist diese Technik eine Möglichkeit, die örtlichen Energiequellen angemessen zu nutzen.



Die selbst beruhigende Aussage, man verbrenne gerade das vor kurzer Zeit gebundene $CO_2$ und hätte dabei eine neutrale Bilanz, ist angesichts der Massen verbrannter fossiler Stoffe scheinheilig. Jedes Abgas ist zu vermeiden.

Verkohlung im Meiler ist „halbe" Verbrennung unter gezielter Luftführung, um Holzkohle zu gewinnen. Diese kennen wir als Grillkohle. Früher wurden Holzkohlebecken zur partiellen Raumheizung genutzt, als Fuß- oder Handwärmer oder als Kotatsu in Japan. Mit Holzkohle kann man auch zeichnen, filtern (Aktivkohle), legieren (Metallurgie) oder heilen (Durchfall). Es entstehen Wasser, Teer, Essigsäure, Holzgeist und Holzgas. Letzteres hat sogar Autos angetrieben.

Verkohlung von Holzabfällen, die nicht im Wald verrotten sollen, ist mit seinen vielseitigen Produkten ein Teil dezentraler Pharmazieproduktion.

## – Vergasung: Biogas

Holzgas als Produkt partieller Verbrennung wurde gerade erwähnt. Es spielt heute kaum mehr eine Rolle.

Biogasgewinnung aus pflanzlichen Resten & tierischen Ausscheidungen ist eine für den ländlichen Bereich angemessene Technologie, restliche Biomasse energetisch zu konzentrieren und universell einsetzbar zu gestalten. Biogas ist Methan ($CH_4$). Sowohl Kohlenstoff als auch Wasserstoff sind begierig, Sauerstoff aufzunehmen, also sehr effektiv zu verbrennen.

Der Vorgang ist natürlich und kommt im Naturgeschehen vor, sobald organische Stoffe von der Atmosphäre abgetrennt werden. Anaerobe (unter Luftabschluss) Vergärung heißt diese Zersetzung organischer Materie. Sumpfgas oder Moorgas sind natürliche Biogasquellen. Wir kennen die Irrlichter im Moor zumindest aus Märchen. Auch die Gasbildung bei der Verdauung ist anaerob und bildet Biogas. Deshalb nannte man das in Stuttgarts Kläranlagen hergestellte Klärgas, mit dem einst der städtische Fuhrpark betrieben wurde, „Furzelino“. Erdgas, gleichfalls $CH_4$, ist auf anaerobe Weise entstanden und kann als „fossiles“ Biogas gesehen werden.

Die biochemische Umwandlung bei der anaeroben Fermentation (Methangärung) wird von Kleinstlebewesen in drei Stufen betrieben. Zunächst wird das komplizierte organische Material durch Enzyme der Bakterien in einfache Substanzen zerlegt. Diese werden von Säure bildenden Bakterien zu Alkoholen, Kohlendioxyd und organischen Säuren umgeformt. Diese Stoffe werden schließlich von Methan bildenden Bakterien zu Methan, Wasserstoff und Schwefelwasserstoff (stinkt!) umgeformt. Dieser Prozess der anaeroben Fermentation ist hoch kompliziert und sehr empfindlich. Biogasproduktion ist mit einer sensiblen Intensivtierhaltung zu vergleichen. Umsicht & Pflege, ein konstanter und ausgewogener „Futterplan“, konstantes Raumklima mit Temperatur, Alkalität, pH-Wert, Dunkelheit und Luftabschluss müssen jederzeit gewährleistet sein. Schwermetalle, Lösungsmittel, Antibiotika (aus der Tierhaltung) oder Pflanzenschutzmittel (aus dem Landbau) schon in kleinen Dosen hemmen den Prozess wie auch Sauerstoffzufuhr.

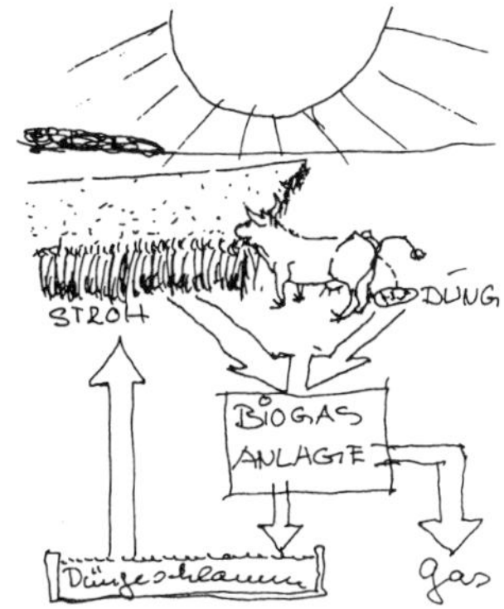


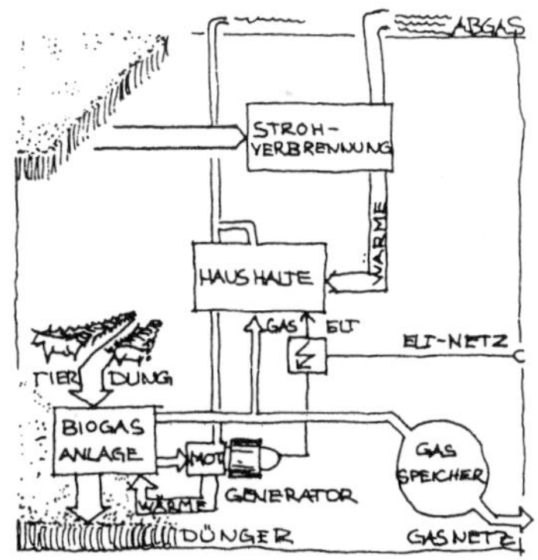


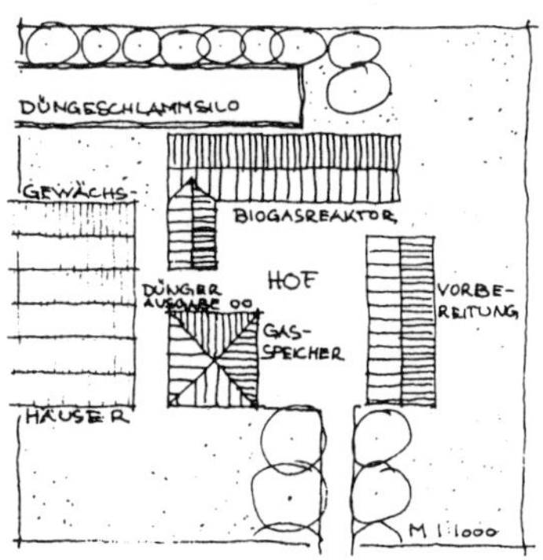


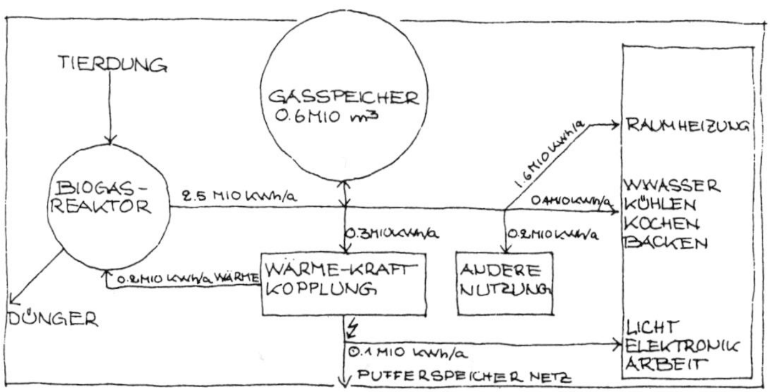

Der Faulprozess dauert für die vollständige Ausgärung um 30 Tage. Die Reaktortemperatur beträgt je nach Bakterienstämmen von 28 °C bis zu 55 °C und muss jeweils sehr genau eingehalten werden.

Die Gasausbeute besteht aus 55 % bis zu 70 % Methan ($CH_4$), 27 % bis 44 % Kohlendioxyd ($CO_2$), < 1 % Wasserstoff ($H_2$) und < 3 % vom stinkenden Schwefelwasserstoff ($H_2S$). Der Heizwert beträgt etwa 7 kWh/m$^3$ (Erdgas hat 10 kWh/m$^3$).

Die Hoffnung, jeder könne aus seinen eigenen Resten mittels Biogas seinen Energiebedarf decken, muss an dieser Stelle leider zerstreut werden. Ein Mensch „leistet“ an Biogaspotenzial gerade einmal das Äquivalent eines Schnapsglases voller Erdöl, maximal 0,7 kWh/Tag. In der landwirtschaftlichen Massentierhaltung sehen die Bilanzen anders aus:

1 Schwein: 0,23 m$^3$ Gas/Tag → 1,61 kWh

1 Milchkuh: 1,50 m$^3$ Gas/Tag → 10,50 kWh

1 Mastrind: 1,10 m$^3$ Gas/Tag → 7,70 kWh

1 Geflügel: 0,004 m$^3$ Gas/Tag (bei 100 000 Hühnern: 400 m$^3$/Tag)



Ebenso werden pflanzliche Reste zur Biogasproduktion eingesetzt. Sie sollten mechanisch zerkleinert eine große Oberfläche zur Zersetzung abgeben, z.B.:

1 kg Stroh, 2 mm gehäckselt: 0,393 m$^3$ Gas → 2,75 kWh

Das sind 12 375 kWh/ha aus dem Stroh von Getreideanbau, das oft achtlos verbrannt wird.

Die Biomasse verringert ihr Volumen im Biogasreaktor um etwa 50 %. Der geruchlose Faulschlamm ist für die Landwirtschaft hochwertig als Dünger einzusetzen, hat er doch alle Stickstoffanteile, die sich z.B. im Stapelmist oder in der Gülle spürbar verflüchtigen, im abgeschlossenen Raum behalten. Allerdings ist diese organische Materie unbelebt im Sinne des aeroben Bodenlebens. An der Luft stirbt anaerobes Leben. Die Faulmasse muss kompostiert werden. In der Praxis wird sie dank ihrer hohen Stoffkonzentration dünn auf den Boden ausgebracht und vom bestehenden Bodenleben örtlich kompostiert.

Biogasanlagen sind ein Grundstein sinnvoller Landwirtschaft mit einem ausgewogenen Verhältnis von Ackerbau & Viehzucht, ohne auf Kunstdünger zurückgreifen zu müssen. Beide Produkte, Gas zur Energieversorgung und Faulschlamm zur Düngung, sind hochwertige Glieder der natürlichen Nahrungskette, die wir zu nutzen und zu verfeinern verstehen. Sie bestehen aus den Reaktoren, die das vorbereitete & zerkleinerte Faulgut zersetzen, einem Gasspeicher und einer Düngeschlammdeponie. Günstig im Dorfverband wäre eine direkt versorgte Wärme-Kraft-Anlage, die Elektrizität & Wärme im Nahverbund erzeugt. Ein solcher Betrieb muss von einem versierten „Biogaswirt" in Gang gehalten werden. Nebenbei am Rande der üblichen Landwirtschaft ist eine solche das Dorf versorgende Betriebseinheit nicht zu führen, denn sie braucht ständige Aufsicht & Pflege.

Auch jede städtische Kläranlage produziert Biogas, das zu eigenen Zwecken genutzt oder nach Aufbereitung ins städtische Netz gegeben wird. Insofern nutzen wir unmerklich auch die biologischen Restprodukte aus der „Intensivhaltung Mensch".

Die unmittelbare Herstellung von Gas aus nachwachsenden Lebewesen wird die letzte Energiequelle der Kohlenwasserstoffe in Gasform sein, wenn ihr fossiler Anteil verbraucht ist und eine andere Gasproduktion aus fossilen Stoffen ebenfalls zu Ende gehen. Dazu wird die Nutzung reinen Wasserstoffgases kommen, das mit Sonnenenergie gewonnen wird und keinen Kohlenstoff enthält.



## – Verflüssigung: Alkohol

Alkohol als Produkt von Zuckerrohr oder -rübe, Kartoffeln, Weizen oder Roggen, von Trauben, Äpfeln, Birnen oder Zwetschgen ist uns als wohlschmeckender Abschluss eines guten Essens bekannt. Die Feuerzangenbowle demonstriert den Energiegehalt des Stoffs. Wenn wir uns diese guten Stoffe erhalten wollen, werden Reststoffe aus der landwirtschaftlichen Ernte zur alkoholischen Energieproduktion herangezogen. Am Beispiel Stroh als bekanntes Restprodukt der Ernte zeigt sich:

1 kg Stroh → 0,3 kg Äthanol → 2,23 kWh

(Äthanol: 7,44 kWh/kg bzw. 9,45 kWh/l)

von 1 ha Getreidestroh können 17 955 kWh in Form von Äthanol gewonnen werden. Dazu sind über 50 % dieser Energie erforderlich, die z.B. durch Biogas bereitgestellt werden können, um die konzentrierte flüssige Energieform zu gewinnen. Bei Nutzung der Energie aus eigener Herstellung wird die effektive Energieernte für Alkohol mit 6 600 kWh/ha genannt.

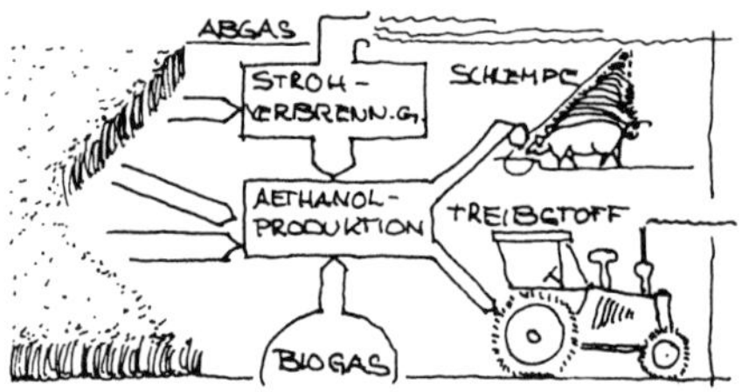


Ölpflanzen wie Raps oder Sonnenblumen können mit weniger hohem Aufwand zu flüssigen Treibstoffen für Blockheizkraftwerke oder mobile Motoren eingesetzt werden. „Biodiesel“ an Raiffeisentankstellen ist ein solcher Stoff. Eine spezielle Landwirtschaft allein zur Energiegewinnung wird immer wieder herausgestellt, liegt unsere Ernährungslandwirtschaft doch wegen des industriellen Exports und der notwendigen Importe von Nahrung aus Kundenländern zunehmend im Sterben. Es ist nicht abzusehen, ob der „Genius mundi“ der globalen Wirtschaft den „Genius loci“ der lokalen Eigenständigkeit abzulösen vermag.

## TEIL III
## Ökologisches Bauen & Bauwerke

Bevor wir den Einsatz von Energie an von uns neu zu bauenden oder zu sanierenden Bauwerken planen, ist das Gebäude technisch, funktionell & künstlerisch so zu konzipieren, dass der Umsatz an Energie so effizient wie möglich verläuft. Wie in der Evolution maximale Effizienz der Motor der Entwicklung ist und Selektion die Auswahl des effizienteren Lebensvollzugs darstellt (<), so tendiert die Entwicklung im Bauwesen nach der Euphorie unbegrenzter Energievorräte zu wachsender Effizienz. Manche bewerten die energetische Effizienz als allein gültige Wahrheit entgegen der Effizienz unseres gesamten Lebensvollzugs beim Hausbau. Ob das gut ist, wird sich zeigen. Wir neigen bekanntlich gern dazu, in vorauseilendem Gehorsam hehre Gedanken in ihrer Durchführung maßlos zu übertreiben, zumindest in dem Bereich, den wir meinen verstanden zu haben. Das Leben aber ist vielfältig und vielfältig soll auch an die Planung von Bauwerken herangegangen werden.

## Klimagerechtes Bauen

Im Naturhaushalt gibt es drei Formen der Anpassung an die neuen Gegebenheiten des Ortes: Ortswechsel – Emanzipation – Adaption.

Ortswechsel ist mobilen Lebewesen möglich. Sie können ihren Lebensraum verlassen, sobald sich die Lebensbedingungen darin aufgrund äußerer Einwirkung oder eigenen Zutuns zu ihren Ungunsten verändert haben. Zugvögel oder wandernde Herden wechseln saisonbedingt den Lebensbereich. In der Sukzession von Ökosystemen wechseln die mobilen Organismen den Standort.

Ortswechsel mit mobilen Bauwerken vollziehen die Nomaden, die mit ihren Herden einen Lebensraum abgegrast haben und zu neuen Weiden streben oder jahreszeitlich dem wechselnden Klima folgen. Diese Lebensweise braucht Raum. Mit wachsender Dichte der menschlichen Besiedlung auf der Erde endet diese Kultur.

Immobile Lebewesen müssen sich den Veränderungen ihres Lebensraums anpassen (Adaption) oder sie befreien sich davon (Emanzipation). Pflanzen mit ihrem Wurzelwerk sind immobil. Sie können sich nur anpassen oder befreien.

Unsere Bauwerke sind „Immobilien“, fest verwurzelt in der Erde mit Keller und Fundament. Unsere Mobilität endet mit der Abhängigkeit von un-

109

seren Immobilien. Wir sind sesshaft. Unsere Bauwerke sind dem bestehenden Biotop und seinen Klimafaktoren ausgesetzt. Es bleibt die Wahl zwischen Adaption oder Emanzipation:

„Adaptive" Bauten, die den Gegebenheiten des lokalen Klimas so weit wie möglich angepasst sind, wurden einst aus Mangel an Ressourcen und in Armut & Not gebaut. Sie sollten mit minimalem Aufwand und den erreichbaren Materialien eine schützende Behausung schaffen. Windschutz (>), Temperaturzonen (>) u.a. waren lebensnotwendig. Wir können von solchen tradierten Bauweisen prinzipiell lernen, aber wir sollten sie nicht nachbauen, wie es viele Öko-Bewegte in romantischer Verklärung tun. Ein altes Fachwerkhaus aus Eiche & Lehm hat wunderbare Baustoffe und stellt einen genialen Montagebau zur vielfachen Wiederverwendung dar, und doch ist es ein gebauter Bauschaden mit dauernd offenen Fugen und ständiger Feuchtigkeit & Zugluft. Die Menschen darin alterten früh und starben mit 40 Jahren.

Mit unseren Erkenntnissen und dem Stand der Technik können wir heute adaptive Bauten errichten, die unter Nutzung der gegebenen Ressourcen Energie mit maximaler Effizienz nutzen und in angemessenem Aufwand hergestellt werden. Selbst bis zu ihrem Ende hinterlassen sie keine unbrauchbaren, das Biotop schädlich verändernden Stoffe.



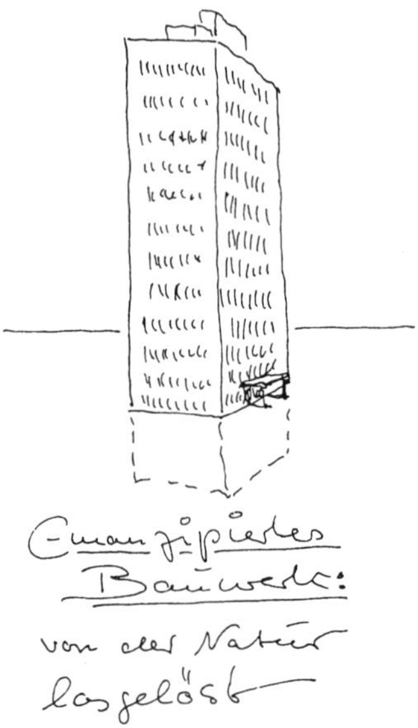


Emanzipierte Gebäude sind Standard. Sie sind Folge der vermeintlichen Energieschwemme unerschöpflichen Ausmaßes. Der „International Style" von Bauwerken rund um die Welt ist Ausdruck unserer Macht über die Natur. Die Herrschaft der Menschen stellt sich weltweit gleichförmig dar, ohne Rücksicht auf regionale Besonderheiten. Sie sind davon emanzipiert. Hitze oder Kälte, Nässe oder Trockenheit, Sturm oder Flaute, Sonnenschein oder Nebel sind außen vor. Das emanzipierte Haus steht autark in allen Wetter- und Klimalagen und versorgt sich selbst. Es ist Ausdruck der anthropozentrischen (>) Lebenseinstellung seiner Schöpfer, sind wir doch die Herren der Welt und ist unser Leben doch umso emanzipierter, je weiter die technische Entwicklung voranschreitet. Emanzipation aber kostet Energie und ist sehr empfindlich, insbesondere bei Störungen. Während z.B. Wechselblüter ihre Körpertemperatur dem Außenklima anpassen und größere Temperaturschwankungen klaglos verkraften, sind bei den von der Außentemperatur emanzipierten Warmblütern mit konstanter Körpertemperatur schon geringe Schwankungen des Niveaus lebensgefährlich (+/– 5 °C bedeuten Fieber bzw. Unterkühlung). Schon die Aufrechterhaltung einer konstanten Körpertemperatur zehrt Energie und ist technisch kompliziert.

Emanzipierte Gebäude sind ebenfalls energieaufwendig & empfindlich. Ihre Funktion bricht zusammen, wenn schon Teile des Systems ausfallen. Wie sich ein emanzipiertes „Intelligent Building" aus der Führung durch seine Schöpfer befreit, ist in dem Roman „Game Over" von Philip Kerr (1995) zu lesen.

Ökologisches Bauen hat Adaption als Grundtendenz. Die Anpassung an regionale Gegebenheiten und Nutzung der Klimafaktoren zur Gestaltung des eigenen Lebensraums ist Ziel beim Entwerfen. Klimagerechtes Bauen ist adaptives Bauen im Kontext der Gegebenheiten des Ortes. „Genius loci" in totaler Konsequenz.

Viele Dinge des klimagerechten Bauens sind leider nur noch theoretisch anzuwenden, hat doch in der Regel ein Bauherr sein Grundstück längst gekauft, ehe er einen Architekten sucht, so dass nur noch auf meist engem Raum reagiert werden kann, ohne das Kleinklima beeinflussen zu können. In der Siedlungsplanung aber sind gute Möglichkeiten zum Entwurf von Gruppierungen der Bauwerke in einer klimagerechten und adaptiven Bauweise.

## – Topographie & Einbindung

Die ideale Lage eines Bauwerks wäre ein Süd- bis Südwesthang am See vor einem Waldrand und mit einem Teich am Haus. Hier kommen alle Faktoren günstiger topographischer Lage im Lokalklima zusammen. Leider wird ein solcher Standort wohl nie mehr im Berufsleben eines Architekten als Grundlage des Entwurfs vorkommen, da diese Landschaft in der Regel unter Naturschutz steht, zumindest Landschaftsschutz genießt, in jeden Fall aber unter der Rubrik „Bauen im Außenbereich" strengen Auflagen gehorchen muss. Selbst wenn das Bauwerk völlig autark und ohne Infrastruktur von außen versorgt würde, wäre es allein durch die Anbindung an die Gesellschaft fragwürdig im Sinne des ökologischen Bauens.

Historisch gesehen schmiegen sich Gebäude in der Landschaft häufig in diese ein und suchen Schutz gegen das raue Klima ihrer Umgebung.

- Der Waldrand ist Ur-Siedlungsort der Menschen, auch wegen der vielfältigen Möglichkeiten der Ernährung. In der Regel ist es dort ca. 3 °C wärmer als auf der freien Ebene, im lichten Laubwald noch 2 °C.
- Der Hang ist ebenfalls Ur-Siedlungsort der Menschen, weil es dort immerhin 2 °C wärmer als in der Ebene sein kann oder gar 5 °C

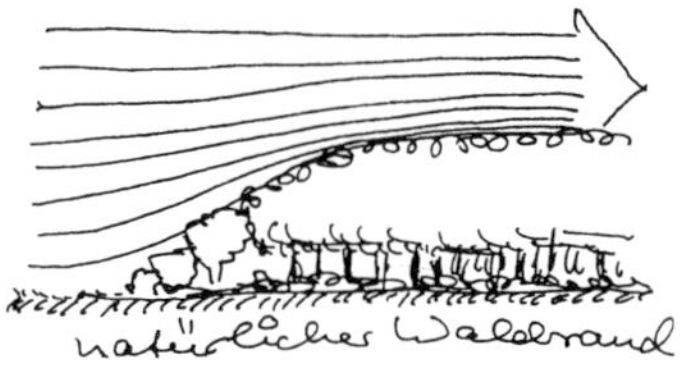

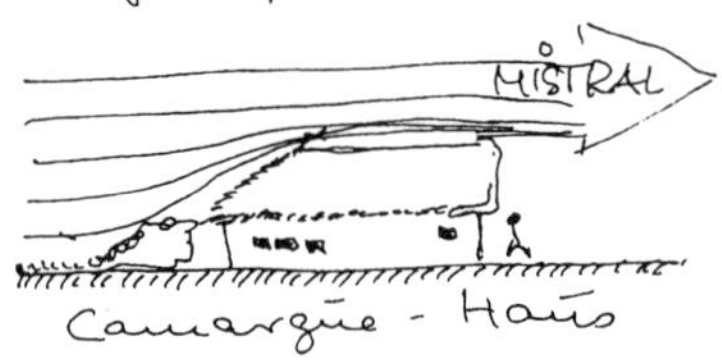


wärmer als in einer Mulde, in die nachts Kaltluft fließt (Kaltluftsee), oder 3 °C wärmer als auf einer Kuppe.

– Auch die Lage am Wasser ist Ur-Siedlungsort der Menschen. Gewässer mit ihrer hohen Wärmespeicherfähigkeit gleichen ideal das Kleinklima aus. Es kann an einem See um 5 °C wärmer sein als in der trockenen Ebene, mit einem Teich am Haus immerhin 2 °C. Deshalb liegen alte Siedlungen so nahe wie möglich am Wasser, auch um das Wasserholen zu erleichtern, bei Flüssen auch wegen der Verkehrsanbindung, und nur so weit wie nötig entfernt, um vor Hochwasser geschützt zu sein (siehe Hangbebauung).

Alle Kriterien klimagerechten Bauens haben darüber hinaus noch andere Aspekte der Nützlichkeit für die Bewohner. Die örtlichen Gegebenheiten & klimatischen Faktoren werden adaptiert & optimal genutzt für das Wohlbefinden der Menschen.

## – Lüftung & Windschutz

Wind nützt nicht nur als Energiequelle. Wind tauscht die Luft aus, von der wir leben. Ohne Wind hätten wir bald die Umgebungsluft verbraucht. Sie wäre feucht und ohne Sauerstoff, so dass wir im eigenen Mief umkämen. Wind trocknet und kühlt. Er transportiert Gase, Aerosole und Stäube durch die Atmosphäre. Wir nutzen ihn und müssen uns vor ihm schützen.

Das lokale Klima herrscht im Wesentlichen bei geringem Wind oder Windstille, also überwiegend nachts. In den überörtlichen Windströmungen verschwimmt dieses Bild. Wind kühlt Bauwerke erheblich ab. Das an der Außenfläche gebildete Luftpolster wird weggetragen. Kommt Feuchtigkeit an der Oberfläche hinzu, verdunstet diese im Wind und kühlt die Fassade noch weiter aus.

– Eine windgeschützte Lage kann diesen Verlust halbieren.
– Eine exponierte Lage verdoppelt die Kühleffekte.
– Mit zunehmender Höhe wächst die Windgeschwindigkeit (<) und damit ihre auskühlende Wirkung. Im 6. Obergeschoss kühlt der Wind dreimal so stark wie im Erdgeschoss.

Windschutz ist ein weiteres Kapitel tradierten Bauens. Die Rundlingsdörfer im Wendland hatten als äußere Hülle um ihre einer Wagenburg ähnlichen Anordnung einen Kranz von Eichen und Obstbäumen. Diese Schutzzone aus Bäumen hatte über die Windabweisung hinaus noch andere Funktionen wie als Schweineweide, Brandschutz gegen Funkenflug für die Strohdächer sowie Bauholz, wenn es denn doch brannte. Hausschutzhecken im Monschauer Land auf der windigen Eifel, auf den Pionierhöfen der frisch eroberten Kooge in Schleswig-Holstein oder auch in Japan sind Beispiele tradierten Windschutzes ebenso wie die nach Nordwest ausgerichteten stromlinienförmigen Dachwalme der Camargue-Häuser, die gegen den Mistral gerichtet sind.

- Bäume können 50 % der Windenergie absorbieren.
- Hecken & Wallhecken lassen nur ca. 30 % des Windes durch.
- Fassadengrün kann die Windauskühlung um 30 % bis zu 70 % mindern.
- Selbst Staubereiche wie Dachüberstände, Carports oder Holzstapel an der Fassade mindern die Auskühlung um bis zu 30 %.
- Ablenkende Bauwerke wie z.B. Schneezäune wirken wie Spoiler und können gezielt zur Windsteuerung beitragen.

Andererseits muss die Luft im Inneren unserer Behausung ständig erneuert werden, da wir beim Atmen der Luft Sauerstoff entnehmen und $CO_2$ hinzufügen sowie über Atmung & Haut das meiste Wasser unseres täglichen Umsatzes von ca. 3 Litern als Wasserdampf an die Luft abgeben. Die „verbrauchte“ Luft muss angemessen ersetzt werden (>).



Die Anordnung von Bäumen und Bauwerken zum gegenseitigen Schutz ist in der Siedlungsplanung auch aus Gründen des Windschutzes besonders wichtig.

- Häuser nehmen nicht die Energie des Windes, sondern lenken sie um, so dass windstille Zonen, Turbulenzen & Düsen mit hoher Geschwindigkeit entstehen. Dadurch kann es zwischen Häusern durchaus 5 °C kühler sein als in der freien Ebene.
- Mit Geschwindigkeit zehrenden Windschutzhecken kann es dagegen 5 °C wärmer sein als draußen,
- und mit einer Wind anhebenden Schutzpflanzung in Luv der Siedlung ist es in ihrem Inneren sogar 7 °C wärmer.

Die Pflege solcher „Symbiosen“ zwischen Pflanzen und Häusern ist besonders wichtig, wenn das optimale Verhältnis zwischen Windschutz und Lüftung eingehalten werden soll. Wenn das Baumwachstum überwiegt und die Bauwerke im schattigen „Hochwald“ liegen, steigt ihr Energieverbrauch, und die feuchte, verbrauchte Luft wird nicht mehr angemessen abtransportiert. Es wird „muffig“. Ausholzen und Baumschnitt sind dringend notwendig, auch, wenn eine in diesem Sinne falsch verstandene „Baumschutzsatzung“ das verhindern möchte. „Licht, Luft & Sonne“ als einstige Motivation für die großzügig bepflanzten Flächen zwischen den Häusern sind nicht mehr gegeben und müssen wieder hergestellt werden.

## – Sonnenschein & Sonnenschutz

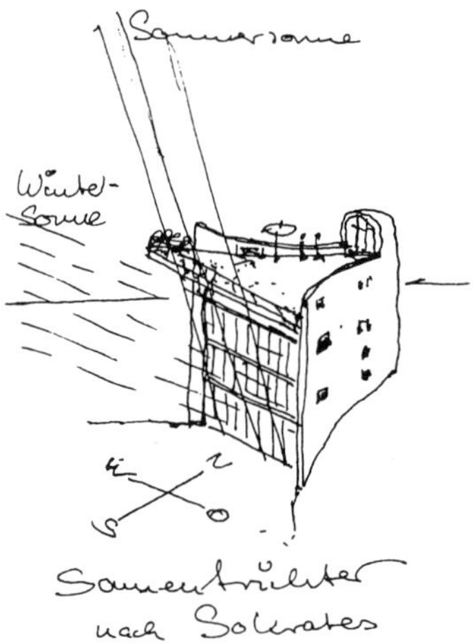


Die Sonne ist Energiequelle des Lebens und ermöglicht damit unsere Existenz. Alles Lebendige richtet sich nach der Sonne und ihrer Einstrahlung, auch adaptive Bauwerke. „Licht, Luft & Sonne“ (<) sind für gesundes Wohnen & Arbeiten ebenso wichtig wie für alle oberirdischen Lebewesen unserer Erde.

Die Geometrie unseres Sonnensystems allerdings lässt die Sonne zu verschiedenen Zeiten unterschiedlich scheinen, das Wetter macht diese Regeln zum Chaos:

- Die Erdrotation verursacht Tag & Nacht sowie den täglichen Gang der Sonne von Ost nach West.
- Die Rotation um die Sonne verbunden mit der Neigung der Erdachse um ca. 23,5° bewirken Sommer & Winter mit flacher Wintersonne & steiler Sommereinstrahlung.
- Wolken, diesiges Wetter bis zu völlig bedecktem Himmel können den regelmäßigen Gang der Sonne sehr unregelmäßig auf der Erdoberfläche ankommen lassen. Verlässliche Voraussagen für Sonnenschein sind nicht möglich.

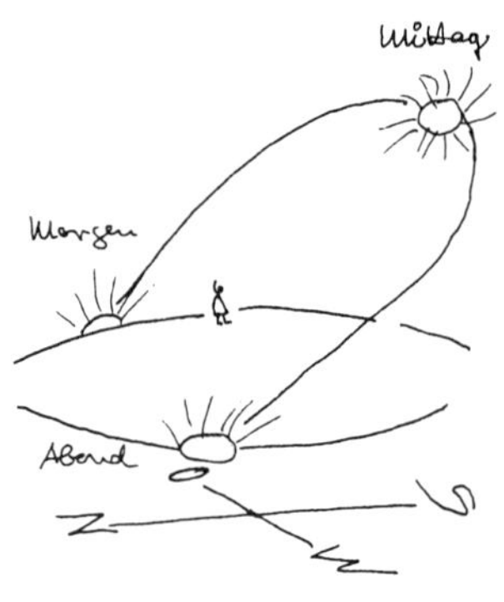


Die solare Energiemenge ist deshalb nicht gleichmäßig. Im Winter soll alle eingestrahlte Energie nutzbar werden, im Sommer schützen wir uns vor zu viel Sonne. Unsere „ökologische Valenz“ der Sonne gegenüber be-

zieht sich auf Wärme & Licht. Wir leiden, wenn es zu warm oder zu kalt ist und wenn es zu dunkel oder zu hell ist. Ist es zu kalt und zu dunkel, müssen wir die Sonnenwärme durch andere Maßnahmen ersetzen, ist es zu heiß und zu hell, müssen wir Sonnen- und Blendschutz gegen die Strahlung einrichten.

Das adaptive Solarhaus wird in seiner Gestalt sehr stark vom örtlichen Gang der Sonne geprägt. Wird in hohen Breitengraden zumindest die Wintereinstrahlung gewünscht, öffnet es sich trichterförmig zur Sonne, schließt aber die steile Sommersonne durch Schatten spendende Maßnahmen wie z.B. weitem Dachüberstand aus. In niedrigen Breitengraden dominiert der Sonnenschutz. Enge Bebauung, tiefe Innenhöfe und kleine Öffnungen sind in den trocken-heißen Gebieten charakteristisch. Weit ausladende Dächer, gitterartige Wände und offene Terrassen lassen in feucht-heißen Zonen den Wind durch die beschatteten Räume streichen.

Das ideale Solarhaus verändert seine Erscheinungsform mit den Tages- und Jahreszeiten. Es kann sich nachts verschließen, um die Wärme zu bewahren, es öffnet sich bei großer Hitze und bietet erträgliche Rückzugsbereiche bei allzu tiefen Temperaturen. Sommer- und Winterveränderungen, wie einst die Winterfenster in der russischen Datscha, sind heute vergessen. Der Versuch, mit „Intelligent Buildings" selbststeuernde Bauwerke herzustellen, beginnt mit emanzipierten Bauten. Die gleiche Intelligenz kann aber auch für adaptive Häuser gelten, wie z.B. das berühmte Skylid von Steven Baer von 1975, das mittels umströmender Flüssigkeit temperaturabhängig wärmegedämmte Lamellenläden öffnet oder schließt.



## Energieeffizienz von Bauwerken

Am Bauwerk selbst sind weitere Aspekte des adaptiven Bauens zu beachten, die aus den natürlichen Gegebenheiten so viel Nutzen wie möglich ziehen oder die zur effizienten Nutzung von zusätzlich eingebrachter Energie beitragen. Bei allen planerischen sowie baulichen Maßnahmen zur Steigerung der Energieeffizienz ist darauf zu achten, dass über die energetische Nützlichkeit hinaus andere Vorteile erzielt werden. Eine allein auf Energieeinsparung ausgerichtete Maßnahme ist kritisch zu beobachten. Sie wird fragwürdig, wenn andere Aspekte des Lebens in ihrer Qualität gemindert werden. Die Planung eines Bauwerks zielt in erster Linie auf das Angebot von Räumen, in denen man gesund und komfortabel leben kann.

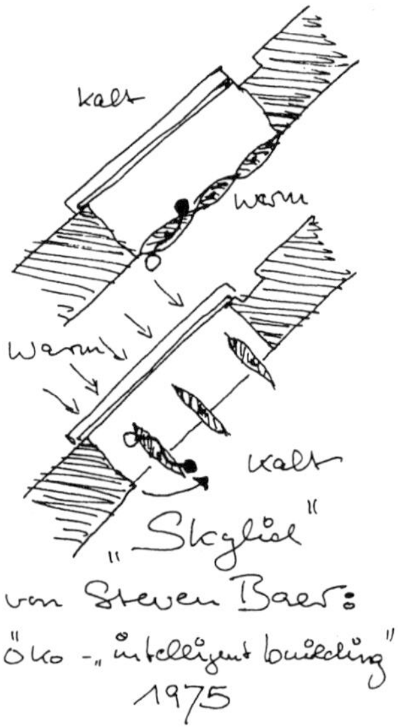


## – Wärmebewegung

Wir bauen Häuser, um uns von dem wechselnden Klima der Natur zu emanzipieren und ein gleichmäßiges Raumklima zum optimalen Wohlbefinden der Bewohner zu schaffen. Damit stellen wir einen dynamischen Zustand her, den wir verstehen sollten. Zunächst soll deshalb eine kleine thermodynamische Betrachtung aus der Physik die Vorgänge deutlich machen, die in den Teilen des Bauwerks vorgehen, wenn beiderseits unterschiedliche Temperaturen herrschen. Wir haben schon zu Beginn über „Entropie" (<) gelesen und wissen, dass alle Dinge in der Welt bestrebt sind, so lange einen Ausgleich zu betreiben, bis das *„Universum ein lauwarmer Brei gleichmäßig durchmischter Materie ist"* (*Clausius*, um 1800). Dieser Ausgleich gilt nicht nur für Wärme (Thermodynamik), sondern auch für die gesamte Materie (Entropie).

Materie besteht aus sehr kleinen Teilchen, Molekülen, Atomen, und diese wieder aus dem Kern mit Protonen, Neutronen, der von einer Schale verschiedener Elektronenschichten umgeben ist. Diese Atomteilchen wiederum setzen sich aus Quarks und Leptonen, vielleicht noch kleineren Teilen zusammen. Möglicherweise gibt es ein Ur-Teilchen. All diese Teilchen haben sehr geringe Masse und sehr viel Raum um sich. Wäre alle Masse der Erde ohne die Zwischenräume zusammengeballt, wie in einem „schwarzen Loch", so hätte sie einen Durchmesser von nur 1,8 cm. Ihr Gewicht aber bliebe gleich. All diese Teilchen sind in ständiger Bewegung wie ein Bienenschwarm.

Ein Teil dieser Bewegung wird durch elektromagnetische Strahlung verursacht. Sie bringt die Moleküle der Stoffe zum Zittern. Sie schwingen gegeneinander bis zur atomaren Abstoßung und benötigen mehr Raum (Wärmeausdehnung der Stoffe). Die Kollisionen der Teilchen nehmen wir als Wärme wahr.

- Wärme ist Bewegungsenergie.
- Temperatur ist das Maß für den Mittelwert molekularer Bewegung im Stoff.

Zittern die Moleküle in festen Stoffen mit wachsender Temperatur immer stärker, verliert der Stoff seine Kristallstruktur und wird flüssig, bei weiterer Erwärmung vereinzeln sich die Moleküle oder Atome zu Gas, denn in diesem losen Verbund können sie weit schwingen, bis sie schließlich bei höheren Temperaturen ihre Atomstruktur verlieren und zu Plasma einzelner Atomteilchen werden.

Dieses Zittern der Moleküle gleicht sich aus, wenn innerhalb der Stoffe unterschiedliche Temperaturen herrschen. Weniger bewegte (kühle) Teilchen werden angestoßen, bis sie gleich heftig schwingen und ihrerseits die ruhigeren Nachbarn anstoßen. So wandert Wärme wie bei einer Eimerkette durch Materie, immer schieben die bewegten die ruhigen an. Wärme bewegt sich immer vom Warmen zum Kühlen, nie rückwärts. Wie könnte auch ein ruhiges Molekül ein bewegtes zu mehr Aktivität animieren! „Transmission“ ist das Fachwort für diese Wärmebewegung innerhalb der Stoffe.

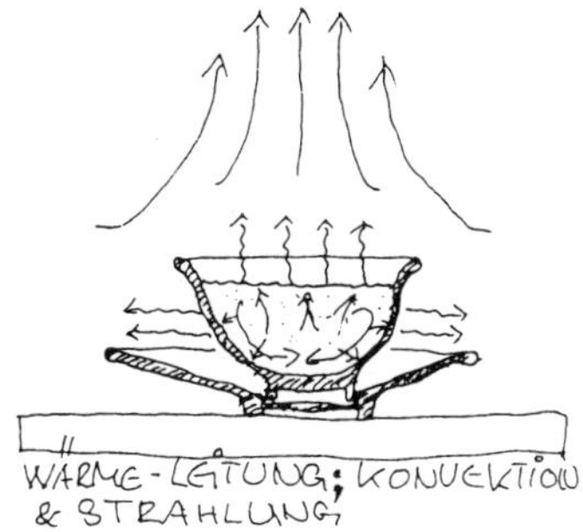


Unsere Außenwände sind Beispiel für Transmission. Wenn innen geheizt wird, weil es außen kalt ist, bewegen sich die Moleküle der Innenseite stark und schubsen die nach außen gelegenen an. In eiskalter Nacht strahlt die Erde ihre Wärme in das Universum ab, auch die Hauswand. Die Bewegung der Moleküle nimmt rapide ab. Aus dem Inneren des Hauses muss immer neuer Anschub kommen, um die Wand nicht auskühlen zu lassen. Je schneller das gegenseitige „Anschubsen“ in einem Stoff vonstatten geht, umso besser ist seine „Wärmeleitung“ (Transmission). Schwere Stoffe, insbesondere Metalle, sind gute Wärmeleiter. Gase mit weit voneinander entfernten Molekülen sind schlechte Wärmeleiter.

Wenn sich die Temperatur in einem Stoff erhöht und die Schwingung der Moleküle mehr Raum erfordert, dehnt sich der Stoff aus. Er wird, auf das Volumen bezogen, leichter, weil weniger Molekülen z.B. in einem $cm^3$ enthalten sind.

Temperaturunterschiede in festen Körpern erzeugen innere Spannungen im Stoff, z.B. beim Schweißen von Stahlbauteilen. Dieses Problem muss der Ingenieur beachten.

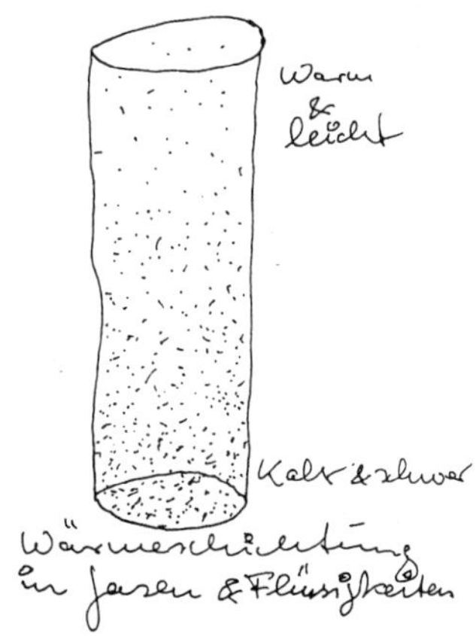


In Flüssigkeiten und Gasen, deren Moleküle nicht in einem festen Kristallgitter gebunden sind, entsteht bei Temperaturunterschieden Bewegung innerhalb des Stoffs durch Gravitation. Die leichteren warmen Moleküle schwimmen nach oben, die kalten, schweren Teilchen bleiben dem Erdmittelpunkt näher. Es stellt sich eine Temperaturschichtung „oben warm & unten kalt“ ein. Wir alle spüren diese Schichtung z.B. innerhalb der Raumluft oder wenn wir im Frühsommer in einem See baden.

Die Bewegung in diesen Zustand heißt „Konvektion“. Im Gegensatz zur weiter gereichten „Eimerkette“ der Transmission laufen die Moleküle mit ihrem Wärmegehalt im Eimer selbst an ihren neuen Platz und transportieren damit Wärme im „Eimerlauf“. Die von der Zentralheizung erwärmte Luft verteilt Wärme durch Konvektion.

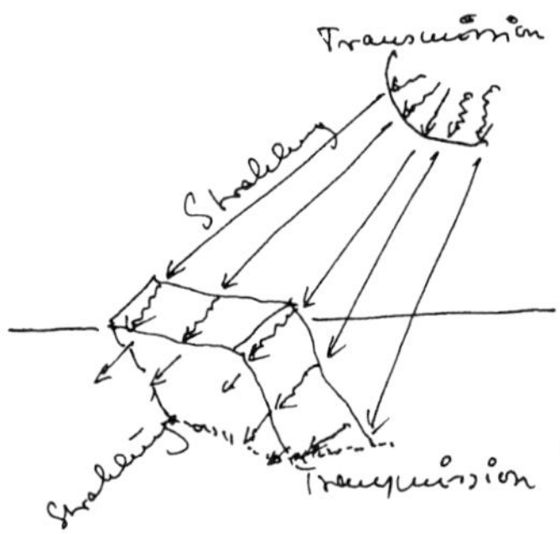


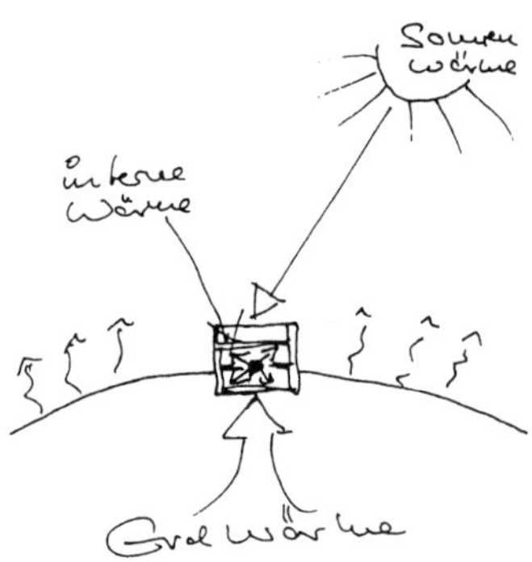


„Strahlung" ist die Form der Wärmebewegung, mit der wir Energie von der Sonne erhalten. Sie ist nicht so einfach zu erklären wie Transmission & Konvektion als mechanische Vorgänge. Strahlung ist ein Gebiet der Quantenoptik und selbst für Wissenschaftler noch nicht völlig geklärt, für Laien, wie wir es sind, mehr Glaubenssache. Deshalb ein Bild: Aus innerer Erregung durch Wärmebewegung verlassen elektromagnetische Wellen den warmen Körper und treten an seiner Oberfläche als Strahlung (was Strahlung auch immer sein mag) nach außen. Die emittierte Energie geht dem strahlenden Körper verloren. Sie wird an anderer Stelle von kühleren Körpern wieder absorbiert und regt die Moleküle des bestrahlten Körpers zum Zittern an. Er wird erwärmt. Die Distanz zwischen den Körpern kann sehr weit sein. Die Sonne z.B. ist acht Lichtminuten fern. Mit wachsender Distanz nimmt die Strahlungsenergie je Fläche im Maße der Geometrie ab, von der Sonne erhalten wir z.B. ein Zweimillionstel der abgestrahlten Energie.

Alle drei Bewegungsarten von Wärme – Transmission, Konvektion, Strahlung – wirken in der natürlichen wie auch in der gebauten Umwelt, also auch an unseren Bauwerken.



## – Wärmegewinne & Wärmeverluste

Wärmegewinne kommen unseren Bauwerken aus drei Quellen zugute:

- Erdwärme (<)
- Sonneneinstrahlung (<)
- interne Wärmequellen.

Für Energie-Puristen ist es ein technologischer Sport geworden, den Wärmeverlust von Gebäuden auf ein Maß zu reduzieren, das dem Energie-Nachschub aus diesen Quellen entspricht, ohne eine zur Raumheizung gedachte Wärmeproduktion zu installieren. Null- oder Niedrigstenergiehaus heißen die technologischen Trophäen minimierender Ingenieurarbeit.

Erdwärme trifft unsere Bauten – so sie nicht aufgeständert sind – an der Sohle. Hier wird die ständig aus dem Erdkern in das Universum abfließende Wärme aufgehalten. Sie kommt der Wärmebilanz des Hauses zugute. Wir rechnen den Wärmeverlust nach unten aus der Temperaturdifferenz von Raumtemperatur zur Erdtemperatur von ca. 6 °C und nicht zur Außentemperatur der Umgebungsluft von 15 °C. Schon die geringere Temperaturdifferenz der Wärmewanderung ist als Gewinn zu werten.

Sonneneinstrahlung als Wärmequelle wurde im Kapitel Sonne (<) bereits dargestellt. Jede direkte Einstrahlung der Sonne auf das Bauwerk erhöht dessen Oberflächentemperatur und mindert den Temperaturunterschied von innen nach außen. Die von der Sonne verursachte Außentemperatur mindert die Wärmewanderung von innen nach außen, hebt sie im Sommer ganz auf oder dreht sie in den Hundstagen sogar um. Der Gewinn solarer Einstrahlung oder der Schutz davor ist Gegenstand des Bauwerksentwurfs. Je nach Lage auf dem Globus können Bauten Sonnenwärme trichterförmig einfangen und in ihrer Baumasse speichern oder sich vor Einstrahlung schützen und die Sonnenstrahlung abweisen.

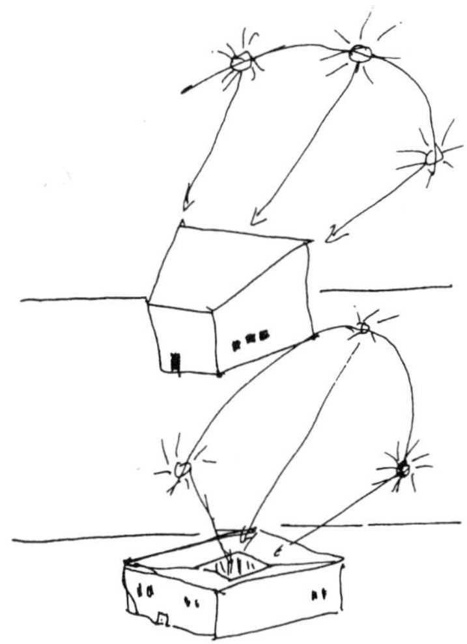

Sonnentrichter & Sonnenabweiser

Je nach Klimagebiet und topographischer Lage ist die Menge eingestrahlter Sonnenenergie allerdings sehr schwankend. In den höheren Breitengraden mit größerem Einfluss von Sommer und Winter nimmt bekanntlich die Menge eingestrahlter Energie ab, gerade wenn sie gebraucht wird.

Sonneneinstrahlung ist der unsicherste Faktor in der Wärme-Gewinnbilanz von Bauwerken. Von allen einstrahlungsabhängigen Energiegewinnen wird in die Wärmebilanz eines Hauses der Energiegewinn (g) durch die Fenster in die Rechnung einbezogen.



Interne Wärmequellen entstehen im Betrieb eines Bauwerks. Sie sind Restwärme aus anderen Nutzungen im Haus. Elektrisches Licht mit einer Glühbirne von 100 W macht z.B. für 10 W Licht und heizt mit 90 W. Beim Kochen & Backen, Waschen, Trocknen & Bügeln, Duschen & Baden wird Wärme freigesetzt, die zunächst im Bauwerk verbleibt. Wir selbst geben mit unseren 36 °C Außentemperatur Wärme in den ca. 22 °C warmen Raum ab und heizen je nach Aktivität mit 100–250 W den Raum. Zwanzig Menschen in Meditation heizen also schon wie ein 2 kW-Heizlüfter, fünf wilde Tanzpärchen auch. Selbst der Hund heizt und die lebende Pflanze.

innere Wärme

In Bürobauten mit High-Tech Computerinstallation ist die Wärmeleistung von Licht, Maschine & Mensch so hoch, dass sogar im Winter Gebäudekühlung haustechnische Aufgabe ist. Hier wäre, statt Kühlsysteme zu ersinnen, die Forschung an der Minimierung von Restwärme für Licht & Maschinen zu fördern. Die Wärmeabgabe der Menschen wird konstant bleiben. Sie endet mit dem Tod.

Diese Restwärme aus Anergie höherwertiger Nutzungen als Energiequelle wurde erst aktuell, als Energieeinsparung und die rapide Abnahme der Heizwärme diese bisher vernachlässigten Größen zu einem bilanzfähigen Faktor machten.

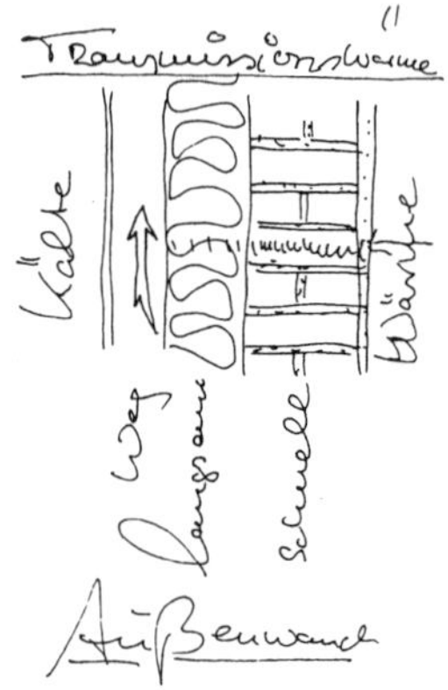


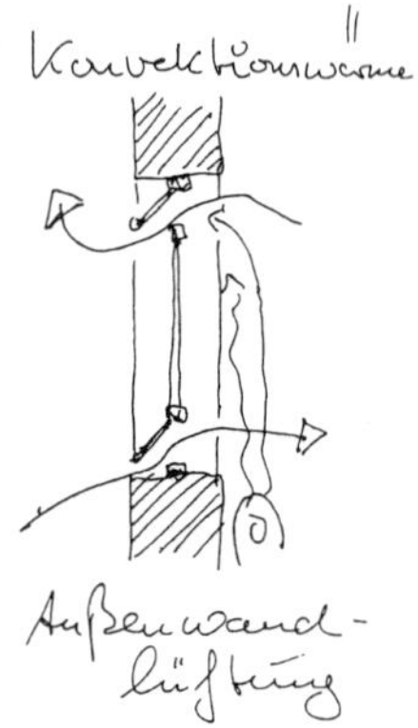


Verluste von Wärme aus unseren Bauwerken entstehen auf allen drei Pfaden der Wärmebewegung, und wir sind bestrebt, diese Verluste so gering wie möglich zu halten.

Der Transmissionswärmeverlust (Eimerkette) durch die Außenhülle des Hauses wird gemäß DIN 4108 (Wärmeschutz im Hochbau) und Wärmeschutzverordnung ermittelt. Dabei wird jedem Baustoff ein Wärmeleitwert (W/(m · K)) zugeordnet, mit dem in Verbindung mit Schichtdicke und Temperaturdifferenz der Wärmeverlust berechnet wird. Der Verlust von Wärme durch die Außenhaut ist durch geschickte Baustoffwahl und Konstruktion (>) zu vermeiden.

Verluste aus Konvektion (Eimerlauf) entstehen im Wesentlichen durch die notwendige Lüftung von Gebäuden. Dieser einst ebenfalls vernachlässigte Faktor ist mit dem Zwang zur energetischen Optimierung wichtige Rechengröße geworden. Energie-Puristen neigen in energetischer Verzückung dazu, Hausbewohnern die Atemluft zu beschneiden, damit der Lüftungswärmeverlust niedrig ist (>). Angesichts der geringen Enthalpie (Wärmegehalt) von Gasen ist diese Maßnahme selbst aus Sicht der Energiebilanz betrachtet fragwürdig.

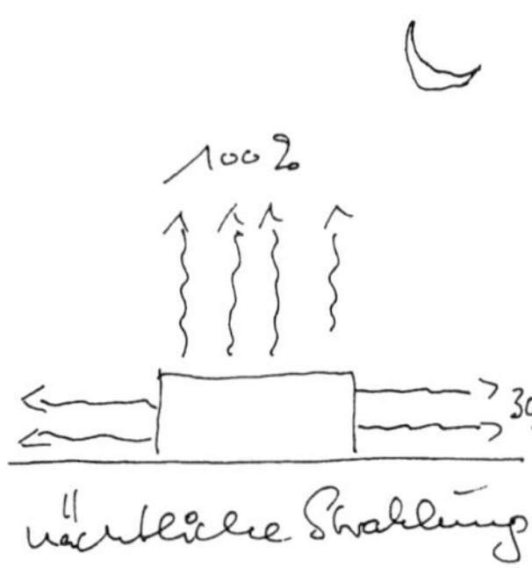


Strahlungsverluste in das Universum an der Oberfläche von Bauten entstehen gemäß ihrer Oberflächentemperatur und ihrem Abstrahlungswinkel. Das Flachdach strahlt direkt in das All (100 %). Bis zur horizontalen Abstrahlung in einer Siedlung mit nur noch 30 % nimmt der Verlust an Wärme durch Strahlung kontinuierlich ab. Mit wachsender Höhe und dünnerer Atmosphäre nimmt die Abstrahlung zu.

Ein weiterer Wärmeverlust entsteht durch Feuchtigkeit und Wind. Verdunstung bindet Latentwärme beim Wechsel vom flüssigen zum gasförmigen Aggregatzustand des Wassers. Diese Auskühlung mindert die Oberflächentemperatur der Außenwand und beschleunigt somit den Transmissionswärmeverlust.

## – Form, Volumen, Außenfläche

Architekturform, umbauter Raum und Außenfläche sind wichtige Komponenten für die Energieeffizienz von Bauten, die die Transmission betreffen. Die geringste Oberfläche eines Volumens hat die Kugel. Minimalformen, wie sie sich in der Konstruktion von Membranen einstellen, sind auch aus Sicht von Energiebilanzen günstig, so der Wassertropfen in Schwerelosigkeit oder die Seifenblase als Kugel. Als nutzbares Bauwerk ist die Halbkugel mit bodenberührender Schnittfläche bezogen auf Außenfläche zu Volumen (A/V-Verhältnis) am günstigsten. Der Iglu der Eskimos (Kälte) oder der Hoogan der Navahos (Hitze & Kälte) sind den Halbkugeln ähnlich. Die Zylinderform ist nächst günstig, aber immer noch schwer mit Innenwänden auszustatten und zu möblieren (ausgenommen Mario Botta, der Meister guter Grundrisse in runden Bauten).

Im Buch *„Ökologisches Bauen", Krusche, Althaus, Gabriel* 1982, werden die geometrischen Unterschiede von Bauformen anschaulich dargestellt.



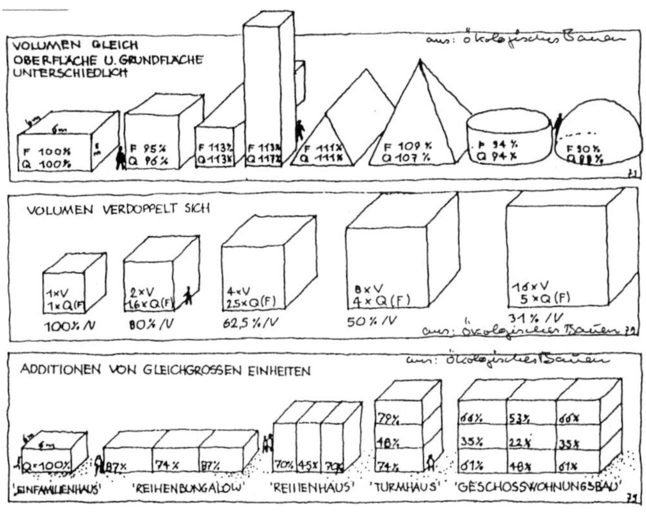

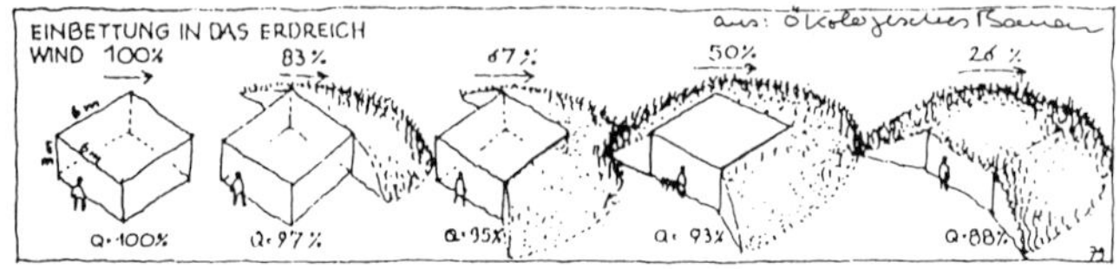


- Die Oberfläche vom quadratischen Quader mit halber Höhe (Musterkörper) zur Halbkugel vermindert sich nur um 10 %.
- Anschüttung & Bedeckung des Quaders mit Erde von ein- bis vierseitig mit einer freien Wand mindert den Wärmeverlust nur um 12 %.
- Die Vergrößerung des Volumens bei gleicher Geometrie ist zwar effizient, wird aber durch Kriterien für Licht & Luft eingegrenzt.

Die frei stehende geometrische Form – Kugel und Zylinder sind Solitäre, die nicht aneinander zu reihen sind – bietet nur geringe Verbesserung der effizienten Energieplanung. Erst das Aneinanderstellen der Musterquader bietet erhebliche Einsparung an Transmissionswärmeverlusten, da benachbarte Bauten in der Regel gleiche Temperaturen haben und zwischen ihnen keine Transmission stattfindet. Schon die Spatzen sitzen eng gereiht auf dem Telefondraht, wenn es kalt ist. Das Mittelhaus der flachen Reihenbungalows braucht nur 74 % des frei stehenden Musterbaukörpers, bei hohen, schmalen Reihenhäusern nur noch 45 % und eine Wohnung in Mittellage im Geschossbau 22 % Energie.



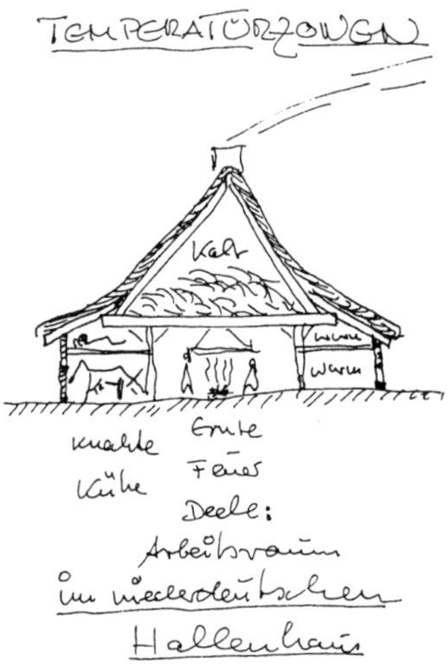


Die städtebaulichen Vorteile verdichteter Bauweise (<) vereinen sich mit höchster Energieeffizienz. Hier liegt die adaptive Form effizienter Planung. Das frei stehende Niedrigstenergiehaus ist die aufwendige emanzipatorische Form der Energieeinsparung. Jeder Bauherr wünscht sie. So turnen wir unermüdlich am falschen Barren und ersinnen unsinnige technische Lösungen für eine unsinnige Bauform.

## – Temperaturzonen

Wir wissen bereits, dass Wärmewanderung zunimmt, wenn der Temperaturunterschied zwischen den abgegrenzten Räumen groß ist. Eine klassische Entwurfsmethode war die Schaffung unterschiedlicher Temperaturzonen im Gebäude vom warmen Kern zu kühlen Randbereichen. Der zentrale multifunktionale Ofen finnischer oder russischer Bauten als Wärmezentrum des Hauses ist beispielhaft. Vielschichtig ist die Temperaturabstufung des niederdeutschen Hallenhauses mit der Deele, dem Flett um das Flettfeuer, den Stuben im Kammerfach und darin den Alkovenbetten, die von der schlafenden Person geheizt wurden. Dazu kommen die Schlafplätze des Gesindes über den Viehställen im warmen Mief der Rinder und Pferde. Der klassische Dachboden des Kaltdachhauses, Wintergärten, Veranden, Windfänge, selbst Kastenfenster sind Pufferzonen mit Zwischentemperaturen vom warmen Hauskern zum kalten Außenklima. Auch die Maßnahmen des klimagerechten Bauens (<) können zu den Pufferzonen zwischen Haus & Landschaft gewertet werden.

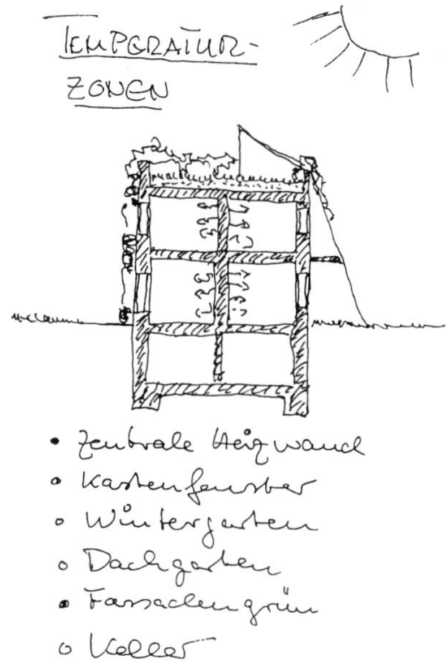


Wie wir wissen, dass Räume mit unterschiedlichen Lichtverhältnissen hohe Qualität haben, dass unterschiedliche Weiten und Höhen interessante Raumfolgen bewirken können, sollten wir annehmen, dass unterschiedliche Temperaturen in Räumen gleichfalls zur Steigerung des Raumerlebnisses beitragen. Angesichts der erwiesenen Tatsache, dass die Anfälligkeit für Krankheit auch daher rührt, dass wir selten unser Standard-Temperaturniveau verlassen, dass wir aus der geheizten Wohnung über die geheizte Garage in das warme Auto steigen, dieses in der temperierten Tiefgarage verlassen, in das geheizte Büro gehen, das wir abends über die temperierte Tiefgarage wieder verlassen, usw.

Gebäudeentwürfe können unterschiedliche Temperaturzonen erhalten, die auf unterschiedliche Aktivitäten abgestimmt sind. Im Lebensvollzug ist von der ruhigen individuellen Zurückgezogenheit über die wachsende Aktivität in kleiner Gruppe (z.B. Familie) zur Nachbarschaft und dem Siedlungs- oder Stadtumfeld ein klares Energiegefälle von der ruhigen zur aktiven Tätigkeit festzustellen.

Die Vorstellung allerdings, sich vielleicht in den wenigen sehr kalten Tagen im Jahr auf kleinere Flächen zurückziehen zu müssen, der Anspruch, jeden Kubikmeter umbauten Raumes vollständig und unbegrenzt nutzen zu wollen, machen den Entwurf von Temperaturzonen schwer.

## – Wärmedämmung

Wärmedämmung bremst Transmission. Baustoffe mit minimaler Wärmeleitung sind für diese Aufgabe geeignet. Ideal wäre ein Vakuum (Thermoskanne), weil, wo nichts ist, nichts schwingen kann und keine Transmission stattfinden könnte, wohl aber Strahlung, wie wir sie von der Sonne durch das Universum erhalten. Die nächst besseren Stoffe sind Gase. Die preiswerte Form solcher Gase ist das Luftgemisch unserer Atmosphäre. Ein Luftpolster lässt kaum Transmission zu, sind die schwingenden Teilchen doch weit voneinander entfernt. Allerdings tritt in Gasen bei Temperaturunterschieden Konvektion auf und transportiert Wärme. Auch durch Strahlung vom warmen zum kalten Teil des Luftpolsters ginge Wärme verloren. Konvektion wird vermieden, wenn die Lufträume so klein sind, dass Konvektion durch Reibung der Moleküle unterbunden wird und Strahlung durch die Häufung minimaler Lufträume kaum mehr stattfinden kann.

Wärmedämmstoffe sind Strukturen minimaler Luft- oder anderer Gasräume in einem Hüllnetz aus festen Stoffen. Die festen Stoffe können aus Glas (Glaswolle & Schaumglas), Stein (Mineralwollen & Steinwollen), vernetzten Kohlenwasserstoffen (Styropor & Styrodur, Polyurethan etc.) sein. Es können auch die Hohlräume von Faserstrukturen oder Versorgungskanälen von Pflanzen als Dämmstoff genutzt werden (Kork, Stroh, Kokos etc.). Die gute Wärmeleitung der festen und schweren Hüllstoffe wie Glas oder Gestein wird durch die Gasräume und den „unendlich“ langen Weg der Wärmeleitung die Ränder der hüllenden Struktur entlang unterbunden. Dämmstoffe sind aufgrund ihres Gasanteils sehr leicht.

Wenn wir das Bauwerk gegen Transmission in einen dämmenden Mantel hüllen, sollte die schützende Wirkung an jeder Stelle gleich sein, wenn sie effizient sein soll. Eine Unterbrechung der dämmenden Hülle (Wärmebrücke) hat in der Regel neben dem Energieverlust schwerwiegende Bauschäden (> Physik) zur Folge. Wärmebrücken sind Bankrotterklärungen des Konstrukteurs.

Das Maß der dämmenden Schichtdicke von Gebäudehüllen ist strittig in der Bautechnik. Eine Grafik zum Energieverbrauch in Abhängigkeit von der Dicke der Dämmschicht zeigt in ihrem hyperbolischen Verlauf, dass die Minderung des Verbrauchs über ca. 15 cm Dämmstärke hinaus nur noch geringe Verbesserung bewirkt, und zwar unter hohem Anspruch auf Konstruktionsfläche, die der Nutzfläche verloren geht. Die Wirtschaftlichkeits-

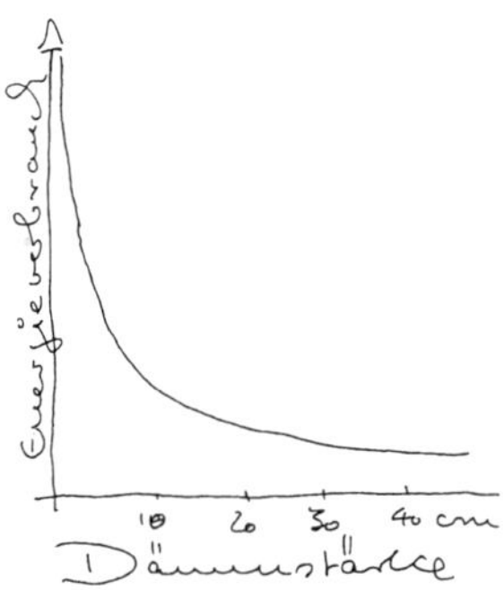


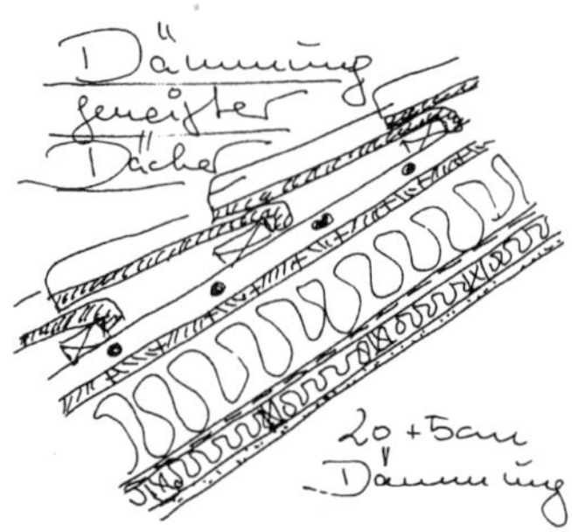


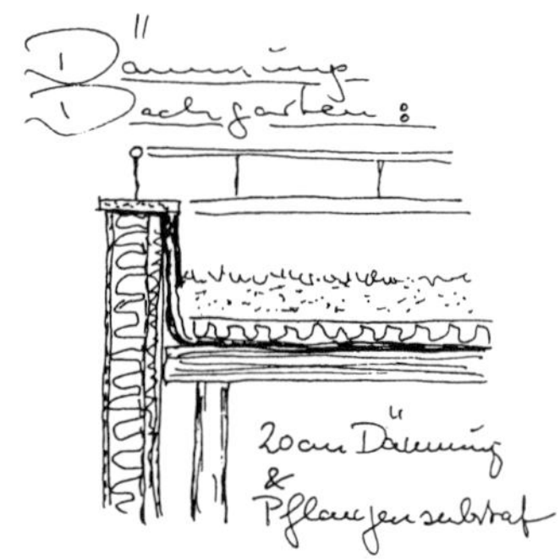

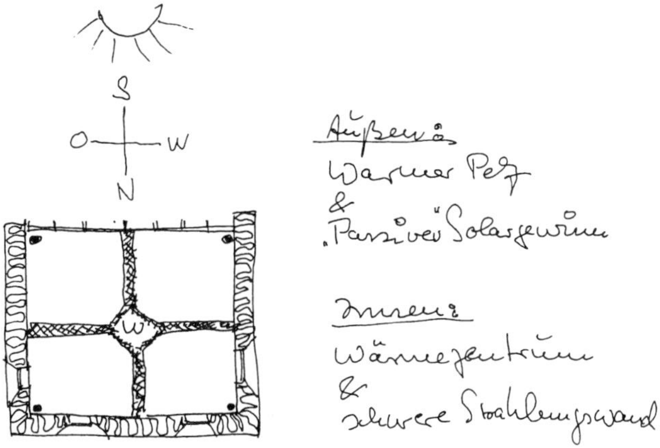


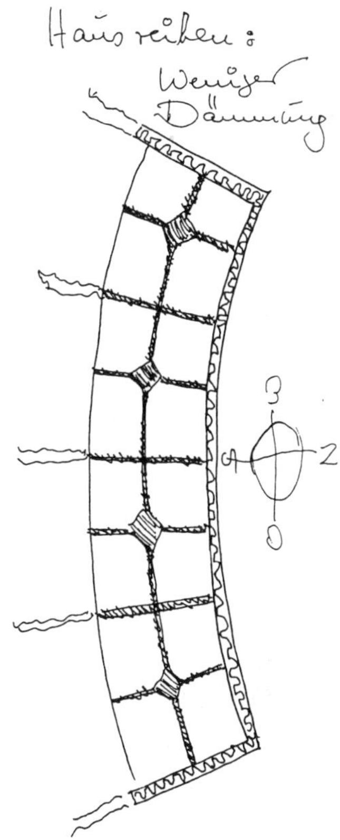


scheren zwischen wachsendem Materialeinsatz mit geringem Energieeinsparungseffekt und zwischen Energieeinsparung und Nutzflächenminderung bei in der Regel eng gefasster Grundstücksausnutzung, zwischen Investitionskosten und Betriebskosten sind mit den Auftraggebern zu klären.

Im Dach, von dem aus die Abstrahlung am höchsten ist und das in Wind & Wetter liegt, sollte die Wärmedämmung sehr gut sein. 20 + 5 cm sind ein Maß, das auch konstruktiv günstig ist, wenn man das Tragwerk auf 20 cm Sparrenstärke festlegt.

In der Außenwand haben schwere Baustoffe im Sinne dieser Auslegung für Wärmedämmung keinen Platz mehr, allerdings haben sie weiterhin Aufgaben des Schallschutzes. Selbst nach allen Versuchen, tragende schwere Stoffe zu löchern und zu porosieren, sind sie den wachsenden Anforderungen an die Außenwand in sinnvollen Konstruktionen nicht mehr gewachsen. Nach einer Wetter abweisenden Außenhaut sollte die Außenwand aus Dämmstoff bestehen, wie das Fell oder die Fettschicht der Lebewesen kalter Zonen. Das Tragwerk aus schweren Stoffen ist mit Innenwänden zu konzipieren, ohne Wärmebrücken, wie das Skelett jener Lebewesen. Dann können außen Dämmstärken um 25 cm erreicht werden, ohne großen Raumverlust zu verursachen.

Auch hier kommt wieder der Vorteil verdichteter Bauformen zu Tage. Aneinander stehende Bauten gleichen Temperaturniveaus benötigen mangels Transmission keine Wärmedämmung untereinander. Erst für freiste-

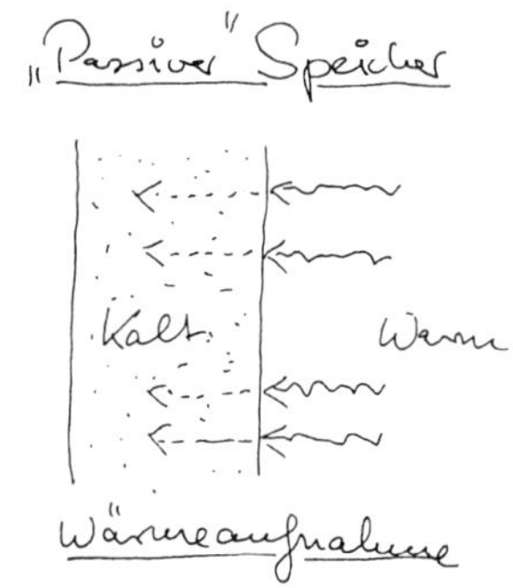


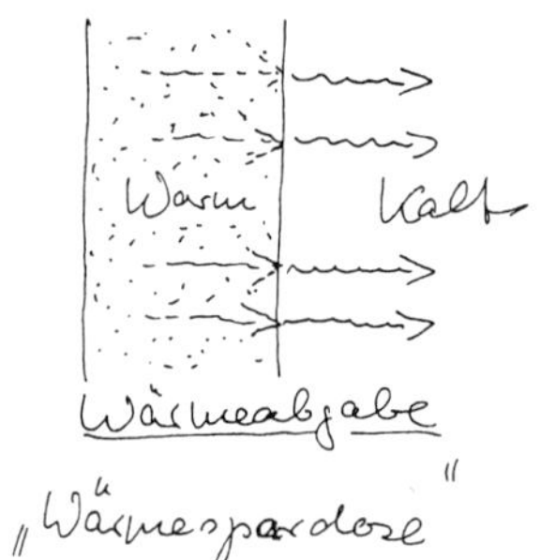


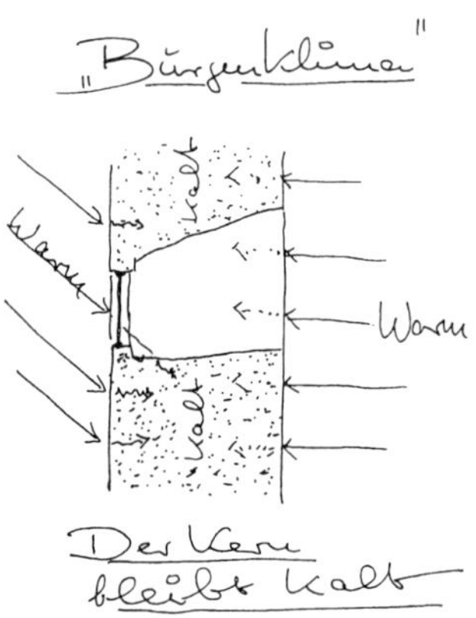


hende Häusle kommen rundum die raumgreifenden Wandaufbauten zustande. Sie gehören deshalb nicht zum ökologischen Bauen.

## – „Passive" Wärmespeicher

Speichern und Haushalten zum Ausgleich von Winter & Sommer, Trockenheit & Regenzeit, Hitze & Kälte usw. sind Überlebensgesetz für viele Tier- und Pflanzenarten. Speichern von Wärme für ein angenehmes und gleichmäßiges Raumklima ist Aufgabe von Bauwerken. Diese kurzfristig wirksame Speicherung wird „passiv" genannt, obwohl die Wärmebewegung in den Stoffen aktiv ist und ihre Masse sich in dauerndem Wechsel mit Wärme füllt oder sie abgibt. Schwere Baustoffe mit hoher spezifischer Wärme sind in der Regel zur Wärmespeicherung besonders geeignet. Eine angemessene Wärmeleitung bestimmt die Geschwindigkeit, mit der Wärme aufgenommen und wieder abgegeben wird. Vollsteiniges Mauerwerk – welcher Art auch immer – ist geeignet. Schwere Decken und keramische Böden auf Estrich sind gute Speichermassen für die Pufferung von Wärme. Die in den Bauteilen enthaltene Wärmemenge (Enthalpie) strahlt in den Raum, wenn er abkühlt, und gibt die Wärme langsam ab. Heizwärme wird von den Baumassen aufgenommen und gespeichert. Bei Sonnenschein sind Räume mit schweren Decken und Innenwänden bewohnte „Trombe-Wände" (<), die sich wie ein Kollektor erwärmen.

Ohne Wärmespeicherung entsteht „Barackenklima". Selbst ein gut gedämmter Raum wird schlagartig kalt, wenn die Raumluft aus dem Fenster weicht. Die gesamte Raumwärme – es ist nicht viel gewesen – ist mit der Luft entwichen. Solche Räume sind schnell und mit geringem Aufwand geheizt und deshalb gut für kurzzeitige Nutzungen, z.B. Sonntag vormittags. Kirchen sind genau das Gegenteil davon. Ihre in der Regel dicken Wände und Pfeiler stellen eine übermäßige Masse dar, die aufzuheizen sehr viel Energie benötigen würde. Bauwerke mit zu viel Masse neigen zum „Burgenklima" mit feuchtem & kaltem Raumklima. Alle Heizwärme wandert zunächst in die dicken Wände, bis diese schließlich völlig aufgeladen sind. Solange ihre Oberfläche kühler ist als die Lufttemperatur, wirken sie kalt auf uns. Hier wird manchmal sogar im Sommer geheizt, um angenehmes Raumklima zu erhalten. Nur im Sommer auf Besichtigungstour sind Burgen & Kirchen beliebte und kühlende Aufenthaltsorte.

Für ein angemessen Wärme pufferndes Raumklima spielen über die notwendige Baumasse hinaus

– die Lage im Haus (Boden, Innenwände)

- die Lage zur Sonne („passiver“ Energiegewinn)
- die Art der Raumheizung (Konvektion – Strahlung)
- die Geschwindigkeit der Wärmeaufnahme & Wärmeabgabe
- der Wärmeverlust des Bauwerks

eine bestimmende Rolle für den „passiven“ Wärmespeicher. Bei dem oberen Kapitel (<) entsprechender Wärmedämmung sind 15–20 % des gebauten Volumens in massiven Bauteilen ausreichend zur angemessenen Wärmespeicherung. Je mehr Masse ein Gebäude hat, umso gleichmäßiger sollte seine Innentemperatur gehalten werden, denn die Aufheizzeiten nach z.B. einer Nachtabsenkung sind lang. Je geringer die Baumasse, umso schneller reagiert der Innenraum auf Temperaturwechsel, da die in ihm enthaltene Wärmemenge (Enthalpie) gering ist. Schulen, Festsäle etc. mit Kurzzeitnutzung werden so ausgelegt.

Inwieweit gleichmäßig strukturierte „monolithische“ schwere Außenwände durch Aufnahme & Speicherung der Tageseinstrahlung „im Gegenverkehr“ die Wärmewanderung von innen nach außen bremsen, wird bei der Ermittlung des Transmissionswärmeverlusts nicht gerechnet. Der Speicherung von Wärme in Baumasse und die zeitliche Verzögerung der Abgabe solaren Gewinns (z.B. Trombe-Wand) wird in den gängigen Energiebilanzen zu wenig Beachtung geschenkt. Der „passive“ Speicher ist ein aktives Energie-Gewinnsystem. Erfahrung zeigt, dass monolithische 36,5-er Ziegelwände nicht den Wärmeverlust haben, der für sie gerechnet wird.

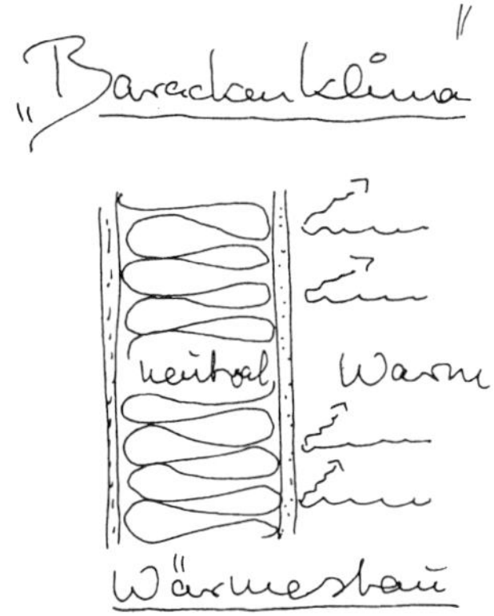


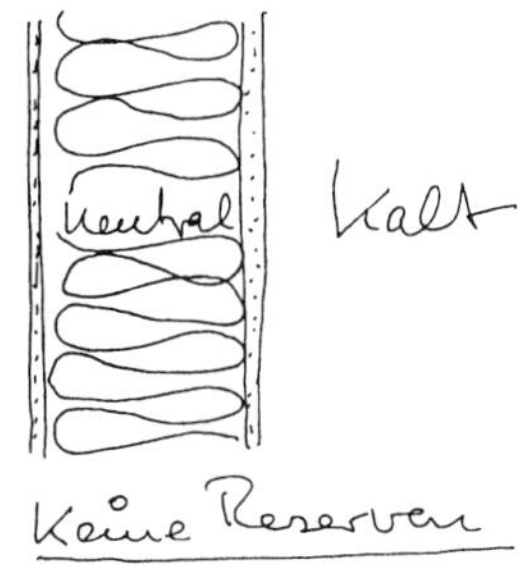


## – Dichtheit & Lüftung

Undichtigkeiten im Bauwerk & Lüftung der Innenräume verursachen Wärmeverlust durch Konvektion. Die Außenhülle eines Gebäudes soll nicht nur gut und ohne Wärmebrücken gedämmt, sondern auch winddicht gebaut sein. Diese selbstverständliche Forderung ist gerade für hoch gedämmte Holzkonstruktionen nicht leicht zu erfüllen. Über die allseitig perfekt geplante konstruktive Konzeption hinaus sind stringente Ausschreibung & aufmerksame Bauleitung zur Sicherung der Winddichtigkeit nötig.

Seit mit gesteigerter Wärmedämmung der Verlust durch Konvektion zu einem nicht mehr zu vernachlässigendem Faktor in der Wärmebilanz geworden ist, versteigen sich Energie-Puristen zu Vorstellungen von Dichtheit, deren Auswirkung auf Bewohner zu prüfen wäre, bevor sie übereilt in Normenwerke gelangen.

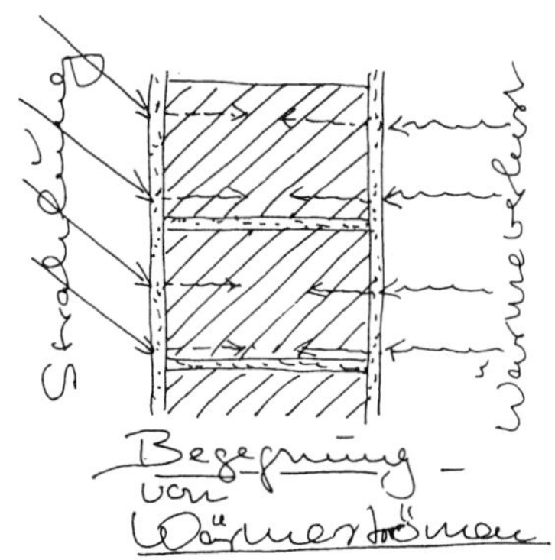

Raumluft:

| $CO_2$ % | Auswirkung auf Befinden |
|---|---|
| 2,5 | gut |
| 3.0 | heftige Atmung |
| 4.0 | Kopfschmerz, Ohrensausen, Herzklopfen, Erregung |
| 5.0 | nach 1/2 bis 1 Std Tod |
| 8-10 | schnell Tod |

nach: Pettenkofer

Die gewisse Undichtigkeit z.B. der Fenster & Türen an Gebäuden hatte in ihrer Sicherung einer konstanten Luftwechselrate bisher eine durchaus positive Wirkung auf die Qualität der Raumluft bei geschlossenen Fenstern und Türen. Der Einbau dichter Fenster hat in der Gebäudesanierung mehr Schaden als Nutzen gebracht, wenn nicht die gesamte Gebäudehülle mit saniert wurde. Feuchtigkeit & Schimmelpilz zogen mangels Lüftung & Abfuhr von Feuchtigkeit ein und blieben als pilzbesiedeltes Kondensat an den kalten Stellen der Räume. Der Streit zwischen Eigner & Mieter ist vorprogrammiert. Die Dauerlüftung „auf Kipp" ist das Ergebnis. Mit Energieeffizienz hat das nichts zu tun. Fensterdichtungen mit gewellter Dichtlippe zur gezielten Undichtigkeit sind eine perverse Blüte Kosten steigernder Fenstertechnik. Ohne Dichtung wäre der Effekt preisgünstiger.

Dichtheit von Bauwerken wird mit dem „Blower Door Test" festgestellt. Je langsamer der eingeblasene Überdruck abnimmt, desto geringer ist der konvektive Wärmeverlust. Nach diesem Test soll sich das Haus aufblähen, wenn man aus einem Syphon Sprudelwasser in ein Glas spritzt.



Belebte Innenräume aber müssen gelüftet werden. Die Bewohner atmen. Sie nehmen, wie schon erwähnt, Sauerstoff aus der Luft und erhöhen den $CO_2$-Anteil darin. Sie „entfeuchten" beim Atmen und über die Haut (am wenigsten durch die Toilette!) mit einem Tagesumsatz von 3 Litern. Auch der Hund oder Pflanzen entfeuchten. Es bildet sich Staub von allen Gegenständen im Raum. Alle Stoffe, insbesondere die Bewohner selbst haben Ausdünstungen. Gase, Aerosole, Stäube, Hautschuppen und andere organische Partikel verdichten sich in einem ungelüfteten Raum zu Mief.

„Gestanksfaktor" nannte Pettenkofer um 1900 diese Folge unserer Existenz in geschlossenen Räumen. Er machte seine Bewertung der Raumluftbelastung an ihrer $CO_2$-Konzentration fest. Mit schwindendem Sauerstoffgehalt und steigendem $CO_2$, im Wesentlichen durch die Atmung der Menschen im Raum, wuchsen zu jener Zeit andere Luftbelastungen gleichermaßen. Das mag zu der Zeit um 1900 angemessen gewesen sein. Heute wird Raumluft immer noch nach Pettenkofer gewertet (Zielwert 0,1 % $CO_2$-Gehalt in der Raumluft: Pettenkoferzahl). Die verschmutzenden Faktoren aber haben sich gewandelt. Materialien, Oberflächen und Oberflächenbehandlungen, Putzmittel, Deos, Parfums oder alle Sprays für Haar, Luft, Toilette, Ofen oder Autos erfüllen die Luft, auch wenn kein Mensch atmet und die $CO_2$-Konzentration hebt. Die Raumluft wird bereits in unserer Abwesenheit durch Gegenstände unseres täglichen Lebens belastet. Das hielt sich früher mit natürlichen Materialien und Mitteln in Grenzen.

Der dänische Wissenschaftler P.O. Fanger hat zur Klärung des „Sick Building Syndrome“ heute den Begriff „olf“, („olfaktorischer Wert“ – heißt auch Gestanksfaktor) ersonnen, um Raumluftqualität zu definieren.

*„Ein olf ist die Luftverunreinigung durch eine Norm-Person, d.h. von einem durchschnittlichen Erwachsenen, der sitzend in einem Büro o.Ä. nicht gewerblichen Arbeitsraum mit einer behaglichen Raumtemperatur und einem Hygienestandard von 0,7 Bädern je Tag beschäftigt ist.“ („Olf und Decipol – Die neuen Messeinheiten für empfundene Luftverschmutzung“,* P.O. Fanger, in: Gesundheitsingenieur 5/1988). Raucher verbreiten nach Fanger 25 olf, wenn sie nicht rauchen, schon 6 olf. Arbeiter können je nach Belastung mit 6 bis 11 olf die Luft verändern. Alle Gegenstände werden mit diesem menschlichen Maßstab gemessen. Ein Büro kann um 0,5 olf/m$^2$ die Raumluft verschmutzen, ohne dass sich ein Mensch darin aufhält. Zwei m$^2$ Bürofläche entsprechen dann einer Norm-Person.

Die Maßeinheit decipol (von pollution – Verschmutzung) ist die Verschmutzung, die durch eine Norm-Person (1 olf) in einem Raum verursacht wird, der mit 10 l/s sauberer Luft gelüftet wird.

- Decipol beschreibt die empfundene Luftverunreinigung als Immission.
- Olf beschreibt die verursachte Luftverschmutzung als Emission.

Unter diesem Aspekt ist die völlig dichte Ausführung von Bauwerken mit Vorsicht zu beobachten. Das „olfen“ der gesamten Hauseinrichtung in Abwesenheit kann dem vom Tagesgeschehen heimkehrenden so ekelerregend erscheinen, dass er tagsüber „auf Kipp“ lüftet und die Dichtheit aufgehoben ist.

| Mindest-Außenluft | | |
|---|---|---|
| Einzelbüro | 4 | $m^3/m^2h$ |
| Großraum | 6 | " |
| Versammlung | 15 | " |
| Schulklasse | 15 | " |
| Supermarkt | 3-6 | " |
| Gaststätte | 8 | " |

Lüftung wird in der Regel den Fenstern als Aufgabe zugewiesen. Sie steht der Dichtheit diametral entgegen. Dem Energie-Puristen ist sie ein Loch in der Wärmebilanz, und er versucht, es zu stopfen: kontrollierte Lüftung, am besten dergestalt arrangiert, dass der warme Mief der Abluft die frische Außenluft über einen Wärmetauscher (>) der Innenraumtemperatur näherbringt. Die von Ventilatoren turbulent gehaltene Luftführung in Rohren, verbunden mit Temperaturschwankungen aber birgt die Gefahr innerer Ablagerungen aller Stoffe, die ähnlich dem beschriebenen Mief die Frischluft belasten, bevor sie die Bewohner erreicht. Für die gleiche Luftqualität ist das Mehrfache an Luftzuführung zu planen und diese muss mit Ventilatoren eingeblasen werden. Filter, die zur Vermeidung die-

ses Problems vorgeschlagen werden, wirken nur kurze Zeit. Filterwechsel, das wissen wir angesichts fast aller Küchenabzüge, ist die Ausnahme und unrealistisch. Wer möchte schon für frische Luft Geld ausgeben oder Arbeit verrichten. Der technische Aufwand für solche Anlagen ist hoch, auch die Kosten. Die Energieeinsparung steht in Frage, stellt man die geringe Enthalpie von Raumluft, die bei einer Stoßlüftung verlorengeht und die bei etwas undichten Fenstern entflieht, dem hohen Luftbedarf der Rohrlüftung und dem verbrauchten Strom auf Primärenergie umgerechnet und dem Aufwand zur Erstellung der Anlage gegenüber. Die Akzeptanz – man spricht von einem „Führerschein" zur Führung seines Haushalts – ist bei den Bewohnern nicht zu erwarten. Dazu sollten die Befürworter dieser Technik einmal durch alle Viertel ihrer Stadt gehen oder Straßenbahn fahren. Die Anlagen werden veröden und Fenster geöffnet, es sei denn, sie werden vernagelt. Lüftungs- und Klimaanlagen „olfen" selbst nach kurzer Gebrauchszeit erheblich und müssen zunächst ihren eigenen Dreck „weg"lüften (>).

Stoßlüftung, wenn es der Nase notwendig erscheint, und ein wenig undichte geschlossene Fenster sind einfache und Kosten sparende Vorschläge für adaptive, gesunde und vom Bewohner spürbare Lüftung im Sinne ökologischen Bauens.

## – Fenstertechnik

Fenster bilden den Kontakt mit der Außenwelt. Öffnen & Schließen, Ausblick & Einblick, Rufen & Antworten – Kommunikation oder Introversion bieten Fenster. Deshalb ist die Funktion „Lüften" in der Fenstertechnik automatisch enthalten. Aber sie sind der empfindlichste Teil des Hauses. Sie sind ein Sicherheitsrisiko, denn der unsichtbare Baustoff Glas ist zerbrechlich. Sie sind trotz ihres solaren Wärmegewinns (<) die für Raumwärme verlustreichste Fläche der Außenwand, denn Glas ist ein guter Wärmeleiter. Die drei Fugen zwischen Wand & Blendrahmen, zwischen Blendrahmen & Flügelrahmen sowie zwischen Flügelrahmen & Glasfläche sind darüber hinaus problemreich in Hinsicht auf Wärmebrücken & Undichtigkeit, besonders die mobile Fuge des Öffnungsflügels.

Die hohen Energieverluste durch Glas wurden mit der Entwicklung von Wärmedämmglas (manche sagen amerikanisch Isolierglas) gemindert. Inzwischen erreichen diese Gläser als Doppelscheiben mit schwerer Gasfüllung (Argon) k-Werte unter 1,0.

Für Räume zum dauernden Aufenthalt von Menschen sind Gläser zu vermeiden, die das Tageslicht verfärben, da das Spektrum des Tageslichts Körperfunktionen steuert. Hersteller von Kunstlichtsystemen geben sich deshalb Mühe, das Tageslichtspektrum in Innenräumen zu simulieren. Großflächige Verglasungen von Räumen zum vorübergehenden Aufenthalt ohne andere Sonnenschutzmaßnahmen können mit gefärbten Gläsern ausgestattet werden, die auch eine mögliche Blendung verhindern. Wenn allerdings Menschen hinter den metallisch blau-, braun-, grün- oder goldglänzenden Fassaden von Bürobauten arbeiten, die wie Parfumflakons in der Welt stehen, ist zu hoffen, dass wenigstens das Kunstlicht natürlichen Charakter hat und die Menschen bei Laune hält.

Dreischeibenverglasung ist schwer und teuer. Klobige Fensterrahmen sind die Folge. Bei Glasbruch muss das ganze System ersetzt werden. Da mit wachsender Dämmung der solare Gewinn abnimmt (was nicht herausgeht, kommt auch nicht herein), sind Fenster mit Dreischeibenverglasung unflexibel im wechselnden Außenklima zu nutzen.

Im Sinne des ökologischen Bauens sind Kastenfenster eine sehr gute und vielseitige Lösung. Ein Fenster ist einfach, das zweite doppelt verglast. Ein Fenster ist dicht, das andere wird ohne besondere Dichtung zur feinen Dauerlüftung gebaut. Aufwendiger, aber die universelle Einstellbarkeit auf das aktuelle Außenklima erweiternd, sind Fensterbeschläge die eine „Spaltlüftung" zulassen, aber die Fensterflügel auch dicht ziehen können. Je nach Wetterlage kommt bei dieser Fenstertechnik viel Sonnenenergie durch das Einscheibenglas, oder das Fenster ist dicht & dämmend in völlig geschlossenem Zustand. Kastenfenster solcher Art sind kostengünstiger als Anlagen zur Zwangslüftung, gesünder, kontrollierbar und flexibel einstellbar, besonders aber menschlicher zu bewohnen.

Lüftungsöffnungen müssen nicht zwanghaft mit der Fenstertechnik verbunden werden. Zum optimalen Luftwechsel ist ohnehin allein das Schwingfenster geeignet, das allerdings zur Kommunikation nach draußen wenig taugt, wenn es quer im Raum steht. Zwei Wandöffnungen in Boden- und Deckennähe können z.B. den Zu- und Abluftstrom unabhängig von Fenstern regeln. Das mit wachsender Dichtheit der Fensterfugen allgemein übliche Drehkippfenster ist nun zum Buhmann der Dichtheitsfanatiker geworden. Als Dauerlüftung sind die Öffnungen zu groß. Einfache Drehflügelfenster sind allein zur Stoßlüftung geeignet. Allerdings regeln sie den Kontakt zum Außenraum. Mit Fensterbeschlägen zur Spaltlüftung aber sind sie dem Drehkippfenster weit überlegen.

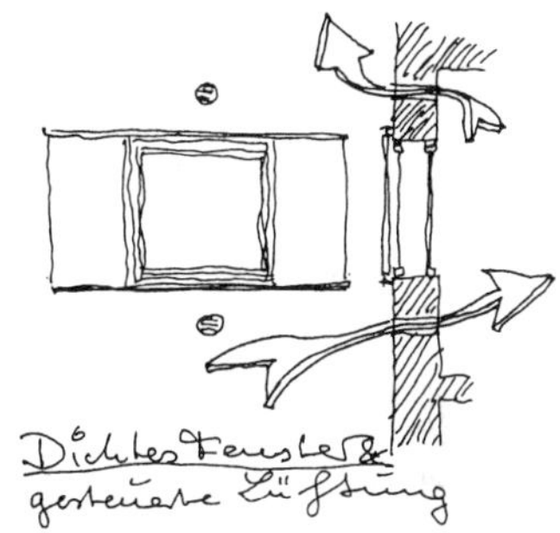

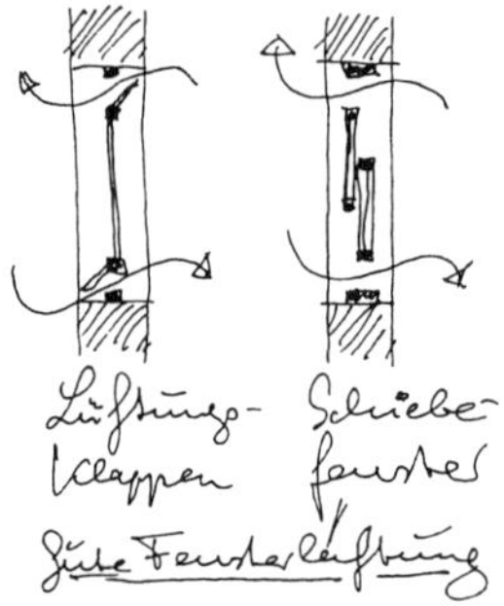

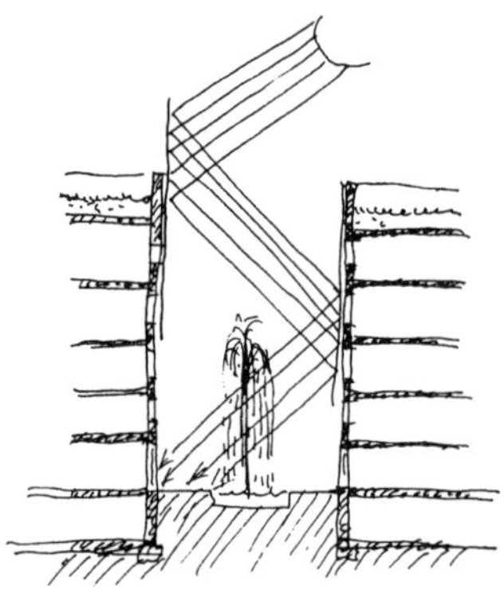

Wenn nachts Abstrahlung und Transmission vermieden werden sollen, sind gedämmte Fensterabdeckungen als Klapp- oder Schiebeläden, Rollos etc. die sinnvolle Ergänzung zum Kastenfenster. Sie dämmen Transmission, reflektieren bei entsprechender Beschichtung Wärmestrahlung, können Licht lenken und Schatten spenden. Sie bieten Sicherheit gegen Einblick oder gar Eindringen und verbessern den ohnehin guten Schallschutz der Kastenfenster. Fensterabdeckungen sind mit Bedacht zu entwerfen. Je nach Bauart brauchen sie Raum auf der Fassade. Ansichten des Hauses müssen in allen Varianten des Öffnens & Schließens der Fenster schön sein.

Das Kastenfenster mit Ein- und Doppelglasscheiben, dicht & undicht und mit Dämmläden, ist für die Energieeffizienz von Bauwerken die angemessene Lösung.

Gedämmte Läden können die Fenster nachts winddicht schließen, wenn dauernde Lüftung durch Sonderelemente in der Wand stattfindet.

Fenster, die weniger der Kommunikation nach außen dienen sollen, sondern vorwiegend zur Belichtung und zur Lüftung geplant werden, sollten oben und unten Öffnungen haben. Das Schwingfenster z.B. ist zur Lüftung optimal. Die anderswo üblichen Schiebefenster können gut zur Lüftung eingestellt werden. Besondere Lüftungsflügel und Festverglasung sind zu überlegen.



## – Tageslichtlenkung

Schon der Fensterladen kann Tageslicht lenken. Er verschattet oder reflektiert Licht nach innen. Blendschutz ist bei intensiver Einstrahlung nötig. Er kann gleichzeitig Energiequelle (PV) sein oder mit reflektierender Oberfläche Licht blendfrei in dunklere Zonen des Innenraums spiegeln. So wird elektrisches Licht gespart, wichtiger noch in Büros die Energie zum Abtransport der Wärmelast des elektrischen Lichts.

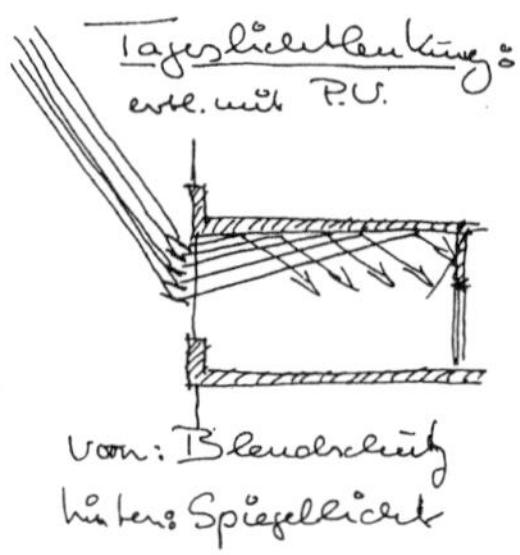


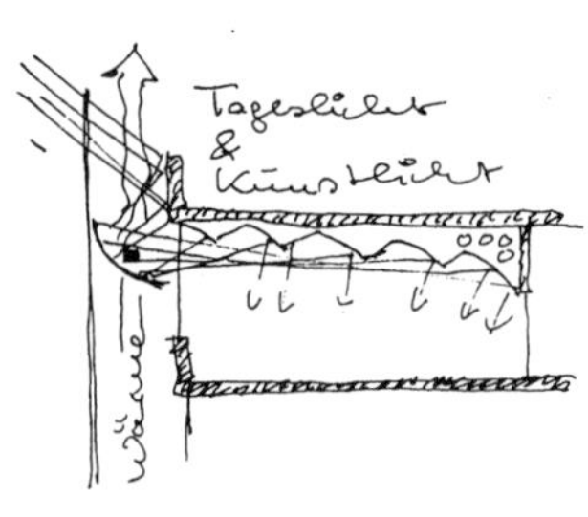

Bei enger städtischer Bebauung kann Licht in enge Höfe geleitet werden. In dem 50er-Jahre-Film *„Mon Oncle“* von *Jacques Tati* lenkt er als Hauptdarsteller jeden Morgen die Sonne mit dem Fensterflügel seiner Dachgaube in den Hof auf ein Vogelbauer, dessen Bewohner das mit fröhlichem Tirilieren quittiert. Reflektierende Glasflächen benachbarter Gebäude – das kennt jeder Städter – lassen zu bestimmten Zeiten Sonnenschein aus unerwarteten Perspektiven in die Wohnung gelangen. Kluge Planung mit Spiegeln und Hologrammen kann gezielt Tageslicht in Räume mit geringem Lichteinfall lenken.

Lichtleitung mit Glasfaser entbindet die Techniker sogar von der strengen Geometrie optischer Systeme. So könnte ein gelenkter konzentrierender Sonnenkollektor Licht bündeln und per Glasfaserkanal in dunkle Räume verteilen, wo das Licht ohne Wärmelast ankommt. Auf diesem Gebiet energieeffizienten Bauens ist noch viel Entwicklung möglich.

## Begrünung

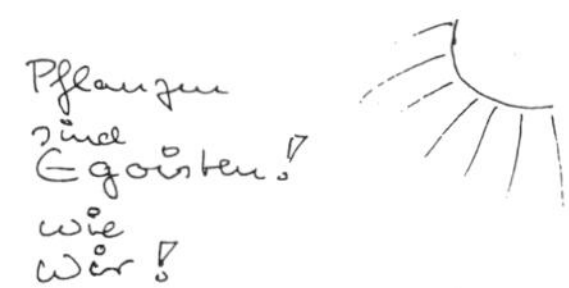


Begrünung ist eines der Heiligtümer des ökologischen Bauens, für manche sogar das einzige. Das mag daran liegen, dass viele Menschen in romantischem Schuldgefühl meinen, „der Natur“ den Raum zurückgeben zu müssen, den wir ihr mit unserem Anspruch auf Behausung genommen haben. Das Problem dabei ist, dass „die Natur“ das tatsächlich annimmt und nach Kräften wächst, blüht und gedeiht. Das Rücksicht nehmende Schuldgefühl mancher Menschen ist anderen Lebewesen fremd. Arterhaltung & Verbreitung sind Ziele der Arten, die allein zum eigenen Nutzen durchgesetzt werden (Artenegoismus). Die „schonende Behandlung“ eines als Biotop zur Verfügung gestellten Bauwerks ist nicht zu erwarten. Das sieht man, wo brachgefallene Bauten in wenigen Jahren zu intensiven Lebensgemeinschaften werden. Aus dieser Erkenntnis wird dem großen Landschafts- und Gartenplaner *Peter Joseph Lenné* der Leitsatz zugeschrieben:

*„Das wichtigste Werkzeug in der Hand des Gärtners ist die Schere.“*

Pflanzen an Bauwerken müssen permanent kontrolliert und gepflegt werden. Ein begrüntes Gebäude unterscheidet sich in seiner Pflegeintensität nicht von einem Garten. Wer also die vielen Vorteile, die Begrünung bietet, nutzen möchte, ist zur Pflege verpflichtet, wenn sich keine Nachteile einstellen sollen. Vorteile gibt es genügend, wenn Pflanzengemeinschaften mit Bedacht und Kenntnis zum Nutzen für das Gebäude und seiner Bewohner eingesetzt werden. Im Grunde gehört „Begrünung“ zum Bauwerksbetrieb.

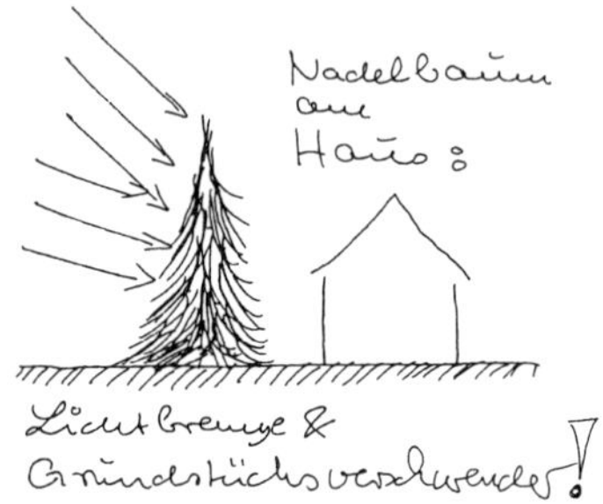

## – Außenraum

Bepflanzung des Raums um ein Bauwerk schafft gegenüber dem freien Raum Kleinklima in geschützter Lage (< klimagerechtes Bauen), so dass sich zum Außenklima eine mildernde Temperaturzone einstellen kann. Als Gestaltungsmittel stehen zur Verfügung:

- der Hausbaum
- Büsche & Hecken
- Lebendbau.

Der Außenraum erfordert in der Planung die gleiche Kunst wie der Grundriss im Inneren eines Gebäudes oder der Stadtgrundriss. Es entstehen wie im Bauwerk Räume mit Wänden oder Durchblicken, mit einem Dach oder freiem Himmel. Pflanzen sind vom planenden Architekten als lebendige und wachsende architektonische Baukörper zu betrachten und einzusetzen. Der Baum entspricht einer Halle auf eingespannter Stütze, die Allee ist Säulenhalle mit seitlichem Blick in die Landschaft, Baumgruppen sind Hallen, Hecken & Büsche sind Wände, zumeist ohne Durchblick. Der architektonische Plan von Haus & Stadt endet nicht mit den Bauzeichnungen. Das gesamte Umfeld ist in kunstvollem Miteinander von Haus & Stadt und Pflanzengesellschaften als architektonische Einheit zum Wohle aller Beteiligten zu entwerfen.

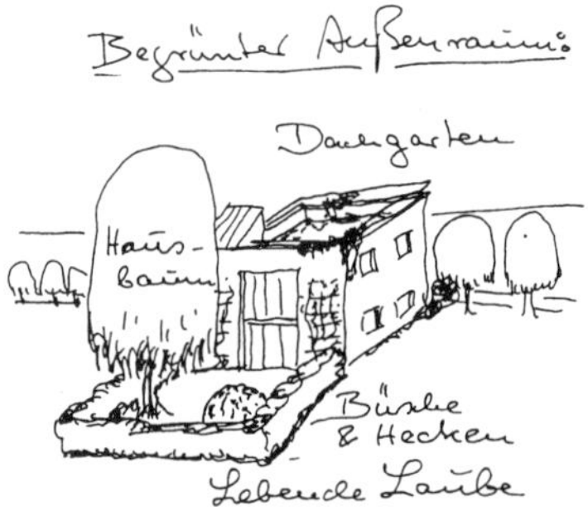


Hausbäume haben Tradition. Wer kennt nicht die Lebensparole für richtige Männer: „Haus bauen! – Sohn zeugen! – Baum pflanzen!“ In Norddeutschland hatten die Hofanlagen des niederdeutschen Hallenhauses einen Eichenhain außen herum, der sehr nützlich war:

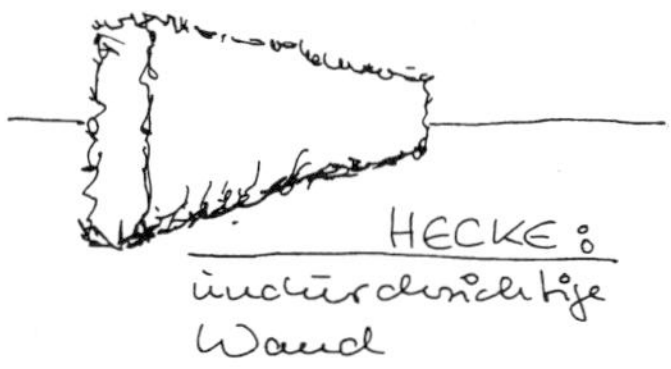

- Windschutz gegen die freie Landschaft
- Schweineweide durch die Eicheln
- Brandschutz gegen Funkenflug, wenn des Nachbarn Hof brannte
- Baumaterial für die Fachwerkhäuser.

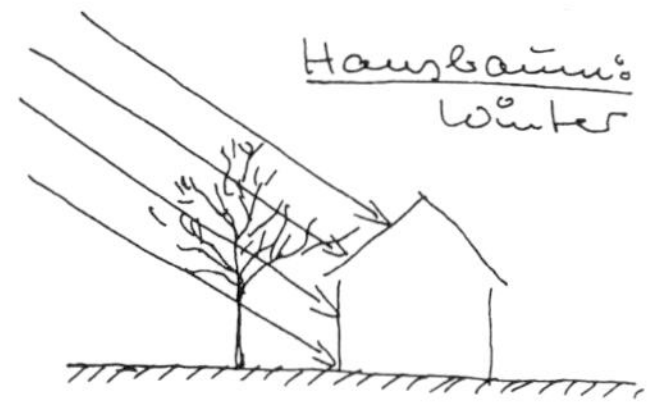


Da im mit Stroh gedeckten Hallenhaus offenes Feuer brannte, wurde oft Baumaterial benötigt. Der gefällte Bestand wurde sofort nachgepflanzt, wohl wissend, dass diese Maßnahme erst den Enkeln nützte. Hier stimmte der „Männerspruch". Als im August 1850 nach der eingebrachten Ernte das Rundlingsdorf Satemin im Wendland vollständig abbrannte, haben alle Nachbardörfer in konzertierter Aktion ihr Bauholz zum Wiederaufbau gegeben. Im Dezember stand das Dorf wieder fertig da. Satemins Häuser haben alle das Baujahr 1850, die Eichen in der ganzen Gegend das gleiche Pflanzjahr – das wohl anrührendste Beispiel nachbarschaftlicher Solidarität & Hilfe.



Der Hausbaum als Schattenspender ist im Sommer gefragt. In den Übergangszeiten und im Winter soll Sonne durch den Baum scheinen und Haus & Garten erwärmen. Bäume mit großen Blättern und wenigen Ästen wie die Kastanie sind gute Schattenspender mit lichtem Geäst im Winter. Die klassischen Biergärten sind unter Kastanien. Hochstämmige Obstbäume sind ebenfalls gut geeignet und bieten dazu noch Ernte. Eichen dagegen halten ihr Laub sehr lange und haben dichtes Geäst. Sie sind als Südbaum mit diesen Eigenschaften nicht geeignet, als Windschutz im Norden umso besser. Nadelbäume werden heute gern in Gärten gesetzt, weil sie kein Laub werfen. Sie werfen Nadeln und nehmen das gesamte Grundstück unter sich mit diesem Nadelteppich ein. Es wächst wenig anderes. Nadelbäume stehen besser im Wald. Man legt sich nicht in Muße unter eine Tanne, kann noch nicht einmal sein Fahrrad anlehnen, weil die Äste der meisten im Garten gepflanzten Arten bis zum Boden reichen. Ih-

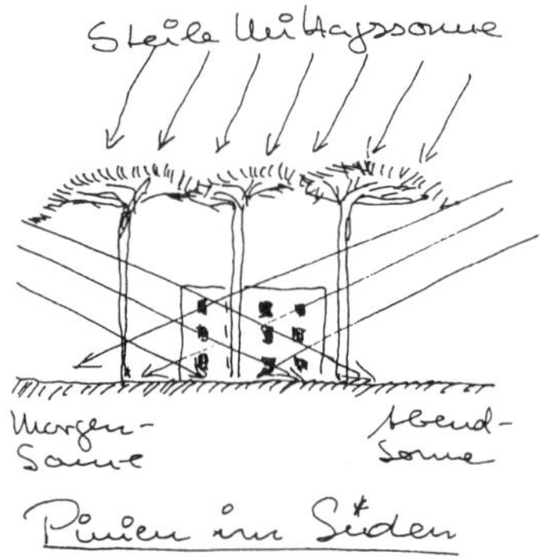

ren Schattenbereich besetzen sie selbst, Wintersonne dringt nicht durch, sie dienen bestenfalls als Wind- und Sichtschutz.

Im Süden ist dagegen die hochstämmige Pinie beliebter Schattenbaum. Ihr Dach ist so hoch, dass die hohe mittägliche Sommersonne ferngehalten, Morgen-, Abend-, und Wintersonne aber von unten durchscheinen können.

Der Hausbaum wird auch als „Wächter" gesehen und hat mehr als nur funktionale Bedeutung. Der Faszination von Bäumen kann sich niemand entziehen, und wir sollten uns offen halten, diesen uralten Lebewesen eine Kultur zuzugestehen, von der wir keine Ahnung haben und die wir nicht wahrnehmen können.

Baumpflanzung in neu angelegten Siedlungen ist im Laufe der Zeit zu verändern. Der Landschaftsplaner wird – damit man von seiner Arbeit auch etwas sieht – zunächst die jungen Bäume dicht setzen, um den Bewohnern bald Grünpolster, Windschutz, Schatten zu bieten. Schon 20 Jahre später ist auszuholzen, wenn nicht eine Verschlechterung des Kleinklimas eintreten soll. Während es am südlichen Waldrand 3 °C wärmer als in der freien Landschaft ist, im lichten Wald noch 2 °C wärmer, so ist es unter dichtem Laubdach mangels Strahlung 1 °C kühler (<). Wenn zu wenig Wind geht, erhöht sich Feuchtigkeit und führt zu Schäden an Bauwerk & Bewohnern. Baumschutzsatzungen sind im Sinne von Licht, Luft & Sonne sowie von Schadenvermeidung & Gesundheit zu überdenken. Die positive Einstellung Pflanzen gegenüber und der sinnvolle Einsatz der Pflanze als Dienstleister im menschlichen Kulturgeschehen machen solche Satzungen überflüssig.

Büsche sind niedrig und wachsen bis unten, anders als Bäume besetzen sie den Boden, auf dem sie stehen. Dabei geht Land „verloren", das aber schützend für eine Anzahl anderer Lebewesen wie Spatzen & Singvögel, Kaninchen & Igel – oder spielende Kinder ist. Buschpolster in Parkanlagen haben diese wichtige Funktion der Unzugänglichkeit für erwachsene Menschen. Die Nutzung als Müllkippe ist verwerflich. Büsche sind Wind- & Sichtschutz, können aber auch Ernte bieten wie Holunder & Haselnuss, Stachel- & Johannisbeere etc. Ihr schönes Durcheinander im Freien kann mit gleicher Funktion in Nutzgärten geordnet aufgestellt und gepflegt werden. Dort wirken sie ebenfalls vor Wind schützend und Schatten spendend.

Knicks sind buschartige Feldrandgehölze, die zwischen den an den Rand gebrachten Steinen der Äcker gewachsen sind und besonders in windreichen Gegenden, z.B. in Norddeutschland, für Schutz vor Bodenerosion und für Klimaberuhigung sorgen. Sie sind für Ertrag und Boden so wesentlich, dass eine Rekultivierung der zur maschinengerechten Landwirtschaft weggenommenen Knicks in Schleswig-Holstein vorgenommen wurde.

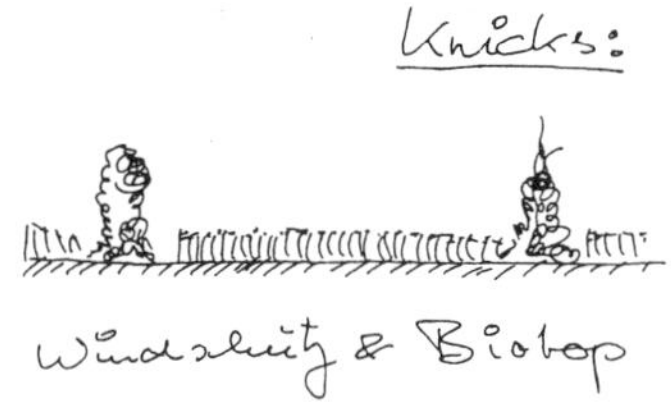


Hecken sind gezähmtes Buschwerk. Sie sind bei guter Pflege bis unten dicht begrünt und undurchsichtig. Die Gartenhecke, meist Hainbuche, ist jedem geläufig. Sie ist bis zu 2 m hoch und ca. 80 cm breit. Ihre Form verrät die Pflegeintensität des Besitzers. Oft steht ein Zaun in ihr, der die erste Absperrung darstellte oder den Hund bremsen sollte. Hecken können aber auch gezielt zu undurchdringbaren Sperren werden, z.B. mit der „cut and laid“-Technik. Sicht- & Windschutz sind sehr gut. Verschattung kann in enger Bebauung nachteilig werden.

Haushoch sind Hausschutzhecken, wie sie in der durch falsch angelegte Landwirtschaft kahl gewordenen Eifel vor Sturm & Schlagregen schützen. Sie bilden Pufferzonen um die Hofanlagen, die den Wind erheblich bremsen. Manchmal sind Fenster in die Hecken geschnitten, um Ausblick zu haben. Bei sehr dichter Bebauung kann der Mangel an trocknendem Wind zu Feuchtigkeitsschäden oder Bemoosung führen. Etwas Wind ist gut.

Lebendbau nennen Ingenieure bauliche Maßnahmen, die in der Regel zum Schutz gegen Erosion durch Wasser oder Wind entstehen könnten. An Lärmschutzwällen sind auf einer Autobahnfahrt die Techniken des Lebendbaus auch für Bewegungsscheue zu beobachten. In der kultivierten Landschaft ist Lebendbau eine in der Anlage zunächst aufwendige, dann aber pflegeleichte und auf den Genius loci bezogene Maßnahme: die Pflanze als Angestellte der Menschen zum Zwecke der Landschaftserhaltung. Stecklinge wurzeln im Hang und halten damit die Böschung im gewünschten Winkel. Ufer werden mit Pflanzen & Faschinen befestigt, Flechtwerk z.B. aus Weiden wird mit Erde gefüllt und durchwurzelt mit grünem Mantel. Knicks oder Pappelreihen stehen als Windbrecher in freier Landschaft und prägen ihr Bild, Strandhafer hält Dünen fest, Deichbegrünung schützt mit ihrem Wurzelteppich vor Erosion der Flut. Das Deichschaf hält den Halm kurz. Landschaftsgestaltung ist ohne lebendige Bauwerke nicht denkbar.

Sogar kleine Häuser lassen sich mit Pflanzen herstellen. Ein Kreis von Weidenstecklingen kann nach wenigen Jahren in der Mitte zusammengebunden oder mit „cut and laid“ zu einer Kuppel geflochten werden, und wird zur Laube. Gewachsene Bauten brauchen keine Baugenehmigung. Hauseingänge oder Autounterstände können so wachsen. Gartenlauben entste-

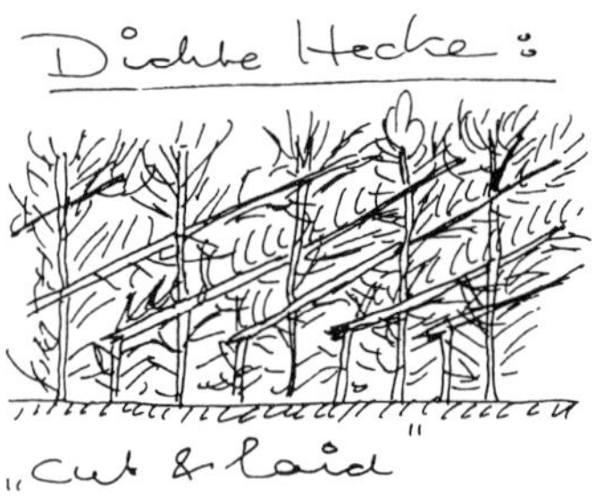


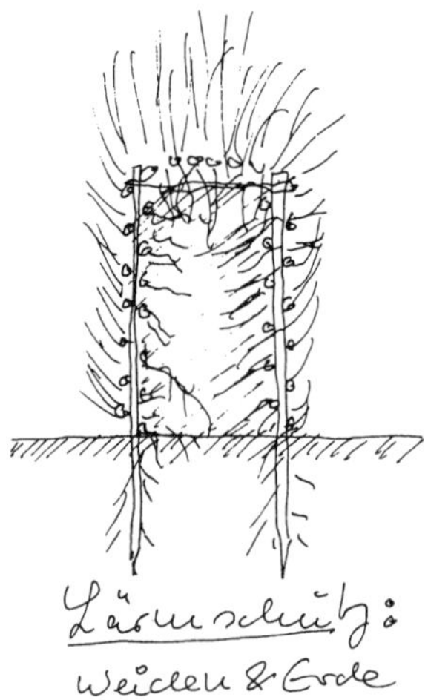


hen, und sogar jene abartigen Zeltdächer zeitgemäßer Gartenkultur könnten mit Glyzinie & Feuerbohne charmant wirken (Architektentrost).

Viel weiter ging der ostpreußische Gartenbauingenieur Arthur Wiechula, der um 1900 Scheunen und Hallen mit Baumtragwerk und kunstvoll barock geschnittenen Fassaden zeichnete, ja sogar gewachsene Brücken auf verzweigten „Baumstützen" vorschlug, wie sie um 2000 als Stahlbauwerke zu sehen sind.

Grünpflanzen im Außenbereich können Pufferzone für soziale Akzeptanz, zumindest Toleranz sein. *Wilhelm Landzettel* kam nach einem Leben für das ländliche Bau- & Siedlungswesen zu dem Schluss, jeder könne (in der „Wildschweinsiedlung") nach seiner Fasson und seinem Schönheitsempfinden bauen, wenn nur rundum genügend Grün den persönlichen Geschmack vom Rest der Gesellschaft verbirgt. Leider will jedoch jeder der Gesellschaft seine Version von Schönheit allen anderen vorstellen. Warum sonst schauen alle Gartenzwerge zur Straße und nicht ins Wohnzimmer. Also bleibt Toleranz gefragt.



## – Fassade

„Architektentrost" ist eine hämische Bezeichnung für begrünte Fassaden. In der Tat hüllt ein Grünpolster Bauten ein und gibt ihnen ein anderes Aussehen als vorher. Selten plant der Architekt wie einst Heinrich Tessenow das Spalierobst als gestalteten Bereich der Fassade. Architekten neigen dazu, ihr Bauwerk frei zu halten von diesem unordentlichen, die klare Linie verwischenden Pflanzenpolster.

Leichte Wetterhaut vor dicker Wärmedämmung, wie sie bei Holzhäusern gebaut wird, ist in der Regel nicht für Begrünung geeignet, da gerade schuppenförmige Strukturen den rücksichtslosen Zugriff der Pflanzen in das Innere der Fassade zu möglichen Nahrungsquellen wie Feuchtigkeit ermöglichen.

Solargewinne durch Glasflächen oder als speichernde Außenwand zur Verlängerung des abendlichen Terrassen- oder Balkonaufenthalts sind mit Begrünung nicht zu erzielen. Sie stehen in Konkurrenz miteinander.

Bevor begrünte Fassaden angelegt werden, muss sich die Bewohnergruppe über den Kontroll- & Pflegeaufwand ihrer Maßnahme klar sein. An der Fassade ist Pflanzenhaltung zeit- & zuwendungsintensiver als auf dem Dach. Die Pflanze ist „Haustier". Die Bewohner müssen wissen, dass sie nicht allein eine oder mehrere Pflanzenarten an die Fassade lassen, sondern eine umfangreiche Lebensgemeinschaft, in der es singende zweibeinige Vögel, vierbeinige Mäuse, sechsbeinige Insekten oder achtbeinige Spinnen, vielbeinige Tausendfüßler & Ohrenkneifer gibt. Man tut gut, diese Gemeinschaft sich selbst kontrollierend zu überlassen, und schützt sich, wie im ländlichen Bereich üblich, mit sommerlichen Fliegengittern vor allzu intimen Kontakten. Ohne Liebe selbst zu sehr frühem, im Zeitverlauf wunderbar abgestimmtem, Vogelgesang und Gelassenheit gegenüber Krabbeltieren sind grüne Fassaden quälend für manche menschlichen Bewohner.

Dann aber, an monolithischen Fassaden empor rankend, entfalten sie eine Menge Vorteile für das Haus:

- Wärmedämmung gegen Transmission (k-Wert), hier wird dem grünen Polster mehr zugemutet, als es hält. Je kleiner die Lufträume zwischen Ast- & Blattwerk sind, umso besser dämmt die Schicht. Allerdings soll Luft hindurchströmen, so dass das Polster vorwiegend als klimatische Pufferzone zu sehen ist.
- Windpolster gegen Auskühlung der Fassade durch Verdunstung und Veränderung des Übergangswerts von der Außenwand zur Luft (a-Wert) ist sie offensichtlich.
- Temperaturpuffer insbesondere gegen Einstrahlung hält sie die Fassade in gleichmäßigem Niveau ohne extreme Schwankungen.
- Strahlenschutz gegen zerstörende UV-Strahlung auf die Fassadenoberfläche.
- Sonnenschutz gegen Wärmestrahlung im Sommer. Im Winter lassen blattwerfende Pflanzen mit wenig Astwerk die Sonne erwärmend auf die Fassade scheinen.
- Sommerkühlung durch Verdunstung von Feuchtigkeit über das Blattwerk.
- Feuchtigkeitspuffer an der Fassade, an die kein Regenwasser gelangt, da es an den Blattoberflächen abläuft.
- Kellertrocknung im Erdreich, da das Regenwasser weit vor der Fassade in den Boden gelangt und auf dem Weg zum Bauwerk weitgehend von den Wurzeln aufgenommen wird. Einst wurden Fassaden zur Trockenlegung von Kellern gepflanzt.
- Luftverbesserung im Maße der Sauerstoffbildung und Staubbindung von Blattwerk.

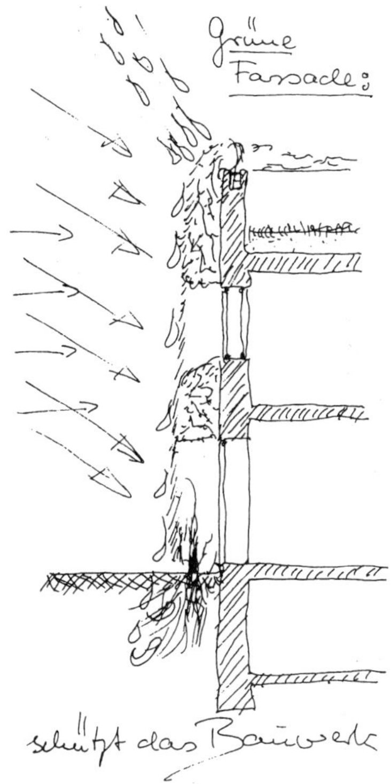

- Ernteflâche bei fruchttragenden Pflanzen wie Wein, Obst etc.
- Schallschutz wird in der Regel überbewertet, da an der Fassade kaum mehr Schall schluckende Masse entsteht. Immerhin zerstreut die diffuse Struktur die Schallwellen wie eine Akustikwand und nimmt Schallenergie durch Elastizität auf.
- Brandschutz grüner Fassaden ist in Form von Strahlungsschutz und Abweisung von Funkenflug gegeben. Nach Verdunstung der inneren Feuchtigkeit allerdings brennt das Polster.

Die *Nordseite* sollte ein dichtes Polster immergrüner und Schatten liebender Pflanzen wie Efeu bekommen. Fenster können herein geschnitten werden. Um mehr Lichteinfall und bessere Aussicht zu erhalten, kann der Schnitt wie das „Engadiner Fenster" schräg geführt werden.

Die *Ostseite* kann blattwerfende, sogar zur Ernte geeignete Pflanzen bekommen. Morgensonne mit Tauwasser ist für viele Pflanzen die Hauptwachstumszeit des Tages. Die flache Einstrahlung der Sonne trifft den Pflanzenteppich in gutem Winkel.



Die *Südseite,* soll sie denn begrünt werden, wird blattwerfend mit großblättrigen, astarmen Pflanzen begrünt, damit die Wintersonne auf die Fassade gelangen kann. Wenn im Süden Kollektorwände geplant sind oder Baumasse die Tageswärme für den Abend auf der Terrasse speichern soll, ist keine oder sehr durchlässige Bepflanzung vorzusehen, z.B. Spalierobst.

Die *Westseite* ist mit der flach stehenden Abendsonne gern Aufenthalt von Menschen zum Tagesausklang. In diesem Fall ist sie wie die Südseite zu planen. Als Wetterseite kann sie auch wie die Nordseite dicht begrünt werden mit immergrünem dickem Polster z.B. aus Efeu.

Das können nur generelle Hinweise sein. Fassadenbegrünung richtet sich nach der Lage des Objekts, seiner Einbindung in Siedlung & Außenraumbeflanzung und nach den Wünschen und der Pflegefreudigkeit der Bewohner.

Zu den Pflanzenarten soll nur das prinzipielle Kletterverhalten genannt werden, weil es Auswirkung auf Gestaltung & Konstruktion der Fassade hat. Über gärtnerische Aspekte und Aussehen gibt es bunte Bücher mit schönen Bildern.

*Haftwurzler* sind die wahren Kletterpflanzen. Sie arbeiten sich ohne Rankhilfe mit Haftwurzeln an Gegenständen empor, die sie näher zum Licht bringen oder einfach nur zur weitest möglichen Verbreitung. Sie setzen auch auf glatte Flächen ihre scheibenförmigen Haftwurzeln oder dübeln sich in kleinste Hohlräume der Wand mit schwellenden Wurzelkörpern ein. Sie halten das gesamte Pflanzenpolster damit an der Fassade fest. So kann z. B. Efeu über 30 m Höhe erreichen. Die Begrenzung liegt in der Haftfreudigkeit der Oberfläche und in der Versorgung der Pflanze durch ihr Wurzelwerk. Sie klettern & wachsen langsam, insbesondere der immergrüne Efeu. Haftwurzler müssen kaum geschnitten werden. Da sie ihren Weg auf der Fassade selbst finden, können sie nur durch Schnitt in die gewünschte Richtung geleitet werden.

Haftwurzler brauchen festen Untergrund. Loser Putz reißt ab, wenn er die Belastung eines dicken Pflanzenpolsters übernehmen soll. Die Pflanze ist daran unschuldig, weist sie doch nur auf einen Bauschaden hin. Haltbare Untergründe bleiben dann unter ihrem Schutz sehr lange haltbar.

Nach immergrünem Efeu sind wilder Wein, Kletterhortensie, Klettertrompete, Kriechspindel, Geißblatt oder Jungfernrebe beliebte Selbstkletterer.

*Gerüstranker* sind alle anderen Pflanzenarten. Sie brauchen ein künstliches Gerüst vor der Fassade oder ranken an anderen Strukturen empor. Unter ihnen gibt es

- Schlinger
- Ranker
- Spreizklimmer.

*Schlinger* drehen ihre jungen Triebe um dünne Gegenstände wie Drähte, Schnüre, Latten oder andere Pflanzen und wachsen an ihnen hoch. Da sie zum Licht tendieren, nehmen sie keine waagerechten oder gar abwärts gerichteten Wege, können aber geführt werden. Knöterich, Glyzinie, Bohne, Hopfen, Waldgeißblatt oder Zaunwinde sind Beispiele.

*Ranker* halten sich mit bestimmten Rankorganen fest. Blattstielranker wie Waldrebe oder Kapuzinerkresse umwickeln mit ihren langen Blattstielen berührte Gegenstände und wachsen daran hoch. Blattranker wir Kürbisgewächse und Gurke halten sich mit Blattenden oder reduzierten Blättern. *Sprossranker* halten sich mit eigens entwickelten Ranken wie Weinstock und Weinrebe. Manche haben aber auch Ranken mit Haftscheiben und können selbst klettern. Wilder Wein und Jungfernrebe stehen deshalb bei den Selbstkletterern.

*Spreizklimmer* verklemmen sich mit Halt suchenden Dornen in anderen Strukturen oder im eigenen bestehenden Astwerk. Die Gerüste können

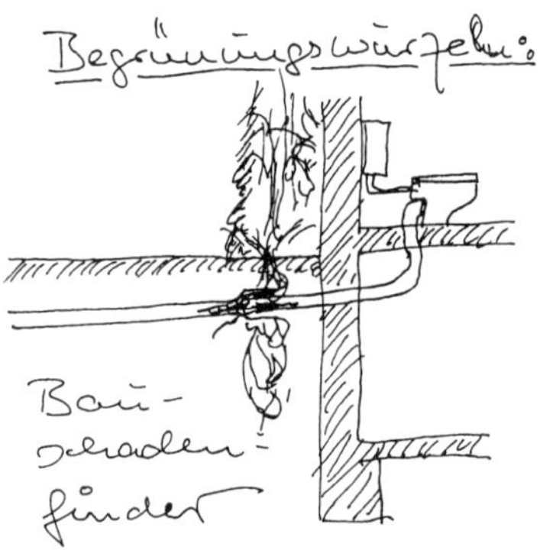


viele waagerechte Sprossen haben. Brombeere, Kletterrose oder Winterjasmin sind bekannte Arten. Sie müssen im Anfang geführt werden und brauchen viel Pflegeschnitt, da sie üppig & wirr wachsen.

Auch einjährige Gemüsepflanzen wie Erbse oder Bohne können an Fassaden gezogen werden, sogar auf andere dauerhafte Pflanzen geschichtet.

*Spalierbewuchs* kann auch mit nicht von selbst kletternden Pflanzen geschehen, wenn sie einem Gerüst entsprechend geführt & gebunden werden. Kirsch-, Apfel- & Birnbäume können der Fassade angeformt werden. Eine helle, reflektierende Fassade erhöht den Lichtgewinn der Obstbäume und die Ernte.

Rankgerüste sind Gegenstände der Fassadenkonstruktion und -gestaltung. Sie sollten dauerhaft und gut verankert sein. Bereits ohne Grün ist das Gerüst kunstvoll und harmonisch in die Fassade zu gliedern. Sie sind im Zusammenhang von Fenstern und Läden, dem Sockel wie der Traufe zu sehen. Es können Raster aus Holz, Stahl (auch Betonmatten) oder anderen Pflanzen, Netze aus Textilien oder Draht, Linien aus Draht, Seilen oder Stäben entstehen.

Der Wurzelbereich am Fuß der Fassade ist locker und fruchtbar zu gestalten. Düngen ist nach Beobachtung vorzunehmen, insbesondere wenn die Blätter entfernt und so Nahrung entzogen wird. Wurzeln sind hochintelligente Nahrungsfinder, die überall eindringen, wo sie gute Beute wittern. Marode Kellerwände oder gar undichte Abwasserleitungen spüren sie sofort auf und besetzen sie als willkommene Nahrungsquelle. Nicht die Pflanze zerstört Wand & Leitung. Sie entdeckt Bauschäden. Im Falle der Abwasserleitung ist sie sogar Wasserschutzpolizei. Der Mensch tut gut, den Schaden zu reparieren und der Pflanze zu danken. Leider hat sie ihr Todesurteil erwirkt, obwohl sie nie in eine intakte Leitung dringen würde, die keinen Nahrungsreiz aussendet.

Immerhin gibt es völlig intakte Fassaden, an denen über 200 Jahre Efeu wächst.

## – Dach

Das grüne Dach ist ein weiteres Heiligtum in der allgemeinen Vorstellung über ökologisches Bauen. Anders als bei der grünen Fassade befindet sich die gesamte Pflanze mit Blatt & Wurzel im Wurzelsubstrat auf der

Außenhaut des Bauwerks. Die Vorteile der Begrünung sind gegenüber denen des Fassadengrüns dadurch gesteigert:

- Schallschutz ist durch Gewicht der weichen Masse erheblich höher.
- Wärmedämmung ist besser, auch wegen der Wärme aus den dauernd aktiven Wurzeln.
- Speicherung von Wärme in der Masse puffert Temperatur ausgleichend und verbessert das Kleinklima ums Gebäude bei Hitze & Kälte.
- Speicherung und Nutzung von Wasser mindert den Ablauf (nur bis zu 10 % des Regens läuft noch ab) und verzögert ihn zur Entlastung des Abwassersystems.
- Brandschutz ist durch den feuchten Boden hervorragend. In Berlin wurden bei dichter Bebauung Grasdächer zum Brandschutz vorgeschrieben.
- Grüne Dächer sind potenzielle Freiflächen, Gärten, Parks, autofreie Fußgängerzonen in bester Nähe zur Sonne und frischen Luft mitten in Städten. Flache Grasdächer sind Grundstücke, deren Nutzung in Städten ein qualitätvolles Freiflächenpotenzial darstellt.

Grasdächer haben Tradition in den nordischen Ländern (Skandinavien & Island) gegen Kälte und in Tansania gegen Hitze. Der klassische Eiskeller großer Gutshöfe hielt Eis bis in den späten Sommer. Auch die Schultheiß-Brauerei betrieb mitten in Berlin ihre Bierkühlung unter Grasdächern.

Die Begrünung eines unterlüfteten Kaltdachs kann dem Haus nicht die wärmedämmende Wirkung der Konstruktion bieten, wie es bei Warmdächern der Fall ist. Wichtig bei allen Grasdächern ist eine dichte & wurzelfeste Dachhaut, die keine Nahrungssignale aus dem Hausinneren an die Wurzeln dringen lässt. Darüber liegt eine Drainage, die Nässestau und Austrocknung puffert. Darunter liegt ein konventioneller Dachaufbau. Grasdächer sind bei vielen Dachdeckern Stand der Kenntnis, und es gibt genügend Hersteller, die komplette Systeme anbieten und für diese garantieren.

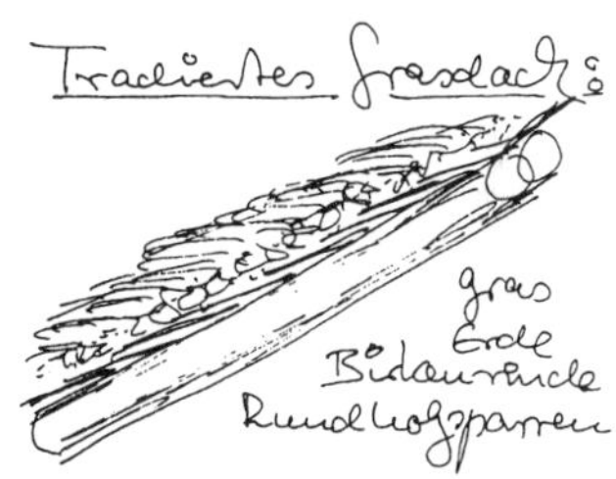


Gründächer bestehen aus Sicht der potenziellen Vegetation aus einer dünnen Erdschicht auf wasserundurchlässigem Grund. Die Pflanzengesellschaft auf einem solchen Dach ist extremen Situationen ausgesetzt, wie sie sonst nur an alpinen Standorten vorkommen. Es kann sehr heiß, aber auch sehr kalt werden. Es kann sehr nass, aber auch sehr trocken werden. Die ökologische Valenz muss weit gespreizt sein. So ist die magere Vegetation oberhalb der Baumgrenze in Gebirgen die standortge-

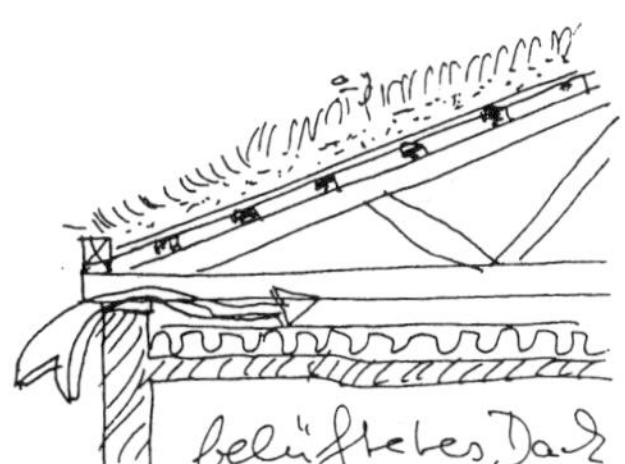

rechte Artenmischung. Die vorherrschende Farbe extensiver Dachbegrünung ist Braun, Rot, Grün und bunt, voller Blüten.

*Extensive* Dachbegrünung heißen Artenmischungen, die auf dünnen Substratschichten von etwa 3–15 cm Gesamtdicke in den extremen Situationen leben können. Moose, Sedum, Kräuter und Gras decken den Boden flach ein. Diese Dächer sind fast ohne Pflegeaufwand. Der Nährstoff erhält sich aus der Substanz mit zusätzlich Regen, Staub und Sonne.

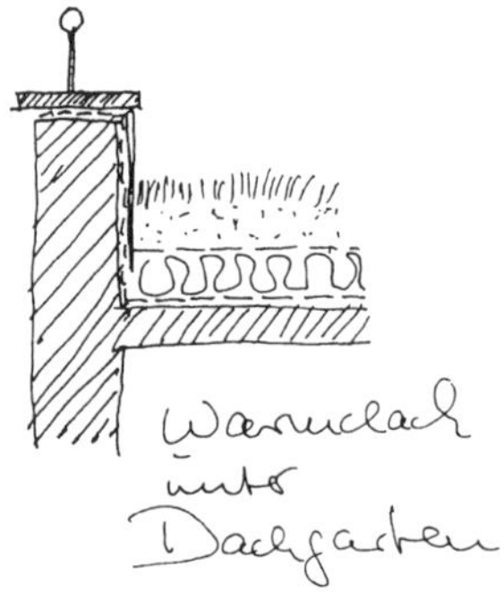


*Intensive* Dachbegrünung kann über 30 cm Substratstärke bekommen und ist bis in die Fundamente als Last für das Tragwerk zu rechnen und zu konstruieren. Sie kann je nach Nutzung kontrolliert wild wuchern oder mit Schnitt & Düngung wie ein Garten zu pflegen sein. Rasen, Staudengewächse, Gehölze, sogar Bäume sind auf intensiv begrünten Dächern möglich. Bei diesen Dächern wird nicht nur der Dachdecker, sondern auch der Dachgärtner in Planung & Ausführung mitarbeiten.

Die große Befürchtung aller Hersteller von Gründachsystemen ist die Durchwurzelung der dichtenden Dachhaut. Insbesondere Disteln mit ihren silikonverstärkten Wurzelbohrern sind gefürchtete Nahrungsfinder. Besondere Kunststofffolien sind in der Gewährleistung der Hersteller. Trotzdem sollten alle Dächer auf aggressive Pflanzen, die über Vogeldung oder Windaussamung auf das Dach gelangen, in Abständen kontrolliert werden.

Gründächer sind am Besten flach (0° bis 3°) oder flach geneigt (3° bis 5°). Bis zu einer Dachneigung von 20° kann selbst bei einfacher Intensivbegrünung noch ohne Schubsicherung gegen Abrutschen der weichen Substratmasse gebaut werden. Steilere Dächer werden riskant & teuer. Unter dem Aspekt des Dachgartens als Grundstückserweiterung und intensiver Stadtraumnutzung ist allein das Flachdach sinnvolles Grünland. Schon die sonst betrübliche Aussicht von höher gelegenen Geschossen auf Flachdächer ändert sich zum Guten.

Steildächer sollten nicht begrünt werden, wenn Dachausbau vorgesehen ist. Die Anschlüsse der Öffnungen sind konstruktiv aufwendig und schadensträchtig. Die flache Neigung von ca. 30° ist ungeeignet zum Ausbau, es sei denn mit hohem Drempel. Dann aber ist das Vollgeschoss nicht zu umgehen, was sinnvollerweise wieder zum Flachdach führt.

Die Gestaltung der Ränder von Gründächern ist besonders zu beachten. Soll ein dickes Graskissen auf dem Dach liegen, ist eine Attika zu vermeiden oder als Randwulst auszubilden. Die Gefahr, ein Haus mit Toupet entworfen zu haben, liegt nahe. Schildgiebel fassen die Grünfläche sauber ein und lassen dem Bauwerk seine architektonische Struktur. Le Corbusier hat das in den 1950ern elegant an den unter der Wallfahrtskapelle von Ronchamps gelegenen Nebengebäuden demonstriert, deren mit einer Betonattika eingefasste grüne Pultdächer über kunstvoll gestaltete Wasserspeier entwässert werden. Begehbare Flachdächer haben ohnehin umlaufende Brüstungen, vielleicht Baumreihen oder vor der Fassade hängende Verschattungspflanzen.

Grasdach neben Ronchamps vom Meister Corbusier

## – Innenraum

Pflanzen im Innenraum erfreuen des Menschen Herz. Sie verdunsten Wasser und binden Staub an der feuchten Blattoberfläche. Sehr viele Pflanzen innen erhöhen das Problem der Dampfsättigung und erfordern trotz ihrer Sauerstoffproduktion erhöhte Lüftung.

Pflanzenhaltung in Innenräumen aber ist Pflanzenquälerei. Sie brauchen an ihren natürlichen Standorten Wind, Sonne und Regen, um zu gedeihen. Das meiste wird ihnen innen genommen und nur teilweise künstlich durch Wässerung des Substrats ersetzt. Wer Pflanzen respektiert, lässt sie draußen und erfreut sein Herz durch einen Besuch bei ihnen an frischer Luft. Das tut den Pflanzen gut und den Besuchern ebenfalls. Allenfalls Waldbodenbewohner wie z.B. Farne mit seltenem Genuss von Regen und geringem Lichtbedarf können in Wohnungen einigermaßen artgerecht stehen.



Die Kunst, Wintergärten zu bauen und zu beleben, ist neben der Wahl geeigneter Pflanzensoziologien auch eine Kunst, angemessen und blattreinigend zu bewässern, Licht zu steuern, zu schneiden & zu düngen, so dass eine künstliche Lebensgemeinschaft entsteht. Die Gruppe „Log Id" in Tübingen hat sich dieser Kunst gewidmet. Auch diese Art, Pflanzen in Räumen zu halten, kann als Pflanzenquälerei angesehen werden, wenn der angemessene Respekt anderen Lebewesen gegenüber in der artgerechten Haltung über Tiere hinaus auch Pflanzen gezollt würde.

Schnittblumen: Pflanzen ohne Unterleib

Schnittblumen, als Strauß der galante Weg in die Herzen anderer Menschen, sind aus dieser Sicht und aus der einer Pflanze das Ergötzen an Mord und langsamem Sterben. Des Unterleibs beraubt mit letzter kapillarer Kraft Wasser saugend ringt die Blume mit dem Tode, während wir genüsslich ihre Schönheit bewundern und den langsamen Verfall und die Veränderung als Spiel der Natur erklären, bis sie – welk – entsorgt, oder gar als Trockenblume mumifiziert in Staub versinkt. Dem Lebendigen gebührt die gleiche Achtung wie uns, sind wir doch auch Lebendiges.

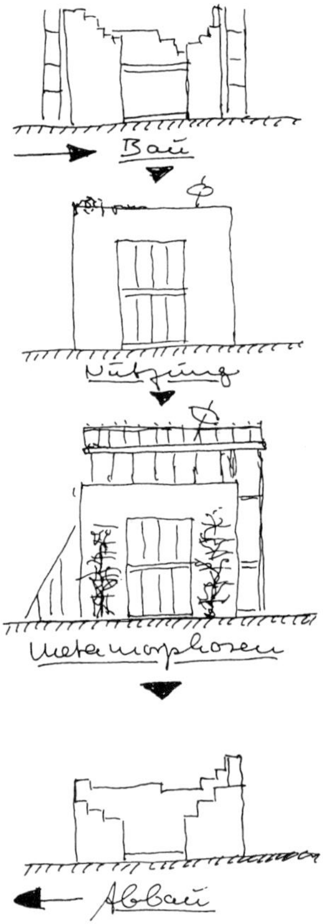


# TEIL IV
# Ökologisches Bauen & Bauwerksbetrieb (Facility Management)

Der Naturhaushalt, der in der Ökologie beschrieben wird, ist kein statisches System. Er ist dynamisch, d.h. in dauernder Bewegung und zwar sowohl im Wandel abwärts, durch Entropie der Materie, als auch aufwärts, durch Evolution des Lebendigen. Gebaute Umwelt ist nicht anders. Sie besteht aus einem mehr oder minder statischen System materieller Ordnung sowie einem dynamischen System des Betriebs und der Belebung durch die Bewohner. Bisher wurden vorwiegend die natürlichen Gesetze & Gegebenheiten für Bauwerke und ihre unbelebten Systeme dargestellt. Erst im Betrieb zeigen sich Effizienz & Angemessenheit des Bauwerks. Einem parkenden Automobil ist seine Qualität noch nicht anzusehen. Erst wenn es einfach zu bedienen ist, um Kurven lenkt und bremsen kann, ohne zu streiken, und das bei geringem Energieverbrauch, können wir es beurteilen. Das fertig gestellte Bauwerk muss seine Qualitäten im Betrieb zeigen.

Wir, die Bewohner, stellen unsere Behausung schon durch unsere Existenz in ihnen vor einige Probleme. Wir wollen es innen warm, trocken, frisch und gesund haben, ein „behagliches“ Raumklima. Dabei reagieren Körper & Sinne empfindlich auf geringe Schwankungen. Aber wir verändern selbst den Raum je nach Aktivität und

- produzieren zwischen 20 und 200 Gramm Wasserdampf in der Stunde durch Atmung und Transpiration,
- geben zwischen 50 und 500 Watt Wärme durch Konvektion, Transmission, Strahlung und Verdunstung ab,

- verbrauchen zwischen 9 und 90 Liter Sauerstoff in der Stunde,
- atmen zwischen 7 und 70 Liter Kohlendioxyd in der Stunde aus,
- verbreiten Ausdünstungen durch Gase, Stäube und Aerosole unseres Körpers, die wir selbst zu meiden suchen, einschließlich der Parfums und Deodorants oder Putzmitteldüfte, die unseren Gestank überlagern sollen,
- verbreiten Ausdünstungen durch Gase, Stäube, Aerosole anderer Gegenstände unseres Lebens von Haustier oder Pflanze bis zu Möbeln, Teppichen, Herd oder den alles verwirbelnden Staubsauger.

*Bewohner von Bauwerken sind potenzielle Bauschadenverursacher.*

Alle Dinge, die bei dem die Savanne bewohnenden Jäger & Sammler „in der Natur aufgingen", werden in Behausungen fern der Savanne zum Problem. Der Bauwerksbetrieb muss damit im gesamten Jahresverlauf dergestalt fertig werden, dass ein einigermaßen kontinuierliches „behagliches" Innenraumklima für die Bewohner gewährleistet ist.



## Wärme

Der Wärmehaushalt, insbesondere die Raumheizung von Gebäuden, ist, es sei noch einmal gesagt, für viele Vertreter eines scheinbar „ökologischen Bauens" einziges und allein gültiges Kriterium und wird über alle anderen gleich oder höher gewichtigen Themen gestellt, ja sogar über das Wohlbefinden und die Gesundheit der Bewohner.

Im Naturhaushalt zeichnet sich das Lebendige durch Energieumsatz von hochwertigen zu einfachen Energieformen aus. Ohne diesen Umsatz wäre Leben nicht möglich. Bauwerke als Prothesen unserer Existenz sind Teile des Lebendigen und brauchen einen gewissen Energieumsatz zum angemessenen und gesunden Lebensvollzug. Das Maß dieses Umsatzes und Methoden, diesen effizient zu gestalten, sind Forschungsaufgabe für Medizin & Bauwesen. Keinesfalls können Modeerscheinungen wie „Passiv-Haus" oder „3-Liter-Haus" ohne Kenntnis dieser Grenzen der Bewohnbarkeit gefördert, gar in Gesetzen verankert werden. Das wäre vorschnell und ohne gesellschaftliche Verantwortung.

Betrachten wir Wärmehaushalt jenseits des durch technische Entwicklung minimal möglichen Energieverbrauchs unter Aspekten der Gesundheit und des Wohlbefindens der Bewohner.

## – Raumheizung

In älteren Bauten stellt der Energiebedarf für die Heizung ca. 75 %, manchmal sogar über 80 % des gesamten Energieverbrauchs dar. Energie war genügend vorhanden und billig zu erwerben, so dass uneffiziente Heizungsanlagen, dünne Außenwände mit mangelhafter Dämmung, zugige Fenster und baukonstruktive Mängel, die zu Wärmebrücken in der Außenhaut führten, nicht als potenzielle Energieverschwender auffielen. Die künstliche Ölkrise zu Beginn der 80er Jahre und heute der nicht weniger künstliche Medienrummel um die Klimaveränderung führen immerhin zu energiebewussten Bauweisen. Das ist gut, denn die reale Krise der finalen Ausbeute fossiler Energieträger ist nicht fern. Selbst die Arroganz, mit der wir uns einbilden, das Erdklima gravierend zu verändern, ist nützlich für den Gedanken der Energieeffizienz.

„Thermische Behaglichkeit" in Innenräumen ist von Luft- und Oberflächentemperatur von Wänden, Decke und Boden abhängig. Steigt die Lufttemperatur, kann die Wandoberfläche kühl sein, steigt die Bauteiltemperatur, kann die Luft kühl sein und es bleibt behaglich, z.B.:



- 23 °C Luft und 16 °C Oberfläche: behaglich; selbst 12 °C Oberfläche: noch behaglich;
- 24 °C Oberfläche und 20 °C Luft: behaglich; selbst 15 °C Luft: noch behaglich.

Die notwendige Wärmeabgabe unseres Körpers kann durch Transmission an die Raumluft oder durch Strahlung in die Oberfläche abgegeben werden.

Temperatur aber kann nicht ohne Blick auf Feuchtigkeit zur „Behaglichkeit" optimiert werden, denn mit ihr wechselt die Menge des Wasserdampfgehalts der Raumluft. So hat das „Lungenheilklima" in Davos bei 0 °C und 50 % relativer Feuchte gerade 2 g Wasserdampf je kg trockener Luft. Im tropischen Regenwald können bei 38 °C und 100 % relativer Feuchte 42 g Dampf in der Luft liegen, wodurch wir theoretisch beim Atmen ertrinken könnten.

Unsere Lunge erwärmt die Atemluft auf 37 °C Körperinnentemperatur und atmet sie neben den chemischen Umsätzen mit 100 % relativer Feuchte aus, so dass ca. 40 g/kg absoluter Feuchte enthalten sind. Im Davos-Klima können so 38 g Wasser je kg Luft „entfeuchtet" werden, was unser Wohlbefinden steigert. Im heißen, mit Feuchtigkeit gesättigten Tropenwald könnte manchmal Wasser in der Lunge kondensieren und diese füllen. Je weniger Gramm Wasser in der Luft sind, desto besser können wir atmen (z.B. 18 °C bei 40 % rel. Feuchte = 5 g/kg absolute Feuchte).

Zu trockene Luft wiederum kann Verdunstung im Raum erhöhen. Damit kühlt die Oberfläche ab und es können Partikel in den Raum mitgetragen werden, die zur Luftverschmutzung beitragen. Auch die Menschen im Raum verdunsten bei hoher Trockenheit mehr Wasser über die Haut. Das führt ebenfalls zum Gefühl von Kälte und erhöht die Luftbelastung (man hat mehr olf, als die Norm-Person).

Auf der Suche nach „thermischer Behaglichkeit" sollten also die Werte Vorzug genießen, die geringe Lufttemperaturen bei angemessen hohen Oberflächentemperaturen aufweisen, wenn wir unseren Umsatz an Feuchtigkeit einbeziehen. 16–20 °C bei ca. 40 % relativer Feuchte enthalten nur 4–5 g Wasser/kg Luft. Dieser Spielraum für die Raumtemperatur scheint unserem Bedarf sinnvoll angemessen zu sein.

Die Frage nach Art der Wärmeübertragung stellt sich als Nächstes für die Raumheizung. Es sind alle drei bekannten Formen der Wärmebewegung möglich:

- Transmission,
- Konvektion,
- Strahlung.

Raumheizung nach den Prinzipien der Transmission funktionierte, wenn wir uns auf die Heizung setzten (Autositzheizung) oder beheizte Kleidung trügen, die an Energiequellen geschlossen ist. Das ist alltäglich, denn unsere Kleidung kann dem umgebenden Klima angepasst aus der körpereigenen Energiequelle so viel Wärme zurückhalten (Vermeidung von Transmission = Wärmedämmung), dass wir uns wohl fühlen.

Erst wenn es heißer als der Körper ist, versagt diese Technik und es hilft Wärmeverbrauch durch Verdunstung, Schwitzen & Hecheln weiter, wie das Prinzip des Schaukelns in der geflochtenen Hängematte der Guarani-Indianer (Paraguay), wodurch selbst bei Windstille die Körperfeuchtigkeit rundum verdunstet und erträglich kühlt. In extremer Kälte hilft beheizte Kleidung in Fliegerkombis oder Raumanzügen.

Angemessene Kleidung ist Grundlage energiebewussten Betriebs im Gebäude. Kann der Körper weniger Energie abgeben, muss seine Umge-

Wärmflasche:

Heizen mit Transmissionswärme

Kleidung vermeidet Transmissionswärmeverlust des Körpers

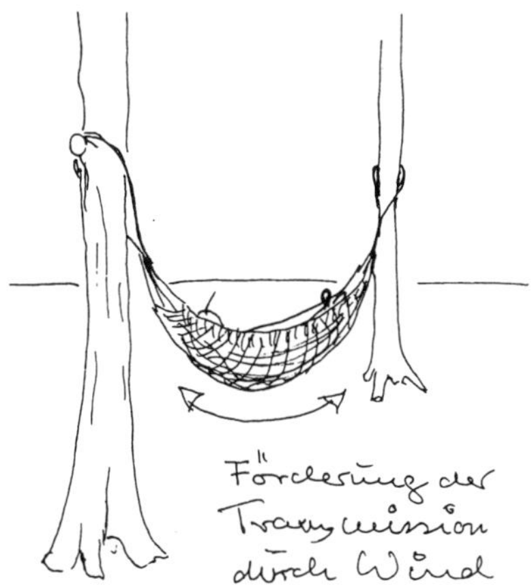

bung entsprechend geringer geheizt werden. Die Holzpantinen aus leichtem, gut dämmendem Material sind mitlaufende Wärmedämmung zwischen Mensch und kaltem Lehmstampfboden.

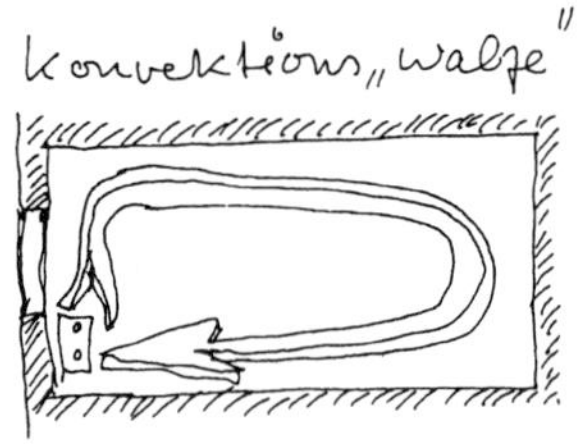


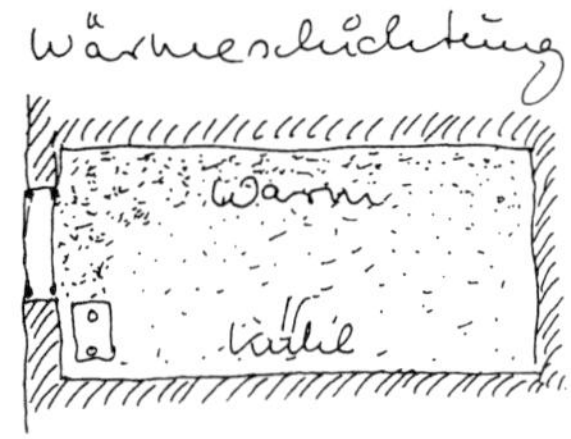


Kleine, örtliche, gezielt eingesetzte Heizung ist zu überlegen: Hand- & Fußwärmer waren im Mittelalter üblich wie die Wärmflasche, der Samowar als Tischheizung, das japanische Kotatsu mit Tisch- & Unterleibsheizung bei kühlem Kopf. Sitz- und Fußheizung in Kirchen wärmen die Besucher an wichtigen Stellen auf dem Wege der Transmission und schonen die empfindlichen Kunstgegenstände in den Gebäuden.

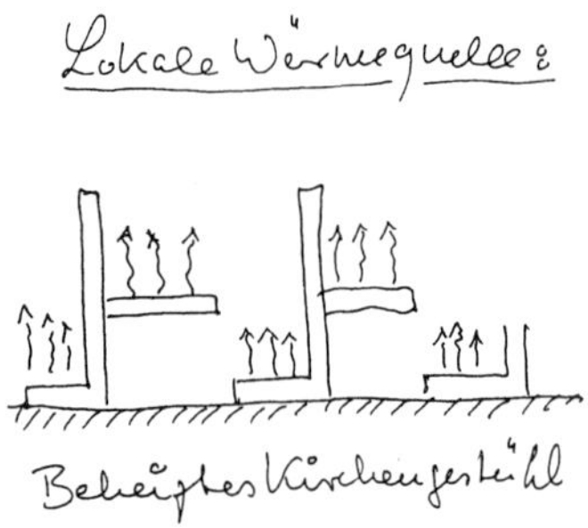


Konvektion ist mit Einführung der Zentralheizung zur üblichen Methode der Verteilung von Wärme geworden. Die an den Rippen des Heizkörpers erwärmte Luft dehnt sich durch verstärktes Teilchenschwingen aus und wird von schwereren Teilchen nach oben gedrängt. Die absackende Luft erwärmt sich ebenfalls und macht wiederum Platz für jeweils schwerere Luft. Gern wird Konvektion als kreisende Luftwalze mit dem Antrieb des Heizkörpers dargestellt.

Die statische Schichtung der Raumluft in Temperaturzonen wird von der dauernden Wärmequelle im Kaltluftbereich zumindest gestört, so dass sich die Wärme einigermaßen gleichmäßig im Raum verteilt, wenn es auch oben generell wärmer ist als unten im Lebensbereich der Menschen.

Reine Konvektorheizung läuft allein nach diesem Prinzip. Der Konvektor ist oft vor großen Glasflächen im Boden eingelassen und hat eine geringe wärmetauschende Oberfläche. Um die nötige Energiemenge einzubringen, muss er mit hohen Temperaturen (90 °C) gefahren werden. Dadurch entstehen hohe Luftgeschwindigkeiten örtlich sehr warmer Luft. Entsprechend ist Staubumtrieb bei dieser Heizungsart zu beobachten. Staub reizt die Atemwege und wird als „trockene Luft" empfunden. Luftbefeuchter als Gegenmaßnahme binden nur wenig Staub, bilden aber bald mit

Wärme, Wasser und organischer Materie eine Brutstätte für Bakterien & Pilze, deren Produkte mit der Befeuchtung in die Luft geraten. Die Entfeuchtung beim Atmen mindert sich. Reine Konvektionsheizung ist in der Regel zu vermeiden, Luftbefeuchter erst recht.

Von Baubiologen und „Ökos" angepriesen wird die ebenfalls nach dem Prinzip der Konvektion arbeitende „Fußleistenheizung", deren kleiner Konvektor als Heizleiste am Boden montiert ist. Hoher Vorlauf und hohe Luftgeschwindigkeit bewirken Staubumtrieb die Wand hoch, die sich eigentlich aufheizen soll, um Wärme sanft abzustrahlen. Eine weiße Raufasertapete ist bald grau.

„Normale" Zentralheizungen haben neben der Konvektion einen gehörigen Anteil an Strahlung, wenn nicht die Heizkörper „aus ästhetischen Gründen" völlig verkleidet sind. Die großflächige Niedertemperaturheizung, die mit Vorlauftemperaturen um 40 °C auskommt, ist schon als Strahlungsheizung zu nennen.

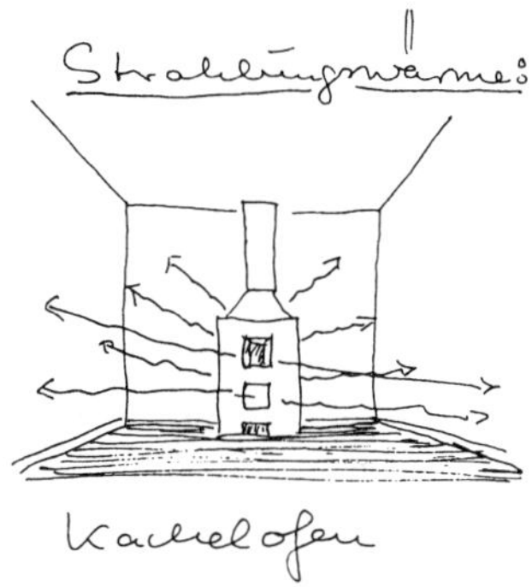


Das *Kachelofenklima* wird in der Bauphysik-Literatur als ideale Raumheizung angepriesen. Der Kachelofen steht zentral im Haus und wirkt überwiegend mittels Strahlung. Wenige Seiten später bekommt der Leser konvektive Rippenheizkörper unter den Fenstern und die schon dargestellte Luftwalze im Raum als aktuell gültige Lösung für Raumheizung nahe gelegt.

*Strahlung* stellt die beste Art des Wärmetransports in Innenräumen dar. Sie verursacht keine Luftbewegung, wirbelt also keinen Staub auf. Sie trifft die umhüllenden Flächen und erwärmt diese, so dass die innere Lufttemperatur atmungsfreundlich (18–16 °C) gehalten werden kann. Sie kann sogar von den umhüllenden Flächen ausgehen und je nach Flächengrößen geringen Vorlauf um 30 °C haben.

Strahlungswärme ist Bedingung für Energieeinsparung durch angemessene Kleidung (Körperwärme erhalten), denn sie trifft wärmend auf die unbekleideten Körperteile (Arme, Gesicht) und erzeugt Behaglichkeit bei 16–18 °C Lufttemperatur. Auch dezentrale Transmissionsheizungen wie Ofenbank oder Heizungsrücklauf unter den Badkacheln können mit Strahlungsheizung kombiniert werden, sind doch die beheizten Gegenstände des Wohnens Strahler, wenn wir sie nicht bewohnen.

*Fußbodenheizung* (FB-Heizung) ist eine verbreitete Form der großflächigen Heizung mit geringen Vorlauftemperaturen. Sie hat sich eingebürgert, weil der Fußbodenaufbau mit schwimmendem Estrich schon aus

Gründen der Wärmedämmung und des Schallschutzes konstruktiv notwendig ist und diese konstruktive Maßnahme ohne großen Aufwand zur FB-Heizung erweitert werden kann. Die Technologie ist Standard im Heizungsbau, und viele Menschen wollen sie einbauen, um die lästigen „hässlichen“ Heizkörper zu vermeiden.

Der beheizte Boden erwärmt unsere Füße auf dem Wege der Transmission. Deshalb sollten künftige Bewohner ihre Empfindlichkeit warmen Böden gegenüber bei Bekannten mit FB-Heizung testen, denn sie könnte zu Kreislaufproblemen („dicke Beine“) führen.

Der warme Boden strahlt zur Decke und auf die Wände und sorgt für eine gehobene Oberflächentemperatur der den Raum umfassenden Flächen. So kann nach dem Behaglichkeitsprofil die Raumluft bei gutem Gefühl niedrig temperiert sein (16–20 °C). Die Luftbewegung zur Verteilung der Wärme ist nahezu null. Aber die FB-Heizung verursacht eine „Inversionswetterlage“ im Raum, denn die Luft ist unten an der Wärmequelle höher temperiert als oben. Ihre natürliche Wärmeschichtung ist umgekehrt. Irgendwann verdrängt die schwerere kühle Luft an der Decke die leichtere erwärmte am Boden. Das soll schlagartig in einem „Zimmertaifun“ geschehen, der auch Staub vom Boden mit zur Decke nimmt, von wo aus er sich gleichmäßig auf alle Gegenstände des Raums senkt und natürlich unsere Atemwege belastet. Staub wischen ist Dauerleistung in Haushalten mit FB-Heizung.

Ein Flügel auf Fußbodenheizung ist dem Tode geweiht, ein Klavier leidet, auch alte Möbel aus Holz. Das durch die Strahlung erwärmte Holz trocknet extrem und reißt auf. Man tut gut, FB-Heizung auf nicht möblierte Zonen zu konzentrieren und einen angemessenen und gesunden Vorlauf durch gute Wärmedämmung zu ermöglichen.

*Deckenstrahlungsheizung* bringt die Wärme aus der Richtung, wie wir es von der Sonne kennen: von oben. Sie ist weniger bekannt, aber altbewährt. Hier stimmt die Physik der Wärmeschichtung, ohne dass ein „Zimmertaifun“ Staub aufwirbelt. Von oben werden Wände und wird der Fußboden erwärmt, aber auch die Möbel, so dass z.B. in Schulen oder Büros die mit Kunststoff beschichteten „kalten“ Arbeitstische warm wirken. Unter den Möbeln ist es kühler. Der klassische Spruch: „Den Kopf halt kalt, die Füß' halt warm, so machst du deinen Hausarzt arm“, trifft mit Deckenheizung nicht zu. Es ist umgekehrt. Angenehm ist die Aufheizung der Wände im oberen Bereich, wo generell keine Möbel die Strahlung verhindern.

In Schlafräumen wirkt Deckenheizung besonders gut, denn sie trifft uns auf großer Fläche, wenn wir liegen (Sonnenbad). So könnte eine Frischluftversorgung als „Kaltluftsee“ im Raum liegen und die Deckenstrahlung eventuell abgedeckte Körperteile durch Strahlung vor Rheuma bewahren.

Beheizbare Decken haben in Bürobauten, wo durch Licht und Computer selbst im Winter die Wärmelast so hoch ist, dass gekühlt werden muss, eine neue Bedeutung als Wärmetauscher für Kühlaggregate erlangt, da sie die Wärme an der physikalisch richtigen Zone abnehmen können.

Im Geschossbau gleicher Nutzung könnte eine Deckenstrahlungsheizung mit Wärmeverlust in den oberen Fußboden eine gute Kombination mit den Vorteilen beider Systeme in einer technischen Einrichtung sein.

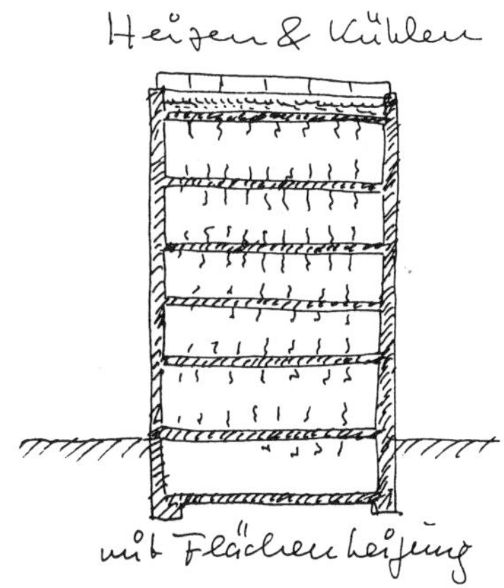


Das wahre „Kachelofenklima“ oder die Technik der römischen Hypokaustenheizung aber kommt von der Seite und trifft uns als Strahlung auf großer Fläche, wenn wir aufrecht stehen.

*Wandstrahlungsheizung* ist noch wenig verbreitet, wäre aber die ideale, alle guten Eigenschaften von Strahlung nutzende Raumheizung. Sie sollte im nicht möblierten Bereich der Wände, in der Regel im oberen Drittel der Wandfläche angebracht werden. Die Strahlung erwärmt auch Boden und Decke, kommt aber hauptsächlich von der Seite.



Der Grund für die geringe Verbreitung liegt in der technischen Durchführbarkeit. Wie für Deckenheizung ist ein technisches System zu installieren. Dazu gibt es verschiedene Möglichkeiten:

– Am einfachsten wird eine Fußbodenheizung auf der Wand verlegt und eingeputzt. Diese Technik wird ist oft angewandt. Anders als beim schwimmenden Estrich entstehen durch den Verbund mit der Wand

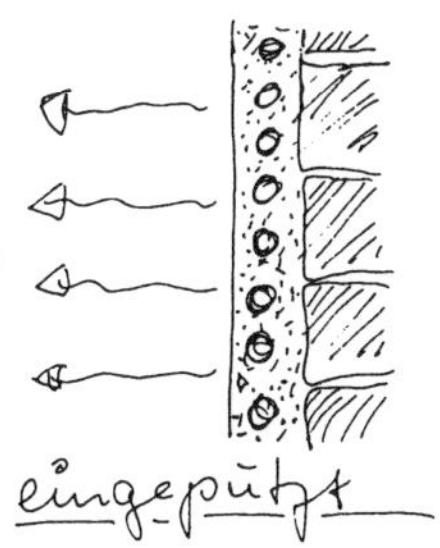


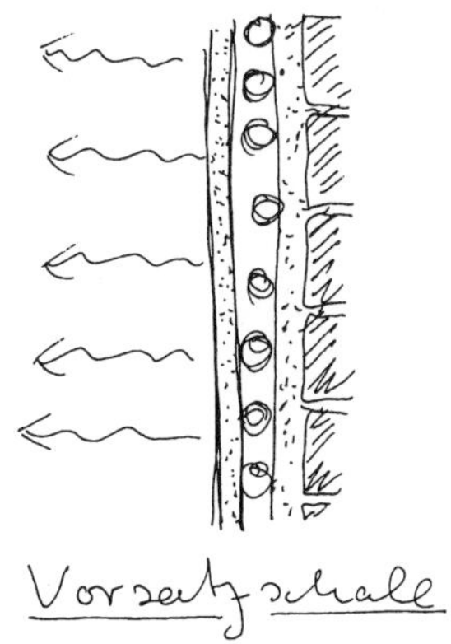

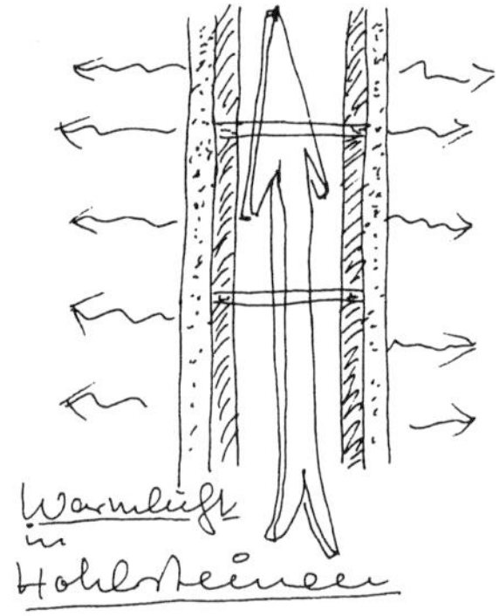


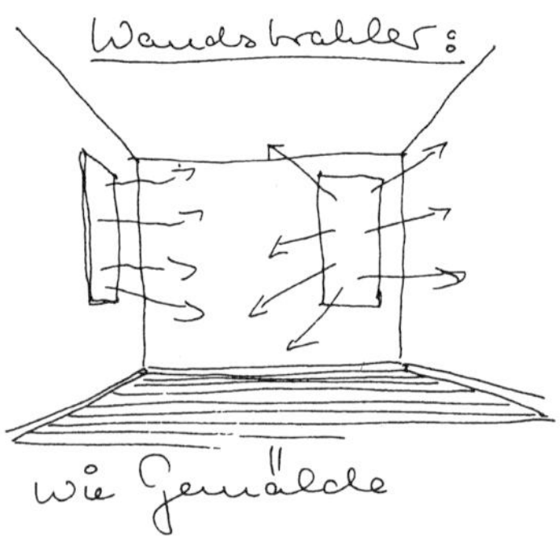


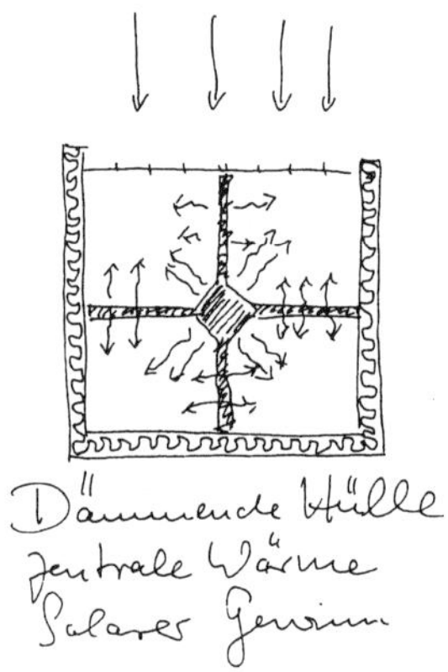


Spannungen beim Aufheizen, die nur langsames Erwärmen zulassen. Die Gefahr, Heizleitungen mit der Bohrmaschine zu treffen, kommt hinzu, selbst wenn die Bilderleiste installiert ist.

- Eine Verkleidung, beispielsweise aus Gipskarton, vor der Heizung spart das Putzen und kann in der Sanierung, wenn sowieso eine Verkleidung ansteht, nützlich sein.
- Luftheizung, wie die römischen Hypokausten, als geschlossenes System durch Hohlziegel oder Bekleidungen, birgt keine Gefahr durch den Bohrer, bedarf aber genauer Planung raumgreifender Kanäle, wenn genügend Luft ohne Strömungsgeräusche Wärme transportiert. Die Gefahr der Schallübertragung als „Haustelefon“, wie sie direkte Luftheizungen haben, ist latent vorhanden.
- Natürlich können schöne Platten- oder Rohrheizkörper großflächig in hohen Wandzonen montiert werden wie z.B. monochrome Bilder, vielleicht auch als solche gestaltet, denn Möbel sollten nie vor Heizungsflächen stehen, wenn diese strahlen sollen. So wäre „normale“ Niedertemperaturheizung als Wandstrahlung eingebaut.

Die ersten Heizkörper der zu Beginn des 20. Jahrhunderts „modernen“ Zentralheizung wurden dorthin gebaut, wo die Öfen gestanden hatten: in die Mitte des Hauses. Die Öfen hatten dort gestanden, um ihren Rauch mit dem Schornstein nahe dem First aus dem Dach gelangen zu lassen. Dann erkannte man, dass von den einfach verglasten Fenstern mit undichtem Rahmen ein kalter Luftstrom große Teile des Raums im Winter nicht nutzbar machte und Kondensat in der kalten Zone entstand. So wanderte die Raumheizung an die kälteste Stelle der Räume: unter die Fenster, in dünne Nischen der Außenwand mit hoher Heizwirkung nach draußen. Dort steht sie heute noch, obwohl Fenster inzwischen gut gedämmt und sehr dicht sind. Bei guten Fenstern und nachts gedämmten Läden ist der Standort der Heizeinrichtung frei geworden. Wir können uns mit der Heizung wieder an die Innenwände begeben und den Außenwänden die Aufgabe der Vermeidung von Wärmeverlust zuweisen. So könnte Raumheizung Bestandteil der „passiven“ Wärmespeicher (<) sein, deren Zuordnung im Inneren der Gebäude liegt.

## – „Aktive“ Wärmespeicher

Während „passive“ Wärmespeicherung kurzzeitig puffert und möglichst in „Sowieso-Bauteilen“ wie schweren Innenwänden abläuft, sind „aktive“ Speicher über die Eigenschaften kurzzeitigen Speicherns hinaus auch besondere Einrichtungen, Wärme über längere Zeit zu halten. Der ideale Langzeit-Wärmespeicher wird dergestalt mit Sommerwärme gefüllt, dass sein Inhalt bis zum nächsten Sommer reicht. Alle Lebewesen in der freien Natur schaffen das auf irgendeine wunderbare Weise. Unser Erfindungsreichtum wurde noch nie auf diese natürliche Energie-Vorratswirtschaft gelenkt.

Historische Beispiele sind zur Kühlung bekannt. Schon in der Antike wurden Schnee und Eis sogar zur Speiseeisherstellung bis in den Sommer aufbewahrt. Honig-Eis, so Herr von Garnier, Lektor dieses Buches, ist eine alte römische Spezialität. Die Eiskeller östlicher Gutshöfe sind zu nennen, wo der Aushub eines Teichs als Hügel über ein Gewölbe geschüttet wurde und im Winter das Eis des Teichs geschlagen und darin gelagert wurde. Im Sommer kühlte es in Portionen den Eisschrank des Hauses.

Die Speicherung von Wärme (Q) über längere Zeit ist abhängig von der „spezifischen Wärmekapazität" (c) des Speichermediums, der Masse (G) des Speichermediums, der Temperatur und des nutzbaren Temperaturgefälles ($\Delta t$) sowie dem Wärmeverlust des Speicherbauwerks eines Zeitraums ($Q_{verl/t}$) an die Umwelt.

$$Q = c \cdot G \cdot \Delta t - Q_{verl/t}$$

Das Speichermedium sollte so viel Energie wie möglich bezogen auf sein Volumen aufnehmen. Wasser hat die höchste Wärmekapazität auf Gewicht bezogen, kann aber nur bis 100 °C erwärmt werden. Eisen speichert auf Volumen bezogen am meisten Energie. Sand & Gestein speichern etwa 1/3 von Wasser, müssen also entsprechend bemessen werden.

Wichtig sind auch die Medien des Energietransports sowie der Wärmetausch. Die frühen Langzeitspeicher waren Geröllhaufen, die mit heißer Luft aus Luftkollektoren geheizt wurden. Ebenso wurde kühle Luft durchgeleitet und erwärmt. Solche Speicher können auch kunstvoll entworfene Labyrinthe sein wie z.B. der Nachtstromspeicher mit Magnesit-Steinen. Flüssigkeits-Wärmetauscher können sehr kontrolliert und effizient Wärme sowohl in Flüssigkeiten als auch in Feststoffen wie Sand oder Kies ein- und auslagern. In Flüssigkeiten sind wegen der Wärmeschichtung zwei Wendeln zum Wärmetausch üblich, in Feststoffen braucht es nur eine zu sein.

Aktive Wärmespeicher können unabhängig vom Bauwerk gebaut oder in dieses integriert sein, damit der Wärmeverlust dem Bau zugute kommt und ein Zusammenspiel von Sonnenkollektoren und Speicher möglich

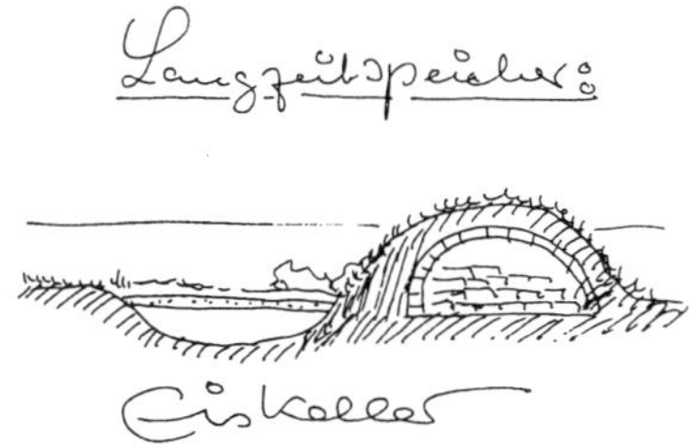


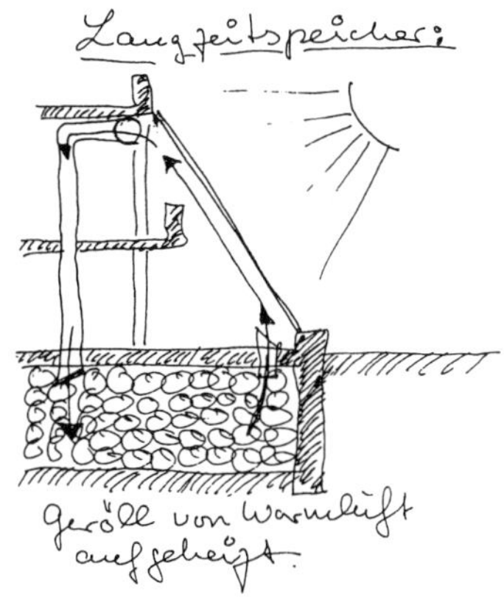

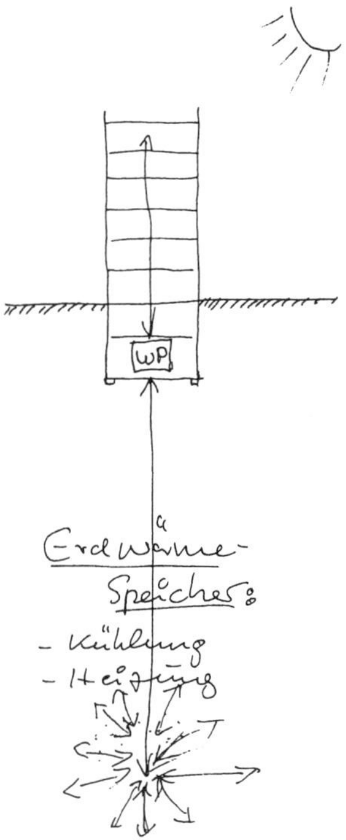


wird. Mit der Weiterentwicklung von geothermischer (<) Energie zur Bauwerksheizung ist die geothermische Gewinnungszone auch zur Speicherung von Sommer- oder gebäudespezifischer Überkapazität von Wärme z.B. in Bürobauten geworden, die bei Bedarf wieder abgerufen wird.

Große Massespeicher als solar beheizte „Wärmescheunen" im Dorf mit einem Nahwärmesystem für die umliegende Bebauung könnten in ländlichen Gebieten den Jahresbedarf an Raumheizung und Warmwasser decken (*Ökologie des Dorfes, Althaus*, 1984).

Latentwärme ist die Energie, die Materie beim Wechsel des Aggregatzustands einbehält oder wieder freisetzt, ohne die Temperatur zu verändern.

- Ein Liter Wasser benötigt z.B. 418,2 kJ, um von 0 °C bis 100 °C erwärmt zu werden und enthält diese Energiemenge dann als spezifische Wärme.
- Ein Liter Wasser benötigt 335 kJ, um von 0 °C Eis zu 0 °C Wasser zu schmelzen. Diese 335 kJ sind im Wasser als Latentwärme enthalten und werden beim Gefrieren wieder frei.
- Ein Liter Wasser benötigt 2257 kJ, um von 100 °C Wasser in Dampf von 100 °C umgewandelt zu werden. Die im Dampf enthaltene Latentwärme (2257 kJ) wird bei der Kondensation wieder frei gesetzt.
- Ein Liter Wasser benötigt 3010,2 kJ, um von 0 °C Eis zu 100 °C Dampf umgewandelt zu werden. Davon sind 418,2 kJ spezifische Wärme und 2592 kJ sind Latentwärme.

Leider können wir diese Speicherkapazität nicht voll ausnutzen. Insbesondere die Latentwärme im Dampf ist nicht zu speichern.

Andere Flüssigkeiten, z.B. Glaubersalzlösungen, sind mit ihren Schmelzpunkten besser als Wasser geeignet, diese Eigenschaften nutzbar zu machen. Schwierig ist noch der Start des Zustandswechsels, der nicht steuerbar chaotisch irgendwann an kleinen Verunreinigungen erfolgt. Insbesondere in der Autoindustrie wird am Latentwärmespeicher geforscht, kann er doch die Motorwärme über 36 Stunden halten und bei täglichem Gebrauch stets warme Motoren und warme Kabinen halten. Das Bauwesen sollte auf die Forschung der Automobilindustrie in Sachen Latentwärmespeicher achten.

## – Wärmepumpe (WP)

Wärmepumpen sind scheinbar die Umkehrung des zweiten Hauptsatzes der Thermodynamik, denn über sie kann man sich tatsächlich an einem Eisblock die Hände wärmen. Der Satz aber bleibt unerschütterliches Naturgesetz, weil die Wärmepumpe Energie braucht, also ein offenes System darstellt. Trotzdem ist sie ein geniales Werkzeug, Energie aus einem niedrigen Zustand in einen höheren zu transportieren. Jeder Kühlschrank basiert auf der Wärmepumpe. Ohne sie könnte die meiste Energie aus Langzeitspeichern nicht angemessen zur Nutzung aufbereitet werden.

Sie funktioniert so:

- Ein leicht flüchtiges Medium (früher Frigen, heute andere) wird in einem Wärmetauscher an der Energiequelle (z.B. Langzeitspeicher) um ein paar Grad (z.B. von 2 °C auf 12 °C) erwärmt und verdunstet.
- Das erwärmte Gas wird in einem Kompressor zusammengedrückt. Die Reibung der schwingenden Moleküle wächst in der Enge und die Temperatur nimmt zu (z.B. von 12 °C auf 72 °C). Wir alle fühlen diesen Effekt, wenn die Luftpumpe beim Pumpen vorn warm wird.
- Das erhitzte, komprimierte Gas gibt seine Wärme in einem Wärmetauscher auf erhöhtem Niveau an den Nutzer ab und kühlt dabei (z.B. von 72 °C auf 40 °C) herunter.
- Die Kompression wird über ein Entspannungsventil aufgehoben. Die gedrängten Moleküle schwingen wieder weit im Raum, Reibung sinkt und damit die Temperatur (auf z.B. 2 °C). Wir kennen die kühlende Wirkung des Siphons, wenn dieser Limonade entspannt aus dem Druckbehälter in das Glas sprudelt.
- Der Vorgang beginnt von neuem.

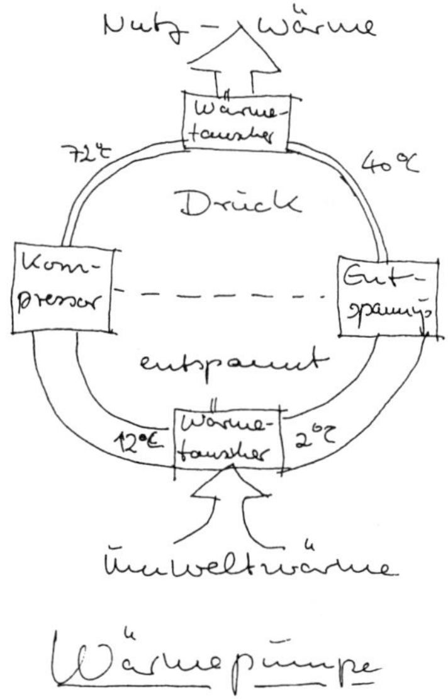


Der einzige Energiezugang ist die Kompression. Wärmepumpen kommen heute mit einer Effizienz von fast 1 : 5 weit über die Kraftwerkseffizienz, die eine elektrisch betriebene WP der 80er Jahre gerade aufgehoben hat. WP-Antriebe können aber auch mit geringer Wärme durch Stirlingmotoren oder per Photovoltaik ohne die Energie thermischer Kraftwerke laufen.

Die Absorberwärmepumpe, ein komplizierter Vorgang mit gleicher Wirkung, kommt ohne mechanische Kraft nur mit Wärme aus. Der Gas-Kühlschrank für Camping oder in Außenbereichen ohne Strom ist ein Beispiel. Sie könnte mit konzentrierender Sonnenenergie arbeiten und kühlen. Ihre Effizienz ist mit 1 : 3 geringer, der Energieeinsatz aber auch. Die warme Seite einer Absorberanlage zum Kühlen & Gefrieren für eine ländliche Familie könnte ihren Warmwasserbedarf abdecken, wenn die Geräte kombiniert würden. Absorber sind zur Zeit nur Randerscheinungen der Energiewirtschaft. Ihre leise Funktion und der Bedarf an niedriger Energie sollten geeignet sein, ihnen mehr Forschungs- & Entwicklungsinteresse zukommen zu lassen.

Die Energiequellen für Wärmepumpen sind vielfältig, sollten aber mit Bedacht ausgewählt werden.

- *Grundwasserbrunnen* mit Schluckbrunnen sind in der Regel wasserrechtlich zu genehmigen und werden meist untersagt, weil der Nachlieger im Grundwasserstrom benachteiligt würde. Gelöste Stoffe wie Eisen oder Mangan können schnell den Wärmetauscher verstopfen, so dass auch technische Bedenken von dieser Quelle abraten lassen.
- Auch *Bäche* oder Flüsse als Wärmequelle sind wasserrechtlich zu genehmigen und wegen der Kleinklimaveränderung für das natürliche Leben generell nicht zugelassen. Bitte vermeiden.
- Geringe *Erdbohrungen* bis 100 m Tiefe benötigen eine Wärmepumpe zur Anhebung der gewonnenen Wärme. Ein geschlossener Flüssigkeitskreislauf garantiert technische Dauerhaftigkeit des Systems. Es ist die kleinste Geothermie-Anlage. Empfehlenswert.
- *Erdreich,* eine flach angelegte „Fußbodenheizung" im Garten, kühlt im späten Winter zu einem Eisblock, der sich bis weit in den Sommer halten kann. Tundraklima ohne Bäume mit Schlammoberfläche im Frühling sind die Folge. (Sowohl Napoleon wie später Hitler scheiterten auf ihren Russlandfeldzügen auch am Schlamm, nicht nur am Schnee). Diese Lösung bitte nie anwenden.
- Eigene *Teiche* oder Seen können herangezogen werden. Ihr Kleinklima aber leidet ebenso wie das des Erdreichs. Besser also vermeiden.
- *Sonnenkollektoren,* Trombe-Wände und alle Energiequellen am Haus, die nicht von anderen Lebewesen besetzt sind, sind geeignete Versorger für Wärmepumpen. Auch die eigene Abluft oder Abwasserenergie sind Quellen.

- In einer Energiekaskade von *Fernheizanlagen* könnte als letzte Stufe der Energienutzung eine Wärmepumpe den Rest Fernwärme ausnutzen, bevor der Rücklauf mit Erdwärme (6 °C) ohne Dämmung zum Heizwerk führt.

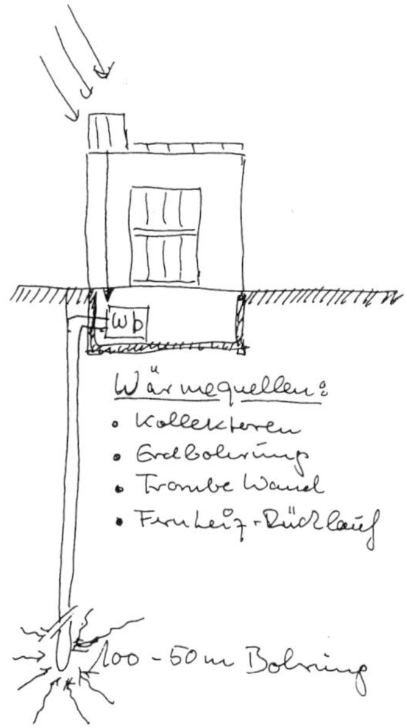


## – Wärme-Kraft-Kopplung (WKK)

„Ideal stände das thermische Kraftwerk im Zentrum der Stadt“, heißt es bereits im Kapitel „Stadttechnik“. Die uneffizienten thermischen Kraftwerke welcher Art auch immer wachsen in ihrem Wirkungsgrad, wenn die üblicherweise nutzlose, allenfalls belastende Wärme nach der Stromproduktion kaskadenartig einer Nutzung zugeführt würde. Ein zentrales Kraftwerk, das zunächst um sich herum Industrie versammelt, die Energie aus dem hochgespannten Dampf am Ende der Generatorturbine nutzt, ist sinnvolles ökologisches Bauen. Weitere Nutzungskaskaden sind möglich, bis die Restwärme als Nah-Wärmesystem Raumheizung & Warmwasser der Stadt übernimmt, von Wärmepumpen am äußeren Rand des Systems weit heruntergekühlt. Ein völlig neuer Stadtgrundriss. Dieses Idealbild energetischer Nutzung bleibt theoretisches Modell, stirbt doch die Aera thermischer Kraftwerke mangels Nahrung aus fossilen oder nuklearen Quellen als technologische Saurier aus. Wo sollte es auch hin und wer wollte schon ein Atomkraftwerk im Zentrum seiner Stadt haben?! Der Glaube an ihre Sicherheit wird schließlich nur von Menschen einer bestimmten Interessenlage verkündet.



In der Praxis wird Wärme-Kraft-Kopplung vorwiegend in kleinen Einheiten und kleinen Maßstäben betrieben. In der Regel betreiben Verbrennungsmotoren einen Generator zur Stromproduktion. Die Wärme der Verbrennung im Motor wird in einem Nah-Wärmesystem genutzt. Eine besondere Nutzung der hohen Verbrennungstemperaturen am Auslass der Motoren ist nicht üblich. Die Kaskade ist zweistufig. Immerhin können von 100 % Primärenergieeinsatz je nach Wirkungsgrad des Verbrennungsmotors ca. 25 % in elektrischen Strom und ca. 66 % in nutzbare Wärme umgewandelt werden, so dass mit ca. 90 % ein sehr hoher Wirkungsgrad erreicht wird.

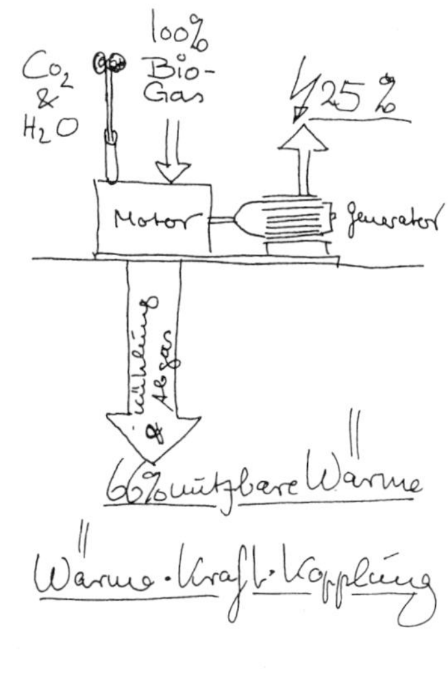


Problematisch im praktischen Leben ist die Gleichzeitigkeit von Strom- & Wärmebedarf gemäß dem Produktionsverhältnis. Da Wärme nur lokal genutzt wird, Strom anonym am Netz hängt, könnte eine WKK-Anlage oder ein größeres Blockheizkraftwerk (BHKW) nach dem Wärmebedarf gesteuert werden. Um die Tagesspitzen des Strombedarfs rationell zu füllen, könnte nutzungsabhängig eine zentrale Steuerung der Stromproduktion erfolgen und Wärmespeicher diesen Bedarf puffern. Jahreszeitlich wachsen Wärme- & Strombedarf gleichermaßen an. Für urbane Blockheizkraftwerke wäre ein Modell mit Elektrofahrzeugen denkbar, die im Winter mit BHKW-Strom geladen werden und im Sommer, wenn das Fahrrad genutzt wird, vorwiegend still stehen.

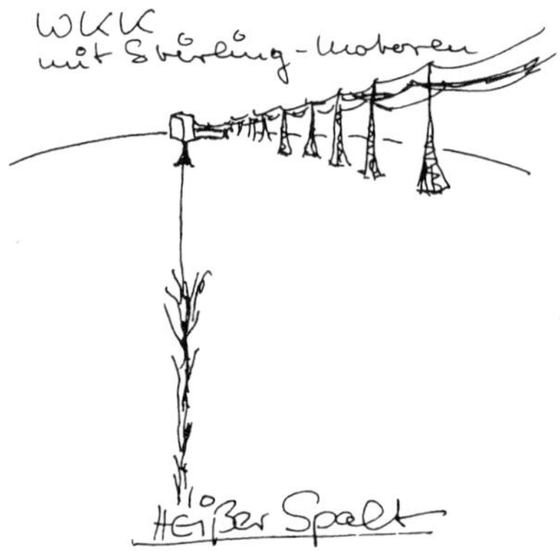


Kleine dezentrale Anlagen in Gegenden ohne Stromversorgung werden sowohl Strom- als auch Wärmespeicher haben. Jedes Notstromaggregat kann als WKK-Anlage ausgebaut werden und neben seinen Batterien einen Wärmespeicher für Raumheizung & Warmwasserbereitung haben.

Mit Versiegen fossiler Brennstoffe allerdings wird es in Zukunft still auch um die Wärme-Kraft-Kopplung als kleine Saurier. Sie wird allenfalls mit Biogas oder anderen erneuerbaren organischen Energieträgern betrieben. Stirling-Motoren & konzentrierte Sonnenwärme können in sonnenreichen Zonen Strom produzieren. Wasserstoffmotoren wären aus heutiger Sicht der Stromherstellung mit Photovoltaik unterlegen. Dort, wo in der geothermischen Energienutzung durch geologische Gegebenheiten oder Tiefbohrungen hohe Temperaturen an die Oberfläche geholt werden können, ist WKK mit Stirling-Motoren auch in der Zukunft eine gute Möglichkeit, mit mittleren Temperaturen von wenigen hundert Grad Strom herzustellen, bevor die Wärme genutzt wird.

## – Klimaanlagen

Klimaanlagen genießen im ökologischen Bauen einen schlechten Ruf. Sie sind Sinnbild für von allen Gegebenheiten der örtlichen Umgebung emanzipierte Gebäude. Die einstige Euphorie, Bauwerke mit Klimaanlagen völlig unabhängig von der Außenwelt mit einem gleichmäßigen Innenklima gemäß allen Kriterien der wissenschaftlich ermittelten Behaglichkeitsdiagramme auszustatten, ist der Erkenntnis gewichen, dass zum einen diese Emanzipation des Gebäudes mit hohen Investitions-, Betriebs- & Energiekosten verbunden ist, und dass zum anderen nicht in jedem Falle die Nutzung diesen Aufwand rechtfertigt, ja dass Gesundheit & Wohlbefinden der Bewohner nicht gesteigert, sondern sogar gefährdet werden, wenn die Anlage nicht kontinuierlich & vorbildlich gewartet wird. Auf den vielen Metern Rohrführung, in den Filter-, Befeuchtungs- oder Trocknungs-, Heiz- oder Kühlanlagen lagern sich, gefördert durch Kondensation der Luftfeuchte, mineralische wie organische Stäube & Aerosole ab, die neues Leben entstehen lassen. So kann Zuluft schon belastet sein und die Lüftungsrate muss so hoch angesetzt werden, dass der erhöhte Umsatz die Belastung ausgleicht.

Der neue Wert für den klassischen Gestanksfaktor Pettenkofers um 1900 heißt heute olf (<). Alle Gegenstände im Raum „olfen" auf ihre Art. Auch Klimarohre bekommen mit der Zeit wachsende olf-Werte.

Fanger, der diese neue Maßeinheit begründet hat, stellte in 15 Büros in Kopenhagen folgende Zusammenstellung auf:

| | |
|---|---|
| 17 Personen: | 17 olf |
| Tabakrauch: | 35 olf |
| Materialien: | 28 olf |
| Klimasystem: | 58 olf |
| Es müssen | 138 olf |

an Luftverunreinigung durch Lüftung aus dem Raum transportiert werden.

17 nicht rauchende Personen in einem Büro mit gesunder Einrichtung, die von sanften Pflegemitteln gereinigt wird, kommen ohne Klimasystem mit vielleicht 25 olf aus, die z.B. durch Spaltlüftung der Fenster den Raum verlassen können. Dieser Vergleich ist vor der Einrichtung klimatechnischer Anlagen anzustellen.

In Krankenhäusern ist darüber hinaus die Gefahr von Klimaanlagen als Medium zur Verbreitung von Krankheiten längst bekannt, und der Unterschied zwischen dem Grund der Einlieferung und der Todesursache ist nur selten auf Kunstfehler der Ärzte, sondern vielmehr auf Wartungsfehler der Hausmeister zurückzuführen. In Bürobauten werden Klimaanlagen auch wegen der mentalen Belastung des Eingesperrtseins vermieden. Man möchte Fenster öffnen, man möchte Tageslicht, man möchte zumindest den Tagesverlauf wahrnehmen.

Wo große geschlossene Flächen von vielen Menschen besucht werden, wo Räume z.B. aus Schallschutzgründen abgeschirmt werden müssen, wo das Klima sehr viel sauberer sein muss, als es die gegenwärtige Atmosphäre unserer Breiten liefert, sind klassische Klimaanlagen unumgänglich. Kaufhäuser, Versammlungsstätten wie Opern, Theater, Kinos, Kongresshäuser, Reinlufträume zur Forschung oder Produktion hochempfindlicher Bauteile wie Computer und andere Nutzungen, auch die Operationssäle in den Kliniken werden diese technischen Einrichtungen nutzen und sind auf gute Wartung der Anlagen angewiesen.

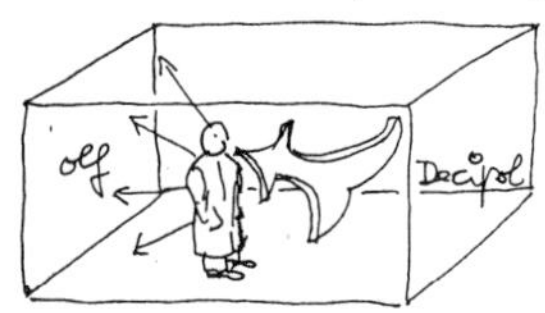

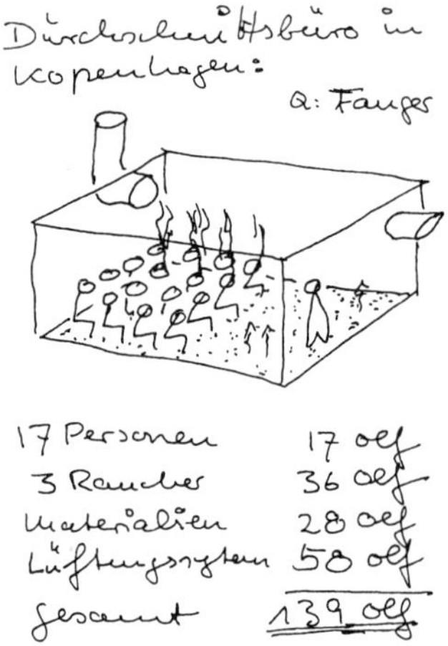


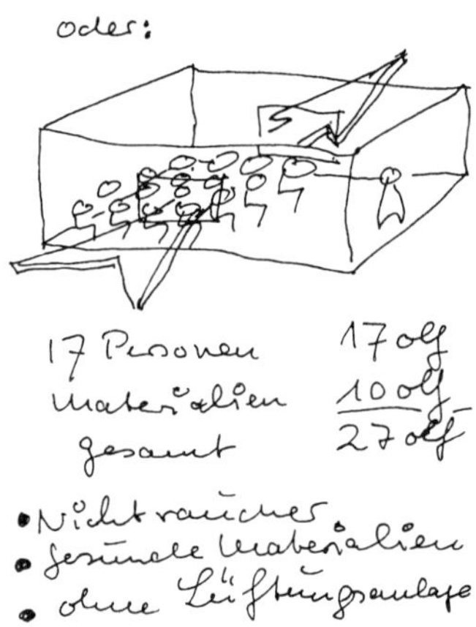


Inzwischen erweitert sich die Klimatechnik für Gebäude von der Klimamaschine zu komplexen, das ganze Bauwerk einbeziehenden Lösungen. Solche Klimaanlagen sind in der Natur z.B. in den hoch komplizierten und -komplexen Termitenbauten zu finden. „Intelligent Building" ist das Zauberwort neuer, ganzheitlicher Betrachtung der Behausung von Menschen. Das Außenklima soll intelligent als mitarbeitender Faktor das jeweils darauf abzustimmende Innenklima mit erzeugen helfen. Von einfachen Naturgesetzen bis zu von Rechnern gesteuerten Schaltungen wird eine Palette technischer Ideen zur „Gebäudeintelligenz" ausprobiert. Ganze Gebäudezonen wie Flure, Innenhöfe oder die Doppelfassade werden als „belebte Klimakanäle" ausgebildet. Der Luftwechsel wird durch einfache physikalische Prinzipien hervorgerufen, wie z.B.:

- Der Venturi-Effekt, der mitreißende Strom z.B. der Wasserstrahl-Vakuumpumpe, entlüftet in Innenhöfen oder großen Messehallen mit dem Windstrom.
- Die Thermik von Gasen, Aufsteigen erwärmter Luft, an den Doppelfassaden wie bei der Trombe-Wand entlüftet mit Sonnenenergie.
- Spiegel leiten Licht weit in Gebäude und vermeiden Kunstlicht und den daraus folgenden Energieüberschuss (s. Tageslichttechnik).
- Pflanzen in den großvolumigen und langsam strömenden, von Menschen belebten Klimatisierungszonen kühlen durch Verdunstung und schaffen ein angenehmes Raumklima.
- Strahlungsheizung und kühle Luft sind in den großräumigen Bauten Bedingung für angemessene Luftbewegung.

Im Gegensatz zu diesen noch in der Entwicklung befindlichen Ansätzen – so mancher roter oder blauer Pfeil in Architektenzeichnungen hätte in Wirklichkeit eine andere oder keine Richtung – kommen ausgerechnet im Häuslebau mit der Suche nach Null-Energie-Technik Bestrebungen des Luft-Kanalbaus auf, um den Energieverlust durch Lüftung, der mit guter Wärmedämmung zum Energie-Verlust-Faktor geworden ist, einzudämmen.

So wird die frische Atemluft für Hausbewohner in Rohren durch einen Wärmetauscher geblasen, der sie mit der Energie der Abluft vorwärmt. Anschließend durchläuft sie ein Heizaggregat, das die Zuluft auf ein notwendiges Niveau nachheizt, das im Null-Energie-Haus benötigt wird. Wie ein Fön bläst die Anlage Warmluft ein, aber wer riecht schon gern Fönluft mit verschwelten Staubpartikeln? Minimaler Energieverbrauch ist garantiert, denn die Bewohner können allein über die Zuluft heizen. Es wird keine andere Heizung eingebaut. Die olf-Konzentration solcher Anlagen ist abzusehen. Die Wartung derselben wird die Wartung von Küchenabzügen nicht überschreiten, also selten oder nie stattfinden. Die notwendig mehrfach gesteigerte Luftwechselrate einschließlich des Primärenergieanteils der mechanischen Transportmaschine und der Aufwendungen für die gesamte Anlage stellt sogar die Energieeffizienz in Frage, wird sie an der geringen Enthalpie der Luft insbesondere bei Strahlungsheizung und bei normaler Lüftung gemessen.

Von dem Prinzip Luftheizung hat man sich im Hausbau ohnehin längst verabschiedet, da verschwelter Staubumtrieb die Gesundheit gefährdet und Krebs erregen soll. Insbesondere aber das durch die Verteilung der Wärme in Luftkanälen installierte „Haustelefon" war schon vor der Zeit mehrerer Fernseher- und Audio-Anlagen einer „normalen" Familie nicht erträglich. Dass alle bisher dargestellten Qualitäten von Strahlungsheizung bei geringen Lufttemperaturen, das gerühmte Kachelofenklima, mit Luftheizung nicht erreichbar sind, sondern genau das Gegenteil eintritt, ist offensichtlich.

Künstliche Lüftung mit Wärmetausch & Luftheizung mindert das Wohlbefinden, gefährdet die Gesundheit, schafft akustische Probleme, erzeugt ein konvektives Raumklima mit unnötiger Luftbewegung und greift der Bauherrschaft tief in die Tasche. Die ökologische Gesamtbilanz steht in Frage, sogar die Energieeffizienz. Die Minimierung ist theoretisch. Der gelebte Energieverbrauch zeigt sich bereits an den ersten gebauten Beispielen.

Gut gedämmte Häuser mit angemessener Materialbilanz in Bezug zur Dämmwirkung, ideenreiche Fenstertechnik mit angemessen dosierbarer, direkter Lüftung, Strahlungsheizung und klimagerechtes, zur Sonne orientiertes Bauen sind Merkmale ökologischen Bauens, die den Bewohnern Lebensqualität bei optimalem Energieeinsatz geben. In Entwurf & Planung sind viele Ideen zum energieoptimierten Bauen kostenneutral und angemessen zu verwirklichen.

Ein kurzer Exkurs soll an dieses Kapitel, das im Wesentlichen mit Raumluft zu tun hat, schließen: der Staubsauger.

Die gute Hausfrau wischt ein paar Stunden nach dem Saugen Staub. Gerade die feinen, lange Zeit in der Raumluft verbleibenden Partikel verlassen die Filterbeutel. Bei höherer Saugkraft nützen dichtere Tüten nichts.

Die beste Klimaanlage für staubfreie Luft ist eine zentrale Staubsaugeranlage, z.B. auf dem Dachboden, wo die Luft direkt nach draußen gerät.

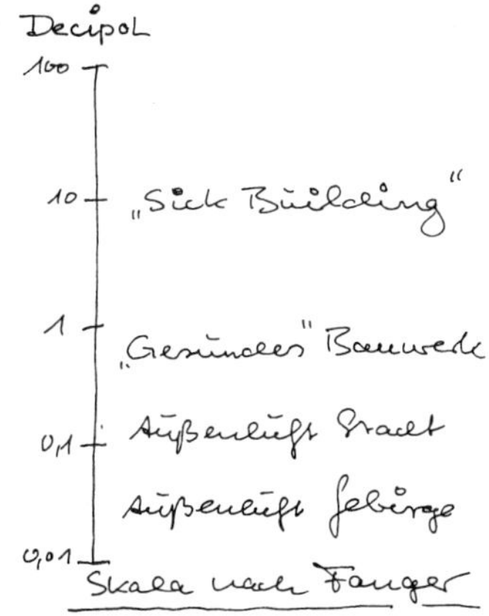


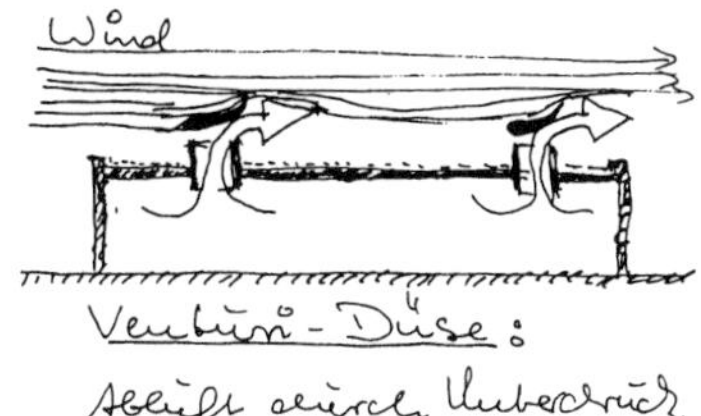


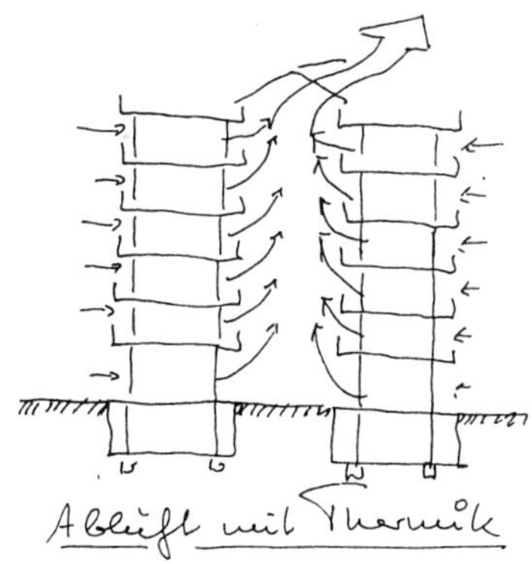


163

Ein paar „Steckdosen“ im Raum, ein langer Schlauch ohne Maschine und höhere Baukosten sind nötig.

Ist das nicht möglich, hilft nur der Verbrauchertipp:

Abwarten, bis es recht windig ist. Öffnen aller Fenster. Staubsaugen. Fenster je nach Durchzug 5–15 Minuten geöffnet lassen. Kein Staubwischen danach.

## Strom

Elektrischer Strom ist, sobald er das Gebäude erreicht, die einfachste, sauberste, am besten zu verteilende und problemloseste Energieform. Alle im Bauwerk auftretenden Formen des Energiebedarfs können mit Strom gelöst werden. Elektrizität ist aber auch die edelste, wertvollste und am aufwendigsten herzustellende Energieform.

Im ökologischen Bauen ist Stromverwendung deshalb auf die Bereiche beschränkt, die allein mit Elektrizität und mit keiner anderen Energieform zu erfüllen sind. Erst dann gelten die Regeln angemessener Nutzung.



Das Zauberwort „Elektrosmog“, ein weiterer Aspekt des „Sick Building Syndrome“, bezeichnet die Angst vor elektromagnetischen Feldern, die in ungewohnter Konzentration über die natürlichen Felder hinaus den feinen Mechanismus der elektromagnetischen Steuerung unseres hoch komplizierten Körpers beeinflussen könnten. Die Forschung ist noch nicht weit. Für Bauwerke ist es gut, vorsorglich abgeschirmte und geerdete Leitungen zu verlegen, schwachstromgesteuerte Freischaltungen zumindest in den Schlafräumen zu installieren und zu gemäßigter Elektroinstallation zu raten. In der Praxis ist nach VDE heute das Gegenteil der Fall. Das Elektrohandwerk feiert Orgien an Kabelverlegung und rät dem Bauherrn zu maximaler Elektrifizierung. Gesegnet sind die Altbauten, die sich diesem Zugriff entziehen.

In Städtebau und Regionalplanung sind alle Freileitungen unter die Erde zu verlegen. Das ist schön, spart Energie wegen effizienten Transports, ist sicher, aber leider teuer.

### – Stromnetz

Strom kommt aus der Steckdose. Früher war das Stromnetz ein pseudoöffentliches Monopol mit Preisautonomie. Das hatte Vorteile, konnte man den „Feind" doch mit Einsparung ärgern, wenn nicht der Ärger durch erhöhte Tarife umgekehrt wurde.

Heute ist Strom eine verhandelbare Ware, die unsere Aufmerksamkeit auf günstige Tarife und weniger auf rationelle, effiziente und angemessene Nutzung lenkt. Das wertvolle Gut „elektrische Energie" gerät zum Discountobjekt.

Die Definition der Stromquellen ist natürlich Werbestrategie. Kein Anbieter von Ökostrom aus Wasser-, Wind- oder Sonnenkraft bringt diesen in eigener Leitung säuberlich getrennt ins Haus des gewissenhaften Kunden. Die Definition ist Statistik. Im Grunde könnten 100 % der Anbieter sich auf 5 % „Ökostrom" berufen. In Wirklichkeit kommt Strom in der Mischung seiner anteiligen Herstellungsform an.

Ungeachtet der Herstellung und Verteilung bis zum Zähler bzw. zur Steckdose im Bauwerk ist trotz aller verlockender Universalität elektrischer Energie und der darauf aufbauenden Werbung selbst klar erkennbarer „Ökostrom" z.B. im Inselbetrieb effizient, angemessen & sparsam zu verwenden.



## – Nutzungsspektrum

Raumheizung, Warmwasserbereitung, Kochen, Backen, Waschen, Spülen – all diese Nutzungen können mit Primärenergie, am besten mit Gas erfüllt werden. Und doch sind in einem Familienhaushalt schnell 10 elektrische Geräte zur Warmwasserherstellung aufgezählt:

- Durchlauferhitzer
- 5-l-Boiler
- Heißwasserkessel
- Kaffeemaschine
- Eierkocher
- Warmhalteplatte
- Herd
- Waschmaschine
- Kondensattrockner
- Kochplatte.

Keines davon ist von lebensnotwendiger Bedeutung. Die meisten wurden angeschafft und lagern nur noch. Schließlich müssen sie ja auch gepflegt werden, was ihren Nutzwert als Haushaltshilfe reduziert.

*Elektrowärme ist prinzipiell im ökologischen Bauen verboten!*

Es ist nicht vertretbar, eine so qualitätvolle Energieform, zu deren Herstellung mehr als die fast vierfache Menge fossiler Primärenergie oder gar spaltbares Material verbraucht wurde, mit Aufgaben zu versehen, die von den Primärenergieträgern in fast vierfacher Menge erledigt werden können. Dabei ist es müßig, den Ausstoß an $CO_2$ oder die Erwärmung und Verschmutzung von Luft & Wasser heranzuziehen, denn auch „Ökostrom" sollte nicht anders gebraucht werden, folgen unsere Gedanken der Maxime ökologischen Bauens:

Kreislaufwirtschaft & Energieeffizienz

Alle elektrischen Wärmequellen in Bauwerken sind zu vermeiden.

Was bleibt zur Nutzung elektrischen Stroms:

- Licht
- Arbeit
- Elektronik.

Diese drei Nutzungen sind nur mühsam oder überhaupt nicht mit anderen Mitteln zu erfüllen als mit Elektrizität.

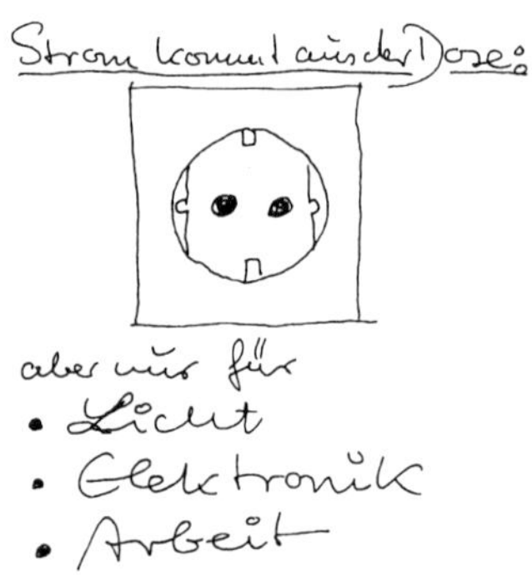


*Licht* ist, betrachten wir die alte Edison'sche Glühlampe, zu 90 % Wärmequelle und nur zu 10 % Lichquelle, wird doch der Glühfaden als elektrischer Widerstand zur Weißglut gebracht, die uns Licht spendet. Sie müsste nach der oben aufgestellten Maxime längst ausrangiert sein. Inzwischen spenden Leuchtstofflampen erheblich effizienter, aber immer noch recht warm ihr Licht. So genannte Energiesparlampen sind gegenwärtiger Stand der Entwicklung.

Hätte das Glühwürmchen unsere kälteste Lichttechnik, es würde bei seiner Lichtintensität verdampfen. Die Kunst des Tierchens, Licht zu erzeugen, ist Anreiz zur Forschung, wohl wissend, dass in Sachen Beleuchtung noch ein weites weißes Feld vor uns liegt, den Wärmeanteil zu vermeiden.

Licht einsparen ist bis dahin Aufgabe im rationellen & effizienten Bauwerksbetrieb.

Das beginnt in für den Menschen besonders gesunder Form mit der Einteilung seiner Aktivitäten nach dem Gang der Sonne. Tief in uns sitzt die Abhängigkeit vom Tageslicht und dessen Verlauf. Sommeraktivität und Winterträgheit sind natürlich. Saisonabhängige Depression (SAD) ist keine Krankheit, sondern natürlich. Wer diese Abhängigkeit nicht spürt, sollte sich untersuchen lassen. Leider nimmt das einer geregelten Uhrzeit folgende soziale Gerüst unserer Gesellschaft keine Notiz mehr von diesen natürlichen Bedingungen, vielleicht unbewusst am Krankenstand.

Räume für Menschen sollten hell und gut mit Tageslicht versorgt sein. Schon im Entwurf ist Lichtmenge, Verschattung und vielleicht eine Zonierung von hellen, aktiven und weniger hellen, ruhigen Bereichen zu bedenken. Für große, gleichmäßig auszuleuchtende Räume ist Tageslichtlenkung (<) zu entwickeln. Blendschutz kann zugleich Lichtlenkung sein.

In Räumen mit hoher Wärmelast wie Büros könnte die künstliche Beleuchtung vor der Fassade mit der Tageslichtlenkung kombiniert sein, wobei der Wärmeanteil des Lichts z.B. per Wärmetauscher anderen Nutzungen zugeführt wird oder die Thermik der Doppelfassade zur Lüftung auch ohne Sonnenstrahlung aufrecht erhält. So mindert sich die Wärmelast im Bauwerk und spart Kühlenergie.



Nicht im bisherigen Sinne, aber wunderschön ist der gemütliche Sessel in einer kuscheligen Ecke, warm eingemummelt in kühler Luft, das Buch auf dem Notenpult und eine Edison-Glühlampe zum Lesen und als kleine lokale Strahlungsheizung für die Hände.

*Arbeit* verrichtet elektrischer Strom besonders effektiv. Wie Generatoren haben Elektromotoren über 90 % Wirkungsgrad und können sehr rationell und vielseitig eingesetzt werden. Die elektrische Brotschneidemaschine steht nicht wegen ihres Energieverbrauchs in Frage, sondern weil wir mit ihrer Benutzung die Kunst verlernen, Brot zu schneiden. Küchenmaschinen oder Handwerkszeug verbrauchen gemessen an ihrer Leistung geringe Mengen an Strom. Eine Kilowattstunde Strom heizt den Nachtstromofen zwar nur zwei Minuten lang auf, reicht aber für 20 – 30 km Elektromofa-Fahren oder 80 Stunden Transistorradio-Hören.

Es gibt Wasch- und Trockenmaschinen (in USA Standard), deren mechanische Arbeit, Drehen der Trommel & Pumpen von Wasser, mit Elektromotoren betrieben wird. Das warme Wasser kommt aus der Warmwasserversorgung. Die „Ruhrgas“ hatte ein „Haushaltswärmezentrum“ entwickelt, das auf diesem Prinzip beruhte und alle Wärme in einem zentralen

Gaskessel herstellte. Es ist in der Versenkung verschwunden. Möge es aufleben.

*Elektronik* ist ohne Elektrizität nicht denkbar. Alle Audio-, Video- und Computergeräte sind vom Strom abhängig. Es wird, nachdem die heiße elektronische Röhre von Transistoren, Thyristoren und Chips abgelöst ist, nur noch wenig Strom verbraucht, auch wenn diese Halbleiterelemente ebenfalls warm werden. Unnötiger Verbrauch entsteht durch die allseits eingebaute „Standby"-Technik, die das Gerät mit der Fernbedienung nur halb abschaltet. Das mag für kurzzeitigen Stopp schonend sein, für längere Benutzungspausen ist eine völlige Abschaltung nach wie vor sinnvoll und Strom sparend.

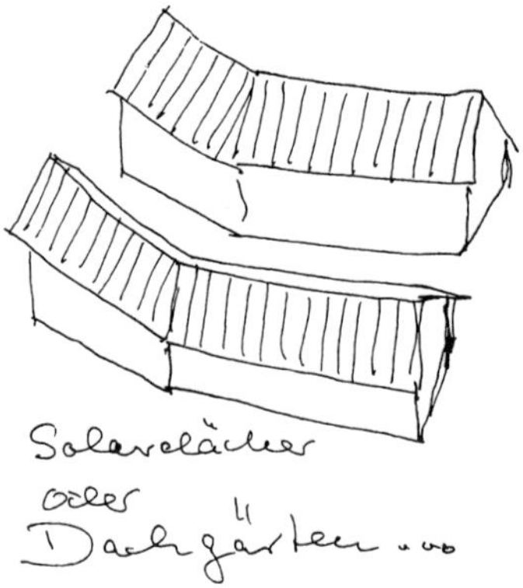


## – Eigene Produktion

Mit Öffnung der Monopole zur Energieversorgung wachsen Bestrebungen, nach Möglichkeit Strom und Wärmeenergie aus den örtlichen, natürlichen Ressourcen zu produzieren. Das geschieht auf mehreren Ebenen und fördert den Genius loci in der Energieproduktion. Lokale Stadtwerke kündigen den Energiegiganten und versuchen, mit Windkraft, Wasserkraft, BHKW und anderen Anlagen so eigenständig wie möglich zu werden.

Im Prinzip ist am Gebäude jedes Dach und jede Fassade potenzielle PV- oder Kollektorfläche. Sie tritt in Konkurrenz zum Dach als Grundstück für Gärten, Parks und Fußgängerzonen und zur Fassade als Grünpolster. Wärmeproduktion zur Unterstützung der Raumheizung oder Warmwasserbereitung und PV-Elemente zur Stromproduktion können am Bauwerk montiert sein.

Für den Inselbetrieb sind sie mit der Nutzung abzustimmen und dem allgemeinen Klima entsprechend mit Speichern zu versehen, wenn nicht andere Quellen aus Mangel an eigenen Ressourcen zur Verfügung stehen.

Für eine Vernetzung mit anderen kleinen Produzenten, vielleicht mit zentraler Steuerung, entfallen diese Speichermedien oder werden gemeinsam angelegt.

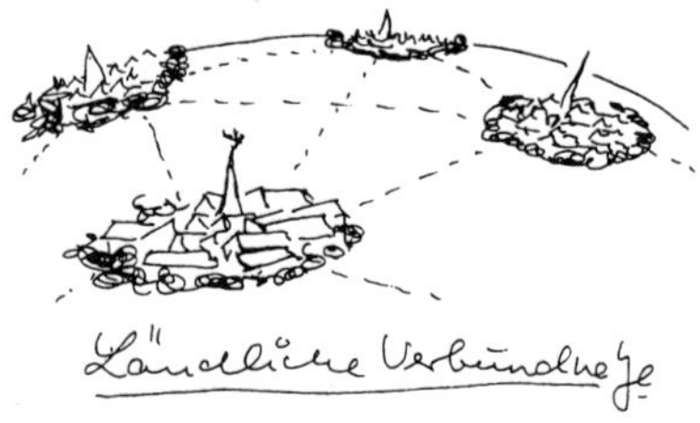


Im ländlichen Bereich ist für weit auseinander liegende Einheiten der autarke „Inselbetrieb" mit genügend Speicherung für Wärme & Strom die richtige, auch volkswirtschaftlich sinnvolle Lösung. Dörfer können gemeinsame Netze aufbauen, in die Strom aus PV-Anlagen, Windkraftturbinen, Wasserkraft, der WKK einer gemeinsamen Biogasanlage oder anderen Quellen einfließt (*Ökologie des Dorfes, Althaus*, 1984). Übergeordnete Netze mit anderen Dörfern festigen die Stabilität der Versorgung bis zu einem weit gespanntem Verbund dezentraler Energieproduktion und dezentraler Energienutzung, ein Energie-Internet. Wo Stromproduktion noch mit Wärmeüberschuss verbunden ist, wird diese dezentral genutzt.

## Wasser

Wir wissen: Wasser ist Lebensmittel.

Wir wissen auch: Im Kreislauf der Verdunstung durch die Sonne wird es fortwährend durch Destillation gereinigt. In den Mineralien auf dem Wege zu Grundwasserstockwerken wird es gefiltert, aber auch mineralisiert & gekühlt, so dass es frisch und angenehm schmeckt. Die biologische Reinigung durch Organismen ist eine dritte Form der ewigen Erneuerung des Wassers (<). Diesem Kreislauf ist alles Lebendige angeschlossen.

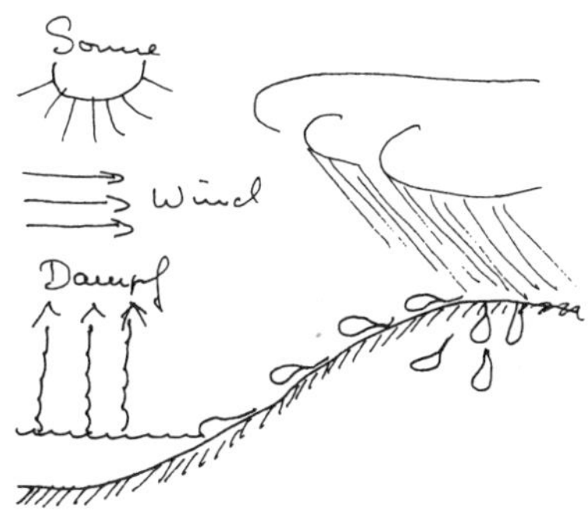


Der sorgsame und sparsame Umgang mit Wasser ist auf der Erde je nach Regenmenge und deren jahreszeitlicher Verteilung sehr unterschiedlich. Während in Israels Wüsten ausgeklügelte Wassertechnik fruchtbare Landwirtschaft ermöglicht, arbeitet in unserer regenreichen Region insbesondere die Landwirtschaft am Verderb der großen, uns zur Verfügung stehenden Wassermassen. Dünger & Pflanzengift sind die verursachenden Stoffe. Die Nutzung von Strömen, Flüssen und Bächen als „Vorfluter" für industrielle Reststoffe steigert unsere Wassernot mitten im Überschwang natürlicher Wasserversorgung. Aufwendige Wasseraufbereitung ist Grundlage der Versorgung.

Im Bauwerksbetrieb ist der Umgang mit Wasser wesentlicher Bestandteil ökologischen Bauens. Abstufung von Qualitäten und ihre angemessene Nutzung in Kaskaden sowie Sammeln & Speichern der natürlichen Ressource „Niederschlag" sind solche Aspekte. Ein der Natur nachempfundener „Kreislauf des Wassers" ist zwar technisch möglich, aber nur in extremen Fällen (Raumkapsel) anzuwenden. Die Einbindung in den natürlichen Wasserhaushalt unter Fernhaltung schädlicher Eintragungen ist zum langfristigen Überleben völlig ausreichend.

### – Trinkwasser

Für ein Bauwerk in dichter Besiedlung kommt Trinkwasser nach Aufbereitung in den städtischen oder regionalen Wasserwerken aus der Leitung.

Das gilt inzwischen schon für viele Dörfer. Allein die Einsparung dieser wertvollsten Form des Hauswassers ist im Gebäudebetrieb möglich.

- 3 l Wasser braucht der Mensch täglich als persönlichen Umsatz. Das kann nur Trinkwasser sein.
- Etwa 10 l braucht er für Kochen und die Pflege des dazugehörigen Geräts. Das möchte man auch mit Trinkwasser erledigen.
- Duschen (20 l) und Baden (100 l) sowie z.B. Händewaschen zwischendurch (10 l) könnte man sich schon unter weniger Seifenverbrauch mit sauberem Regenwasser vorstellen, wird aber generell mit Trinkwasser erledigt.
- Wäsche waschen (50 l/Vollwaschgang) könnte mit weniger Waschmittel durch sauberes Regenwasser erfolgen.
- Toilettenspülung (20–50 l) mit Trinkwasser ist Verschwendung.
- Andere Nutzungen wie Auto-Waschen oder Gartenbewässerung sind mit Trinkwasser unsinnig.



Von den ca. 150 l/Tag Trinkwasserverbrauch in der BRD kann man ohne Einbuße an Hygiene auf ca. 50 l/Tag kommen, wenn man vorwiegend duscht, mit Regenwasser wäscht und für die Toilette andere Spülflüssigkeiten nutzt. Hinzu kommen Qualitäten wie z.B. gemeinsames Duschen in großzügig entworfenen Duschen oder andere spielerische Sparmaßnahmen.

Spareinrichtungen an den Zapfstellen helfen ein wenig, aber nicht maßgebend. Zapfen nur bei Gebrauch (z.B. nicht beim Einseifen) spart erheblich mehr. Keramische Ventile erleichtern diese Handhabung.

Spartasten an der Wasserspülung der Toilette sind in ihrer Einschätzung zwiespältig. Zum einen sparen sie Trinkwasser, zum anderen benötigt das Abwassernetz eine nicht zu unterschreitende Menge an Wasser, um das „Spülgut" bei dem bestehenden Gefälle zu transportieren. Verstopfungen sind die Folge. Wenn dann ein städtischer Spülwagen 10 000 l durch das Kanalnetz jagt, kann der Bürger lange die Spartaste drücken. Möge der Spülwagen wenigstens Brauchwasser haben.

Der Ökobetrieb in Gebäuden für Trinkwasser basiert im Wesentlichen auf sinnvollem und sparsamem Gebrauch und der Verlagerung der Trinkwassernutzung auf angemessene Bereiche und den Betrieb anderer Nutzungen mit anderen Wassern.

Wasser sparen bereitet Probleme in der Versorgung. Die Standzeiten im Rohrnetz verlängern sich und damit die Neubildung von Keimen. Das Wasser muss besser aufbereitet werden oder wird höher mit keimtötenden Stoffen befrachtet.

Der städtische Betrieb von zwei Wassernetzen für Trink- und Brauchwasser hat sich in der Geschichte trotz mancher Versuche nicht bewährt. Zu gefährlich war die Verwechslung insbesondere für kleine Kinder oder Alte. Die Gefahr von Kurzschlüssen zwischen den Netzen, sogar von Handwerkern verursacht, bestätigte sich fortwährend. Doppelte Netze wurden in der Regel aufgegeben (<).

Beschränkt man Trinkwasserqualität allein auf den Wasserumsatz zur Ernährung der Menschen, kann aus der Leitung Wasser geringerer Qualität für die anderen Nutzungen fließen, denn Trinkwasser wird in Flaschen gekauft. Das ist in vielen Ländern üblich. Wichtig ist dabei der schnelle Umsatz der Ware. Wo dieses doppelte Wassersystem nicht die Regel ist, können Wasserbehälter Wochen lagern und hohe Keimbelastungen führen, wenn sie von gesundheitbewussten „Ökos“ schließlich gekauft werden.

## – Regenwasser



Regenwasser schlägt theoretisch als „aqua destillata“ aus der Atmosphäre nieder. Darum schmeckt es fad & schlaff. In Wirklichkeit hat es auf seinem Weg durch die Luft schon allerhand Gase, Stäube & Aerosole gelöst. Je mehr wir davon in die Atmosphäre abgeben, umso mehr Stoffe bindet das von der Sonne verdunstete Wasser an sich und bringt es fein verteilt auf den Boden zurück. So finden wir den in die Atmosphäre geleiteten Müll in unserer Nahrung wieder. Mit Gesetzen wie der TA Luft hat die Regenwasserqualität erheblich zugenommen.

Das Sammeln & Speichern von Niederschlägen am Bauwerk und in seiner Umgebung ist aus regionaler, städtebaulicher und auf Gebäude bezogener Sicht eine Verpflichtung im Sinne von Effizienz & Kreislauf. Die Folgen der Abholzung von Wald als größtem Niederschlagsspeicher und der Versiegelung selbst von Flusstälern mit Bauwerken sind bekannt und stellen sich immer wieder in Hochwassern dar. War einst die Frühjahrsschmelze als einzige Hochwassergefahr zu beachten, übersteigen heute Sommergewitter deren Menge um das Fünffache und bedrohen Flusstäler ganzjährig. Begradigungen und Kanalisierung helfen ein wenig, transportieren aber Wasser rapide ab, so dass niedrige Grundwasserstände schnell zu Sommerdürre führen, wo einst genügend Wasser im Boden

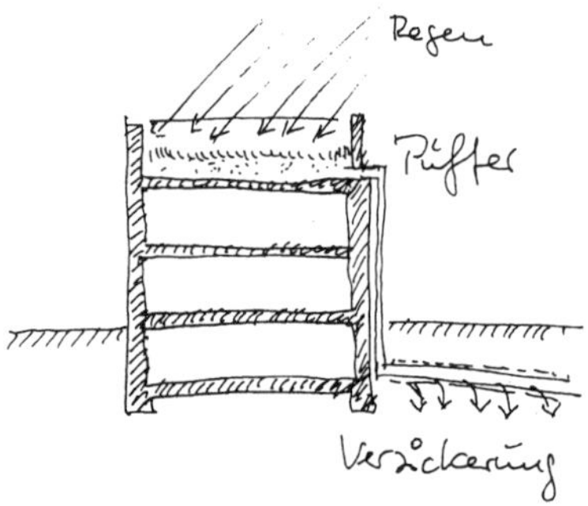

gepuffert wurde. Um die Qualität der Landschaft, in der wir leben, zu erhalten oder wieder herzustellen, sind Bauwerke so zu konzipieren, dass sie wie der Wald Niederschläge sammeln, speichern und verzögert ablaufen lassen. Wie der Wald Regenwasser für seine Zwecke nutzt, können es auch Bauwerke. Regenwassernutzung ist kein altruistischer Naturschutz, sondern für den Bauwerksbetrieb nützlich und auch stadt- & regionalplanerisch wirtschaftlich. Statt des Anschlusszwangs an das öffentliche Kanalnetz zur „Regenwasserbeseitigung" ist deshalb in aktuellen Bebauungsplänen zunehmend „Regenwasser ist auf dem Grundstück zu versickern" gefordert (oft sogar, wo der Boden nicht sickerfähig ist!).

Die Nutzung von Niederschlägen beginnt mit dem Dachgrundriss. Dieser wird selten gezeichnet und oft dem Dachdecker überlassen. An geeigneter Stelle wird das Wasser gesammelt und kann auf verschiedene Art gepuffert oder, zur Nutzung im Bauwerk, gereinigt & gespeichert werden.

*Versickerung* im Boden kann unterirdisch mit Drainrohren im grobkörnigen Kiesbett und in Rigolen erfolgen. Je nach Bodendurchlässigkeit sind die Sickerfelder oder Sickerstrecken zu berechnen. Darüber kann der Garten angelegt sein. Die Niederschläge dienen zur Grundwasser-Neubildung (<).

*Regenwasserbecken* mit unterschiedlichen Pegeln können als naturnah gestaltete Teiche Garten- oder Parkanlagen bereichern. Sie können partiell abgedichtet sein, wenn sie nicht ganz trocken fallen sollen. Solche Gewässer können gemeinschaftlich statt Grundstücksgrenzen die vielen Parzellen einer verdichteten Bebauung zu parkähnlichen Flächen zusammenführen. Teiche am Haus bieten ein vielfältiges Biotop, puffern Wärme und reflektieren Licht als Tageslichtlenkung. Auch streng gefasste Graften um Bauwerke oder Becken in der Stadt mit wechselnden Pegeln speichern Niederschläge und verzögern deren Ablauf. Die Qualität von Wasser in der Stadt ist offenbar. Selbst die Feuerwehr schätzt offene Gewässer. Die Angst, Kinder könnten ins Wasser fallen, ist als Problem des erzieherischen Heranführens an Wasser zu sehen. Mangelnde Erziehung kann nicht der Öffentlichkeit angelastet werden. Lehrer wissen davon.

Die *Regentonne* ist tradiertes Element zur häuslichen Nutzung des Regens. Ein im Fallrohr umlegbarer Deckel füllt es, nachdem der erste Schmutz (2–3 min) vom Dach gewaschen wurde. Oben im Fallrohr ist ein Laubfang. Die Tonne muss einen Deckel haben, gegen Verschmutzung, zur Sicherheit und um Licht fernzuhalten, denn mit Wärme & Licht entsteht schnell Leben im Wasser. Gerade im Sommer ist der Umsatz hoch zu halten, bei Frost muss die Tonne leer sein.

*Zisternen* werden wieder als komplette Systeme angeboten. Sie sollen frostfrei und genügend tief, geschützt gegen Sommerwärme dunkel im Erdboden liegen. Je nach Nutzung sind grobe Siebe bis zu feinen Filteranlagen vorzuschalten. Die Behälter sind aus Kunststoff, Metallen, betoniert oder gemauert. Gut gereinigte Öltanks nach (sinnvoller) Umstellung auf Gas als Energieträger sind fast immer als Zisternen geeignet.

Bauwerke mit Zisternen haben zwei Wassersysteme. Diese müssen gekennzeichnet sein. Was im städtischen Netz nicht klappt, geht für den Inselbetrieb von Gebäuden, wie langjährige Erfahrung z.B. auf Helgoland zeigt.

Regenwasserzisternen in öffentlichen Gebäuden, wie z.B. in Schulen, werden gern allein für die Toilettenspülung gebaut. Sie bilden ein geschlossenes System ohne für alle erreichbare Zapfstellen zweiter Klasse und ohne Verwechslungsgefahr.

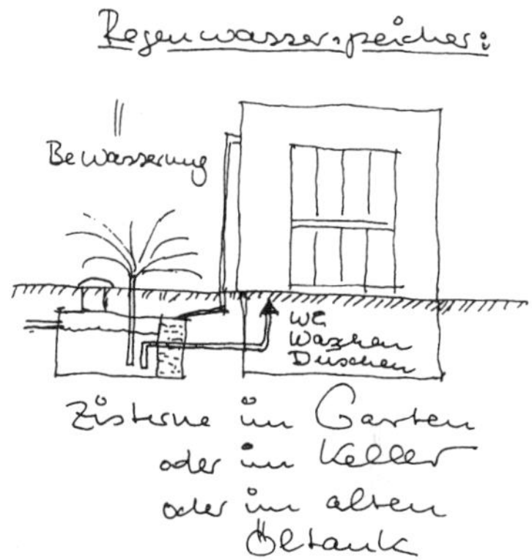


Zur Dimensionierung von Teichen, Becken oder Zisternenanlagen ist die Gewinnungsfläche (m²), die jährliche Niederschlagsmenge (mm oder l/m²) und ihre mittlere Verteilung über das Jahr im Wetteramt oder bei der Landwirtschaftskammer festzustellen. Diese Menge steht dem Verbrauch in dieser Zeit gegenüber. Regen fällt trotz der bekannten Mittelwerte sehr unregelmäßig. Auch „Ereignisse“ von bis zu 20 mm (das sind 20 l/m²; bei 500 m² Schuldach 10 m³ Regenwasser in vielleicht 15 Minuten) sind zu bedenken. Schließlich kommen Überlegungen zu Platz und Kosten dazu, bis eine angemessene Anlage, die den meisten Bedingungen im Jahresverlauf genügt, konzipiert werden kann. Zur Sicherheit hat sie einen Zulauf bei Mangel und einen Überlauf bei zu viel Regen.

Die Nutzung von Regenwasser ist vielfältig. Nur als Trinkwasser ist es nicht geeignet. Erst mit einer Vitamin- & Mineral-Brausetablette z.B. ist es trinkbar und schmeckt auch. Auch für Kaffee oder Tee ist weiches Wasser gut. Regenwasser mit Trinkwasserqualität müsste intensiv aufbereitet werden.

In Dusche & Wanne ist Regenwasser angenehm weich auf der Haut, und man benötigt kaum Seife oder Shampoo. Dieses Wasser sollte gut aufbereitet sein. Waschwasser für Wäsche oder Geschirr muss die gleiche Qualität haben, und man benötigt auch hier wenig Waschmittel. Zur Reinigung ist sauberes Regenwasser dem oft harten Trinkwasser weit überlegen. Kleine, dezentrale Wasseraufbereitungsanlagen (>) an der Zisterne können in Gebäuden diese Nutzungen ermöglichen.

Toilettenspülung – wie schon erwähnt – könnte mit nur geringer mechanischer Filterung in geschlossenem System problemlos in jedem Gebäude eingesetzt werden und ist jeder Sparanlage mit geringerem Trinkwasserumsatz überlegen.

Gartenbewässerung und andere Wassernutzungen für Bauwerke und ihre Umgebung sind direkt mit Regenwasser, schon aus der Regentonne, abzudecken. Auch die Schulzisterne – insbesondere in den großen Ferien – ist zur Gartenpflege geeignet, bevor sie überläuft.

Auto-Waschen ist keine an privaten Gebäuden angemessene Tätigkeit, auch nicht mit Regenwasser. Professionelle Waschanlagen mit Wasserkreislauf und Kontrolle über die Waschmittel wie die abgewaschenen Stoffe sind Pflicht für die Pflege im Sinne der Kreislaufwirtschaft.

## – Brunnen

„Am Brunnen vor dem Tore" holte man das Wasser für den Haushalt, als Grundwasser und Oberflächenwasser noch nicht tiefgehend geschädigt waren.

Keinesfalls aber war die Hygiene dieser viel besungenen Zeit gut, im Gegenteil: Abwässer flossen auf der Straße ungeklärt in die Gewässer, Ruhr, Cholera und Pest wüteten in dicht besiedelten Städten, es muss im Ort erbärmlich gestunken haben. Nur – es war wenig. In Grundwasser führende Schichten gelangte der Schmutz meistens nicht. Die Landwirtschaft düngte mit Viehdung. Davon gab es nur so viel, wie das Land Vieh ernähren konnte. Das brauchten die Pflanzen an der Oberfläche auf. Vergiftungen durch Produktion blieben generell sehr lokal wirksam. Bei aller Sorglosigkeit bestand eine ökologisch ausgewogene, einigermaßen „heile" Welt.

Grundwasser ist unter uns oft in mehreren Stockwerken aus Wasser führenden und wasserdichten Schichten aufgebaut. Es ist mit seiner prinzipiell gegebenen Trinkwasserqualität und dem frischen Geschmack das für Menschen geeignete Wasser.

Wir arbeiten flächendeckend an der Brunnenvergiftung. Abfall in Luft, Wasser & Boden landet schließlich im Grundwasser, wird dort gelöst und erschwert die Grundwassernutzung. Große Aufbereitungsanlagen werden nötig, lange Wasserleitungen mit entsprechend langen Standzeiten des Wassers darin und der damit verbundenen erneuten Keimbildung sind die

Folge. Zwischenbehandlung z.B. mit Chlor wird erforderlich. Selbst Gemeinden im peripheren Bereich sind bestrebt, an zentrale Leitungen zu kommen, weil die eigene Wasseraufbereitung aufwendig und verantwortungsvoll ist. Dabei sind noch viele Schadstoffe der jüngeren Vergangenheit, z.B. des zweiten Weltkriegs oder unbekümmerter Industrie, unterwegs in die von uns genutzten Grundwasserstockwerke.

Kleine, dezentral angelegte Brunnen mit hocheffizienten Wasserwerken und kurzen Versorgungsleitungen mit geringen Standzeiten des Lebensmittels „Wasser" sind wirtschaftlich und gesund. Große Wasserversorger streben danach. Besser, eine Gemeinde übergibt ihre Brunnen einer solchen Gesellschaft in technische Obhut, als der Anschluss an die große Fernleitung.

Viele kleine Brunnen senken den Grundwasserpegel gleichmäßig, aber sanft ab. Große, leistungsstarke Anlagen ziehen tiefe Kegel in das Stockwerk und können Dürre in Baumkronen oder gar in ganzen Landstrichen verursachen.

Brunnen an Gebäuden zur Gewinnung eigenen Trinkwassers sind heute nur in Ausnahmen, wenn die öffentliche Wasserversorgung weit entfernt ist, zulässig. Aufbereitung und Wasserqualität werden kontinuierlich vom Gesundheitsamt überwacht. Als Brauchwasserquelle sind Brunnen allemal gut, auch, um eine Zisterne in Trockenheit aufzufüllen, oder auch für die Toilettenspülung. Die Zahl nicht genehmigter Brunnen an Häusle und Laube ist hoch.

Keinesfalls sollten „Schluckbrunnen" zum direkten Eintrag von Regenwasser oder gar Abwasser angelegt werden, deren Stoffmischung ohne Filterung im Boden direkt in das Grundwasser geführt wird. Das ist wiederum Brunnenvergiftung.

## – Grauwasser

Aus Dusche & Wanne, Waschtisch & Spüle, Waschmaschine & Trockner kommt Grauwasser, das kaum schmutzig, mit Waschmitteln versetzt, aber ohne Fäkalien ist. Meistens ist es warm. Dieses Wasser kann noch „niedere Dienste" im Sinne der Kaskadenbildung erfüllen, z.B. Toilettenspülung. Die geringe Schmutzrate und die düngerhaltige Waschmittelsubstanz (Detergentien) lässt es auch zur Gartenbewässerung geeignet erscheinen.

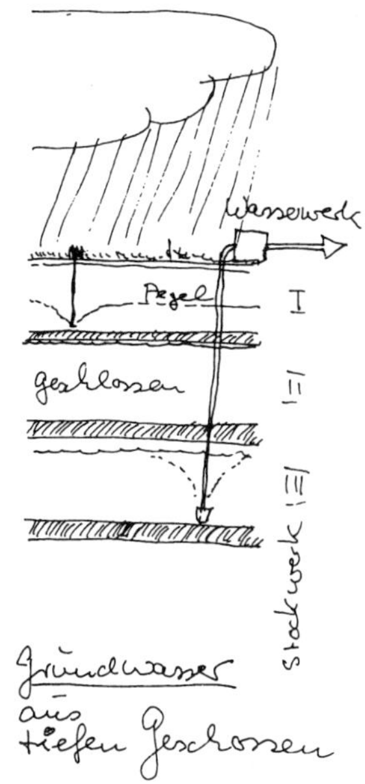

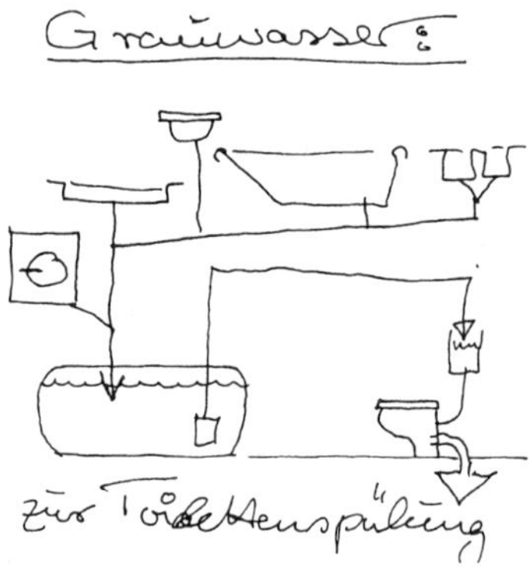


Grauwasser wird in Behältern aufgefangen & gespeichert, manchmal gewinnt ein Wärmetauscher Energie zur Vorwärmung des Warmwassers daraus. Später wird es der nachfolgenden Nutzung zugeführt. Darin liegt das Problem. Organismen in Wärme & Wasser entstehen auch ohne Luft anaerob (ohne Sauerstoff). Faulung, sogar Biogas kann entstehen, letzteres gefährlich verpuffen. Der Grauwasserumsatz muss so hoch sein, dass sich kein Leben im Behälter bilden kann. Der alte Scherz, basisches Grauwasser mit saurem Regen zu neutralisieren, zieht nicht mehr.

Ohne rapiden Umsatz ist Grauwasser nicht auf Dauer zur Zweitverwendung geeignet, sondern es ist ein Abwasser und bedarf einer besonderen Behandlung zur Reinigung.

## – Abwasser

Nachdem Trinkwasser & Brauchwasser ihre Dienste im Hause geleistet haben, verlassen sie in veränderter Form das Bauwerk als „Ab“wasser. Weg durch den Gully, wir wollen mit unseren Resten nichts mehr zu tun haben, wir ekeln uns. Das ist natürlich. Das haben wir als Kleinkinder so gelernt. Menschen, die Effizienz & Kreislaufwirtschaft als Maxime führen, denken anders. Abwasser ist über 98 % Wasser. Es hat sich nicht viel geändert. Grauwasser hat ein paar Partikel und gelöste Bestandteile, Toilettenwasser bringt unsere Fäkalien außer Haus. Was uns ekelt, ist für andere Lebewesen Brot. Sie setzen die Gegenstände unseres Ekels um in wohlschmeckende Möhren, Früchte, Kartoffeln & Salate, die wir wiederum genussvoll verspeisen. Abwasser aus dem Nahrungskreislauf ist Wertstoff! Erst wenn Stoffe hineingelangen, die nicht oder nur mühsam von den Nachfolgern in der Nahrungskette umgeformt werden können, haben wir wieder einmal eine kleine Naturkatastrophe verursacht. Nicht Abwasser ist schuld – wir sind es.

In der Stadt wird Abwasser in Sammelkanälen zu einer großen Kläranlage geführt, wo mechanisch & rein biologisch oder in Kombination mit anderen chemischen Verfahren relativ sauberes, zur biologischen Schlussreinigung geeignetes Wasser entsteht, das in einen Fluss geleitet werden kann, sogar wieder zur Trinkwassergewinnung genommen wird. Daneben entsteht Klärschlamm, der im Idealfall auf die Felder zurück kommt. Dazu ist Sonderklärung an jedem Gewerbe- und Industriebetrieb notwendig, der nicht abbaubare Stoffe abgibt. Zur städtischen Sammlung und Aufbereitung der Abwässer gibt es keine Alternative.

Im ländlichen Bereich werden kleine, sehr naturbezogene Anlagen mit wachsender Entfernung von Zentren interessant zur Wasseraufbereitung (<). Dorfeigene Biogasanlagen sind gleichzeitig Kläranlagen.

In abgelegenen Häusern oder Weilern, wo bisher die 3- oder 4-Kammer-Kläranlagen verbreitet waren, sind Methoden der Grauwasserklärung mit der trockenen Fäkalienumwandlung in Komposttoiletten angebracht. Komposttoiletten setzen die wertvollen Fäkalien direkt und trocken im aeroben (mit Sauerstoff) Klima zu Kompost um, der sofort auf dem Feld oder im Garten wiederverwendet werden kann. Alle organischen Abfälle des Hauses werden hier verarbeitet. Eine Lüftung über Dach führt unangenehme Düfte ab, durch Toilette und Küchenabwurf wird belüftet, so dass es hier nicht stinkt. Der exotherme Vorgang mit Sauerstoff erzeugt genügend Thermik für den gewünschten Luftstrom. Zur Sicherheit kann ein Ventilator die Abluft beschleunigen. Das Kompostgut schrumpft im Laufe der Kompostierung auf ca. 1/8 des Volumens zusammen. An der Ausgangsluke erscheint nach 2 Jahren oder kürzer, je nach Technik, schwarze krümelige nach Wald duftende Komposterde. Die kompostierenden Lebewesen sind sehr klein und empfindlich. Gleichmäßige „Nahrung", wenig Feuchtigkeit (sonst schnell anaerob!), keinesfalls Antibiotika sind ihre Lebenswünsche. Das in Schweden gebaute „Clivus Multrum" ist populäres Beispiel dieser Technik.

Zu Komposttoiletten gehört eine pflanzliche Grauwasserbehandlung gemäß den beiden geschilderten Verfahren, z.B. in einer Art Hügelbeet.

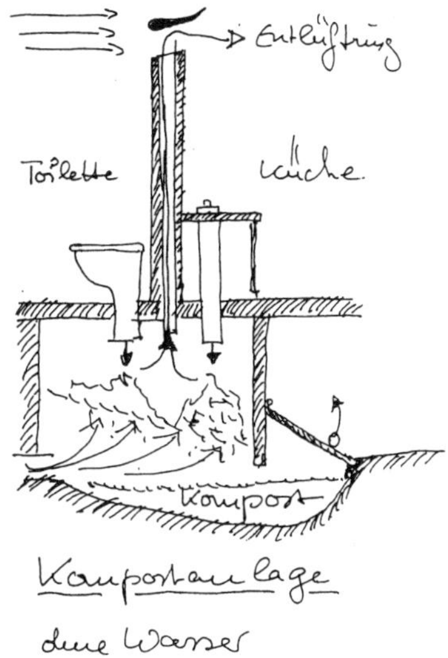


## Materie

Ein Kreislauf der Materie, wie ihn natürliche Lebensgemeinschaften in Ökosystemen in der Klimax, dem Idealzustand des Lebendigen, erreichen, ist im Bauwerksbetrieb allein nicht zu realisieren. Materialbilanzen sind auf die gesamte Gesellschaft und ihre kulturellen Einrichtungen zu beziehen. Der „Evolutionssprung zur Kreislaufwirtschaft" bezieht sich auf die Lebenswelt der Menschen auf der Erde, und das Neue daran ist, dass eine einzelne Art das vollbringt, was bisher nur Lebensgemeinschaften – in unserer Vorstellung unbewusst – auf wunderbare Weise gelingt (<).

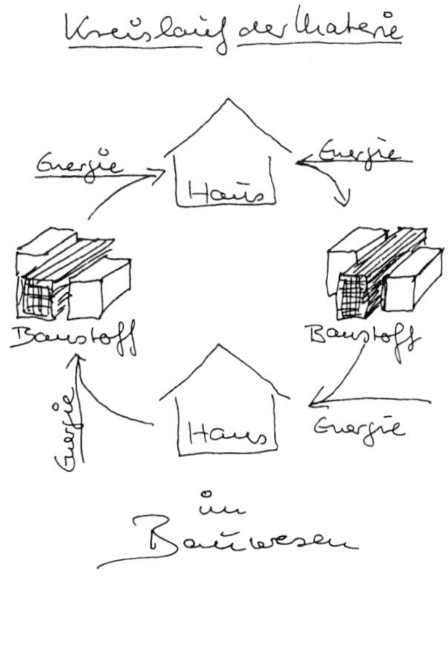


Führen wir das Bild der natürlichen Nahrungskette weiter, so kann das Bauwerk ähnlich einem ihrer Glieder gesehen werden, das energetischen & materiellen Input hat, diesen nutzt und auf niederer Ebene als Output wieder in die Gesellschaft abgibt, also vorwiegend „linear" wirtschaftet, wie eine einzelne Art im Ökosystem. Im Sinne von Energieeffizienz & Kreislauf der Materie ist es, wenn Input & Output zum Rest der Welt angemessen und weitgehend verarbeitet werden können.

## – Haushalten

Die Bewohner bestimmen im Bauwerksbetrieb den Umsatz von materiellen Gütern. Der oft aggressiven Werbung zum Konsum von Ware steht die Überlegung zur Anschaffung entgegen. Kosten-Nutzen-Bewertung allein reicht nicht aus. Vielmehr ist der gesamte materielle wie zeitliche Weg des Objekts vom Kauf bis zum Verlassen des Hauses bei der Überlegung, einen Gegenstand in den Haushalt zu übernehmen, in Betracht zu ziehen. Für den Input in den Lebensbetrieb sind einige Merkmale zu beachten:

- Die Notwendigkeit zur Anschaffung ist zu überprüfen, die eigene Gier, der gesellschaftliche Zwang oder die eigene Lust der Vernunft entgegenzustellen. Oft hilft das Vererbungsprinzip: „Was würden meine Nachkommen behalten?“ bei der Auswahl. Natürlich soll man, wenn es denn sein soll, auch der Lust gehorchen – aber nach Überlegung.
- Wo soll die Beschaffung erfolgen? Der reguläre Handel bietet Beratung, Service & Garantie, der Schnäppchenmarkt braucht eigenen Sachverstand und gutes Beurteilungsvermögen, ebenso der Gebrauchtmarkt. Beide preiswerteren Quellen unterliegen einem gewissen Zufall und man muss Geduld mitbringen. Reinfall & Enttäuschung sind möglich.
- Qualität ist von großer Bedeutung. Der gewünschte Zweck muss erfüllt sein und mehr noch, denn der Qualitätsanspruch wächst in der Regel mit der Nutzung. Wer das Fotografieren beginnen will, kauft eine einfache Kamera, benötigt bald eine bessere, dann noch besser und noch besser. Anspruch kommt mit steigender Lust und steigender Fertigkeit. Lieber gleich eine gute Kamera – bei knapper Kasse dann gebraucht. Die Qualität muss immer ein paar Grad höher sein als der Anspruch zum Zeitpunkt des Kaufs. Billigware ist schnell Schrott und macht Müll. Die Investition lohnt sich nicht und macht auch noch Ärger und Mühe beim Entfernen aus dem Haushalt.
- Reparaturfähigkeit und Service sind beim Kauf zu beachten. Es gibt Gegenstände, die sind als „Black Box“ vergossen und beim kleinsten

Fehler zu Müll geworden. Andere sind zu öffnen und zu reparieren. Das ist besonders gut beim Gang durch eine Werkzeugabteilung zu beobachten. Zumindest handwerklich begabte Menschen sollten die meist etwas teurere Version reparierbarer Profi-Geräte kaufen, die meist auch sicherer zu handhaben sind. Sie können ein langes Leben haben.

- Lagerung & spätere Verwendung sind vorab zu bedenken. Die für einen Schnupfen gekaufte Höhensonne verstaubt irgendwo. Das Trimmgerät steht nach Aufgabe des Schlankheitswahns im Weg. Der verfügbare Lagerraum und seine Verwendung sind beim Kauf zu beachten.

- Auch was mit dem eigentlichen Gegenstand zum Lebensvollzug mitgeliefert wird, im Allgemeinen die Verpackung, ist schon bei der Anschaffung zu beachten, denn alles durchläuft das Input-Output-System des Haushalts. Das Deponieren der Verpackung an der Kasse klappt nicht bei Milch, also wird man sich auf Einweg-Verpackung (z.B. Tetrapak) mit geregeltem Output oder auf den Mehrweg (Flasche) spezialisieren.

Die Nutzung im Lebensbetrieb beschränkt sich nicht allein auf reine Zweckerfüllung des Gegenstands. Um diese zu erhalten, sind sorgsamer Umgang, Wartung & Pflege erforderlich. Die Betriebsanleitung ist zu beachten und Pflegeanweisungen einzuhalten. Gepflegte Schuhe halten sehr lange. Rostige, ungepflegte Fahrräder oder „Rostlauben“, wie manche Autos genannt werden, sind Statussymbole Technik verachtender (aber sie nutzender) Ökofreaks. Die verachteten Gegenstände sind sehr bald Müll und versehen ihren Dienst im Dahinsiechen nur noch uneffektiv. Nur die funktionsfähige Erhaltung der Dinge, im Lebensgeschehen so lange wie möglich zu dienen, ist effektiv & energiesparend. Pflege & Wartung, das geputzte Fahrrad, richtige Bedienung & Reparatur, die geölte Kette, sind Schlüsselbegriffe für die Nutzung der Dinge im Bauwerksbetrieb, für Effizienz und Müllvermeidung.

Beim Output aus dem Haushaltsgeschehen ist zunächst die Lagerung zu bedenken. Für Kinder sind Dachböden mit ausgelagerten Dingen ein Abenteuerspielplatz, und vielfach kommen Gegenstände der Großeltern oder noch ältere in jungen Haushalten zu neuen Ehren. Lagerraum ist heute keine beachtenswerte Größe im Wohnungsbau. Vorhandene Lagerräume werden zu Wohnungen gemacht. Die an sich begrüßenswerte urbane Verdichtung durch Dachausbau hat als fatale Folge den Fortfall von Lagerraum.

*Dachausbau mehrt Müll!*

Sind die den Haushalt verlassenden Gegenstände noch funktionsfähig, ist die Weiternutzung von anderen anzustreben. Ist niemand im Bekanntenkreis zur Übernahme bereit, helfen Zeitungsanzeigen, Flohmärkte oder Gebrauchthandel (Second Hand), den Haushalt zu entlasten. Selbst Sperrmüll ist eine Form der Resteverteilung, beachtet man den eigenen abendlichen Output und die Abholmenge der städtischen Fuhrbetriebe.

## – Materialtrennung & Materialverwertung

Für den „Betriebszweig Reduktion“ (<) in der Kreislaufwirtschaft ist wichtig, dass Materie in einer Form in den Produktionsprozess zurückfließt, die energetisch wie in der Stoffbilanz eine effiziente Aufarbeitung zu neuen Produkten ermöglicht.

Die täglichen Dinge des Lebens finden bereits einigermaßen funktionierende Pfade zurück in die Produktionswelt. Glas, Papier, Batterien, oft auch organische Kompostmaterie werden öffentlich gesammelt und industriell verwertet. Große Firmen werben mit dieser neuen Ressource, z.B. mit einem Stapel Altpapier: „Für andere ist das Müll, für uns ist das ein Handschuhfach.“



Die Sammlung von Kunststoffverpackung als müllähnliches Konglomerat in gelben Säcken ist Verlegenheitslösung, ausgelöst von einer voreiligen Gesetzgebung zur Verwertung von Verpackung. Einziger Erfolg ist die Erkenntnis, dass sehr viele Menschen offensichtlich bereit sind, Materialtrennung in den Haushalten zu betreiben. Wir stehen in breitem gesellschaftlichen Konsens an der Schwelle zur Kreislaufwirtschaft. Die bisher gesammelten Inhalte des Piniervorhabens „Gelber Sack“ wandern noch mangels Nutzbarkeit im Wesentlichen auf Deponien oder in die Verbrennung.

Vor die Sammlung unterschiedlicher Verpackungsarten in allen Materialien und Materialkombinationen ist der Entwurf geeigneter Verpackungssysteme in begrenztem und voneinander trennbarem Materialkanon zu stellen. Die Phantasie für schöne Verpackung kann vom außergewöhnlichen Material auf schöne Form gelenkt werden, ohne den Anreiz zum Erwerb zu vernachlässigen. Die Trennbarkeit von Materialien zu Grundstoffen ist nicht graumäusig. Neuere Autos sind über ihre Reparaturfähigkeit hinaus nach dem Gebot der Rücknahme so konstruiert, dass sie im Rücknahmewerk problemlos materialspezifisch zur Wiederverwendung demontiert werden können. Den Unterschied zu früheren Autos sehen wir nicht. Nur reparaturfähige und damit demontierbare Gegenstände sind angemessen zu recyceln. Betriebszweige zur rücknehmenden Verwertung nicht mehr brauchbarer Gegenstände werden in Umkehrung zu den Fertigungsstraßen automatische Demontagestraßen einrichten. Das klappt erst, wenn der Entwurf der Gegenstände Produktion & Reduktion gleich berechtigt enthält.

Die industrielle Trennung von Hausmüll ist in der Geschichte regelmäßig gescheitert. Automaten verzweifeln an der Vielfalt, menschliche Arbeitsplätze sind unwürdig und die Qualität der Arbeit unsicher. Allein das berühmte „Kairoer System“ scheint zu funktionieren:

- Ein Karren kauft den Müll in den Straßen Kairos ein.
- Der Zugesel ernährt sich vom Wagen.
- Die Fuhre gelangt weit vor die Tore Kairos (in Lee).
- Auf unermesslichen Halden werden die Materialien von einer Sippe getrennt und aufbereitet.
- Glas, Metalle, Stoffe etc. wandern ins Handwerk oder in die Industrie.
- Organisches ernährt Schweine (für Touristenhotels – Muslime essen kein Schwein).

Wer hier überlebt, ist immun und vergleichsweise ziemlich wohlhabend. Das Wohnumfeld bleibt nicht übertragbar als Muster zur Hausmülltrennung.

An der Schwelle zur Kreislaufwirtschaft ist Verpackung phantasievoll neu zu entwerfen. Einwegverpackung ist auf ein klares Spektrum weniger Materialien begrenzt, die den Hauhalt getrennt verlassen. Mehrwegverpackung kann sich auch auf viele, auch sperrige Gegenstände des Haushalts erweitern, die bisher zu ihrem Schutz aufwendig umhüllt werden mussten. Genormte Container mit innen liegenden Pneus z.B. sind universell verwendbare Schutzkleidung für empfindliche Gegenstände. Sie können dauernd unterwegs sein.

Rücknahme & Reparatur eröffnen ein weites Arbeitsfeld für Handwerk & Handel. Hier kann fachkundig dezentral, sogar in den Haushalten vor Ort repariert, zurückgeführt und neu beliefert werden. Der Austausch minimiert Lagerfläche im Haushalt und hält ihn aktuell. Fachberatung in der Rückführung von Output gibt es bereits in den Recyclinghöfen mancher

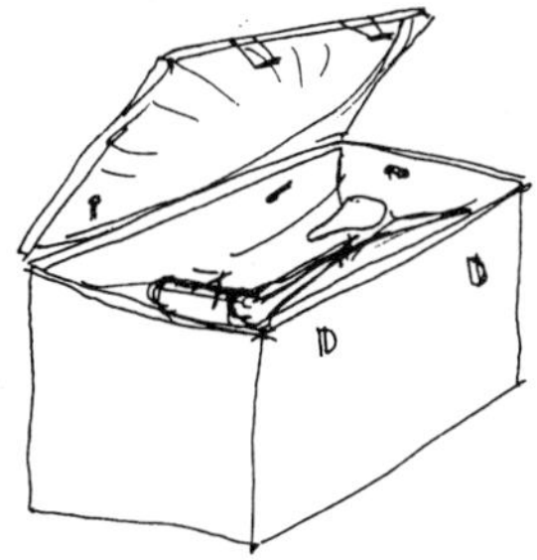

Pneumatisch gepolsterte Container

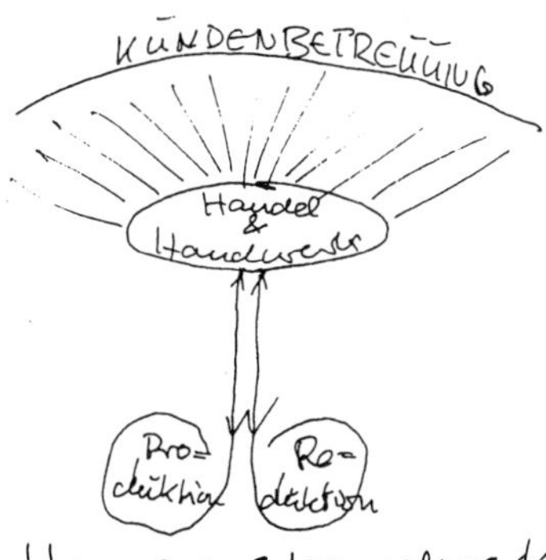


Handel & Handwerk: Schlüsselposition

Städte. Damit entstehen bis weit ins Land Arbeitsfelder in der Vermittlung zwischen „Konsumenten“ und „Reduzenten“, deren Werke zur Aufarbeitung von gebrauchter Materie wiederum ein weites Arbeitsfeld in der Gesellschaft darstellen.

## – Müll

Müll ist Mangel an Phantasie. Wo Müll entsteht, haben wir noch nicht genügend nachgedacht. Alle Phantasie der klugen Köpfe, die den technisch-evolutionären Fortgang unseres Lebens gestalten, setzt auf „Kreislauf der Materie“. Das bedeutet Müllvermeidung.

Und doch entsteht Müll, so sagt der zweite Hauptsatz der Thermodynamik. Auf dem Weg zur Unordnung der Materie (< Entropie) versuchen wir ununterbrochen, Ordnung zu schaffen und zu halten. Wie Sisyphos rollen wir den Stein immer wieder mit Energie auf die Kuppe, von der er, kaum, dass wir uns über unser Werk freuen können, jedesmal wieder zu Tal rollt. Das unendliche Ringen mit der Unordnung könnte uns verzweifelnd aufgeben lassen, wäre es nicht selbstverständlich in unser Leben eingebaut. Wir können nicht den Staub wieder an den Ort seiner Erosion zurückbringen. Ein gewisses Maß an Unordnung wird selbst in der bestfunktionierenden Kreislaufgesellschaft immer für „Müll“ sorgen.

„Entsorgung“ von Abfällen ist der falsche Begriff, der unserer linearen Grundhaltung zu unseren Resten entspricht. Aus den Augen, aus dem Sinn – die Toilettenspülung als Symbol – ist Praxis. Auf dem materiell als geschlossenes System zu betrachtenden Erdball kann Materie nicht entsorgt werden. Sie wird immer in irgendeiner Form da sein. Nur Energie kann als Strahlung in das Universum abgehen.

Müll wird „versorgt“:

- Das schlichte Ablegen in die Landschaft, genannt „ungeordnete Deponie“ mit unkontrollierbaren internen Prozessen und Eintragungen in Boden, Wasser & Luft, ist eine nicht zu vertretende Form der Versorgung, die zur Veränderung unseres Lebensraums erheblich beiträgt. Diese Einrichtungen müssen im Laufe der Zeit saniert werden.
- Müllverbrennung ist beschleunigte Entropie. Das Stoffkonglomerat als Brennstoff erzeugt unübersehbare Verbindungen, die im Abgas über Luft in Boden & Wasser geraten. Aufwendig investierte Energie verpufft auf niederem Niveau ins All. Das „reinigende“ Verbrennen un-

erwünschter und nicht ins Bild passender Nebenerscheinungen der Gesellschaft hat Geschichte, z.B. in der Hexenverbrennung.

– „Geordnete Deponien“ sind komplizierte und aufwendige Bauwerke. Eine dichte und gegen aggressive Stoffe unempfindliche, inerte Sohle grenzt sie nach unten ab. Sie ist gegen Regen abgedeckt und kann unter diesem vor Überlauf schützenden Schirm Gase auffangen, filtern oder verwerten, wie das dem Biogas ähnliche Deponiegas. Nur geordnete Deponien sind als Lösung zur Versorgung von Restmaterie geeignet. Mit fortschreitender Technologie in der Wieder- & Weiterverwendung von Stoffen sind sie Rohstoffquellen der Zukunft.

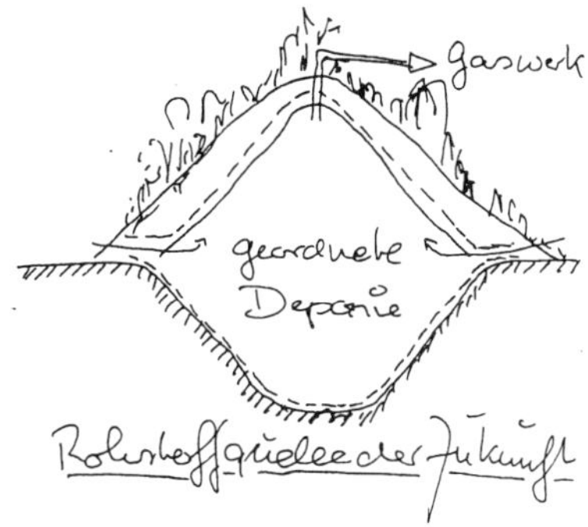


Die Müllmenge in einer perfekten Kreislaufgesellschaft wird allerdings nur noch klein sein. Sie mag bei weitgehender Weiter- & Wiederverwendung der im Umlauf befindlichen Materie noch 10–15 % der bisherigen Müllmenge ausmachen, die geordnet gelagert wird.

## Baustoffe

Alles, was oben für Materie zu Haushalten, Trennung & Verwertung oder zu Müll (hier Schutt) gesagt wurde, gilt auch für die Materie, aus der die Häuser sind: für Baustoffe.

Im ökologischen Bauen bestehen allerdings ideologische Grabenkämpfe gegen einige Stoffe (z.B. Beton) und Affinitäten zu anderen, deren praktische Anwendung zu physikalischen oder ökonomischen & ökologischen Problemen führen würden (z.B. Kork oder Kupfer).

In der „Fibel zum konstruktiven Entwerfen“, Althaus, 1999, wurden die für Bauwerke gültigen Naturgesetze grundlegend erklärt sowie die Materie zum Bauen in ihren prinzipiellen Eigenschaften dargestellt. Deshalb erscheint hier mit Verweis auf die schwesterliche Fibel nur ein kurzes Kapitel mit Streiflichtern zu diesem wichtigen Bereich, das – bevor Ideologie den Kopf besetzt – eine Idee zur sinnvollen Verwendung von Baustoffen gibt.

### – Physik & Eigenschaften

Ohne Kenntnis der Naturgesetze, die auf das Bauwerk einwirken, sobald es den virtuellen Zustand unserer Entwurfsvorstellung verlässt und gebaut wird, und ohne die intime Kenntnis der Stoffe, aus denen unsere virtuellen Träume wahr werden, können wir keine Bauten realisieren, ja nicht einmal frei und spielerisch entwerfen. Wie erst Sprache die Fähigkeit zum abstrakten Denken ermöglicht, so ermöglicht erst die Kenntnis der Physik & Materie eine reale Vorstellung schon des virtuellen Bauwerks. Wir werden nie wagen, ohne die durch diese Kenntnis abgesicherte Vorstellung Häuser zu bauen. Sie werden nie besser sein als unsere Kenntnis, und wenn die kümmerlich ist, werden unsere Produkte es gleichermaßen.

Zum ökologischen Bauen mit der Maxime „Energieeffizienz & Kreislaufwirtschaft“ muss diese Kenntnis besonders gut sein, denn Baustoffe werden ihren besten Eigenschaften gemäß optimal im Bauwerk eingebaut. Ideal erfüllen sie gleichzeitig oder in Folge mehrere Funktionen für den Bauwerksbetrieb, z.B.:

- Schwere Stoffe tragen in der Regel, speichern Wärme & Feuchtigkeit, schützen vor Schall und meistens vor Feuer.
- Leichte Stoffe bremsen den Wärmeverlust.

Andere Materialien erfüllen andere Funktionen, wie die Schwesterfibel beschreibt. Glas als unsichtbarer Baustoff lässt z.B. Licht ein.



Es mag sein, dass manche Materialien für manche Zwecke ungeeignet sind. So ist z.B. thermoplastischer Kunststoff nicht zum Fensterbau geeignet und muss mühsam mit einer Stahl-Korsage in Form gehalten werden. Organische Dämmstoffe sind nicht ohne Risiko in Außenwände zu bauen, wo die Gefahr von Kondensat im Taupunktbereich besteht und mit Wärme, Feuchtigkeit & organischer Materie blühendes Leben entstehen kann.

Der Architekt tut gut, sich in seiner Tätigkeit auf Materialien zu konzentrieren, die er kennt und anzuwenden weiß. Das Marktgeschrei neuer Baustoffe ist ökonomisch verständlich, ist aber gründlich zu prüfen. Die Massenproduktion von Kunststoff z.B. sucht Absatzmärkte, ob sie sinnvoll sind oder nicht.

Naturbaustoffe sind nicht automatisch besser für den Hausbau geeignet als künstlich hergestellte. Mit dem Wandel im Bauwesen zum lohnintensiven Gewerk haben manche Stoffe ihre Bedeutung gewandelt.

So ist Naturstein vom örtlich an jedem Bauwerk verwendeten Baustoff mit dem Siegel des „Genius loci“ wegen der lohnintensiven Gewinnung zum exklusiven Stoff internationaler Bauten mit dem Flair des „Genius mundi“ mutiert. Blau-orange-weißer „Macauba“ aus Bahia ziert unsere Volksbankfoyers. Die natürliche Radioaktivität von Naturstein aus frischen Faltungen wie den Alpen lässt die beliebte Anwendung als Küchenplatte in Höhe der Eierstöcke junger Hausfrauen nicht verantwortlich erscheinen.

Holz hält bei guter Konstruktion länger am Bau, als es nachwächst. Seine Eigenschaften sind hervorragend. Wer Risse nicht scheut, baut es in gewachsener Form ein und freut sich am lebendigen Aussehen. Wer präzise, glatte Flächen bevorzugt, wendet es in mannigfacher Form der Bearbeitung kantig, rissfrei, glatt und großflächig an. Die Eigenschaften leiden ein wenig durch Kunststoffverleimung.

Tropenholz hat oft bessere Eigenschaften als unser heimisches Gut. Es sieht schön aus und ist hart. Der Kampf dagegen bis zum gesetzlich verordneten Boykott ist arrogant und dumm. Die Nutzung dieses Stoffs ist sinnvoll gegen die Alternative der Brandrodung, die in der Praxis die Regel ist und tote Erde hinterlässt, weil tropischer Regenwald kaum Humusdecke hat. Gönnen wir Ländern mit dem Reichtum dieser Hölzer den Export im Tausch mit Waren, die sie benötigen, und helfen wir ihnen zu einer gesunden Waldwirtschaft. Unsere Wälder mit der im Vergleich teuren Holzernte könnten Schutzgebiete werden mit den Holzwirten als Heger.



Beton, von ökobewegten Menschen als besonders verwerflicher Baustoff abgelehnt, kommt in unterschiedlichen Formen als „Naturstein“ vor. Sein Name ist dann „Konglomeratgestein“. Wie der künstlich hergestellte Baustoff werden zertrümmerte Gesteine, Sedimente, Geschiebe oder Kiese mit einem geologisch entstehenden Bindemittel und Druck zu neuer Festigkeit verbunden. Beton hat den Vorteil, dass wir eine gut kontrollierte Mischung vor ihrer erneuten Verfestigung in Formen gießen können und fast ohne weitere Bearbeitung und ohne Materialverlust Bauten in großer Gestaltvielfalt herstellen können. Der schlechte Ruf mag an der dichten, keine Feuchtigkeit puffernden Struktur liegen, die ihn als Innenwand in Bauten nicht eignen lassen.

Die Wirkung von Stahlbeton als Faradayscher Käfig, der elektrischen Strom außen vorbei leitet, ist in seiner positiven oder negativen Wirkung auf Menschen in Diskussion. Handy-Telefonierer haben Schwierigkeiten. Die Eisenhaltigkeit der als besonders „ökologisch“ gepriesenen Brettstapelbauweise steht dem Stahlbeton in nichts nach.

Lehmbau ist in der allgemeinen Vorstellung der Menschen eines der typischen und bekanntesten Merkmale ökologischen Bauens. Diese tradierte Bauweise wird allerdings vorwiegend nach historischen Mustern, z.B. der Ausfachung von Holzbauten, gepflegt, ohne alle Eigenschaften des

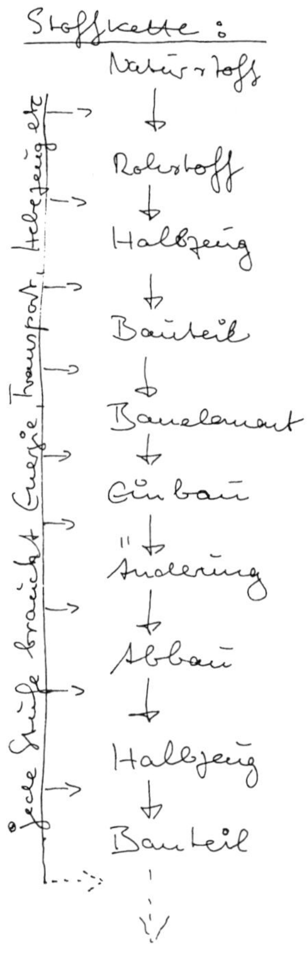


schweren Baustoffs zu nutzen, z.B. Schall- & Brandschutz. Vielmehr werden alte Probleme weiter getragen. Lehmbauwerke erzeugen das beste Raumklima und haben bei geschickter Verwendung nur gute Eigenschaften. Dem Baustoff gebührt intensive Forschung & Entwicklung zu architektonisch-technischen Bausystemen optimaler Materialnutzung. Die aus Sicht der Wiederverwendung & Weiterverwendung optimale Eigenschaft, Lehm mit Wasser wieder weich und unverändert verarbeitbar zu bekommen, schafft Probleme, wenn Nässe den noch in Diensten stehenden Baustoff aufweicht. Lehmbauten sind immer trocken zu halten. Wie Natursteinbau ist Lehmbau arbeitsintensiv und droht, trotz seines „Arme-Leute-Rufs" in Europa exklusiv zu werden. Die Eignung zum Bauen in Selbsthilfe allerdings hebt diese Exklusivität mit abnehmender fremd bestimmter Arbeitszeit und Raum zur Selbstverwirklichung für viele Menschen auf. Lehmbau ist gut für Menschen mit Zeit und wenig Geld.

## – Herstellung & graue Energie

Bevor Materie zu Baustoff wird, legt sie Wege zurück und erfährt manche Metamorphose. Jeder Weg und jede dieser Wandlungen bedarf technischer Einrichtungen und braucht Energie. Auf der Baustelle angelangt steckt schon Energie im Baustoff. Durch die Wandlungen zum einbaufähigen Zustand sind andere Stoffe entstanden, deren Weg im Kreislauf der Materie zu verfolgen ist. Bevor z.B. eine Stahlfassade eingebaut wird, erfolgen die Schritte:

- Eisenerz wird in Brasilien abgebaut und von taubem Gestein befreit.
- Es kommt per Schiff nach Rotterdam-Europort.
- Umgeladen per Lastkahn nach Duisburg.
- Im Hochofen wird das Erz mit Kohle und Zuschlägen zu Eisen reduziert. Zusätzlich entsteht Schlacke als Baustoff. Ein Zementwerk ist angeschlossen.
- Im LED-Verfahren wird Eisen zu Stahl.
- Im Walzwerk werden Stahlblöcke zu Blechprofilen.
- Nach der Beschichtung ist das „Halbzeug" Trapezblech bereit, auf die Baustelle transportiert zu werden.

Die Transportkosten sind per Schiff erstaunlich niedrig (aus Brasilien nach Duisburg ist billiger als z.B. von Duisburg nach Essen per Bahn). Die

Reduktion des Eisens aus Erz im Hochofenprozess und die Stahlproduktion als endotherme Prozesse beanspruchen viel Energie. Stahlherstellung aus Schrott verbraucht erheblich weniger Energie. Recycling bei Metallen ist die Regel.

Die Aufstellung vergleichbarer Energie- und Stoffbilanzen für die wichtigsten Baustoffe ist trotz vieler Ansätze noch nicht angemessen mit dem Nutzwert vergleichbar gelungen. Vielfach überlagern sogar ideologische Präferenzen die Aussagen. Schon die Angabe des Energieverbrauchs je Tonne statt auf das Bauteil bezogen gibt dem nicht rechnenden Architekten ein schiefes Bild, wie der Ziegel/Aluminium-Vergleich zeigt:

Ziegel: 0,55 kWh/kg – Aluminium: 13,5 kWh/kg

1/2steinige Vormauer: 126,5 kWh/m$^2$ – Wellalu 0,5 mm: 26,4 kWh/m$^2$

(aus Recycling-Aluminium: 1,32 kWh/m$^2$)

Zur Auswahl der Baustoffe sind aus Kosten-Nutzen-Überlegungen über die Energiebilanzen hinaus Haltbarkeit, Montagetechnik, Umbaubarkeit, Abbau & Recycling zu berücksichtigen, die insgesamt die Wirtschaftlichkeit der eingebauten Stoffe, Halbzeuge, Bauelemente bis zu weitgehend ausgebauten Fertigteilen definieren.



Die Bilanz ändert sich weiter mit Blick auf den Abbau: Während die Ziegelschale im Brecher zu Splitt verkleinert werden muss, kann die Alu-Haut abgebaut und weiter verwendet werden. Allenfalls wird Aluminium verschrottet.

## – Angemessene Konstruktion

Baustoffe sind ihren spezifischen Eigenschaften entsprechend einzubauen und dergestalt zu fügen, dass das Bauwerk seine Aufgabe optimal und wirtschaftlich erfüllt und die Stoffe ihren Zustand des Einbaus weitgehend erhalten.

Wer den Stoffen Gestalteigenschaften auferlegt, die sie nicht oder nur mit großem Aufwand erfüllen können, ist ein schlechter Architekt. Scharfkantige Betonstützen sind besser in Stahl zu bauen. Betonkanten sind schwer herzustellen und empfindlich im Alltag, da sie leicht abplatzen. Rissfreier Holzbau mit Schnittholz ist nicht möglich. Das können nur industriell gefertigte Halbzeuge, die Holzwerkstoffe. Auch Glas als tragender Baustoff ist ein intellektuelles Spielchen ohne große Innovation oder gar Nutzwert, gibt es doch genügend tragende Stoffe.

Konstruieren ist die fügende Kombination verschiedener Stoffe zum Bauwerk, das aus dem natürlichen Außenklima ein künstliches Innenklima herausnimmt und zu halten versucht. Es wirken darauf:

- Gravitation & Wind
- Wasser
- Wärme & Strahlung
- Schall
- Lebewesen.

Und es ist wie alle unbelebte Materie der natürlichen Tendenz zum Verfall, der Entropie, ausgesetzt. Der konstruierende Architekt versucht, diese „Unbilden der Natur" so rationell und so dauerhaft wie möglich mit seiner Konstruktion auszuschalten. Die Grundstruktur bildet das Tragwerk, das entgegen Gravitation & Windlast Hohlräume für die Bewohner bereit hält. Sie sollen trocken bleiben und mit eigenem Klima die Schwankungen der Außenwelt, auch Lärmbelastung abschirmen. Die Baustoffe sind so einzusetzen, dass sie gemäß ihren Eigenschaften Teile dieser Aufgaben erfüllen und das gesamte Gebäude und seine Stoffe gegen die Einflüsse von außen und die Belastung von innen geschützt ist. Der konstruktive Schutz des Bauwerks ist Grundlage nachhaltigen Bauens (*Fibel zum konstruktiven Entwerfen, Althaus*, Bauwerk 1999).



## – Recycling

Recycling von Baustoffen ist Bestandteil der Kreislaufwirtschaft. Im modernen Straßenbau z.B. ist Recycling der Stoffe bereits Standard, und der an Baustellen vorbeifahrende Laie hat den Eindruck, eine Maschine nimmt vorn die zerstörte Straßendecke auf, kocht die Stoffe einmal durch und deckt hinten damit die neue Fahrbahn. In der Tat kommen nur wenige Stoffe hinzu und kaum welche werden abgefahren, es sei denn, Fahrbahnverbreiterung benötigt mehr Material.

Im Hochbau ist Recycling von Abrissbauten noch Ausnahme. Die Struktur ist zu vielfältig. Baustoffrecycling allerdings ist im Kommen.

Nach dem 2. Weltkrieg haben „Trümmerfrauen" aus den zerbombten Häusern die ersten Ziegel zum Wiederaufbau geklopft. Das ging nur mit Vollziegeln und durch die Verwendung von weichem Kalkmörtel ohne Zementanteil. Heute würden der zementhaltige Fugenmörtel und der starke

Lochanteil der Ziegel kaum genügend wieder verwendbare Recycling-Ziegel ermöglichen.

Recycling kann in drei Qualitätsstufen eingeteilt werden:

1. Wiederverwertung
2. Weiterverwendung
3. Downcycling.

Die nächste Stufe ist Müll.

*Wiederverwertung* ist die Verwendung von Bauteilen, Elementen oder Stoffen in der gleichen Funktion wie bisher nach Ausbau aus dem Abrissobjekt. Jeder heil gerettete Ziegel wird wieder verwendet. Aber auch komplexe Bauelemente werden wieder eingesetzt. Dazu haben sich bereits eigene Baumärkte entwickelt, die gut sortiert Türen, Fenster, Zubehör bis zu Steinen & Dachpfannen sowie ganze Häuser aus Holzfachwerk anbieten. Längst nicht alle Teile am Bau sind gleichmäßig gealtert, wenn der Abbruch ansteht. Sie sind anderswo wieder einzusetzen. Zum fachgerechten Umgang mit alten Baukonstruktionen sollte die Lehrzeit für das Bauhauptgewerbe ein Jahr in der Gebäudesanierung stattfinden.



*Weiterverwendung* setzt ausgebaute Stoffe in ähnlicher Funktion an anderer Stelle ein. Alte Fachwerkhäuser enthalten oft Balken in Zweit- oder Drittverwendung an völlig anderer Stelle, wobei die Bearbeitungsspuren und konstruktiven Merkmale für die vorherigen Nutzungen ablesbar geblieben sind. In der Baugeschichte heißen weiter verwendete Bauteile „Spolien", und es gibt hinreichend Beispiele wie die große Zisterne in Istanbul.

*Downcycling* ist die stoffreine Zerstörung von Bauteilen zur neuen Verwendung. Mit Zement gemauerte Hochlochziegel werden zu Ziegelsplitt zerkleinert und haben damit eine niedere Stufe erreicht (deshalb downcycling). Ziegelsplitt aber ist als Baustoff für Schüttungen oder als Zuschlagstoff für Beton gut geeignet. Stahlbeton verlässt die Schreddermaschine auf der einen Seite als Splitt für Schüttungen oder als Zuschlagstoff, auf der anderen als Betonstahl-Spaghettiplastik, die zur Stahlproduktion kommt.

Nicht nur Baustoffe sind mehrfach zu nutzen und sollten beim Abbau als Wertstoff betrachtet werden. Andere Stoffe aus der Industrie, die Reste der Produktion für andere Zwecke sind, werden im Bauwesen übernommen. Schlackensteine aus der Stahlproduktion und Zementwerke neben dem Hochofen wurden schon genannt. Schaumglas aus für die Glasproduktion nicht mehr geeignetem Altglas erfährt als hochfeste Wärmedämmung ein „Up"cycling. Als Schüttung ist es immer wieder zu verwenden. Gips aus Entschwefelungsanlagen ist als Baustoff bekannt. Als Senke von Industrieresten ist das Bauwesen gut geeignet. Experimente mit Autoreifen, Flaschen, Coladosen oder anderem Zivilisationsmüll sind eher bewusstseinsbildend für Studis. Die als Mauerstein ausgebildete Bierflasche der Brauerei „Heineken" wurde selbst von den experimentierfreudigen Holländern nicht akzeptiert. Sie war zu wenig Bierflasche. Schade!

Müll ist erst, was als untrennbarer Mix zusammengeworfen wird und damit zur Materialtrennung nicht mehr geeignet ist. Müll – sogar Sondermüll – sind Bauteile, die bereits in der Fertigung zu einem unauflöslichen Verbund zusammengeleimt wurden. Die Vermeidung von Müll beim Bau, beim Umbau und beim Abbau ist Gegenstand schon des Entwurfs. Spätestens in Phase 5 – Ausführungsplanung – sind Baustoffe auf ihre Reduktion zu untersuchen und nur Stoffe und Systeme einzubauen, die keinen Müll machen. Dazu braucht es Kenntnis & Phantasie.

## Lebenslauf des Bauwerks

Bauwerke sind zwar aus nicht lebendiger Materie, sie sind aber von lebendigen Wesen für das Lebendige erschaffen. So haben auch sie einen Lebensweg. Sie entstehen zunächst als noch wenig definierter Wunsch im Kopf der Bauherren. Dann konkretisiert der Architekt als virtuellen Entwurf die Wünsche, ändert, schafft Varianten oder völlig andere Gestalten, bis sich ein geistiges Gebilde gegenseitiger Übereinkunft einstellt. Nach Abstimmung mit der Überwachungsmacht unseres Sozialgefüges (Bauamt etc.) beginnt immer noch immateriell der raumkünstlerische Plan zur baukünstlerischen Realität zu wachsen, und der Planer bestimmt den Stoff, aus dem die Räume sind. Nach Überprüfung der Wirtschaftlichkeit, zuletzt nach den realen Preisen der Angebote ausführender Firmen, gelangen Konstruktion und Baustoffe zur Ausführung.

In der Nutzung, nach den ersten Kinderkrankheiten, ändert sich mit der Zeit zuweilen der Zweck und es muss reagiert werden. Umbauten sind mehr oder weniger schwere Operationen, die sogar zu Herzstillstand führen können. Der gute Operateur schafft trotzdem neues Leben. Irgendwann aber haben der Zahn der Zeit, die technische Entwicklung und die Geschichte dergestalt an Sinn & Zweck des Bauwerks genagt, dass sein Ende gekommen ist.

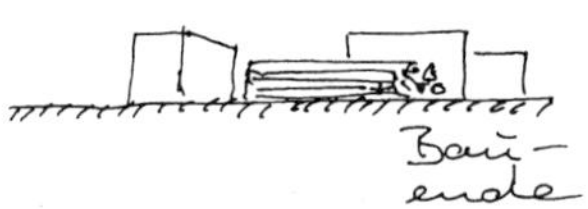

Sorgsam wird es zerlegt, alle brauchbaren Teile dem Gebrauchtmarkt zugeführt, Müllgemisch getrennt und der Rest sorgsam palettiert oder zu neuen Stoffen verarbeitet. Abbau ist ein Bauvorgang, zu dem es Zeit und Sorgfalt braucht.

## – Ordnung & Entropie

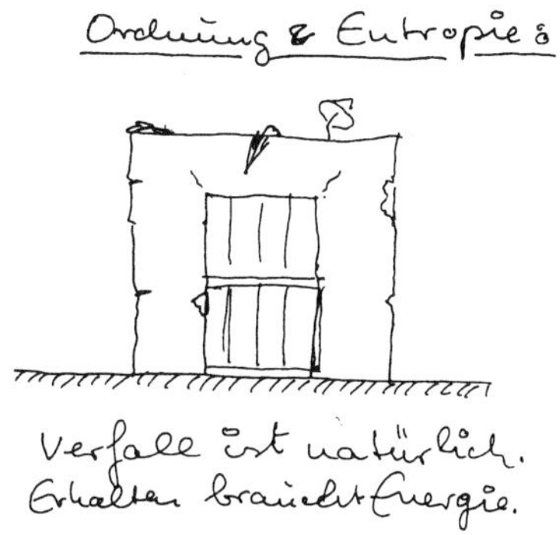


Wenn wir Häuser bauen, schaffen wir Ordnung. Wir stellen einen in der Natur sehr unwahrscheinlichen Zustand her, eine Ordnung, die nicht die der Natur ist. Wer Wüstungen kennt, Ghost-Towns oder Industriebrache, erkennt, wie rapide diese Ordnungen wieder zur Normalität der Unordnung gelangen. Der wahrscheinliche Zustand stellt sich ein, bis er dem der Umgebung gleich ist. Das ist der Gang der Entropie. Auch Beton ist Biotop.

Von der Einweihung des Gebäudes an kämpft der Bewohner mit dem Verfall. Die mit schöpferischer Kraft und Energie hergestellte Ordnung beginnt gleich, nachdem Kreativität und Energiezufuhr aufhören, der alten Unordnung entgegen zu streben. Allein zum Erhalt müsste dauernd Energie einfließen, wie bei den lebendigen Wesen. Lebendige Bauwerke könnten sich selbst erhalten – mit der Sonnenkraft. In der Wirklichkeit von Gebäuden geschieht das schubweise und von Menschenhand. Nach einer gewissen Zeit des Verfalls, wenn schon die Nachbarn zu reden beginnen, wird schlagartig Energie zur Renovierung freigesetzt. Dann werden die nächsten Verfallserscheinungen abgewartet.



Hausbesitzer wissen, welch zerstörende Kraft in der Entropie liegt und mit welcher ordnenden Energie sie gegen diese andauernden Verfallserscheinungen vorzugehen haben.

## – Evolution des Bauwerks

Nicht spürbar in unserem kurzen Lebensdasein, aber mit der Zeit klar erkennbar geht Evolution voran. In der Natur geschieht das sehr langsam, nicht einmal in Menschengenerationen wahrnehmbar. Unsere Kultur mit ihrer rasanten Entwicklung ist ebenfalls in Evolution, und zwar rapide. Innerhalb einer Generation geschehen Umbrüche, die, wie Konrad Lorenz sagte, Generationen aus Mangel an Kommunikation trennen.

Bauwerke aus nicht lebendiger Materie haben keine Evolution. Sie verharren statisch in dem ihnen gegebenen Zustand. Die einzige Veränderung von Materie ist der Gang des Verfalls, also der Weg rückwärts.

Da sich unsere schnelle Entwicklung aber in Gebäuden abspielt und spiegelt, müssen diese, sollen sie ihren Dienst angemessen versehen, mit unserer Entwicklung mithalten. Das bedeutet, dass über die Erhaltung der Ordnung hinaus dem Bauwerk ein Maß an Evolution zuteil werden muss, das mit der unseren Schritt hält. Wir pumpen mit Energie und Geist unseren materiellen Prothesen die Evolution ein, die unsere Kultur nimmt. Über die Selbsterhaltung im Kulturgeschehen hinaus sind die Produkte dieser Kultur zu aktualisieren.

Die Evolution der Bauwerke findet dort statt, wo Änderungen eingetreten sind. Am Tragwerk, wenn sich Gravitation und Lasten nicht ändern, passiert wenig. Die Außenhaut verändert sich z.Zt. gemäß Wärmeschutzverordnung. Heizung passt sich effizienteren Systemen an. Die großen Veränderungen durch Kommunikation ändern wenig am Haus, möglicherweise aber an der Nutzung. Bürohäuser fallen leer, neue Arbeitsräume fallen an und Verkehrseinrichtungen veröden vielleicht. Das Sauriersterben beginnt, wenn nicht neue Nutzung die unbrauchbare Hülle beleben kann. Evolution von Bauwerken geht bis zu ihrem Aussterben.



## – Ordnung im Entwurf: „Virtuelles Recycling"

Die erste Ordnung für ein Bauwerk stellt sich im Entwurf dar. Die in diesem Stadium des Gebäudedaseins gefällten Entscheidungen sind die schicksalsträchtigsten in seinem Leben. Hier werden 90 % der Baukosten festgelegt. Hier wird über seine Chance zu überleben befunden.

Die Augenblicksinformation des Raumprogramms und des Budgets der Auftraggeber ist Anlass & Startpunkt für den Bau aus der momentanen Notwendigkeit. Die gegebene Ordnung deckt eine kurze Zeit der Nutzung ab, gemessen an der Lebenszeit eines Gebäudes. Dem Auftraggeber reicht die Erfüllung dieser momentanen Ordnung für die von ihm überschaubare Zeit und Nutzung meistens aus und er ist selten bereit, für langfristig mögliche Veränderung bereits das Budget zu erhöhen. Der Entwurf des Architekten allerdings folgt auch ohne Kenntnis der Auftraggeber vorsorglich einer höheren Ordnung langfristiger Nutzungsänderung. Soll z.B. eine Daimler-Benz-Werkstatt gebaut werden, ist der Bauherr gut beraten, nicht dem eng gesetzten Rahmen der Konzernvorgaben (Corporate Identity) zu folgen, sondern unabhängig davon eine elegante Werkstatt mit Halle, Lager, Büro & Verkauf zu bauen, in der ohne tiefgreifende Veränderung auch Elektrofahrzeuge gewartet oder Kinderwagen produziert werden können. Sogar Banken sind geneigt, solchen offenen Konzepten bessere Konditionen einzuräumen, da Weiternutzung (<) große Chancen hat.

Selbst Wohnungsbau mit einer Geschichte so alt wie die Menschheit ist in fortwährendem Wandel. Vereinzelung löst Familie ab, Generationen werden aufgeteilt und in Spezialeinheiten untergebracht, WGs bilden anderes Gruppenwohnen. Ob und wann der durch Computer & Internet verstärkte Trend zum Autismus umschlägt in sinnliches und körperliches Zusammensein, also wieder zu anderen Wohnformen führt, ob und wann politische oder ökonomische Änderungen zu anderen Wohnformen zwingen, ist nicht vorauszusagen. Bauwerke überleben die Änderungen und müssen ihnen gewachsen sein.

Maßgeschneiderter Wohnungsbau wie der sogenannte „soziale" kann Veränderungen nicht folgen und ist bald zum Abriss frei (s. Plattenbauten der DDR). Dieser staatlich geförderte Wohnungsbau ist asozial und in keiner Weise zukunftweisend, wie gern behauptet wird.

Veränderungen etablieren sich in der Regel in Altbauten aus der Gründerzeit. Große und in etwa gleich große Räume sind eine Antwort auf die Pufferfähigkeit überlebensfähiger Bauwerke für Änderungen ihrer Nutzung.



Das Bausatz-System aus den 70ern war ein Beispiel, leere Geschossfläche aus fertig erschlossenen Skelettbauten mit einem Wandbausystem zu „verhuuren" (kommt aus Holland), damit jeder sein Wohnungsgrundstück selbst nach momentanem Bedarf und in ständiger Änderbarkeit einteilen kann. In Verbindung mit einem Serviceteam – viele Menschen scheuen den Selbstbau oder können ihm nicht nachkommen – ist das Modell zukunftweisend.

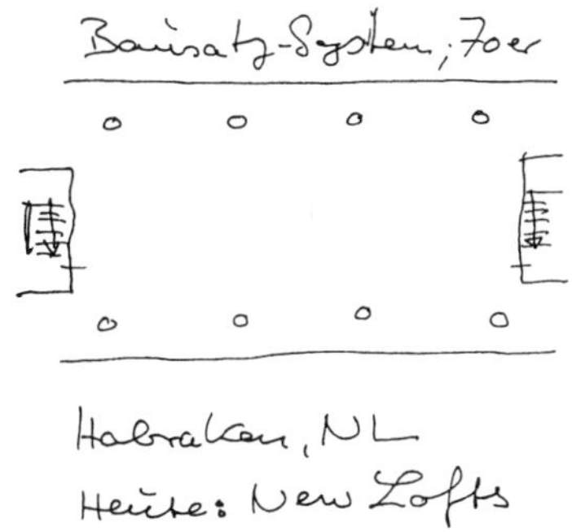


Die Herstellung dieser höheren Ordnung zur langfristigen Nutzung als vom Auftraggeber nicht bemerkte „stille Reserve" des Bauwerks betrifft:

- Erschließung
- technische Ausstattung
- Bauwerkstiefen
- Belichtung & Belüftung
- Raumgrößen
- Tragstruktur
- Erweiterbarkeit
- Verkleinerung.

Beim Konzept für einen Verwaltungsbau ist dessen spätere Nutzung nach Wegfall von Bürofläche z.B. durch Home-Working zum Wohnen, für Praxen, als Ladenzone oder für Freizeiteinrichtungen vorausschauend zu überlegen. Schließlich sind alle Bauwerke, die wir erstellen, für irgendeine Art des Bewohnens im weitesten Sinn gedacht. Betrachten wir unseren gesamten Lebensvollzug, so „wohnen“ wir die längste Zeit an unserem Arbeitsplatz.

Die glatt-glänzenden Bürobauten, in denen Menschen hinter Doppelglasfassaden ihrer Arbeit nachgehen, die in der Großstadt stehen, wie Parfum-Flakons im Schaufenster, sind bei allem vermeintlichen Future-Design und dem selbst ernannten Label des ökologischen Bauens kein zukunftweisender Vorschlag für städtische Bebauung. Kein Vorwurf ist für ein Gebäude niederschmetternder als die Aussage:

*„Damit kann man ja nichts anderes anfangen.“*

Ordnung im Entwurf heißt, auf lange Sicht viele Möglichkeiten vorauszuplanen. Flexibilität & Variabilität sind altbekannte Vokabeln für das Freihalten von Option für anderes. Man könnte dieses Vermeiden nicht materieller Entropie „Nutzungsrecycling“ nennen oder „Virtuelles Recycling“. Hier kostet das Bauwerk noch am wenigsten Geld, und es entsteht noch kein Müll, außer dem gedanklichen. Der Architekt hat die Verpflichtung, seinen Auftraggeber das virtuelle Recycling betreffend zu beraten, möglicherweise in Zusammenarbeit mit der Bank, die offene Konzepte wegen ihrer sichereren Werterhaltung grundsätzlich besser fördert.



## – Ordnung in der Konstruktion: „Struktur statt Masse“

Gleichzeitig mit der Nutzungskonzeption des virtuellen Recycling geht die Konzeption der Realisierung im Bauwerk. Viele der oben genannten Überlegungen haben unmittelbare Konsequenzen auf den konstruktiven Entwurf.

So ist bereits in der Vorentwurfsphase die Bauwerksstruktur zu planen. Beim Skribbeln im 1:500 über Nutzungsgrößen und -zuordnung, über städtebauliche Einbindung und schöne Gestalt wachsen die Gedanken zum Tragwerk und bei der Gestaltung zu den Materialien. Die Einteilung der Nutzungseinheiten stellen wir in Bezug zu möglichen Spannweiten, die Erschließung zu notwendigen Aussteifungen. Über die gestalterischen, funktionalen und konstruktiven Aspekte hinaus beginnen ökonomische Überlegungen mit zu schwingen.

Je früher ein konstruktives Gesamtkonzept für die tragende Baustruktur gefunden ist, je klarer Ausbaustrukturen optional mit der Verteilung der Nutzungen im Gebäude mitwandern, umso rationeller & ökonomischer können sich Nutzung, Gestalt & Konstruktion zu einem optimalen „Joint Venture“ zusammenfinden.

Spannweiten und Materialwahl, damit auch in der Regel die Gestalt des Bauwerks, bedingen einander. Die Pflicht zum rationellen Bauen zwingt zu frühzeitigen Überlegungen in diese Richtung. Das konstruktive Konzept ist schon im Vorentwurf nicht von funktionalen & künstlerischen Aspekten zu trennen. Es kann nicht, wie in der Praxis häufig die Regel, erst mit dem einzureichenden „Nachweis der Standsicherheit“ und der Ausführungsplanung beginnen.

„Struktur statt Masse“ ist das Zauberwort materialschonender konstruktiver Planung, wie es beim ökologischen Bauen Pflicht ist. Je weniger Materie wir zur Erfüllung des Zwecks einsetzen, umso weniger materielle Ressourcen sind erforderlich, umso weniger Energie wird gebraucht, umso weniger Materie ist letztendlich abzubauen. Alle Energie verbraucht sich in kaum messbaren Größenordnungen in unserem kreativen Gehirn. „Struktur statt Masse“ entspricht der Maxime ökologischen Bauens von Energieeffizienz und optimaler Verwendung von Materie. Der konstruktive Plan, die „virtuelle Baukonstruktion“, kann wie „virtuelles Recycling“ vor der Materialisierung des Bauwerks immense Kosten im Lebenslauf des Projekts einsparen.

Industrialisierung & Elementierung sind die Schlagworte ökologischen Bauens für Ordnung in der Konstruktion. Sie stammen aus „Bauhaus-Zeiten“ und wurden von ingeniösen Architekten wie Konrad Wachsmann (Wendepunkt im Bauen), Buckminster Fuller (Fullerkuppel) oder Max Mengeringhausen (MERO) und anderen mit Industrialisierung der Produktion anderer Bereiche befassten, wie z.B. das Automobil, propagiert. Es faszinierten:

- die Präzision der Fertigung in der Fabrik am Band/in der Gruppe
- die Qualitätskontrolle vor der Auslieferung
- die Vorwegnahme komplizierter Vorgänge in Elementen
- die Verbindungstechniken und ihre schnelle Handhabung
- die Hebetechniken im Werk und auf der Baustelle

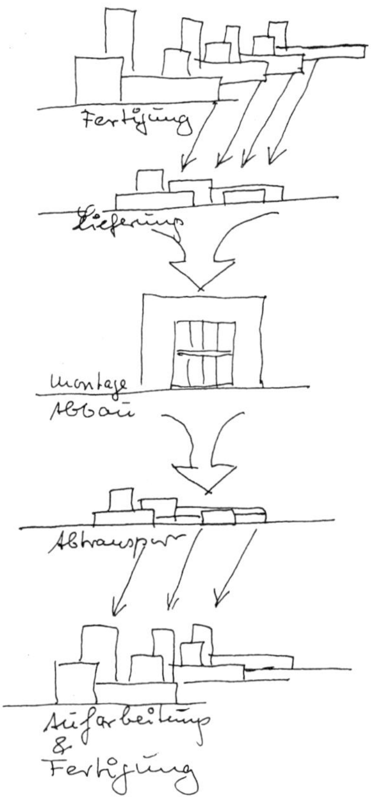


- die Transportmöglichkeiten
- die Arbeitsplatzqualität im Werk, verglichen mit einer Baustelle
- die Arbeitsplatzqualität auf der Baustelle in der Montage
- die kurze Montagezeit auf der Baustelle
- die Überbrückung der Winterpause im Bauwesen
- die genau kalkulierbare Bauzeit
- die Einsparung von Arbeitsstunden bei steigenden Löhnen
- Flexibilität & Variabilität (<) im Entwurf.

Hier hat die Kaste der Architekten eine große Chance verpasst. Statt mit aller verfügbaren kreativen Phantasie diese neue Technikentwicklung mit hohem künstlerischen Anspruch auf gebaute Umwelt zu gestalten, blieb sie bei ihren Leisten. Industriell vorgefertigte Bauten entstanden mit Ingenieuren, deren künstlerische Ader im Studium gemeinhin nicht entfaltet wird. Nun schrie die Architektenkaste, wie scheußlich industrielles Bauen sei, und versucht, an der Bauvorlageberechtigung der Ingenieure zu nagen, um sich Pfründe zu sichern.

Die Chance für industrielles Bauen wächst mit der Forderung nach abfallfreier Abbaubarkeit von Bauten. Alle genannten faszinierenden Vorteile industrieller Vorfertigung gelten aus heutiger Sicht gleichermaßen. Es kommen noch einige hinzu:

- Computergesteuerte Fertigung (CNC) lässt alle Maße für Bauteile zu. Nicht die Wiederholung von Bauteilen gleichen Maßes ist rationell, sondern ihr Konzept, insbesondere die Anschlüsse, deren Gestaltung ein wesentlicher Bereich des konstruktiven Entwurfs darstellt.
- Hebezeuge haben an Kraft und Präzision gewonnen.
- Transportfahrzeuge können andere Lasten befördern.
- Straßen sind weiter ausgebaut und lassen schwere Transporte zu.
- Die Entwicklung der Luftschiffe als Transporter kann die Vorfertigung im Bauwesen revolutionieren.
- Verbindungstechniken sind weiterentwickelt und erlauben demontierbare Präzisionsanschlüsse.
- Je nach Verbindungstechnik sind die Bauten leicht abzubauen und alle Teile wieder zu neuen Bauten zusammenzusetzen.

- Elemente von Bausystemen können in ihren Abmessungen den aktuellen Transport- und Hebetechniken angepasst werden.

Nie war der Boden für industrielles Bauen so gut bereitet. In der Kreislaufwirtschaft sind Bauwerke ohne diese Bau- und Abbaumethode nicht denkbar.

## – Ordnung auf der Baustelle

Gemessen an der Lebenszeit von Bauwerken ist die Baustellenzeit für Aufbau & Abbau kurz. Aber sie ist intensiv, werden doch alle Materialien herangeschafft, aufeinandergetürmt, wieder abgebaut und an eine andere Stelle transportiert.

Im kleinen, aber gleichermaßen, erlebt der Zelt-Camper die Rhythmen: Baustelle „Aufbau“ – Camping – Baustelle „Abbau“. Hat er alles neu eingekauft, beginnt ein fröhliches Auspacken und Ordnen der Sachen. Betriebsanleitungen helfen mehr oder minder, Herr der Baustelle zu bleiben. Erfahrene Nachbarn helfen. Bier kommt auf die Baustelle. Es fehlen Teile, andere sind übrig, oder ihre Verwendung ist noch unklar. Zeitraubende Palaver beginnen, Ersatz wird beschafft, Werkzeug wird ausgeliehen oder vorhandenes bewundert. Steht endlich das Zelt, sind Matratzen, Schlafsäcke, Möbel & Kocher ausgepackt und installiert, liegt ein Berg Müll vor dem Zelt. Er wird mit den leeren Bierdosen „entsorgt“. Das Campingleben nimmt seinen Lauf. Beim Abbau braucht man keine Nachbarn mehr. Sie sind trotzdem da. In umgekehrter Reihenfolge, zuerst den „Ausbau“ packen & verstauen, dann den Rohbau demontieren & verstauen, wandert das Bauwerk wieder in den Kofferraum des Kombi. Die Camping-Wiese ist wieder leer. Nein, es liegt immer noch ein Berg Müll herum. Viel hat sich in der Lebenszeit vor Ort angesammelt, was nicht mit auf die Reise geht. Mit den leeren Bierdosen wird es „entsorgt“. Alles ist in Fröhlichkeit vonstatten gegangen, schließlich war Urlaub.

Dieses Gleichnis ist auf Baustellen Standard, nur das Bier ist weniger geworden. Der „IKEA-Effekt“ trifft auf alle Gewerke zu. Betriebsanleitungen wie Ausführungspläne oder Ausschreibungen werden auf der Baustelle nicht gelesen, können mangels Sprachkenntnis oder gar Lesekunst nicht von denen aufgenommen und verinnerlicht werden, die letztlich danach arbeiten. Eine bildreiche und nicht verwirrende Werkplanung und die genaue Diskussion der Ausführung mit den Handwerkern vor Ort ist die preiswerteste Bauanleitung mit der geringsten Fehlerquote. Das spart Zeit & Geld und erhält die Freude am Bauen. Die Techniken der Compu-

ter, mit CAD von schwierigen Situationen dreidimensionale Bilder zaubern zu können, erleichtert die Erklärung auf der Baustelle. Warum schöne Bilder nur für Bauherren – bringen wir sie den Handwerkern.

Wenn mehrere Subunternehmerhierarchien den planenden Architekten von den ausführenden Handwerkern fernhalten, sind Missverständnisse mit aufwendigem „Rückwärtsmauern“ programmiert.

Bis auf Fertigbeton im rotierenden Mehrwegcontainer kommen fast alle Bauteile und -elemente mehr oder wenig aufwendig in Einweghüllen verpackt auf die Baustelle. Schrumpffolie, Wellpappe, Tiefziehformen aus Polyäthylen oder Styrol, Dosen aller Materialien, Schachteln und Kisten werden nicht mit eingebaut, sondern belagern die Baustelle. Das Aufräumen ist gemäß kluger Ausschreibung Pflicht der Gewerke. Baut sich aber ein Müllberg aller Gewerke auf, räumt keiner mehr auf und nimmt die Umlage fachgerechter, sehr teurer Abfuhr zähneknirschend hin. Militärische Ordnung & Sauberkeit auf der Baustelle spart Geld und erhöht die Sicherheit der Beschäftigten am Bau. Der Wunsch nach Mitarbeit auf der Baustelle kann für Bauherren mit Hinweis auf die Vorteile in Richtung „Ordnung auf der Baustelle“ gelenkt werden. Das heischt selbst bei den Handwerkern Respekt, und sie benehmen sich bald automatisch so sauber, dass die Arbeit mit der Zeit abnimmt.



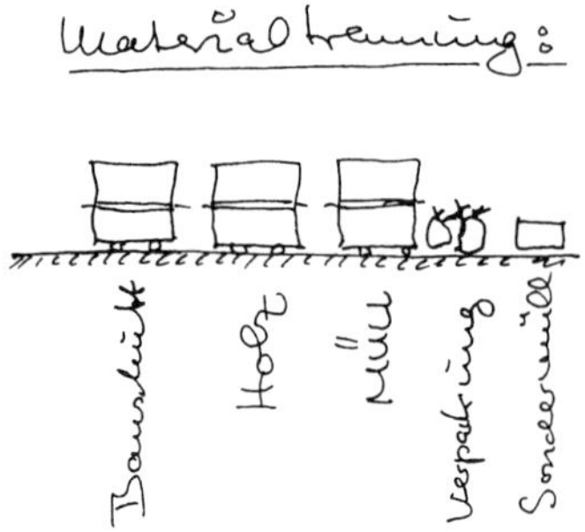


Getrennte Materialsammlung auf der Baustelle ist Pflicht. Mehrere Container sind dazu notwendig. Der Fuhrbetrieb soll sie nicht an die Straße, sondern tief ins Grundstück und hinter den Baustellenzaun platzieren. Bevor die Baustelle eröffnet wird, erfragt der Bauleiter beim Umweltamt, welche Stoffe wie zu sammeln sind.

- Bauschutt enthält nur mineralische Stoffe. Er wird oft kostenlos abgefahren, denn er dient zur Abdeckung von Müllschichten auf der geordneten Deponie.
- Holzreste vom Verschnitt sind separat zu sammeln.
- Kunststoffe werden selten separiert.
- Viele Verpackungen können in gelben Säcken die Baustelle verlassen, ohne Müll zu werden.
- Müllcontainer sind die teuersten und sollten nur für wenige Dinge vorgesehen werden.
- Sondermüllcontainer sind für Farbreste, Dichtungsmittel und andere Produkte der Bauchemie. In der Regel nehmen die Baufirmen ihre Sonderreste mit, um sie der eigenen Sammelstätte zuzuführen.

Baustelleneinrichtung & Baustellenlogistik sind zeitbegrenzte Entwürfe, die während der Bauphase Geld sparen. Baubetrieb ist im ökologischen Bauen nicht wesentlich anders als im derzeit gültigen Standard des Baugeschehens.

## – Modernisierung

Die Alterung eines Bauwerks geschieht je nach Materialien in unterschiedlicher Form und in unterschiedlichen Zeitrhythmen. Manche Stoffe, so die meisten Natursteine, können mit wunderbarer Patina erst mit den Jahren ihre hohe Gestaltqualität zeigen, andere, meist dünnhäutige Kunstprodukte, altern in Form des Verfalls und gammeln schließlich hässlich. Wie mögen in ein paar Jahren, *nach* der Gewährleistung, die noch ziemlich frisch aussehenden Kunststoff-Thermohäute auf Neu- und Altbauten aussehen! Blättern sie wie Blattern? Gibt es Fassadenakne?

Technische Einrichtungen halten weniger lange als der Rohbau. Fenster werden erneuert, Dachziegel oder öfter das Flachdach sind fällig, auch der Außenputz oder nur die Farbe. Besonders da, wo das Wetter angreift, ist Entropie in rapider Form auszumachen, gegen die angesteuert werden muss. Allein die Erhaltung, so haben wir gelesen, ist eine Dauerbaustelle.



Wir haben bereits gelernt, dass unsere Bauwerke mit der technischen Entwicklung mitgehen müssen, sollen sie ihren Nutzwert erhalten. Modernisierung auf den neuesten Stand der Technik trifft besonders die technischen Einrichtungen. Die Umrüstung von Kerzenlicht auf Gasbeleuchtung, die Umrüstung auf Elektrizität, die Einführung der Unterputzleitung, die Einführung von Kraftstrom in Haushalten, Sicherungsautomaten – Fehlstrommelder – Freischaltungen – abgeschirmte Leitungen – Instabus – Internet am Netz und weitere Entwicklungen hat es allein für das Gewerk Elektrizität gegeben. Heizung & Sanitär, aber auch Fenstertechnik haben vielstufige Entwicklungsschritte hinter und sicher auch noch vor sich. Ob jeder Schritt gut ist, ob jede Verbesserung eine war, zeigt die Erfahrung. Schlimmstenfalls gilt Adenauer: *„Was kümmert mich mein Geschwätz von gestern.“* Schließlich sind wir Baumenschen die einzigen mit der Lizenz zur Vivisektion, zum Experiment am lebendigen Menschen.

Gebäude müssen Modernisierung ohne großen Aufwand ertragen. Die vorausschauende Installation von ein paar Leerrohren mehr ist nicht schädlich. Man ist dankbar, wenn sie ohne Abbruch gefüllt werden müssen. Ausgewiesene, gut zugängliche Installationszonen erleichtern Ein- und Ausbau bei der Modernisierung.

## – Denkmalpflege

Der Denkmalpflege ist ein besonderer Beitrag gewidmet, schlägt sie doch mit ihrem Trieb zur Erhaltung von Bauwerken in einem Zustand der Vergangenheit völlig aus den Maximen des ökologischen Bauens. Stillstand in der Natur bedeutet Aussterben. Wo Evolution nicht mehr greift, Selektion nicht mehr das Nützlichere herauskehrt und bevorteilt, kann eine Art nicht mehr lange dem Außendruck anderer Arten standhalten.

*These I: Denkmalpflege steht dem ökologischen Bauen entgegen.*

Und doch ist in den Köpfen der Menschen die Überlieferung des Alten und dessen Pflege dem ökologischen Bauen nahe, wenn nicht sogar damit identifiziert. Man verbindet mit der alten Zeit eine ökologisch heile Welt (was keinesfalls stimmt) und die besseren Zeiten (was keinesfalls stimmt).

Richtig ist die Verbindung mit Angemessenheit des Bauens, regionalen Baustoffen, klimagerechter Bauweisen, so gut es ging, und dem „Genius loci“ in der Einbindung in den Ort. Dass das aus Mangel und nicht aus Überzeugung geschah, ist Nebensache (... hätten die Pharaonen Stahlbeton gekannt!!).



Baudenkmale sind im prallen Leben stehende Museen, die Geschichte darstellen, ethnische Tradition verkörpern und den Bürger stolz machen. Armes Amerika, dessen tradierte Kulturträger ermordet wurden. Was hat es nun? Baudenkmale erfüllen einen sozialmoralischen Zweck als fest verwurzelte Garanten der Geschichte einer ethnischen Gruppe. Nicht von ungefähr hat sich Stalin zum Bauen nicht für die Revolutionsarchitektur der Konstruktivisten, sondern für historisierenden Zuckerbäckerstil entschieden, haben „Architekt“ Hitler und sein Freund im Geiste, der Duce Mussolini, bombastische Bauten zur künstlichen Festigung ihrer faschistischen Ziele gebaut.

Die meisten Baudenkmale aber sind ganz normal zu nutzende Häuser. Sicher wird es immer genügend Menschen geben, die gern und mit Freude in den vermeintlich unzulänglich ausgestatteten Baudenkmalen arbeiten und leben. Es drängt sich die Frage auf, inwieweit der Schutz vor Modernisierung gut ist, ja Bestandteil des ökologischen Bauens. Nicht Modernisieren spart Materie & Energie, macht insbesondere keinen Müll. Die Energieeinsparung – Skepsis ist den aktuellen Auswüchsen gegenüber angebracht – könnte auf Seiten des Vermeiden von Modernisierung größer sein als die Einsparung danach. Die Lebensqualität in großen, hohen Räumen mit gutem Raumklima ist es allemal.

*These II: Denkmalpflege ist für ökologisches Bauen hilfreich.*

Inzwischen gehen Denkmalpfleger zumindest für bewohnte oder anderer Nutzung zugeführte Baudenkmale nicht mehr rein konservatorisch, sondern auch evolutionär vor. Wie in der Geschichte immer zeitgemäß verändert wurde und alte Denkmale mehrere Zeitepochen aufweisen, so wird einer Erneuerung mit zeitgemäßer Architektur der Vorzug gegeben, wenn das Alte erhalten, geschützt und aufgewertet wird. Selbst wenn es verborgen wird, behält es im Sinne einer wieder geschlossenen Grabung seinen Wert.

Dieser architektonisch ansprechende Umgang mit Baudenkmalen kann den nostalgischen Betrachter stören. Manche historische Zonen touristischer Prägung verbieten ihn. So sei es.

## – Abbau



Das Haus schafft es nicht mehr, anderes muss an seine Stelle; städtebauliche Ziele haben sich verändert, das Haus muss weg.

Abbaustellen sind Baustellen. Zum optimalen Recycling müssen fast alle Gewerke in umgekehrter Reihenfolge wieder antreten und ihren Beitrag ausbauen und verwerten lassen.

Elektrik, Sanitär & Heizung, Fenster, Türen, Fußböden etc. werden ausgebaut, aufgearbeitet und in den Gebraucht-Baumärkten verkauft oder stofflich verwertet. Dachpfannen werden abgenommen, der Dachstuhl demontiert und abgefahren. Erst der z.B. mineralische Rohbau, wenn Steine nicht zu reinigen sind, wird zusammengeschoben und im Brecher zu Schüttung verarbeitet. Nichts bleibt übrig, wenig wird Müll. Alle kreative, geistige Kraft des Entwurfs, alles Leben, das hier wohnte, alle Energie, alle geschaffene Ordnung ist zu Häufchen zerflossen, in die Weite zerstreut, weg vom Ort seiner langen, geordneten Existenz.

Entropie siegt immer.

# EPILOG
# Ökologisches Bauen & Gesellschaft

Wurde zu Beginn die Maxime „Energieeffizienz & Kreislaufwirtschaft“ und darin eingebunden das ökologische Bauen in den Rahmen der Naturgesetze gestellt, so soll zum Abschluss diese zum Überleben der Art so wichtige und logische Maxime im Kontext unserer Gesellschaft betrachtet werden. Warum tun wir nicht längst, was wir tun müssten?

In der pragmatischen Welt der Naturgesetze können folgerichtige Modelle einen Weg aus dem offensichtlich drohenden Artensuizid führen, wie z.B. der vorgestellte Weg einer künstlich errichteten, auf eine biologische Art bezogenen Ökologie mit Kreisläufen der Materie und mit Einrichtung des bisher fehlenden „Betriebszweigs Reduktion“. Müll ist Mangel an Phantasie.

Es ist zu beobachten, dass sich die pragmatische Welt bereits an der Schwelle zur Kreislaufwirtschaft bewegt.



In der geistigen Welt, die unsere Gesellschaft formt, ist die Bewegung auf eine gesellschaftliche Festigung der pragmatischen Ansätze in keiner Weise zu spüren. Für eine künstliche Ökologie der menschlichen Kultur, eingebunden in den Naturhaushalt der Erde, ist es notwendig, dass die Menschen den ihnen – wie jeder anderen biologischen Art – stammesgeschichtlich angeborenen Artenegoismus aufgeben. Dass das geht, zeigen einige Naturvölker mit ihren alten Kulturen, die Hopis z.B. und andere Indianerstämme.

Für den geistigen Weg zur Kreislaufwirtschaft wird ein Modell entworfen, das weit aus der Enge bestehender Weltbilder herausführt und von dem Artenegoismus zur integralen Bescheidenheit überleitet, in der unsere Rolle gleichwertig, aber noch staunenswerter ist.

## Weitsprung: Sprache

Nach dem Weitsprung Zähmung des Feuers (<), der uns durch den Umgang mit Energie die Welt schauen lehrte, gab es einen zweiten, gleichwertigen, der uns darüber reden ließ.

*Konrad Lorenz* bezeichnet die Entwicklung der abstrakten Sprache mit dem aus der Mystik entliehenen Begriff „Fulguration“, was Blitzschlag bedeutet. Sie ist ein Blitzschlag in die Evolution. Sprache ist das Mittel zur sofortigen Informationsweitergabe sowie Struktur zur planenden Vorausschau. Sie ermöglicht die Kumulation von Wissen & Erkenntnis. Seitdem, so Lorenz, ist der Mensch aus der Evolution entlassen. Sein Vorsprung vor dem Rest der Welt ist so groß, dass seine natürliche Einbindung darin nicht mehr funktioniert. Die den Menschen mit der Sprache eigene Informationsgeschwindigkeit erhöht sich ständig. Die künstliche Evolution unserer Informationsmaschinen ist längst nicht beendet.

*Unbelebte Materie* scheint keine Informationen weitergeben zu können. Sie arrangiert sich nach den vier Hauptkräften:

- Gravitation (Universum, Schwerkraft)
- elektromagnetische Kraft (Moleküle, Atome)
- schwache Kernkraft (Atomkern, Radioaktivität)
- starke Kernkraft (Quarks et al.).

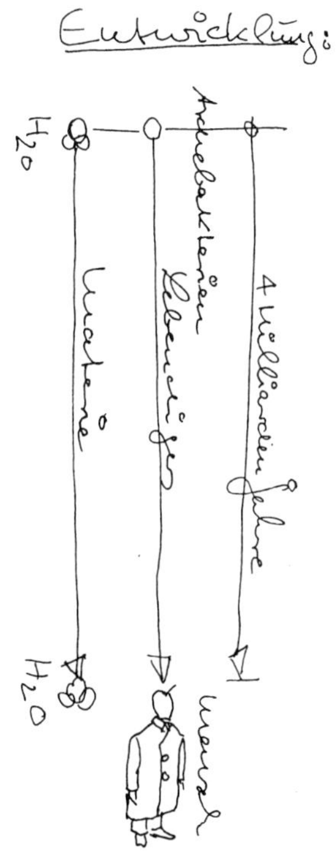


Im Spielfeld dieser Kräfte geht Materie Verbindungen ein, löst sie und verändert ihre Struktur zwischen Energie & Materie.

Wenn dieser beobachtbar geregelten Kommunikation ein Informationssystem zugrunde liegt, so bewirkt es immer nur das Gleiche. Evolution ist nicht wahrzunehmen. Materie ist nicht lernfähig. Sie kann keine Erfahrung machen und steht still. Allenfalls nimmt Unordnung gemäß dem 2. Hauptsatz der Thermodynamik (Entropie) nach den Regeln der vier Kräfte zu.



*Lebendige Strukturen* geben Informationen genetisch weiter und können Veränderungen bewirken. Ihre Vergänglichkeit, die dauernde Reproduktion, gibt Chance zur Verbesserung. Sie können damit ihre Techniken verfeinern, den natürlichen Gegebenheiten mehr Nützliches für sich zu entnehmen, die Art zu erhalten und sich zu verbreiten. Mit Energiezufuhr aus der Sonne kann sich das Lebendige verbessern. Kleine, sich positiv auswirkende Veränderungen in der DNS-Struktur werden dominant und verändern die Art. So läuft Evolution.

Arterhaltung & maximale Verbreitung sind die Motoren der Evolution. Utilitarismus, das Prinzip des Nützlichen, kennzeichnet die Selektion. Selektion ist Technikentwicklung zur Arterhaltung & Verbreitung.

Informationssysteme zur Veränderung der Struktur des Lebendigen in der Selektion sind langsam, denn sie sind jeweils von der Generationsfolge abhängig.

Über Kommunikationssysteme von Pflanzen und Tieren wissen wir wenig. Die bekannten Wege der Informationsweitergabe z.B. der Bienen sind dem Stand der Erkenntnis nach nur Augenblicksinformationen, die weder als Erkenntnis planende Vorausschau ermöglichen noch als Wissensschatz kumuliert werden können.

Nach dem Stand der Erkenntnis ist die abstrakte Sprache der Menschen einmalig auf der Erde. Wir scheinen die Einzigen zu sein, die mittels Sprache überhaupt darüber nachzudenken in der Lage sind, was abstrakte Sprache bedeutet: der Weitsprung aus der natürlichen Evolution heraus in die Einsamkeit, nur auf sich selbst angewiesen zu sein.

*Der Biss in den Apfel vom Baum der Erkenntnis hat uns aus dem Paradies vertrieben.*

Nun lebt der Mensch jenseits der Natur, entlassen aus dem bergenden Schoß der natürlichen Lebensgemeinschaften und weit voraus. Der „Rest der Welt“ kann unserer Geschwindigkeit nicht folgen.



Die Sprache der Menschen bildet Symbole und kann damit gedankliche Räume schaffen. Sie kann Wissen kumulativ zusammentragen, um Gedankenräume zu erweitern, zu verändern, zu verbessern. Gesammeltes Wissen kann in einem überindividuellen Wissensschatz gespeichert werden und ist jederzeit für jeden abrufbar, um neuen Erkenntnissen zu dienen. Erfahrungen sind dokumentierbar. Fehler brauchen nur einmal gemacht zu werden. Sich mit Sprache ein geistiges Bild zu machen, befähigt zur Planung, zum vorausschauenden Denken aufgrund von Erfahrung, Fehlern & Irrtümern. Wissen wird zusammengeführt. Der virtuelle Plan kann Neuerung schnell & rationell überprüfen, ehe sie eingeführt wird.

Sprache ermöglicht Erziehung. Nachwuchs erfährt das Wissen der Alten und baut darauf auf.

Sprache verleitet zu kunstvollem Spiel poetischer, rhythmischer und melodiöser Ausdrucksformen voller schöpferischer Phantasie.

Kein Wissen geht verloren. *„Wissen kann nicht zurückgenommen werden“*, lässt *Dürrenmatt* seine Physiker über die Atombombe sagen. Auch Erkenntnisse, die uns schaden, bleiben erhalten. Nur veraltetes Wissen, von besserer Erkenntnis verdrängt, mag verkümmern, bleibt aber in Magazinen erhalten.

Erkenntnis führt dazu, vom gemeinsamen Kuchen immer größere Stücke abzuschneiden. Wachsende Erkenntnis führt zu mehr Ressourcen, diese wieder zu mehr Erkenntnis. In dieser Doppelhelix steigen wir aus dem

Naturhaushalt auf. Kaum ein „Außendruck“ bremst unseren „Innendruck“. Uns steht nichts entgegen.

Sprache befähigt nicht nur zur individuellen Erkenntnis, sondern schafft menschlichen Geist, jene überindividuelle Ganzheit der Gesellschaft mit ihren ethnischen Gruppierungen, die sich eine ihren Ideen gemäße Auswahl des Wissensschatzes zu eigen machen und sich von anderen mit einer anderen Auswahl absetzen. So werden unterschiedliche Handlungsmaximen und Glaubenskatechismen aus dem Pool von Wissen und Erfahrung geschöpft, die Basis für den ethnischen Moralkatalog der Sozialgemeinschaft bildet, die unter diesem selbst gewählten Schirm in gegenseitiger Achtung solidarisch miteinander lebt.

## Biologie: Kinder von Siegern

Der Friedensforscher *Carl Friedrich von Weizsäcker* hat den Begriff „Kinder von Siegern“ geprägt. Nur siegreiche, besser als andere gerüstete Organismen stellen den Nachwuchs. Unterlegene haben keine Kinder. Selektion, der Sieg des Nützlichen, ist der Grund. Das gilt für alles Lebendige.

„Jeder denkt an sich, nur ich denk an mich“, stellt den Artenegoismus dar. Wie wunderbar regelt sich das Siegerproblem in einer einigermaßen ausgewogenen Gemeinschaft, in der alle Sieger werden wollen, aber gleichmäßig stark sind. Das ist in der Klimax von Ökosystemen der Fall, also sehr selten. Selektion ist langsam. Die biologische Technikentwicklung zur Überlegenheit von Siegern geschieht in kleinen Schritten. Andere ziehen nach, und die eben noch wirksame Überlegenheit ist dahin. Die bessere Tarnung einer Beute hat bessere Jagdmethoden der Jäger zur Folge.

Auch unsere Technikentwicklung ist natürliche Selektion, Werkzeug zur Arterhaltung & Verbreitung. Aus dem schmalen Gürtel warmen Klimas haben wir jeden Punkt der Erde besetzt. Anzüge oder Autos, Kämme oder Computer, Bikinis oder Bomben, alles sind Prothesen zur Erhaltung & Verbreitung, zur Machtausübung über den Rest der Welt.

„Kinder von Siegern“ gilt auch innerhalb der Art. Brunftkämpfe der Tiere regeln die Fortpflanzung durch Sieger. Das gilt auch für Menschen. Sieger dominieren die Sanften, sei es physisch oder psychisch, geistig oder geschäftlich. Die Sieger sehen ihren Sieg rechtmäßig und sind stolz auf ihre Geschicklichkeit. Die Sanften geben klein bei und sind selten stolz auf ihre Sanftmut.

Wenn z.B. aus territorialen Gründen ethnische Gruppen zu siegen beabsichtigen, werden Kriege angezettelt, oft in ethnischer Verbrämung. Gruppen unterschiedlicher ethnischer Ausrichtung handeln im Falle wachsenden Außendrucks wie konkurrierende Arten. Die Bildung unterschiedlicher Ethnien kann als künstliche Bildung von Arten innerhalb der Art Mensch gesehen werden, die sich im Falle wachsender Konkurrenz das Recht nehmen, einander die Köpfe einzuschlagen, was ihnen als eine einzige Art schwerer fiele. Der geistig-ethnische Moralkodex unserer Gesellschaft verdeckt dann nur mühsam den stammesgeschichtlich verbrieften Jäger & Sammler in uns, der die freie Wildbahn durchstreift und der sich nahenden Konkurrenz entweder ausgewichen ist oder sie erschlagen hat bzw. erschlagen wurde.

Wir sind immer noch Jäger & Sammler. Der Unterschied zwischen dem Sammeln von Beeren & Pilzen im Wald und dem Griff ins Regal bei ALDI ist marginal: greifen, essen, wegwerfen. Der Mühsal im Wald steht die Mühsal des Gelderwerbs entgegen.

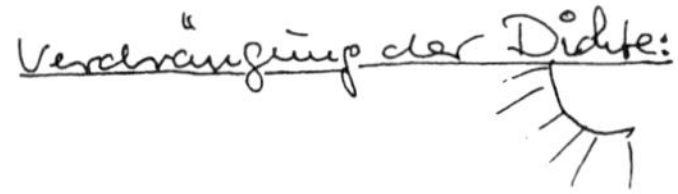


Nun ist die Welt eng geworden. Stammesgeschichtlich müsste jeder Mensch alle anderen erschlagen. Die ethnische Moral der Gruppe verbietet das. So leben wir neurotisch im doppelten Dichtestress:

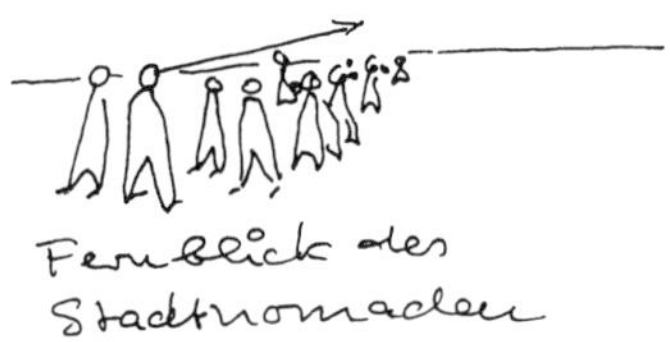


## Zu viele Menschen – zu wenig Raum.

Auf zwei Weisen versuchen wir, diese Neurosen zu sublimieren:

- Sublimation der Dichte
- Sublimation der Weite.

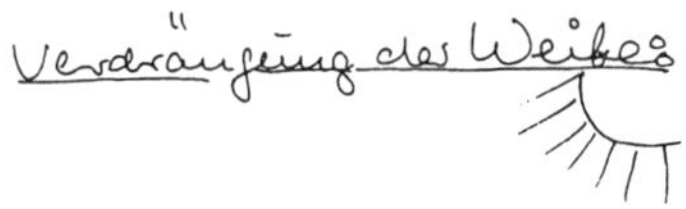


Die *Dichte* verdrängt der „Stadtnomade". Der professionelle Städter geht geraden, in die Ferne gerichteten Blicks durch seine Stadt, als sei er allein auf der Wildbahn. Die vielen Menschen um ihn herum, die er erschlagen müsste, sieht er nicht, „weil nicht sein kann, was nicht sein darf" *(Morgenstern)*. Er müsste sie umbringen. Zufällige Berührung wird mit „Entschuldigung" als Unterwerfung quittiert, könnte es den Feind doch reizen. Stadtnomaden sind wir alle, die wir so weltoffen, polyglott durch unsere Wildbahn schweifen, arme Träumer längst vergangener Zeiten – und neurotisch.

Die *Weite* verdrängt der Häuslebauer. Er konzentriert seine Wildbahn auf 200 m$^2$ Reihenhausgrundstück, besser noch auf 400 m$^2$ mit frei stehendem Häusle, das man umkreisen kann, den unendlichen Weg der Wildbahn beschreitend. Das Territorium wird kühn gegen Feinde verteidigt, wenn nötig in Bürgerinitiativen gegen große Feinde. Häusle-Siedlungen sind für andere unbetretbares Terrain.

Die alles gewinnenden Kinder von Siegern haben sich so weit verbreitet, dass sie einander im Weg stehen und krank werden. Dabei ist jeder Einzelne der Größte und Wichtigste.

## Geist: Krone der Schöpfung

„Oggersheim grüßt den Rest der Welt!“, lautet der Aufkleber am Heck Oggersheimer Bürger. Wir sind die Größten. Niemand kann uns das Wasser reichen. Wir haben die Welt im Griff.

Auch, wenn „die Natur“ – wir personifizieren sie in diesen Fällen – mit Vulkanausbrüchen, Hurrikanen & Tornados oder Fluten manchmal unseren Anspruch in Frage stellt, nehmen wir das als Herausforderung zur Forschung und Katastrophenvermeidung. Auch darüber sind wir Herren.

Die arrogante Hybris der Menschen ist natürlich. Jede biologische Art überlebt mit ihrem Artenegoismus. Bei Menschen heißt dieser Egoismus „Anthropozentrik“. Im Naturhaushalt lebenserhaltend, wird diese Eigenschaft für eine Art ohne Feinde lebensbedrohend, gefährdet sie doch den Lebensraum.



In Erkenntnis dieser Bedrohung steigert sich unsere Hybris in die vermessene Vorstellung, als Altruisten die Natur schützen zu wollen. „Das Prinzip Verantwortung“ ist die Krone der Arroganz. Wir neigen sogar dazu, geringfügige Klimaschwankungen jüngster Zeit als eigene Produkte auszugeben, und formulieren in internationalen Gipfeln hehre Absichtserklärungen mit mäßigen Folgen.

Nun ist Altruismus, jene scheinbar selbstlose Hingabe zum Wohle anderer, bekanntlich eine höhere Form des Egoismus, zieht doch der Altruist tiefe Befriedigung aus seinem aufopferndem Tun und erringt möglicherweise Anerkennung von bewundernder Seite.

Natur braucht nicht unseren Schutz. Die Erdgeschichte und das Lebendige hat schon größere Katastrophen überstanden als das Aufblähen einer kompliziert strukturierten Art Großlebewesen, deren Rolle im Geschehen des Lebendigen ohnehin marginal ist. Nur Kleinstlebewesen bestimmen die Schicksale des Lebendigen. Der Verlust von Baumaterial zu Beginn des Lebens, bis Nahrungsketten entstanden, der Sauerstoffangriff durch

Cyano-Bakterien (Blaualgen), bis die Zelle entstand, hat das Lebendige z.B. mehr gefährdet, als menschliche Aktivitäten es könnten.

Anthropozentrik ist Grundlage der gegenwärtigen Hoch„kultur“ unserer westlichen Welt, die wir arrogant die „Erste“ nennen. Die großen Kirchen: Christen, Muslims, Juden, bauen ihre Strukturen zur moralischen Menschenführung auf dieser stammesgeschichtlich geprägten Eigenschaft auf. Wir Menschen sind die Krone der Schöpfung. Der Gott, den wir uns zu unserem Glauben geschaffen haben, ist uns ähnlich. „Gott schuf den Menschen ihm zum Bilde“, lassen wir ihn sagen. Der „Rest der Welt“ ist uns von Gott zur Nutzung anheimgestellt und zur Operationalisierung für unsere Zwecke freigegeben. „Macht Euch die Erde untertan“, lassen wir ihn sagen.

Das Weltbild der anthropozentrischen Kirchen ist einfach. Der Mensch als Krone der Schöpfung steht an der Spitze des Weltgeschehens und regiert über Leben & Materie. Über ihm der menschähnliche Gott, der mit einem der jeweiligen Sozialstruktur angepassten Moralkatechismus, z.B. den zehn Geboten, über die Gesellschaft wacht.

Die Überwachung der Einhaltung des Moralkodex ist von den Kirchen genial gelöst, denn sie verlagert das Heil ins Jenseits. Belohnung & Strafe liegen außerhalb unseres Erdendaseins, dort, wo wir Menschen keinen Einblick haben und wo Glaube einsetzen muss. Den Schlüssel für das ewige Leben aber hält die Kirche in der Hand. Nur durch sie ist ein Zugang zum Himmel möglich. Sonst droht Verdammnis.

Die Erfüllung des Heils auf Erden, Karl Marx hat es versucht, ist nach ein paar Generationen der Nichterfüllung des Paradieses für alle gescheitert. Als Hüter des Tors zum Jenseits sind die Kirchen vor solchen Misserfolgen geschützt. Wir werden bei der Eitelkeit gepackt, dass unsere Seele nach dem biologischen Tode nicht einfach endet, sondern ewigen Bestand hat und irgendwo angemessen untergebracht werden muss. Die Unsicherheit und Angst um diesen nicht fassbaren Bestand treibt Menschen zum Numinosen, zu Glaubensvorstellungen, wo der Verstand versagt. Die Kirchen fangen Angst und Unsicherheit auf. Als Hüterin des Moralkatechismus und als Garantin zur Rettung der vielleicht unsterblichen Seele ist die Kirche in der menschlichen Kultur eine Einrichtung von unschätzbarem Wert.

Anthropozentrische Kirchen haben großen Erfolg in der Welt, sind es doch die Kirchen der Sieger. Sie haben zur Verbreitung ihres Glaubens Blutbäder anrichten, Reichtümer anhäufen und Ungläubige verbrennen lassen, ohne sich selbst zu „beschmutzen“. Der Ungläubige war ein

Stück auszubeutender Natur. Die Bekehrten blieben arm und tragen trotzdem ihre Gaben in die Kirchen. Der Prunk dort gibt ihnen vielleicht ein Vorgefühl auf das Paradies, das sie im Leben nie erreichen werden.

Die Glaubenslehren der Kirchen sind der gesellschaftlichen Entwicklung durchaus anpassbar. Einst waren Leid & Schmerz, Arbeit & Mühsal auf Erden die Schlüssel zum Paradies und verbesserten das Konto zur Abrechnung am jüngsten Tag. Als in der Renaissance der Erfindergeist der Menschen Arbeit auf Maschinen übertrug, geriet diese Interpretation göttlichen Wohlwollens ins Schlingern. So änderte sich die Heiligsprechung in den Erfolg, die Welt zu beherrschen zum Zwecke der Abschaffung von Not & Mangel für die Menschen. Dieses Weltbild ist mit den Protestanten nach blutigen Kämpfen in die neuen Länder wie Amerika verlagert worden, woher es uns nun wieder zurückschwappt. Am amerikanischen Wesen soll die Welt genesen.

## Weltbild: fünf Schichten



Platons dualistische Zweiweltenlehre aus

- *Natur* als dingliche, sinnlich wahrnehmbare und vergängliche Welt der Gegenstände und
- *Geist* als ewige, nicht sinnlich wahrnehmbare unvergängliche Welt der Idee

unterschied zwar die beiden Phänomene und schrieb Geist auch allein den Menschen zu, ließ aber beide gleichwertig nebeneinander bestehen.

Später, unter christlichem Einfluss, baute sich eine strenge Hierarchie auf, die Geist über Natur stellte.

Ontologie, die Lehre vom Seienden im Allgemeinen in der Philosophie, hat die philosophischen Schulen immer gefesselt, wurde aber lange Zeit von der Bewusstseinsphilosophie *Descartes' (Cogito ergo sum)* verdrängt. Erst im 20. Jahrhundert entstanden neue ontologische Konzeptionen, so die Schichtenontologie Nicolai Hartmanns, die Platons Modell auffüllt. Er schichtet hierarchisch übereinander:

*Geist*

*Seele*

*Lebendiges*

*Unbelebte Materie*

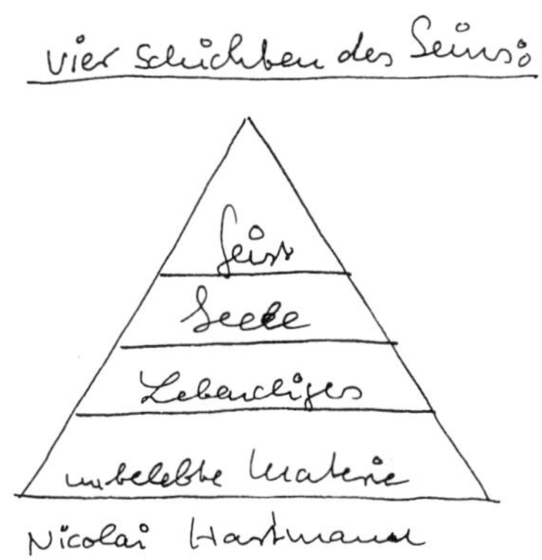

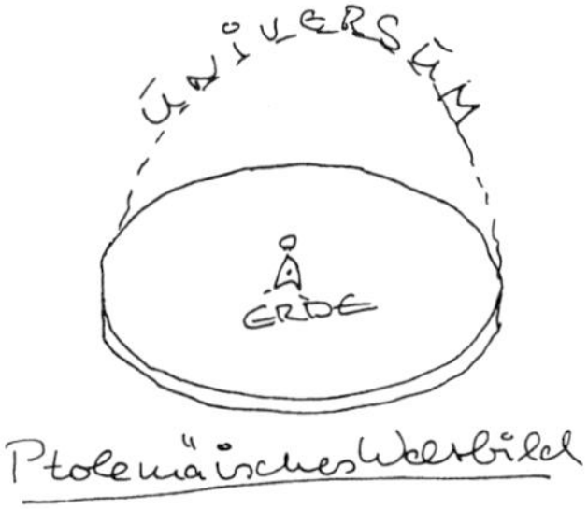


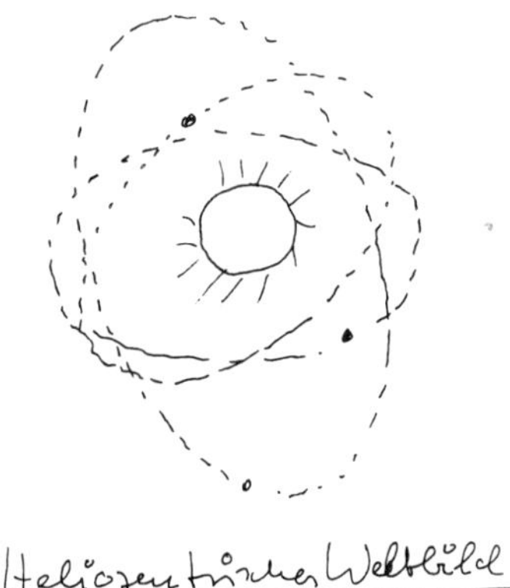


Die Schichten bedingen einander von oben nach unten, nicht aber von unten nach oben. Geist kann nicht ohne Seele, Seele nicht ohne Lebendiges und das nicht ohne Materie auskommen. Die unteren Schichten können jeweils aufeinander bauend existieren.

Seele & Geist sind bei Hartmann allein dem Menschen zugeordnet, wobei Seele das individuelle Bewusstsein des Einzelnen (Hartmann: Menschwerdung), Geist das überindividuelle ethnische Bewusstsein, die sozialisierende Seinsschicht der Gesellschaft ist.

Die Seinsschichten sind jeweils durch eine unüberwindbare Kluft (Hiatus) voneinander getrennt.

– Zwischen Leben und Materie liegt die Kluft der Evolution.
– Zwischen Leben und Seele liegt die Kluft des Bewusstseins.
– Zwischen Seele und Geist liegt die Kluft des Überindividuellen.

Diese vier Seinsschichten, von denen zwei allein dem Menschen als Krone der Schöpfung zugeordnet sind, begründen das Bild vom Menschen in der Natur aus ontologischer Sicht. Obwohl das Modell von Glaubensfragen frei ist, ist die anthropozentrische Denkart klar zu erkennen. Der Mensch steht an der Spitze der Welt. Da steht er noch in einer bis heute statisch gebliebenen Geisteswelt.

In der Naturwissenschaft hat es dagegen im Laufe des gleichen Zeitraums bedeutende Veränderungen im Weltbild gegeben, in denen sich die Rolle der Erde mit uns als Bewohnern im Universum gründlich geändert hat:

– Das geozentrische Weltbild von Ptolemäus sah die Erde als universalen Mittelpunkt. Über der Erdscheibe wölbte sich der Himmel mit all seinen Erscheinungen.
– Das heliozentrische Weltbild (Kopernikus, Galilei) rückt die Sonne in den Mittelpunkt des Universums und wurde von der anthropozentrischen Kirche vehement bekämpft. Erst kürzlich hat der Papst – statt sich bitterlich zu schämen – Galilei „rehabilitiert“.
– Im universellen Weltbild – Steven Hawking ist ein Vertreter – ist die Erde „ein mittlerer Planet eines mittleren Sterns am Rande einer Galaxie unter Billionen anderen Galaxien in dem von uns wahrnehmbaren Universum“.

Mit zunehmender Marginalität bei weiter gefasstem Blick hat unsere Erde nicht etwa an Bedeutung verloren. Das Wunder des Lebendigen und unserer Existenz ist angesichts dieser Marginalität gestiegen, denn wir können es mit einem weiten Raum verbinden, aus dem nichts Vergleichbares wahrzunehmen ist. Nicht allein das Wunder unserer Existenz, sondern auch Einmaligkeit im von uns wahrgenommenen Raum erhöhen seine Bedeutung.

Diese Schritte zur universalen Sicht hat die geistige Welt noch nicht vollzogen. Sie hängt noch in der Nabelschau und entspricht allenfalls dem Ptolemäischen Weltbild ohne Blick über den Erdenrand.

In seinem Buch *„Gaia – A new look at life on earth“* 1979 stellt der Klimaforscher *Jim Lovelock* eine Reihe von Indizien zusammen, die eine Hypothese zum ganzheitlichen Ökosystem „Erde“ in perfekter Selbststeuerung zulassen. Er führt durch die Erdgeschichte des Lebendigen, zeigt ihre Krisen auf und die Wege, wie sie gelöst wurden. Seine Hypothese führt ihn zur Vorstellung eines Wesenhaften, das er „GAIA“ nach der griechischen Erdgöttin nennt. Dieses Wesenhafte allen Lebens der Erde hat, so Lovelock, über 4 Milliarden Jahre die Erde trotz allerhand Veränderungen von außen in einem für alle anderen bekannten Planeten unwahrscheinlichen Zustand erhalten, der Leben ermöglichte.



Mit GAIA ließe sich ein geistiges Weltbild als neues, universelles Schichtenmodell aufbauen, das nicht mehr hierarchisch geordnet den Menschen an die Spitze stellt, sondern Raum für andere Seelen & Geiste lässt, von denen wir bisher nichts wissen. GAIA ist darin die alles umhüllende Seinsschicht.

*GAIA*

*Geist*

*Seele*

*Lebendiges*

*Unbelebte Materie*

Das Modell ist der Erde entsprechend kugelförmig mit der Materie als Zentrum. Auf der Oberfläche das Lebendige mit Seele & Geist. Allumfassend hüllt GAIA als fünfte Schicht des Seins die Welt ein. Unser in diesem Zusammenhang kleines Vier-Schichten-Modell mit dem Alleinanspruch auf Seele & Geist steht in einem großen Feld anderer existierender, geschichtlicher oder zukünftiger Seelen & Geiste anderer lebendiger Struk-

turen. Wir sind, ohne Schaden zu nehmen, integriert in den Naturhaushalt, in die schützende Obhut von GAIA. Unsere nunmehr marginale Stellung macht das Wunder unserer Existenz noch wunderbarer. Und doch gebührt uns, Respekt und Achtung vor möglichen anderen Seelen & Geisten zu haben, und wir spüren eine unbändige Neugier, mögliche Spuren zu erforschen.

Angesichts der umweltzerstörenden Auswirkung der letzten Heiligsprechung, des „Erfolgs" in der Welt, könnte die Integration in den Naturhaushalt die neue Heiligsprechung der Kirchen werden. Der Anthropozentrik müsste das einen Dämpfer aufsetzen, Kirche müsste weiblich (im Sinne von integrativ, vermittelnd, Konflikt vermeidend) werden, denn in diesem Verhalten ist das integrale Moment der Gesellschaft angesiedelt. Kann es sich gegen die Herren der Welt durchsetzen?

## Vision: Homo sapiens ökologicus

Findet die Menschwerdung erst statt? Ist der Homo sapiens technicus, den wir aus späterer Sicht vielleicht einmal darstellen, eine Vorstufe, über die in der Geschichte einst lamentiert werden wird, er sei zwar recht erfinderisch gewesen, er habe aber im eigenen Abfall gelebt, Boden, Wasser & Luft verseucht, stinkende Fahrzeuge betrieben, die Nahrung vergiftet und unüberlegten Raubbau an den einfach zu überschauenden Quellen des Lebendigen betrieben. Er war geistig primitiv und physisch schmutzig. Ein Untermensch!

Erst mit der Erkenntnis der fünften Schicht des Seins begann die Menschwerdung des Homo sapiens ökologicus. Die Geschwisterlichkeit mit der Natur, ihre sanfte, aber intensive Nutzung in Gegenseitigkeit ohne Abfälle haben der Welt ein neues Gesicht gegeben. Sonnenenergie um den Äquator haben die Hochkulturen verlagert. Hier ist die Industrie und damit die Dienstleister, Banken & Versicherungen, aber auch die Kultur. Das Herz der Welt schlägt um den Äquator. Die erste Welt, so es sie gibt, befindet sich in Nähe der besten Einstrahlung. Materielle Ressourcen liegen in der Kreislaufwirtschaft. Stadt und Siedlung sind optimal in ihre Umgebung gebunden und leben vorwiegend aus dem direkten Umland. Je geringer die Einstrahlung, umso erfindungsreicher deren Energieausbeute. Sonne, Strom & Wasserstoff sind die Energieträger, in den oberen Breiten noch Biogas & Geothermie.

Die meisten Menschen glauben an den großen Geist, der die Erde zusammenhält. Sie fürchten ihn, denn jede Sünde an der Umwelt wird früher oder später bestraft. Die Päpstin einer Weltkirche mit vielen eigenen Ausprägungen hält mit ihren Dienerinnen Wacht über den Glauben der Menschen und die ökologisch orientierte Sozialmoral.

Das künstliche Ökosystem der Menschen ist harmonisch mit dem Haushalt der Natur verschmolzen. Er ist wieder geborgen.

*„Und wenn das Wahrscheinliche eintreten sollte, ... Einen Gewinn, einen kostbaren Gewinn vermag uns der ökologische Materialismus heute schon zu vermitteln, einen Gewinn, der vielleicht den Todesschatten aufwiegt:*
*nämlich zu ahnen, wie das alles eigentlich gemeint war.“* -

So beendet *Carl Améry* 1976 sein Buch *„Natur als Politik“*.

## Literatur

*Eigene Schriften:*


Anregungen für Entwurf und Konstruktion von Sonnenhäusern – mit P. Krusche – 1977 – in: Heizen mit Sonne, DGS München

Energiebewußtes Bauen – mit P. Krusche – in: DBZ 2/1978

Ökologische Siedlung – mit P. Krusche – 1977 – Eigenverlag

Siedeln als ökologische Aufwertung – mit P. Krusche – in: Werk-Archithese 19/20/1978

Haus und Siedlung als Ökosysteme – mit P. Krusche – in: DBZ 7/1979

Ökologisches Bauen – mit P. + M. Krusche, I. Gabriel – Wiesbaden 1982

Die Ökologie des Dorfes – in: DBZ 10/1983

Ökologie des Dorfes – Wiesbaden, 1983

Ökologisches Bauen und Technik – in: TAB 5/1983

Dorfentwicklung ist Bürgerinitiative – in: Der Gemeinderat 1/1985

Zur Ökologie des Dorfes – in: Loccumer Protokolle 5/85 – 19/86 bis 12/87

Gedanken zu einer ökologischen Ökonomie – in: Element und Bau 6/1988

Landeswettbewerb 1986 „Ökologisches Bauen" – Bilanz – in: Schriftenreihe des Ministers für Stadtentwicklung, Wohnen und Verkehr NRW, 1988

Ökologisches Bauen und technische Normen – in: Wilgart Schuchardt, Hrsg., Technische Normen und Bauen – Berlin, 1991

Müll ist Mangel an Phantasie – an der Schwelle zur Kreislaufgesellschaft – Hamburg, 1992

Raumbilder und Raumkonzepte im Zeitalter globaler Marktwirtschaft – in: Loccumer Protokolle 74/92

Die Stadt als gebautes Weltbild – in: Perspektiven 4/1993, Wien

Wetterstation auf dem Rathausturm – gemeindliche Pflicht zum ökologischen Bauen – in: Die Bauverwaltung 3/1994

Müll ist Mangel an Phantasie – ein kategorischer Imperativ für die Zukunft – in: H. Bäck/F. Macher, Hrsg. Der Logistiker als Chancenmacher – 1994, Verlag TÜV Rheinland

Betriebszweig „Reduktion" – Missing Link auf dem Weg zum Materialkreislauf – in: IPA-IAO-FHG, Hrsg. Fabrikstrukturen im Zeitalter des Wandels – Welcher Weg führt zum Erfolg – Berlin/Heidelberg, 1995

Fibel zum konstruktiven Entwerfen – über den spielerischen Umgang mit Physik & Materie – Berlin, 1999

*Schriftenreihe der Fachhochschule Lippe als Herausgeber:*

Heft 09 – „Wärmedämmen: Wie? – Womit?"

Heft 11 – „Sonnenenergienutzung, – lohnt sich das in unseren Breiten?"

Heft 12 – „Erneuerung von Altbau – Neubau mit Altbauteilen"

Heft 15 – „Dach- und Fassadenbegrünung – Die Pflanze als Haustier"

Heft 18 – „Holz-Lehm-Häuser in Lage Pottenhausen"



*Genannte Schriften:*

Abel, Wilhelm: „Die drei Epochen der deutschen Agrargeschichte", Hannover, 1962

Améry, Carl: „Natur als Politik", Reinbek, 1976

Calvino, Italo: „Die unsichtbaren Städte", München, 1985

Chaplin, Charlie: „Moderne Zeiten" – Spielfilm – 1936

Fanger, P.O.: „Olf und Decipol", in: Gi Gesundheits-Ingenieur N°5, München, 1988

Grobe, Peter: „Leinesee", Hannover, 1995

Hartmann, Nicolai: „Der Aufbau der realen Welt", Berlin, 1940

Hawking, Steven W.: „Eine kurze Geschichte der Zeit", Reinbek, 1988

Heine, E.W.: „Der neue Nomade", Zürich, 1986

Horx, Matthias: „Die wilden Achziger", München, 1987

Huxley, Aldous: „Schöne neue Welt", Frankfurt/Hamburg, 1953

Kegel, Bernhard: „Die Ameise als Tramp“, Zürich, 1999
Kerr, Philip: „Game Over“, Reinbek, 1996
Landzettel, Wilhelm: „Wege und Orte“, Wiesbaden, 1977
Landzettel, Wilhelm: „Häuser und Straßen“, Wiesbaden, 1979
Lehmann, Jürgen: „Physikalische Grundlagen“, Script Uni Karlsruhe
Lorenz, Konrad: „Das sogenannte Böse“, München, 1977
Lorenz, Konrad: „Die acht Todsünden der zivilisierten Menschheit“, München, 1973
Lorenz, Konrad: „Die Rückseite des Spiegels“, München, 1973
Lovelock, James: „Unsere Erde wird überleben“, München, 1982
Müller, Wilhelm: „Die Wasserräder“, Leipzig, 1940
Müller, Wilhelm: „Hydrometrie“, Hannover, 1903
Müller, Wilhelm: „Wasserkraft“ , Leipzig, 1921
N.N.: „Baugesetzbuch“, Wiesbaden/Berlin, 1987
Schlaich, Jörg: „Das Aufwindkraftwerk“, Stuttgart, 1994
Schumacher, E.F.: „Die Rückkehr zum menschlichen Maß“, Reinbek, 1977
Seidel, Käthe: „Das Krefelder System“, Selbstverlag
Tati, Jacques: „Mon Oncle“, Spielfilm, 50er Jahre



*Empfohlene Schriften:*

Diese Literaturauswahl gibt nicht immer die Auffassung des Autors wieder. Es sind vielfach ideologisch-ökologische Vorstellungen, Gesinnungsarchitektur oder fachbezogene Ausschließlichkeitsansprüche dargestellt, die mit Umsicht und Blick auf das Ganze gelesen werden sollten. Selbst statistisch-rechnerisch nachgewiesenen „Wahrheiten“ ist (nach der Maxime, nur der selbst gefälschten Statistik zu glauben) mit Skepsis zu begegnen.

*Prolog & Epilog*


Améry, Carl: Natur als Politik, Reinbek, 1976

Briggs, John – Peat, F. David: Die Entdeckung des Chaos, München, 1990

Callenbach, Ernest: Ökotopia, Berlin, 1978

Calvino, Italo: Die unsichtbaren Städte, München, 1992

Davies, Paul: Die Urkraft, Hamburg, 1987

Dawkins, Richard: Der blinde Uhrmacher, München, 1990

Dürr, Hans-Peter – Zimmerli, Walther Ch., Hrsg.: Geist und Natur, Bern, 1989

Dyson, Freeman: Die zwei Ursprünge des Lebens, Hamburg, 1988

Feynman, Richard P.: Vorlesungen über Physik I bis III, München, 1991

Hawking, Stephen W.: Eine kurze Geschichte der Zeit, Reinbek, 1989

Horster, Detlef: Postchristliche Moral, Hamburg, 1999

Huxley, Aldous: Schöne neue Welt, (1932) Hamburg,1960

Kafka, Peter: Das Grundgesetz vom Aufstieg, München, 1989

Kolb, Bernhard: Beispiel Biohaus, München, 1984

Lorenz, Konrad: Das sogenannte Böse, München, 1974

Lorenz, Konrad: Die acht Todsünden der zivilisierten Menschheit, München, 1973

Lorenz, Konrad: Die Rückseite des Spiegels, München, 1977

Lovelock, Jim E.: Unsere Erde wird überleben, München, 1982

Martin, Henno: Menschheit auf dem Prüfstand, Berlin/Heidelberg, 1992

Morris, Desmond: Der nackte Affe, München/Zürich, 1970

Odum, Eugene P.: Grundlagen der Ökologie, Band 1 + 2, Stuttgart,1983

Olschowy, Gerhard: Natur und Umweltschutz in der Bundesrepublik Deutschland, Hamburg, 1978

Pirsig, Robert M.: Zen und die Kunst ein Motorrad zu warten, Frankfurt, 1978

Remmert, Hermann: Ökologie, Berlin, 1984

Schmidtheiny, Stephan: Kurswechsel, München, 1992

Schumacher, E.F.: Die Rückkehr zum menschlichen Maß, Reinbek, 1978

Schütze, Christian: Das Grundgesetz vom Niedergang, München, 1989
Streit, Bruno: Ökologie, Stuttgart, 1980
Vester, Frederic: Das Überlebensprogramm, Frankfurt,1975
Weizsäcker, Ernst Ulrich von – Seiler-Hausmann, Jan-Dirk: Ökoeffizienz, Berlin, 1999

## *Ökologisches Bauen allgemein*

Institut für Baubiologie: Biologisch Bauen, Rosenheim, 1986
Lewis, Owen – Goulding, John: European Directory of Sustainable & energy efficient Building 1999 (jährlich neu). James & James, London, 1999 etc.
Schulze Darup, Burkhard : Bauökologie, Wiesbaden/Berlin, 1996
Steubing, Lore: Natur und Umweltschutz – Ökologische Grundlagen, Methoden, Umsetzung, Jena, 1995



## *Stadtplanung*

Adam, Klaus: Ökologie und Stadtplanung, Köln, 1984
Bargholz, Julia: Ökopolis – Bauen mit der Natur, Köln, 1984
Betker, Frank: Ökologische Stadterneuerung, Aachen, 1992
Drewermann, Wolf: Intelligenz, Phantasie und Macht – Für die Planung von Stadt und Land, Augsburg/Berlin, 1972
Grohe, Tomas: Ökologie und Stadterneuerung, Köln, 1988
Hahn, Ekhart: Siedlungsökologie, Karsruhe, 1988
Hinzen, Ajo: Umweltqualität und Wohnstandorte, Wiesbaden/Berlin, 1983
Hinzen, Ajo: Umweltschutz in der Flächennutzungsplanung, Wiesbaden/ Berlin
Koch, Michael: Ökologische Stadtentwicklung, Stuttgart, 1999
Koenigs, Tom: Visionen offener Grünräume, Frankfurt, 1991
Koolhaas, Rem: S, M, L, XL, Köln, 1995
Martz, Georg: Siedlungswasserbau Teil 1–3, Düsseldorf, 1990

Ranft, Fred: Ökologische Modernisierung von Wohnsiedlungen, Wiesbaden/Berlin, 1994

Ridky, Rudolf: Handbuch siedlungsökologische Eckwerte zum Bebauungsplan, Dortmund, 1991

Runge, Karsten: Entwicklungstendenzen der Landschaftsplanung, Berlin/Heidelberg, 1998

Schayck, Edgar von: Ökologisch orientierter Städtebau, Düsseldorf, 1996

Schwarz, Ulrich: Risiko Stadt?, Hamburg,1994

Steinebach, Gerhard: Stadtökologie in neuen Gewerbegebieten, Wiesbaden/Berlin,, 1996

Stich, Rudolf: Stadtökologie in Bebauungsplänen, Wiesbaden/Berlin, 1992

Technische Akademie Hannover: Nachhaltige Stadtentwässerung für das 21. Jahrhundert, Hannover, 1999

Waltenspuhl, Paul: Radialkonzentrisch angelegte Städte, Liechtenstein, 1997



*Ländliche Planung*

Baldauf, Gerd: Ortsplanung im ländlichen Raum, Stuttgart, 1980

Cuisinier, Jean: Das Haus auf dem Lande, Dettelbach, 1998

Dungl, Leopold: Landwirtschaftsbau, Wien, 1964

Ellenberg, Heinz: Bäuerliche Bauweisen in geoökologischer und genetischer Sicht, Stuttgart, 1984

Großmann, Georg Ulrich: Ländlicher Hausbau in Norddeutschland und den Niederlanden, Marburg, 1996

Hauptmeyer, Carl-Heinz: Annäherung an das Dorf, Hannover, 1983

Heck, Ludwig: Architektur des Dorfes, Tübingen, 1989

Henckel, Heinar: Flexibilität im Bäuerlichen Wohnhaus, Hannover, 1967

Lloyd-Jones, David: Architektur und Ökologie, Stuttgart, 1998

Lorenzen, Halke: Unser Dorfgrün, Herford, 1987

Neddens, Martin: Ökologisch orientierte Stadt- und Raumentwicklung, Wiesbaden/Berlin, 1986

Schnitzer, Ulrich: Der Standort als Planungsgrundlage landwirtschaftlicher Gebäude, Darmstadt, 1980

Schoeller, Dieter: Dorferneuerung, Innsbruck, 1991

Sotriffer, Kristian: Die verlorene Einheit – Haus und Landschaft zwischen Alpen und Adria, Stuttgart, 1978

Steinebach, Gerhard: Ökologie in der Stadt- und Dorfplanung, Berlin, 1993

Vogel, Gisbert: Städtebauliche Entwicklung im ländlichen Raum, Dortmund, 1978

Zentralstelle für Landeskunde: Unser Dorf, Husum, 1986

*Solarenergie*

Achard, P.: European Passive Solar Handbook, Brüssel, 1986

Drake, Hans: Das solarbeheizte Gewächshaus, Stuttgart, 1985

Duffier, John A.: Sonnenenergie – Thermische Prozesse, München, 1976

Fox, Ulrich: Sonnenkollektoren, Stuttgart, 1998

Hullmann, Heinz: Photovoltaik in Gebäuden, Stuttgart, 2000

Jürgen, Claus: Kulturelement Sonne, Osnabrück, 1997

Kaiser, Yvonne: Niedrigenergie – Solarhäuser, Berlin, 1998

Künzel, Manfred: Krafterzeugung durch Sonnenenergie, Karlsruhe, 1978

Ladener, Heinz: Solare Stromversorgung, Freiburg, 1986

Lippold, Hans: Solartechnik, Leipzig, 1984

Lorenz-Ladener, Claudia: Solargewächshäuser, Grebenstein, 1981

Mazria, Edward: The passive Solar Energy Book, Emmaus/Pa, 1979

Rau, Hans: Heliotechnik, München, 1976

Staiß, Frithjof: Photovoltaik, Braunschweig, 1996

Trebersburg, Martin: Neues Bauen mit der Sonne, Berlin, 1999

Winkler, Jean- Pierre: Solarenergie in Theorie und Praxis; Karlsruhe, 1980

Yanda, Bill: Energie und Nahrung aus dem Solar-Gewächshaus; München, 1983

*Windenergie*

Hallenga, Uwe: Wind: Strom für Haus und Hof, Freiburg, 1990

König, Felix von: Das praktische Windenergielexikon, Karlsruhe, 1982

König, Felix von: Wie man Windräder baut, München, 1984

Schlaich, Jörg: The Solar Chimney, Stuttgart, 1995

Thiemann, Robert: Möglichkeiten zur Nutzung und Speicherung der Windenergie, Darmstadt, 1983

Weiß, Jost-Peter: Windkraft – Planung, Nutzen, Umweltfragen, Siegen, 1997

*Wasserenergie*

Kaczywinski, Jürgen: Stauanlagen, Wasserkraftanlagen, Düsseldorf, 1994

Lattermann, Eberhard: Wasserbau-Praxis Band 1 und 2, Berlin,1999



*Bioenergie*

Baader, Wolfgang et al.: Biogas in Theorie und Praxis, Darmstadt, 1978

Bachofen, Reinhard: Biomasse, München, 1981

Braun, Rudolf: Biogas – Methangärung organischer Abfallstoffe, Wien, 1982

Eyser, Helmut: Biogas – eine Studie über die Aktualität der Biogasgewinnung, Kassel, 1976

Gottlieb Duttweiler-Institut, Hrsg.: Bio-Energie, Zürich, 1978

Hemmers, Rosa: Informationspaket Energie aus Biomasse; Bonn, 1986

Osteroth, Dieter: Von der Kohle zur Biomasse, Berlin / Heidelberg, 1989

*Energieeffizienz von Bauwerken*

Ackermann, Thomas: Wärmeschutz und Energieeinsparung in Gebäuden Band I und II, Berlin, 2001

Cube, Hans-Ludwig van: Energiespartechniken Bd. 1–3, Karlsruhe, 1983

Daniels, Klaus: Technologie des ökologischen Bauens, Berlin, 1994

Kempf, Christian: Die Anpassung der Bauernhaus-Typen des Schwarzwaldes an das Klima ihrer Verbreitungsgebiete (Diss.), Hannover, 1973

Natterer, Julius: Gebäudehüllen aus Glas und Holz, Lausanne, 1984

Ranft, Fred: Ökologische Modernisierung von Wohnsiedlungen, Wiesbaden/Berlin, 1994

Simon, Günther: Das energieoptimierte Haus, Berlin, 2000

*Begrünung*

Althaus, Christoph: Empfehlungen zu Fassadenbegrünungen an öffentlichen Bauwerken, Düsseldorf, 1991

Althaus, Christoph: Fassadenbegrünung, Berlin/Hannover, 1987

Andritzky, Michael: Grün in der Stadt, Hamburg, 1981

Baumann, Rudi: Begrünte Architektur, München,1983

Beckmann, Robert: Die Hausschutzhecken im Monschauer Land (Diss.), RWTH Aachen, 1979

Doernach, Rudolf: Naturwerkstatt, Wildberg, 1984

Doernach, Rudolf: Pflanzenhäuser, München, 1987

Dürr, Albrecht: Dachbegrünung, Wiesbaden/Berlin, 1994

Grützmacher, Bernd: Grasdach, München, 1984

Ingrisch, Lotte: Bauerngärten – das nützliche Paradies, Wien, 1984

Krupka, Bernd W.: Dachbegrünungen, Köln, 1987

Liesecke, Hans-Joachim: Grundlagen der Dachbegrünung, Berlin/Wiesbaden, 1989

Minke, Gernot – Witter, Gottfried: Häuser mit grünem Pelz, Frankfurt a. M., 1982

Mulders, Frans – Tomm, Arwed: Dach- und Fassadenbegrünung, Aachen, 1992

Müller, Hans-Christian: Grüne Häuser, Berlin, 1983

Ohlwein, Klaus: Dachbegrünung, Wiesbaden/Berlin, 1989

Schlüter, Uwe: Pflanze als Baustoff, Berlin/Wiesbaden, 1996

Seifert, Alwin: Gärtnern, Ackern ohne Gift, München, 1978

*Bauwerksbetrieb*

Cube, Ludwig von: Wärmepumpen, Düsseldorf, 1978

Eisenschink, Alfred: Falsch geheizt ist halb gestorben, München, 1975

Heintz, Andreas: Chemie und Umwelt, Braunschweig, 1990

König, Klaus W.: Regenwasser in der Architektur

Martin, Wolfgang: Biologische Abwasserreinigung im Haus, Grebenstein, 1984

Rehberg, Reiner: Umweltentlastung durch ökologische Bau- und Siedlungsweisen Band 1 und 2, Wiesbaden/Berlin, 1984

Rudolph, Rolf: Abwärmenutzung von Hochbauten, Bonn, 1980

Schneider, Rolf: Wohn – Bau – Ökologie, Karlsruhe, 1986

Schwabe, Karl-Hermann: Angewandte Baubiologie, Waldeck, 1985

Sprout, Harold: Ökologie – Mensch – Umwelt, München, 1971

Umweltbundesamt: Leitfaden zum ökologisch orientierten Bauen, Heidelberg, 1997



*Baustoffe*

Baetzner, Alfred: Natursteinarbeiten, Stuttgart, 1991

Haefele, Gottfried: Baustoffe und Ökologie, Tübingen, 1996

Häring, Siegfried: Technologie der Baustoffe, Heidelberg, 1994

Kasser, Ueli – Pöll, Michael: Graue Energie von Baustoffen, Zürich, 1999

Kolb, Bernhard: Bauen und Sanieren mit natürlichen Baustoffen, Kissing, 1989

Nieden, Günter zur – Ziegert, Christof: Neue Lehmhäuser international, Berlin, 2000

Scholz, Wilhelm: Baustoffkenntnis, Düsseldorf, 1987

Schwarz, Bernhard: Wärme und Beton, Düsseldorf, 1987

Wendehorst, Reinhard: Baustoffkunde, Hannover, 1986

*Internet-Adressen*

Ökologisches Bauen & Stadtplanung

BUND – Bund für Umwelt- und Naturschutz: http://www.bund.net

Bundesministerium für Raumordnung, Bauwesen und Städtebau: http://www.bmvbw.de

Deutscher Städtetag: http://www.staedtetag.de

Deutsches Institut für Urbanistik: http://www.difu.de



Ökologisches Bauen & Energie

Energieagentur NRW: http://www.ea-nrw.de

Firmenverzeichnis regenerative Energie: http://www.boxer99.de

Forschungszentrum Jülich: http://www.kfa-juelich.de

Fraunhofer-Institut für Umwelt-, Sicherheits- und Energietechnik: http://www.umsicht.fhg.de

Internationales Wirtschaftsforum Regenerative Energien: http://www.iwr.de

Sonne

Deutsche Gesellschaft für Sonnenenergie DGS: http://www.dgs-solar.org

Eurosolar e.V. – Europäische Sonnenenergievereinigung: http://www.eurosolar.org

Forum für Solarenergie: http://www.solarserver.de

Fraunhofer-Institut-Solare Energiesysteme: http://www.ise.fhg.de

Initiative der WWF: http://www.solarunternehmen.de

Institut für Solarenergieforschung GmbH – ISFH: http://www.isfh.de

Schweizerische Vereinigung für Sonnenenergie: http://www.sses.ch

Solarenergie-Förderverein: http://www.sfv.de

Zentrum für Sonnenenergie- und Wasserstoffforschung:
http://www.zsw.uni-ulm.de

Zentrum für Sonnenenergie- und Wasserstoffforschung:
http://www.zsw.e-technik.uni-stuttgart.de

## Windenergie

Bundesverband Windenergie e.V.: http://www.wind-energie.de

Deutsches Windenergie-Institut: http://www.dewi.de

European Wind Energy Association: http://www.ewea.org

Verband der dänischen Windkraftindustrie: http://www.windpower.dk

## Wasserenergie

Internetliste zu Wasserkraft: http://www.Wasserkraftverband.de

## Erdwärme: Geothermie



Geo- und Naturwissenschaften online: http://www.geowissenschaften.de

Geothermische Vereinigung: http://www.geothermie.de

Schweizerische Vereinigung für Geothermie:
http://www.geothermal-energy.ch

Tiefengeothermische Vereinigung: http://www.tiefengeothermie.de

## Energie aus Biomasse

Fachinformationsstelle Bioenergie in Niedersachsen
http://www.ben-online.de

## Ökologisches Bauen & Bauwerksbetrieb

B.A.U.M. – Bundesdeutscher Arbeitskreis für Umweltbewusstes Management: http://www.baumev.de

I:KEB – Institut für Kreislaufwirtschaft und Energieeffizienz im Bauwesen:
http://www.ikeb.de

Öko-Netzwerk: http://www.oeko-netzwerk.de

Umweltnet: http://www.umweltnet.de

### Strom

Informationsstelle für Elektrizitätsanwendung: http://www.infel.de

VDEW – Vereinigung deutscher Elektrizitätswerke: http://www.strom.de

### Wasser

http://www.wasser.de

### Materie

ARA-System (Österreich): http://www.ara.at

Der grüne Punkt – Duales System Deutschland AG: http://www.gruener-punkt.de

Eco-Emballages (Frankreich): http://www.ecoemballages.fr

Sociedade Ponto Verde (Portugal): http://www.itm.pt

Valorlux (Luxemburg): http:// www.valorlux.lu



### Baustoffe

Europäische Abfallhandels- und Informationsbörse: http://www.abfall-boerse.de

Euwid Recyclingbörse: http://www.recycle.de

Global recycling network: http://www.grn.com

IHK-Recyclingbörse: http://www.ihk.de/recy.htm

Recyclers world: http://www.recycle.net

### Ökologisches Bauen & Gesellschaft

Bundesminister für Umwelt, Naturschutz und Reaktorsicherheit: http://www.bmu.de

ECOHB – European + Global network of Organizations for Environmentally-concsious and Healthy Building: http://www.ecohb.org

Öko-Institut: http://www.oeko.de

Öko-Test: http://www.ökotest.de

Umweltbundesamt: http://www.umweltbundesamt.de

# Stichwortverzeichnis mit Glossar

**3-Liter-Haus**

Modebegriff, rührt vom 3-Liter-Auto. Versuch, auf den Energieverbrauch von 3 l/m$^2$/a erdöladäquater Energie zu drosseln. > 147

**Absorber**

technische Einrichtung zur Aufnahme z.B. von Wärme (z.B. Wärmetauscher). > 80 ff., 158

**Absorberwärmepumpe**

Kühlaggregat, das mit Wärme auskommt. Heute selten. Anders: Kompressorwärmepumpe (>). > 157

**Abwärme**

Wärme, die ungenutzt bleibt, die Umgebung verändert oder ins Universum abstrahlt.

**Abwasser**

Wasser, das mit Dingen des menschlichen Lebensvollzugs angereichert ist. > 50 f.

**Adaption**

Ökologie: sich auf die gegebenen Umstände einstellen & diese optimal nutzen. > 109 f.

**Aerobe Zersetzung**

biologische Zersetzung von Biomasse mit Sauerstoffeintrag: Kompostierung.

**Aerodynamik**

Physik: Kenntnis der Strömungsgesetze in Gasen z.B. der Atmosphäre. > 93

**Aktive Wärmespeicher**

Nach außen gedämmte Masse zur Aufnahme, Speicherung und spätere Abgabe von Wärme z.B. für Warmwasser oder für Raumheizung (> passive W.). > 154 f.

**Albedo-Effekt**

Klimatologie: Weiß der Erde (Schnee, Wolken) zur Reflektion von Sonnenstrahlung mit Auskühlung der Erde. Wirkt gegen (>) Treibhauseffekt. > 76

**Alkohol**

Flüssigprodukt aus Biomasse zum Einsatz als Energieträger statt Erdöl z.B. für Verbrennungsmotoren. > 107

**Altruismus**

Aufopfernde Fürsorge anderen gegenüber. Der Verdacht auf gesteigerten Egoismus liegt nahe. > 9, 207

**Am amerikanischen Wesen soll die Welt genesen**

Nach Heinrich Heine nicht ganz original, aber offenbare Tendenz der USA. > 209

**Amtlicher Mittelwert**

Meteorologie: Wetterdaten, 30 Jahre Messung gemittelt zu lokalen Klimadaten. Alle 10 Jahre verschoben. Grundlage großräumiger Klimaaussagen. > 59, 72, 90

**Anaerobe Fermentation**

Biologie: biologische Zersetzung von Biomasse unter Ausschluss von Sauerstoff. Biogas, Sumpfgas, Deponiegas etc. (mit Sauerstoff: Kompost).

**Anergie**

Thermodynamik: für den betreffenden Prozess nicht brauchbare Wärme (> Abwärme). > 24, 119

**Anthropozentrisch**

Mensch-zentriert: generelle Geisteshaltung der großen Kirchen & der Philosophie. Mensch ist Mittelpunkt und steht über dem Rest der Welt (>). > 110, 208, 210

**Aqua destillata**

Destilliertes Wasser, reines $H_2O$, theoretischer Zustand von Regenwasser. > 49, 171

**Architektentrost**

Fachausdruck für begrünte, vorher hässliche Architekturfassaden. > 138

**Artenegoismus**

Biologie: Jede biologische Art hat allein das eigene Wohl zum Ziel. Bei Menschen: Anthropozentrik (>). > 133, 202, 205, 207

**Artensuizid**

Biologie: Der Weg einer biologischen Art, durch ihr Wirken in der Lebensgemeinschaft das eigene Überleben zu gefährden. Artenselbstmord. > 202

**Auf Kipp**

Fensterstellung zur Dauerlüftung bei Drehkippfenstern. Beliebte Notwehr der Bewohner gegen künstliche Lüftung von Niedrigstenergiehäusern. > 128 f.

**Aufwindkraftwerk**

von Jörg Schlaich. Solarbetriebene Mantelturbine: Thermik erzeugt ein künstliches Tiefdruckgebiet. Nachströmende Luft betreibt Turbine. > 94

**Außendruck**

Ökologie: Expansionsgrenze einer Art (Innendruck >), im Ökosystem durch andere Arten zu einer ausgeglichen Populationsdichte. > 23, 200, 205 f.

**Außenfläche**

Kontaktfläche eines Bauwerks mit der Außenwelt. Wichtig zur Energiebilanz im Verhältnis zum Gebäudevolumen. > 121

**Autistisch**

In sich gekehrt, auf sich selbst bezogen. Kann krankhaft werden. Verhalten bei Dichtestress. > 36

**Barackenklima**

Klimatechnik: Raumklima in Bauwerken ohne innere Speichermassen aus schweren Bauteilen. Schnell warm & schnell kalt. Gegenteil: Burgenklima (>). > 126

**Baubiologie**

Naturstoffe bevorzugende Gesinnung mit anthropozentrischen Zügen und nur unter Vorbehalt zum ökologischen Bauen zählend. Nähe zu Esoterik & Gesinnungsarchitektur.



**Baukunst**

Kunst des Architekten, die materielle Herstellung eines Bauwerks in tiefer Kenntnis von Physik & Materie als perfektes Werk zu leisten.

**Baumschutzsatzung**

Vom Naturschutz (>) geprägtes Gemeindegesetz für dicke Bäume. Wird fragwürdig, wenn wg. Licht, Luft & Sonne dringend ausgeholzt werden müsste. > 114, 136

**Baustelleneinrichtung**

Kurzfristiger eigenständiger Entwurf zur Organisation der Errichtung oder des Recycling eines Bauwerks. > 199

**Baustellenlogistik**

Entwurf & Organisation aller Energie & Stoffströme incl. menschlicher Arbeit zum Bau bzw. Abbau eines Bauwerks. > 199

**Baustoffe**

Zur angemessenen Erstellung von Bauwerken geeignete Materie. > 43 f., 123, 125 f., 183 ff.

**Baustoffrecycling**

Weiter- & Wiederverwendung von bereits ein- oder mehrmals verwendeten Baustoffen, Halbzeugen, Elementen, Fertigteilen, Raumelementen etc. > 188

**Bauwerksbetrieb**

Dynamisches Verhalten des Bauwerks in der genutzten Lebensphase zwischen Neubau und Abbau. > 146

**Beaufort**

Meteorologie: Windstärkenskala nach beobachteten Erscheinungen in der Natur. Andere Skalen: m/sec – km/h – Knoten (Seemeilen/h). > 147

**Bebraismus**

Das billige Imitat der Serienfertigung: Marmor DC Fix statt Marmor. (Matthias Horx) > 43

**Begrünung**

Besetzen der Außenfläche von Bauwerken mit Pflanzen (Dach & Fassade). > 133 ff.

**Behaglich**

Klimatechnik: Raumklima, das ein solches Gefühl hervorruft. Ein Spiel aus Temperatur von Luft & Wand, Feuchte, Luftqualität und Stimmung des Bewohners. > 146 ff.

**Belebte Klimakanäle**

Flure, Innenhöfe, Laubengänge etc. wo Menschen sind, wenn die Gestaltung der Klimaanlage diese Räume auch als täglich gereinigte Klimakanäle nutzt. > 162

**Belüftete Teiche**

Biologische Abwasserklärung durch aerobe Zersetzung (>) für den ländlichen Raum. > 66

**Bepflanzte Gewässer**

Biologische Abwasserklärung durch den Wurzelkörper von Pflanzen: z.B. Krefelder System, Wurzelraumklärung nach Kickuth. > 66

**Betriebszweig Reduktion**

Was unserer Wirtschaft fehlt (Missing Link): die Rückführung & Aufbereitung der Restmaterie. > 180

**Bewohner sind potenzielle Bauschadensverursacher**

Kluger Spruch, die Raumluftveränderung betreffend. > 147

**Bewusstsein**

Geistesebene, die befähigt, über Bewusstsein nachzudenken. > 210

**Bewusstseinsphilosophie**

Descartes: Cogito ergo sum – auf das eigene Bewusstsein und dem Blick daraus konzentrierte Denkweise anthropozentrischen Charakters. Kein Weltblick von oben. > 208

**BHKW**

Blockheizkraftwerk. Stromerzeugung mit Abwärmenutzung durch Verbrennungsmotoren. > 159 f., 168

**Biodiesel**

Aus Biomasse gewonnener Treibstoff für Verbrennungsmotoren. Raps, Wolfsmilch, Sonnenblumen- und andere Öle müssen herhalten, den Diesel zu treiben. Eigentlich Nahrungsmittel. > 108

**Biogas**

aus Biomasse in anaerober Fermentation (>) gewonnenes Gas (im Wesentlichen $CH_4$), das der Landwirtschaft für die Auswertung der Erntereste Auftrieb und energetische Eigenständigkeit geben kann. > 54, 62, 66, 104 ff.

**Biogaswirt**

Der Betreiber z.B. einer genossenschaftlichen Biogasanlage für alle organischen Reste eines Dorfs incl. Haushaltsabwasser. > 107

**Biologie**

Lehre vom Lebendigen und Beschreibung der Arten. Eigentlich der Ökologie untergeordnet. > 9 ff., 204

**Biomasse**

Durch Photosynthese (>) entstandene energiereiche Materie kurzer Lebenszeit, aber regenerationsfähig. Auch Menschen.
> 13, 23 ff., 30, 61 ff., 100 ff.

**Biotop**

Unbelebte Materie des Lebensraums für eine Lebensgemeinschaft. Nicht nur der Teich, auch Beton. > 12, 25 ff.

**Biozönose**

Das Lebendige im Biotop. Die Lebensgemeinschaft. > 25, 67

**Black Box**

Unerforschbares Inneres eines Aggregats, von dem wir nur Input & Output kennen. > 178

**Blockheizkraftwerk**

siehe BHKW.

**Blower-Door-Test**

Dichtigkeitsprüfung für Bauwerke. Herstellung von Überdruck mit Messung des Druckabfalls ist Maßstab. Ob hohe Dichtigkeit gut ist, sagt der Test nicht. > 128

**Bonität**

Landwirtschaft: Bodengüte in Bezug auf Ernteertragsfähigkeit. Skala 1 bis 100. Es geht auch drüber. > 59

**Brauchwasser**

Kein Trinkwasser, aber zu vielen Zwecken ausreichend. Regenwasser, Brunnenwasser etc. > 49 f., 66, 170, 175 f.

**Brunnen**

Zugriff auf Grundwasser. Senkt Grundwasserpegel trichterförmig. Gefahr für Pflanzen im Senkungsgebiet. > 49 f., 66, 158, 174 f.

**Burgenklima**

Von Baumasse bestimmtes sehr gleichmäßiges Klima durch die Speichermasse. Oft feucht & kühl, selbst im Sommer zu beheizen. Gegenteil: Barackenklima (>). > 126

**Bürgerinitiative**

Ansammlung von Häuslebauern zur Verteidigung ihrer Territorien. Nach Erfolg oder Misserfolg zerstreuen sie sich wieder auf ihre eigenen Schollen. > 207

**Büsche**

Grüne Architekturelemente, die bis zum Boden reichen, also Land verbrauchen. Guter Sichtschutz, Windschutz, Schattenspender. > 134, 136

**Chemie**

Der Bereich der Naturgesetze, der sich mit der Umwandlung der Stoffe befasst und Materie-Energiebilanzen zieht. > 13

**Clivus Multrum**

Vorzeigeprodukt für Komposttoiletten. Stammt aus Schweden und ist für entlegene Wohnstellen gedacht. (Markenname). > 67, 177

**Corporate Identity**

Neuer Begriff für den alten Protz der Industriebarone. Das Wir-Gefühl der Belegschaft hebt die Arbeitsmoral und senkt den Krankenstand. CI. bindet die Mitarbeiter an die Firma & lässt die einfachen teilhaben am Wohlergehen der großen. Bestes Beispiel: Katholische Kirche. > 192

**Corioliskraft**

Klimatologie: Ablenkung des Winds auf seinem Weg vom Hochdruck- zum Tiefdruckgebiet aufgrund der Erddrehung & des Helmholtz-Effekts. > 89

**Cut & laid**

Schneiden & Legen: Gärtnermethode, Hecken durch Anschneiden & Querflechten ziemlich undurchdringbar zu gestalten. > 137

**Dachausbau mehrt Müll**

Spruch von D.A., den Mangel an Speicherraum zu beklagen, der mit Dachausbauten eintritt. Hier steht wünschenswerte urbane Verdichtung gegen persönliche Lagerfläche zur Müllvermeidung & Entdeckerfreude von Kindern. > 180

**Dächer ohne Nutzung sind Landverschwendung**

Spruch von D.A., die große Chance der Städte betreffend, ihre unermessliche Dachfläche nahe der Sonne für ihre Stadtmenschen zu nutzen. Der Freiraum Dach liegt brach und ist dem Himmel so nahe. > 47

**Dachgarten**

die beste Möglichkeit, das Grundstück oberhalb der Behausung für qualitätvolle Nutzung zu entwerfen. > 144

**Das wichtigste Werkzeug in der Hand des Gärtners ist die Schere**

Spruch von Peter Joseph Lenné, den Artenegoismus (>) von Pflanzen betreffend. Menschen betreiben Naturschutz, aus Arroganz. Pflanzen betreiben keinen Menschenschutz. Sie wachsen überall hin. > 133



**Decipol**

Klimatechnik: Maß für die empfundene Luftqualität durch Immission von Schadstoffen. (P.O.Fanger, Kopenhagen). > 129

**Deckenstrahlungsheizung**

Großflächig beheizte Decke mit Niedrigtemperatur und vorwiegend Strahlung. Sie trifft uns auf kleinem Grundriss. Gut für Schulen & Büroräume. > 152

**Demontage**

Abbau von elementierten Bausystemen zur nächstfolgenden Verwendung. > 29, 181

**Demontierbarkeit**

Eigenschaft von Bausystemen zur Demontage durch Verbindungstechnik, Montagefolge & Transportierbarkeit. > 181

**Denkmalpflege**

Versuch, bestimmte gesellschaftliche Situationen der Geschichte festzuhalten. Beitrag zur ethnischen Sicherheit der Menschen, zum Traditionsbewusstsein und zum Nationalstolz. > 45, 200 f.

**Deponie**

Lagerstätte von zur Zeit nicht brauchbarer Materie: Müllberg.
> 27, 55, 180, 183, 198

**Digital**

auf zwei Informationen (binär) aufbauender Entscheidungsbaum. > 36

**Doppelfassade**

Eigentlich schon ein Kastenfenster oder ein Wintergarten. Ganze Hochhäuser werden in doppelte Glashüllen gepackt. Gut geplant könnte sie zur Klimagestaltung und Klimatechnik beitragen.
> 32, 78 f., 162, 167

**Doppelhelix**

Zwei in der Regel um 180° versetzte Spiralen, z.B. das DNS. > 20, 204

**Downcycling**

Wiederverwendung von Materie auf niederem Niveau, z.B. Mauerwerksabbruch als Splitt für Betonzuschläge. > 189

**Dreischeibenverglasung**

Wärmedämmglas aus drei mit Abstandshaltern verklebten Glasscheiben. Schwer und teuer, wenn eine Scheibe bricht. > 131



**Druckgradient**

Meteorologie: Druckunterschied zwischen Hoch- und Tiefdruckgebieten. Abhängig von Druckgefälle und Entfernung. > 88

**$e = mc^2$**

Einstein. Energie ist Masse mal Lichtgeschwindigkeit zum Quadrat. Abhängigkeit von Materie und Energie. > 30

**Einwegverpackung**

Behälter oder Schutzhülle, die nach Leerung oder Entnahme Müll wird oder per Sammlung wieder in den Wirtschaftsprozess gelangt. Milchtüte, Folienpackung, Kartons.

**Elektromagnetische Kraft**

Zweite der vier Hauptkräfte der Materie nach Gravitation und vor den beiden Kernkräften. Sie hält Atome und Moleküle zusammen und kann positiv oder negativ wirken. > 203

**Elektrosmog**

Elektromagnetische Felder um elektrische Einrichtungen des täglichen Lebens über die natürlichen Felder hinaus. Es werden Störungen befürchtet.
> 50, 53, 164

**Elektrowärme**

Mit der edelsten bekannten Energieform am elektrischen Widerstand erzeugte Wärme oft zu niederem Gebrauch. Volkswirtschaftlich und ökologisch ist E. Unsinn. > 166

**Elementierung**

Aufteilung einer Struktur in handhabbare Elemente zur Montage bzw. Demontage nach Beendigung der Nutzung. > 195

**Emanzipation**

Befreiung von äußeren Gegebenheiten und Bedingungen. E. ist mit erhöhtem Aufwand und komplizierter Struktur verbunden. Gegenteil: Adaption (>).
> 109 f.

**Energie**

Im Werk stehen. Eigentlich wissen wir noch nicht genau, was Energie ist.
> 9 ff.

**Energie & Materie**

Ein Pärchen, das einander bedingt und einander ablösen kann. Alles Geschehen im Universum ist ein Spiel zwischen E. & M. > 19, 28, 203

**Energieeffizienz**

Optimaler Nutzen von Energie, angemessen, vollständig, schadfrei und ohne Gefährdung der Substanz, z.B. Ökosystem in der Klimax.
> 10 f., 22, 24 f., 41, 115, 166

**Energieeffizienz & Kreislauf der Materie**

Naturgesetz des Lebendigen: optimale Nutzung der Sonnenenergie im geschlossenen Kreislauf der Stoffe (Nahrungskette). > 178, 184

**Energiekaskade**

Stufenweise Nutzung von Energie. Restenergie aus einem Prozess ist Quelle für den nächsten, weniger anspruchsvollen Prozess und weiter abwärts, z.B. die Nahrungskette von der Photosynthese über bis zu fünf Konsumentenstufen zu den Reduzenten oder ein BHKW (>). > 23 f., 159

**Energiepotenzial**

An einem Ort oder aus einer Quelle verfügbare Energiemenge. Brutto die vorhandene Energiemenge, netto die davon zu bestimmten Zwecken erreichbare Menge. Peak (Spitze) ist die maximal verfügbare Energie, die gern bei Photovoltaikanlagen genannt wird. > 23, 34, 59, 61 f., 95

**Energieträger**

Stoffe, die von den Menschen in Energie umgewandelt werden. Kernspaltmaterial (Uran) durch Nutzung der schwachen Kernkraft. Sonnenenergie durch

Nutzung der Wärmestrahlung oder in Form von Photovoltaik. Sonnenenergie erzeugte auch alle organischen Kohlenstoffverbindungen wie Kohle, Erdöl, Methan u.a. Gase (Sekundäre Energieträger von Sonnenenergie) sowie Wind- und Wasserkraft (Sekundäre Energieträger der Sonnenenergie).
> 24, 30, 37, 52, 61 f., 72, 88, 146, 160, 166, 173, 212

**Entropie**

Der Weg von Ordnung zu Unordnung, beschrieben im zweiten Hauptsatz der Thermodynamik. Endzustand ist das thermische Gleichgewicht „ein lauwarmer Brei gleichmäßig durchmischter Materie“, Clausius. Der entropische Zeitpfeil bestimmt unser Zeitempfinden.
> 13 f., 19 ff., 39, 53, 104, 116, 146, 182, 191, 194, 199

**Entropie siegt immer**

Spruch von D.A. Beschreibt unsere Sisyphos-Rolle im Erhaltungskampf der von uns errichteten Ordnung im universellen Geschehen. Die Rolle ist mühsam und erfolglos. > 201

**Entsorgung**

Ein Unwort, denn es gibt keine Entsorgung. Beschreibt den kurzen Weg, von in unserer Kultur, unerwünschter Materie aus unserem Gesichtskreis. Dort liegt sie, nicht entsorgt. In der Kreislaufwirtschaft wird Materie versorgt. Sie wird weiterverwendet oder sorgfältig zur späteren Verwendung gelagert. Andernfalls wird die Entstehung nicht verwendbarer Stoffe vermieden.
> 28, 182

**Erdwärme**

Der Erdkern ist heiß. Durch die dünne, feste Erdhaut wandert Wärme ab in das Universum. Diese kann genutzt werden. Wo die Haut dünn ist, Spalten oder Löcher sind, kommt man der Hitze näher und kann Energie mit hohen Temperaturen gewinnen. > 100 ff., 118, 159

**Erdwärmesonde**

Technische Einrichtung, Erdwärme aus der Tiefe zu gewinnen. > 102

**Ethnische Gruppen**

Menschen gleichen Geistes (Nicolai Hartmanns Schichtenontologie: vierte Schicht) oder gleicher Gesinnung (Glaube, Jeans, Benetton, Partei). Künstliche „Artenbildung“ innerhalb der Art Mensch, vielleicht aus Dichtestress.
> 206

**Evolution**

Der Gang des Lebendigen als offenes System auf der Erde unter Nutzung der Sonnenenergie von einfachen zu komplizierten Strukturen entgegen der Entropie, die allein für geschlossene Systeme gilt (Unwort: Negentropie ist

deshalb nicht zutreffend). Motor: Arterhaltung und Verbreitung, beobachtete Zielrichtung: Energieeffizienz und Kreislauf der Materie (>).
> 20 ff., 35, 86, 109, 146, 177, 191 f., 202 ff., 210

**Extensive Dachbegrünung**

Standortgemäße Bepflanzung von Dächern mit Arten, die dem extremen Standort mit geringem Substrat, Hitze oder Kälte, Nässe oder Trockenheit widerstehen können. > 144

**Externe Kosten**

Betriebskostengruppen, die nicht wie interne Kosten (>) in die Betriebsbilanz rücken, da e. K. von der Gesellschaft getragen werden (Müll, Luft- und Wasserverschmutzung, andere Technologiefolgen, wie es politisch heißt). So ist die Kostenrealität. In der Kostenwahrheit werden externe Kosten zu internen Kosten. So bilanziert die Kreislaufwirtschaft. > 28, 47

**Facility Management**

Der akademische Hausmeister. Junges Berufsfeld für Architekten und Ingenieure. Aus der Erkenntnis entstanden, dass Bauwerke nach Schlüsselübergabe in Betrieb gehen, also keinen parkenden sondern fahrenden Autos entsprechen. Der Facility Manager ist der Sisyphos der Bauwerke. > 11, 28, 146

**Fallhöhe**

Wasserenergie: Höhe zwischen Ober- und Unterwasser eines Kraftwerks. F. und Volumenstrom bestimmen das Energiepotenzial. > 62, 95 ff.

**Faradayscher Käfig**

Hülle aus elektrisch leitendem Material, die alle elektrischen Ströme und Felder aufnimmt und nicht ins Innere lässt. Vorwurf gegen Stahlbeton und Metallbauten, die natürlichen elektrischen Felder abzuschirmen. Angesichts des ebenfalls befürchteten Elektrosmogs (>) ein entgegengesetztes Phänomen. Die Wechselwirkung ist nicht erforscht. > 185

**Fensterladen**

Bewegliches Fensterelement zur nächtlichen Wärmedämmung, zum Schutz, zur Verschattung, zur Lichtlenkung. Beeinflusst den Fassadenentwurf. > 132

**Fenstertechnik**

Technologie zur Bewältigung der empfindlichen Zone einer Bauwerksöffnung mit vielfältigen, teils einander widersprechenden Aufgaben: Licht – Schatten, Lüftung – Dichtheit, Wärmegewinn – Wärmeverlust, Kommunikation – Abgeschlossenheit usw. > 130 ff., 163, 199

**Fernwärme**

Konzentrierte Wärmeproduktion mit wärmegedämmtem Verteilernetz zu den Verbrauchsstellen. Heute nur als Wärme-Kraft-Kopplung mit Stromproduktion (BHKW) und mit kurzen Leitungen: Nahwärme. > 53 f.

**Fibel zum konstruktiven Entwerfen**

Von D.A.: Schwester zu dieser Fibel mit Schwerpunkt auf dem spielerischen Umgang mit Physik und Materie zur kunstvollen Erstellung von Bauwerken. Als notwendige Ergänzung für alle, die Häuser bauen unbedingt empfehlenswert! Gleicher Verlag. > 183, 188

**Flachkollektor**

Technische Einrichtung zur Gewinnung von Sonnenwärme aus direkter und diffuser Strahlung in unterschiedlicher Bauart als Flüssigkeits- oder Luftkollektor, Trombe-Wand, transparente Wärmedämmung, Absorberdach, Heat-Pipe, Kastenfenster oder Doppelfassade. > 79 ff.

**Flexibilität**

Offen für unterschiedliche Anforderungen z.B. in der Nutzung von Bauwerken. F. bedeutet im ökologischen Bauen Müllvermeidung durch vorausschauende Planung für viele Zwecke (anders: Variabilität >). > 194, 196

**Flusskraftwerk**

Wasserkraftwerk, in der Regel mit geringen Fallhöhen und großem Volumenstrom, von Kaplan-Turbinen betrieben. > 96



**Fossile Energieträger**

Energieträger (>) mit im Laufe der Erdgeschichte durch Photosynthese mit Sonnenenergie entstandenen organischen Kohlenstoffverbindungen wie Öl, Kohle, Gas. > 38, 52

**Francis-Turbine**

Wasserkraft: Turbine für mittlere Fallhöhen und mittleren Volumenstrom. Meist verwandter Turbinentyp in modernen Anlagen. > 98 f.

**Fulguration**

„Blitzschlag", großes Ereignis in der Mystik, Menschwerdung bei Konrad Lorenz, Weitsprünge Zähmung des Feuers und Sprache, vielleicht Kreislaufgesellschaft bei D.A. > 202

**Fünfte Schicht des Seins**

Integrales Weltbild von D.A. in Erweiterung der vier Schichten der Schichtenontologie als Chance der Menschen, ihre Anthropozentrik zu verlassen zur Integration in das Naturgeschehen mit einer künstlichen, arteigenen Ökologie (Kreislaufgesellschaft). > 211

**Gaia**

Griechische Erdgöttin. Bei Jim Lovelock Symbol für ein globales Ökosystem, das die Steuerung der Erde in ihrem bestehenden, das Lebendige ermöglichende Klima innehat. > 30, 211 f.

**Gartenbewässerung**

Künstliche Bevorzugung von Gelände den klimatischen Verhältnissen gegenüber. Bitte nur mit Regen- oder Brunnenwasser. > 65, 170, 172, 175

**Gebraucht-Baumarkt**

Einrichtung im Sinne der Wieder- und Weiterverwendung von Baustoffen, Bauteilen, Elementen und Halbzeug in unterschiedlichen Veredelungsstufen. Selten billiger als Neukauf, weil der Produktion von Neuteilen Abbau und Aufarbeitung entgegenstehen. > 201

**Geist**

Überindividuelles Bewusstsein zur Bildung sozialer Gemeinschaften. Vierte, oberste Schicht in der Vier-Schichten-Ontologie (Nicolai Hartmann) und nur dem Menschen als soziales Wesen vorbehalten (?). Geist steuert ethnische Gruppen (>). > 205 ff., 209 ff.

**Geistig-ethnischer Moralkodex**

Katechismus von Regeln, die eine Gruppe solidarisch anerkennt, und mit der sie sich von anderen Gruppen unterscheidet oder unterscheiden will. Instrument zur künstlichen Bildung „geistiger Arten" innerhalb der Menschheit.
> 206

**Gelber Sack**

Folienbehälter zur Sammlung von Kunststoff-Einwegverpackung für die Wiederaufbereitung der Rohstoffe zu neuen Produkten. Klappt in der Sammlung beim Bürger unerwartet gut, in der Aufarbeitung aber noch nicht richtig.
> 27, 180

**Genius loci**

Geist des Orts, lokale Eigenart. Christian Norberg Schulz hat ihn im Sinne der Gesellschaft, ihrer Architektur und Stadtplanung beschworen. Grundlage ökologischen Denkens darüber hinaus im Sinne örtlicher Potenziale und klimagerechten Bauens.
> 30 ff., 40, 44, 57, 69, 106, 111, 137, 168, 184, 200

**Genius mundi**

Geist der Welt, globale Einbindung. D.A. setzt ihn ergänzend zum Genius loci zur Bestimmung seiner Position im globalen Geschehen. Das kann den Genius loci stärken oder marginalisieren. Er kann im Sinne des Genius mundi neue Aufgaben bekommen. > 30 ff., 39 f., 57, 69, 88, 106, 184

**Geordnete Deponie**

Vermeintliche Entsorgung (>). Lager unerwünschter Stoffe in einigermaßen sicherer Form, bis sie einmal gebraucht werden. G.D. sind die Rohstoffquellen der Zukunft. > 183

**Geothermie**

Erdwärme (>).

**Geozentrisch**

Weltbild nach Ptolemäus mit der Erde als Mittelpunkt des Universums. Gilt noch in der Kirche. Geistig entspricht es der Anthropozentrik: Mensch ist Mittelpunkt des Universums. Beide Weltbilder sind überholt, aber verbreitet. > 210

**Geschwisterlichkeit mit der Natur**

Integrales Verhalten dem Rest der Welt gegenüber. Einbindung in das Naturgeschehen und effiziente Nutzung der natürlichen Ressourcen ohne die Substanz zu gefährden. Künstliches anthropogenes Ökosystem, eingebunden in das natürliche von Lovelock „Gaia“ genannte. > 212

**Gesellschaft**

Anthropozentrisch gesehen die Menschheit oder unterschiedliche Gruppen daraus (künstliche geistige Artenbildung). Gemäß der fünften Seinsschicht alles Lebendige. > 202, 205 ff.

**Gesellschaft-Umwelt-System**

Die menschliche Kultur (>) in ihrem Bezug zum Rest der Welt als Ganzes betrachtet. > 30



**Gestanksfaktor**

Raumklimatechnik: Pettenkofer um 1900, Raumluftverschmutzung durch menschliche Ausdünstungen. Wurde am $CO_2$-Pegel festgemacht. Heute olf und decipol (>). > 128 f., 161

**Gezeitenkraftwerk**

Wasserkraftwerk, das die Gezeitenströme in beide Richtungen ausnutzt. Klassiker in Saint-Malo (F). > 99

**Grasdach**

Symbol ökologischen Bauens. Erd- und pflanzenbedecktes Dach, auch als Dachgarten zur Rückgewinnung von Grundstücksfläche zu denken. > 143

**Graue Energie**

In Baustoffen, Halbzeugen, Elementen oder anderen Veredelungsformen enthaltene Energie, die zur Energiebilanz eines Bauwerks nach Kostenwahrheit gerechnet gehört. > 185

**Grauwasser**

Gering verschmutztes Abwasser aus Dusche, Waschmaschine etc., das als Brauchwasser in Kaskadennutzung z.B. zur Toilettenspülung genutzt werden kann, oder im Garten verrieselt wird. Heute kaum mehr im Gespräch.
> 175 ff.

**Gravitation**

Erste und schwächste der vier Hauptkräfte des Universums. Wirkt über weite Distanzen aber nur anziehend. Was G. ist, weiß noch keiner so recht. Man sucht Gravitationen als Partikel, Strahlung ist G. nicht.
> 95, 117, 188, 192, 203

**Grundwasser**

Niederschläge, die auf Land fallen und im Boden versickert gefiltert, mineralisiert und gekühlt sind. Mehrere Stockwerke in wasserführenden Schichten auf undurchlässigen Sohlen. > 49 f., 59, 65 f., 70, 100 ff., 158, 171 ff.

**Haftwurzler**

Kletterpflanzen, die an anderen Gegenständen anhaftend nach oben zum Licht wachsen. Fassadenbegrünung an stabilen Wänden möglich. > 140 f.

**Haus bauen, Sohn zeugen, Baum pflanzen**

Klassischer, bisher nur auf Männer bezogener Spruch zur Arterhaltung einschließlich der Erhaltung der Lebensgrundlage. > 134

**Hausbaum**

Produkt eines alten Spruchs: Partner, Wächter, Schattenspender, Windschutz, Melder der Jahreszeiten usw. > 134 ff.

**Haushalt**

Deutsches Wort für Ökologie oder Ökonomie. Umgang mit den Ressourcen der Welt in Beachtung der Maxime: Energieeffizienz & Kreislauf der Materie.
> 178 ff.

**Haushaltswärmezentrum**

Eine schöne, aber untergegangene Erfindung der Ruhrgas AG, in der alle Wärme im gesamten Haushalt aus einer Gasanlage kam und nur Licht, Elektronik und Arbeit elektrisch betrieben wurden. Schade. > 167

**Häuslebauer**

Konzentriert die Weite der Wildbahn des Jägers & Sammlers auf seine Scholle. Wer noch keiner ist, will einer werden. Von Politikern gestreichelte Wählerspezies. > 44, 206

**Hausschutzhecken**

In windreichen Gegenden um Häuser gebaute Schutzhecken, oft haushoch.
> 111, 137

**Haustelefon**

Neben dem elektrischen hier ein akustisches, das durch Luftheizung eingebaut wurde (z.B. Luft-Kachelöfen), aber in Vergessenheit geriet, weil weder Heizung noch Telefon gut waren. Aktuell mit künstlicher Lüftung (statt Fensterlüftung) und Luftkanälen sogar im Häuslebau, wie Energiefetischisten propagieren. > 154, 163

**Heat-Pipe**

Flachkollektor, der die eingestrahlte Energie als Latentwärme (>) transportiert: Flüssigkeit verdunstet im Kollektor und kondensiert am Wärmetauscher. > 82

**Heiligsprechung**

Weltliches Ziel zur Erlangung des himmlischen Friedens. In der christlichen Kirche zunächst Mühsal & Arbeit, dann als Maschinen das abnehmen konnten, der weltliche Erfolg in der Operationalisierung der Welt zum Wohle der Menschheit. Vielleicht einmal die Geschwisterlichkeit mit der Natur. > 209, 212

**Heliozentrisch**

Weltbild nach Galilei mit der Sonne als Zentrum des Universums. Galt so lange, bis der Gang des Universums besser ablesbar wurde. > 210

**Helmholtz-Effekt**

Sinkende Ströme drehen rechtsherum (Hochdruckgebiete), aufsteigende linksherum (Tiefdruckgebiete). Auf der Südhalbkugel ist es umgekehrt. > 89



**Hiatus**

Kluft, unüberwindbares Hindernis. Bei Hartmann Trennung der Seinsschichten. > 210

**Hoch**

Meteorologie: Gebiet mit höherem Luftdruck, als normal auf Meereshöhe. Auch relativ höherer Druck, als die Umgebung. > 89

**Homo sapiens ökologicus**

Der Mensch in der Kreislaufgesellschaft mit künstlich geschaffenem Ökosystem der Menschen ohne Müll oder anderen Verschmutzungen in Geschwisterlichkeit mit der Natur (>). Es gibt ihn noch nicht. Die Menschwerdung steht noch aus. > 212

**Homo sapiens technicus**

Das sind wir. Technisch versiert und ideenreich, aber wir leben in unserem Unrat und drohen, darin umzukommen. Vormenschen. Die Menschwerdung findet erste statt. > 212

**Hot-Dry-Rock**

Geothermie: Verfahren, Energie hoher Temperatur aus der Tiefe zu fördern. Es bedarf geschlossener Kavernen, die angebohrt werden und eingeblasenes Wasser bestenfalls als hochgespannten Dampf in Turbinen leiten. >
> 101 f.

**Hydrodynamik**

Lehre von der Strömung in Flüssigkeiten. Hier: Wasserkraftnutzung. > 98

**Hypothese**

Gedankenmodell eines möglichen Zustandes oder einer Erkenntnis. Hilfreiches Mittel zur Forschung. Hält so lange, bis nur ein Indiz dagegenspricht. > 30, 211

**Ikea-Effekt**

Angst-Wut-Syndrom: bau etwas zusammen und du verstehst die Anleitung nicht, es fehlt eine Schraube, ein Teil, die Anleitung führt in die Irre, es hätte längst fertig sein sollen, du hast Termine usw. So ist das Leben. Auch auf der Baustelle. Ikea ist überall. > 197

**Industrialisierung**

Konzentration dezentraler handwerklicher Produktion mit dem Effekt der Rationalisierung durch Maschinen und Automatisierung bei hoher und gleichmäßiger Präzision und Qualität. Verlust von Genius loci zugunsten Genius mundi. > 33, 195

**Industrielles Bauen**

Herstellen von Bauwerken mit industriell gefertigten Bauteilen. Im Sinne des ökologischen Bauens, wenn die angewandte Montage- und Fügetechnik Abbau und Wiederverwendung ermöglicht. > 196 f.

**Innendruck**

Arterhaltung und Verbreitung einer Art in der Lebensgemeinschaft von Ökosystemen. Wird als Außendruck (>) des Innendrucks anderer Arten in der Lebensgemeinschaft kontrolliert. > 23, 205

**Inselbetrieb**

Autarkes, von anderen Systemen unbeeinflusstes Betriebssystem meist in dezentraler Lage z.B. für Windräder, Solaranlagen, Trinkwasser, Abwasser oder Ernährung. Robinson Crusoe hat für sich solche Systeme installiert. > 94, 165, 168, 173

**Integrales Weltbild**

Geistiges Weltbild der Überwindung der Anthropozentrik zur Geschwisterlichkeit mit der Natur und Eingliederung in das gleichwertige Lebendige zur Arterhaltung in Gemeinschaft mit dem Rest der Welt. Grundlage für die Kreislaufgesellschaft und künstliche Ökosysteme der Art Mensch mit internen Kreisprozessen für Materiekreisläufe, die in der Natur nicht gelingen. > 209

**Intelligent Building**

Wunsch nach einem selbststeuernden Bauwerk. Klappt bisher im Science fiction (in „Game Over“ auch nicht). Es ist noch Entwicklung nötig. > 111, 115, 162

**Intensive Dachbegrünung**

Dach als gepflegter Garten mit Düngung und Bewässerung. Wo Dachgärten angelegt werden, ist die Pflege als Kommunikation zwischen Mensch und Garten eil des Lebens. > 144

**International Style**

Emanzipierte Gebäude, die überall in der Welt und in jeder Stellung stehen können und stehen. Genius mundi allerorten. > 30, 110

**Interne Kosten**

Betriebskosten, die leider nicht „externalisiert" werden können und auf die Kosten des Produkts aufgeschlagen werden müssen. Gegenteil: externe Kosten (>). > 28

**Interne Wärmequellen**

Das sind wir, Glühlampen, Computer und andere Wärmequellen, die eigentlich nicht zur Heizung dienen sollen. Sie können im Winter zur Heizung beitragen, im Sommer aber die Wärmebilanz erheblich belasten und Kühlung erforderlich machen. > 118 f.

**Isoventenkarte**

Karte mit Linien gleicher mittlerer Windstärken nach den amtlichen Mittelwerten. > 89

**Jäger & Sammler**

Das Verhalten sitzt tief in uns und bestimmt nach wie vor unsere Kultur. Wer in seinen Überlegungen vom Jäger- & Sammlertum ausgeht, hat gute Chancen, Verhaltensweisen zu erklären oder Modelle zu entwerfen.
> 32, 39, 56, 104, 147, 206

**Just in time**

Kann heißen „gerade noch rechtzeitig" oder „präzise zur Zeit". Das Erste verbinden wir mit hektischer Eile, das andere mit überlegener Gelassenheit und Ruhe. In einem gut geplanten Wirtschaftssystem ist „Just in time" der Schlüssel zur gelassenen Ruhe. Nichts ist eilig, wenn es rechtzeitig da ist. Logistik ist das Zauberwort für die Schaffung präziser Stoffströme. > 38

**Kachelofenklima**

Strahlungswärme nicht allzu hoher Temperatur von großer Oberfläche wird als behagliche Wärme empfunden. Sinnbild dafür ist der Kachelgrundofen (nicht die Kachelofen-Luftheizung). > 151 ff., 163

**Kaplan-Turbine**

Wasserkraft: Turbine für geringe Fallhöhen und große Volumenströme z.B. in Fluss- oder Gezeitenkraftwerken. > 98 f.

**Kastenfenster**

Außenflügel und Innenflügel als Kasten ausgebildet. Universal einstellbares Fenster für jede Wetterlage. Automatisch gesteuert wäre es ein Stück „intelligent building“. > 77 f., 123, 131 f.

**Kickuth-Landbehandlung**

Abwasser-Reinigungssystem auf Basis von Pflanzen (Schilf, Iris), deren Wurzeln die im Abwasser geführten Stoffe nutzbringend verarbeiten und sauberes Wasser entlassen. > 67

**Kinder von Siegern**

Friedensforscher Karl-Friedrich von Weizsäcker, gemeint ist das Siegertum in der Selektion, das den Lebenstüchtigen erhält und sich fortpflanzen lässt. Auch die jetzt empörten, vermeintlich großen Pazifisten sind Kinder von Siegern. So ist es. > 205

**Kläranlagen**

Technische Anlagen, die Stoffe des Abwassers wieder zu entfernen, chemisch, biologisch, biochemisch. Endprodukte: sauberes Wasser, Klärschlamm (>), Biogas (>). > 41, 51, 66 f., 176 f.

**Klärschlamm**

Produkt der Kläranlage (>), das, wenn keine Gefahrenstoffe enthalten sind, der Landwirtschaft zur Felddüngung zurückgegeben werden sollte. > 51, 176

**Klimaanlage**

Technisch aufwendige Anlage zur Gestaltung von Innenraumklima, durch Rohre mit Filtern, Wärmetauschern, Kühlung, Trocknung, Heizung, Befeuchtung. Geeignet für Räume, die nicht anders ausreichend zu belüften sind (Kaufhäuser, Großraumbüros (?!)), oder für Räume, deren Ansprüche an Raumluftqualität über der Qualität der Außenluft liegen (Operationssäle, Elektronikproduktion). > 86, 130, 160 ff.

**Klimagerechtes Bauen**

Adaption an den Genius loci. Bauen, wie es die lokalen Ressourcen anbieten. Dazu gehört eine Wetterstation auf jeden Rathausturm, aber auch feinfühlige Beobachtung des Ortes. > 109 ff., 123, 163, 200

**Klimax**

Höchste Organisationsstufe eines Ökosystems (>) am Ende der Sukzession (>) mit nahezu geschlossenem Materiekreislauf in stabiler Vielfalt. Wird selten erreicht. Tropischer Regenwald und manche Ozeangebiete sind in der Klimax. > 12, 16, 25, 27, 31 f., 177, 205

**Kompostierung**

Aerobe Zersetzung organischer Stoffe durch Kleinlebewesen zu Komposterde als fruchtbarer Boden. > 67, 177

**Kompressorwärmepumpe**

Wärmepumpe, die Gase niederer Temperatur durch Kompression auf hohes Temperaturniveau treibt, dort die Wärme entnimmt und das entspannte Gas auf kälterem Niveau entlässt, als es ursprünglich hatte. An einer Energiequelle mit niedriger Temperatur kann sich das Kühlmittel wieder erwärmen und das Spiel beginnt von Neuem. Scheinbar wird der zweite Hauptsatz der Thermodynamik widerrufen, weil sich jemand an etwas Kühlem erwärmt, wobei dieses weiter abkühlt. > 86, 157

**Konsumenten**

Wir sind K. In der Nahrungskette die Nutznießer pflanzlicher Photosynthese in mehreren Stufen bis zu den Reduzenten, die alle organischen Reste wieder zersetzen. K. sind zum Erhalt der Nahrungskette überflüssig. Es reichen Produzenten und Reduzenten.
> 13, 16, 18, 23, 26 f., 33, 57, 182



**Konvektion**

Wärmelehre: Wärmetransport durch Strömung von Gasen oder Flüssigkeiten, beruhend auf der Wärmeausdehnung und dem damit verbundenen Raumgewichtsverlust, der Auftrieb erzeugt. Der erwärmte Stoff bewegt sich nach oben. > 117 ff., 146, 149 ff.

**Konzentrierende Kollektoren**

Technische Einrichtungen zur optischen Verdichtung von Sonnenwärme mittels Linsen (selten) oder Spiegeln. Sie funktionieren nur bei Sonnenschein und müssen dem Lauf der Sonne nachgeführt werden. > 83 f.

**Krefelder System**

Abwasserreinigung durch Iris und Binsen nach Dr. Käthe Seidel im Durchflussverfahren. Der Wurzelbereich der Pflanzen nutzt die Abwasserstoffe und entlässt reines Wasser. > 66

**Kreislaufwirtschaft**

Wirtschaftssystem ohne Müll oder andere Verschmutzungen in Boden, Wasser, Luft. Alle Materie ist im Umlauf.
> 10 ff., 21, 27 ff., 55, 69 f., 86 ff., 166, 174 ff., 197, 202, 212

**Krone der Schöpfung**

Das sind wir, meinen wir. Wir geben niemandem die Chance, gleichwertig oder gar besser zu sein und forschen auch nicht daran. Schade um die brachliegenden Forschungsfelder. Mit dem Fünf-Schichten-Modell von D.A. endet diese Arroganz. Wir sind in das Naturgeschehen integriert und die Felder öffnen sich. Unsere Marginalität in der Natur erhöht dabei das Wunder unserer Existenz. > 207 f.

**Kühlen mit Sonne**

Klingt widersprüchlich, passt aber vorzüglich, denn viel Sonne braucht viel Kühlung. Solare Thermik und Verdunstung sind einfache Kühlmethoden. Solarmotoren betreiben Kühlmaschinen. > 84 ff.

**Künstliche Ökologie**

Von Menschen für die eigene Art geschaffen. Ein biologischer Weitsprung gleichwertig der Zähmung des Feuers und der Entwicklung der Sprache. Bisher sind Kreisläufe nur an Lebensgemeinschaften beobachtet worden. K.Ö. ist die Grundlage zur Kreislaufwirtschaft. Wir müssen unser Wirtschaftssystem mit „Reduzenten" ausstatten. > 202

**Kultur**

Hier, für alles vom Menschen kommende Handeln in der Natur stehend.

**Langzeitspeicher**

Wärmespeicher, in der Regel zur Überbrückung periodischer jahreszeitlicher Klimaschwankungen (Sommerwärme für den Winter speichern).
> 74, 80, 155, 157



**Latentenergie**

Wärme, die sich beim Wechsel des Aggregatzustands von Stoffen ohne Veränderung der Temperatur einlagert bzw. die frei wird. So hat ein Liter Wasser von 0 °C bis 100 °C einen Wärmeinhalt von 418,2 kJ aufgenommen, dieselbe Menge Eis von 0 °C bis Dampf 100 °C, aber hat 3010,2 kJ Wärmeinhalt gewonnen, siebenmal so viel. > 84

**Latentwärmespeicher**

Wärmespeicher, der den Effekt von Latentwärme nutzt. Technisch noch nicht perfekt und teuer. In der Autoindustrie als Motorwarmhalter (Vermeidung von Kaltstartabgasen) und Standheizung im Forschungszustand. > 156

**Lebendbau**

Bauwerke aus Pflanzen zur Ufer- oder Hangbefestigung, aber auch Gartenlauben (ohne Baugenehmigung) und Schutzhecken. > 137

**Lebendige Strukturen**

Alle Materiekonstellationen, die sich regenerieren können und damit evolutionsfähig werden. > 25, 203, 211

**Licht – Arbeit – Elektronik**

Einziges Aufgabenfeld für die Edelenergie Elektrizität. Diese Dinge können zur Zeit nicht von anderen Energieträgern sinnvoll geleistet werden. > 166 f.

**Licht – Luft & Sonne**

Klassischer Spruch für gesundes Wohnen, dessen Bedeutung noch nicht nachgelassen hat. Baumschutzsatzungen machen aus älteren LL&S-Siedlungen zur Zeit dunkle, feuchte Gebiete, da die notwendige Ausholzung verboten ist. > 46, 114, 136

**Lieferzeit**

Virtuelles Lager im Wirtschaftsgeschehen. Pufferzone für Just-in-time Geschäfte.

**Linear wirtschaften**

Produktion, Konsum, Müll statt Produktion, Konsum, Reduktion, wie es die natürliche Nahrungskette tut. Vorn tiefe Löcher graben und hinten dicke Haufen machen ist die Maxime unseres linearen Wirtschaftens. > 17, 24, 177

**Linse**

Hier: konzentrierender Kollektor (Brennglas).

**Logistik**

Militär: Nachschuborganisation. Heute, über die Organisation der Gabelstaplerfahrergilde hinaus, wichtiges Forschungs- und Entwicklungsgebiet der Wirtschaft. Schlüsselposition zur Just-in-time-Wirtschaft in gebotener Gelassenheit. > 25, 27, 199

**Luftkollektor**

Flachkollektor (>), der Sonnenwärme mit Luft aus dem Kollektor in den Wärmetauscher transportiert. Einfache Technik, frostsicher, wenig effizient.
> 81, 85, 155

**Lüftung**

Austausch von verunreinigter Raumluft mit frischer Außenluft. > 77 ff., 112, 120, 127 ff., 160 ff.

**Lungenheilklima**

Davos: kühle, nur geringe Wassermengen enthaltene saubere Luft zur Regeneration belasteter Lungen. Sie können besser entfeuchten und entwärmen und atmen kaum fremde Partikel. > 148

**Materialtrennung**

Aufteilung der Reste im Haushalt nach Stoffen und Sammlung in getrennten Behältern zur sortenreinen Wiederverwendung in der Wirtschaft. > 55, 68, 180

**Mehrwegverpackung**

Schutzhüllen oder Behälter, die nach Leerung wieder zur erneuten Befüllung an den Absender zurückgeführt werden. Flaschen, Paletten, Container. > 181

**Menschwerdung**

Steht uns erst bevor. Siehe Homo sapiens ökologicus (>). > 210, 212

**Methangärung**

Anaerobe Fermentation organischer Stoffe unter Sauerstoffabschluss zu Methangas $CH_4$. Erdgas, Biogas, Sumpf- und Deponiegas entstehen so. Methanhydriteis in den Ozeanen beherbergt mehr Kohlenstoff in Methan, als alle bekannten Kohlenstoffquellen zusammen. > 105

**Minimalflächen**

Eigenschaft von Membranflächen, die kürzest mögliche Verbindung zu ihren Rändern einzunehmen. Seifenblasen, Spinnennetze. > 121

**Minimumfaktor**

Justus von Liebig: jede Pflanze wächst nur so gut, wie ein einziger von vielen Faktoren in seiner Dosierung zu ihrem Gedeihen zulässt. > 23

**Missing Link**

Fehlendes Glied in einer Beweis- oder Argumentationskette. Hier: fehlendes Glied in unserer Wirtschaftskette zur Kreislaufwirtschaft. Die Reduktion.
> 27 f.

**Modernisierung**

Altbauten auf den aktuellen Stand der technischen Evolution in der menschlichen Kultur bringen. Das ist nicht immer einfach und braucht Erfahrung, Kenntnis von Physik & Materie sowie gute Handwerker. > 199 f.



**Monolithische Außenwand**

Nach sich steigernden Wärmeschutzverordnungen bald Geschichte, aber gut und beliebt. Der wahre Energieverbrauch ist geringer, als der berechnete. Bei manchen Nullenergie-Optionen ist es umgekehrt. Das liegt am Lüften. Bei monolithischem Mauerwerk könnte der von außen kommende Wärmestrom die Wärmeabwanderung verlangsamen. Die Hypothese wäre zu beweisen. > 127

**Moralkatechismus**

(>) geistig-ethnischer Moralkodex > 206

**Moralkodex**

(>) geistig-ethnischer Moralkodex > 206, 208

**Müll**

Materia non Grata. In der Kultur unerwünschte Materie: Materie zur falschen Zeit am falschen Ort, die aus dem Gesichtskreis verschwinden muss. > 10, 52 ff., 68, 178 ff.

**Müll ist Mangel an Phantasie**

Slogan und Sachbuch zur Kreislaufgesellschaft von D.A. > 182, 202

**Müllverbrennung**

Ähnlich der Hexenverbrennung, beschleunigte Entropie von Materie in teils hochwertigem Zustand unter Belastung der Umwelt mit undefinierbaren Stoffmischungen. > 15 f., 182

**Nadelgehölz**

Dichter Wald zur Deckung von Wild. Nicht im Garten zu gebrauchen, allenfalls auf Friedhöfen. > 103, 135

**Nahrungskette**

Vernetzte, hochkomplizierte und komplexe Struktur von Stoffströmen und Stoffumsetzungen einer Lebensgemeinschaft im Ökosystem mit dem Ziel des materiellen Kreislaufs in der Klimax (>). > 14 f., 18, 23 ff., 68, 107, 176 f., 207

**Nahwärme**

Fernwärme (>) mit kurzen Leitungen und entsprechend geringeren Transportverlusten. > 54, 101, 156

**Natur**

Alles, auch wir, auch Sonne, Mond und das Universum. > 9 ff.

**Naturpotenzial**

Alles, was die Natur bietet. Auf Menschen bezogen: die natürlichen Ressourcen zu unseren Überleben. > 41

**Naturschutz**

Arrogante Anmaßung der Menschen. Sie machen Schaden, vor dem sie die Natur schützen wollen, aus Angst, ohne Natur nicht überleben zu können. Mögen sie beim Schaden beginnen! > 41, 45, 111, 172

**Niederschlag**

Rückführung von der Sonne verdunsteten Wassers aus der Atmosphäre auf die Erdoberfläche. Regen, Schnee, Tau, Nebel. > 169, 171 ff.

**Niedrigenergiehaus**

Haus mit geringem Energieverbrauch.

**Niedrigstenergiehaus**

Haus mit geringstem Energieverbrauch. > 118, 122

**Null-Energiehaus**

Haus mit null Energieverbrauch (gerät ins Numinose (>)). > 118, 162

**Numinos**

Auf das Göttliche bezogen. Unfassbare Dinge geraten ins Numinose, um unsere Unzulänglichkeit zu verbergen und unsere Rolle als Herren der Welt nicht zu schmälern. Gegenteil: Sokrates „Ich weiß, dass ich nichts weiß“. > 208

**Nutzungsrecycling**

Hier: Bauwerk mit hoher Flexibilität (>), das bei Nutzungsänderung keine oder kaum Umbauten benötigt. > 194

**Oberflächenwasser**

Niederschläge, die an der Erdoberfläche bleiben oder wieder an sie gelangen. Stehende oder fließende Gewässer. > 65, 174

**Oberwasser**

Wasserkraftanlagen: oberer Pegel eines Wasserstauwerks. > 97 ff.

**Ökologie**

Lehre von der Beziehung der belebten Umwelt miteinander und mit der unbelebten Umwelt und ihren Faktoren. Eigentlich Rahmenwissenschaft über der Biologie. > 9 ff., 146, 202

**Ökologische Valenz**

Spielraum der Leidensfähigkeit innerhalb eines Faktorengefälles, z.B. warm – kalt oder nass – trocken. Ist sie überschritten, muss die Art weichen, sich anpassen oder sich davon emanzipieren. > 26, 114, 143

**Ökologischer Landbau**

Versuch, den landwirtschaftlichen Betrieb mit Vieh und Acker in eine künstliche Klimax zu versetzen und aus eigener natürlicher Kraft zu erhalten. > 70

**Ökologisches Bauen**

Versuch, das Naturgesetz von Energieeffizienz & Kreislaufwirtschaft auf das Bauwesen und unsere Kultur zu übertragen.

**Ökonomie**

Lehre von den wirtschaftlichen Beziehungen der Menschen untereinander. > 10, 25, 88

**Ökos**

Zusammenfassender Begriff für alle ideologisch eingleisigen Vertreter bestimmter Ausrichtungen mit ökologischem Anspruch. > 151, 171

**Ökostrom**

Werbegag der Stromindustrie, ihr Produkt an Ökos zu verkaufen. In der Leitung ist Strom aus jeder Produktion. Nur Inselbetrieb (>) gestattet die Kontrolle. > 165 f.

**Ökosystem**

Ganzheit aus einer Lebensgemeinschaft (Biozönose) an einem Ort (Biotop) unter bestimmten klimatischen Bedingungen (Faktoren), die sich in der Sukzession (>) zur Klimax (>) entwickeln könnte.

**Olf**

P.O. Fanger: Ausdünstung einer Norm-Person, sitzend, mit einem Hygienefaktor von 0,7 Bädern/Tag als Maßstab für Luftverunreinigung aller Gegenstände im Innenraum. > 129 f., 149, 161 ff.

**Ontologie**

Lehre vom Seienden. Parmenides: unveränderliches Sein, Heraklith: alles fließt. Nach Descartes' Bewusstseinsphilosophie in Vergessenheit geraten, heute wieder aufgegriffen, z.B. Nicolai Hartmanns Schichtenontologie. Althaus: fünf Schichten. > 209

**Ordnung**

Unwahrscheinlicher Zustand im Universum. Je höher die O., umso unwahrscheinlicher ihr Zustand, umso stärker ist sie der Entropie (>) ausgesetzt, umso aufwendiger ist ihre Erhaltung. > 14, 19 ff., 32, 146, 191 ff.

**Outsourcing**

Verlagerung von Tätigkeiten dorthin, wo sie besser oder preiswerter erledigt werden können. „Do, what You can best and outsource the rest". > 38



**Paradies**

Unerreichbares Jenseits, es sei denn über die Kirche, die vorgibt, den Schlüssel zum P. in der Hand zu haben und einzulassen, wenn ihr Katechismus eingehalten wird. Wirksames Drohmittel zur Einhaltung sozialer Moral und Regeln, denn Angst vor dem Tod haben alle. > 204, 208 f.

**Passive Wärmespeicher**

Eigentlich sehr aktive Wärmespeicher aus schweren Baustoffen im Innenraum, die zur Klimapufferung dienen und ausgeglichene Innenraumtemperaturen bewirken. Sie können auch Klimapuffer im Tag-, Nachtausgleich sein. > 126 f., 154

**Pelton-Turbine**

Wasserkraftanlagen: Turbine für große Fallhöhen mit geringem Volumenstrom. > 98 f.

**Pflanzenquälerei**

Bisher straffrei. Haltung von Pflanzen im Innenraum ohne ihre natürliche Umgebung. Pflanzen sollten draußen stehen und durchs Fenster bewundert werden. Schnittblumen sind Pflanzen ohne Unterleib. Wir beobachten ihr qualvolles Sterben mit Lust. Pfui! > 145

**Photosynthese**

Kunst der Pflanzen als Produzenten (>), mit Sonnenstrahlung energiereiche Materie herzustellen, von der wir alle zehren. > 13, 26, 86, 103

**Photovoltaik (PV)**

Geniale Elemente, die aus Sonnenstrahlung elektrischen Strom herstellen können. Mach die Menschen der Pflanze gleich, hochwertige Energie aus der Sonne zu gewinnen. Insofern die größte Erfindung der Menschen. PV kann das Überleben der Art auf der Erde sichern. Sie ist für die Kreislaufwirtschaft unerlässlich, da sie schadfrei Energie stellt. > 14, 34, 70, 86 f.

**Physik**

Beschreibt das gesamte Naturgeschehen der unbelebten Materie. Von da an beschreibt es die Biologie. > 13, 30, 79 f., 116, 124, 151 f., 183 f.

**Pluralistisch**

Verhält sich eine Gesellschaftsstruktur, die der Vielfalt der gesellschaftlichen Gruppen und Wertsysteme Rechnung trägt. Schließlich landet man am unteren Rand der Mäßigkeit. > 42

**Populistisch**

Verhält sich jemand, der den unteren Rand der Mäßigkeit als hehres Ziel verkündet, um alle Gesellschaftsstrukturen für sich zu gewinnen. > 42

**Postfossil**

Die Zeit nach der Nutzung fossiler Energieträger, sei es durch Mangel, oder durch Verbot anlässlich der Klimasituation. Sonnenenergie mit Photovoltaik sowie Wasserstofftechnologie sind angesagt. > 31

**Primärproduzenten**

(>) Produzenten.

**Prinzip Verantwortung**

Hans Jonas: Die Menschen sind für die Welt verantwortlich. Welche Arroganz! Wir sind allein für unser Tun verantwortlich und das nur eingeschränkt, wenn es stammesgeschichtlich angelegt ist. > 207

**Produktion**

Herstellung von Dingen zum Konsum. > 10, 17, 23, 27 ff., 168 f., 180 f.

**Produzenten**

Biologie: Lebewesen, die zur Photosynthese (>) fähig sind. > 12, 16, 18, 23, 27, 29, 33, 86

**Prometheus**

stahl den Göttern das Feuer und wurde furchtbar bestraft (Zähmung des Feuers). > 15

**Prothesen**

Hilfsgerät aller Art zur Unterstützung unserer Lebensfähigkeit. > 22, 31, 147, 192, 205

**Quantenoptik**

Physik: hier das Feld der Wärmestrahlung als Transportmittel, das noch nicht erklärt ist. > 118

**Quarks & Leptonen**

Nanophysik: bisher kleinste Teilchen, aus denen sich Protonen und Neutronen zusammensetzen. Für Laien schwer zu begreifen. > 14, 116

**Ranker**

Pflanzen, die sich an anderen Gegenständen zum Licht empor ranken. An der Fassade brauchen sie Gerüste. > 141

**Raumheizung**

Technische Einrichtung zur Erwärmung von Bauwerken, wenn es draußen kalt ist. > 54, 74, 101, 104, 148 ff.

**Raumklima**

Summe aller Faktoren, Temperatur, Feuchte, Luftbewegung, Licht, Geruch, Sauerstoff, $CO_2$ als empfundene Größe. Ziel: Behaglichkeit. > 105, 116, 126, 146, 162 f.

**Raumkunst**

Kunst des Architekten, Räume und Raumgebilde zu gestalten und virtuell auszustatten. (Baukunst: die Realisierung). > 46

**Recycling**

Rückführung von Materie in den Wirtschaftsprozess. > 27 ff., 39, 181, 187 ff.

**Reduktion**

Rücknahme von Dingen aus dem Konsum zur Wiederaufbereitung für die Produktion wie in der Nahrungskette. > 10, 14, 23, 27 ff., 180 f., 202

**Reduzenten**

Biologie: Bodenleben, das organische Stoffe reduziert und zur erneuten Photosynthese vorbereitet. Ökonomie: Missing Link im Wirtschaftsprozess zur Kreislaufwirtschaft. > 16, 18, 23, 27, 182

**Regentonne**

Kleiner Regenwasserspeicher, der an keinem Fallrohr fehlen sollte. Deckel drauf! > 65, 172

**Regenwasser**

(>) Niederschläge.

**Regenwasserbecken**

Pufferbehälter für Niederschläge mit verzögertem Ablauf oder mit örtlicher Nutzung zur Bewässerung. Vermeiden Hochwasser durch Rückhaltung. > 172

**Regenwasserbeseitigung**

Heute nicht mehr Ziel der Gemeinden. Wo möglich, sollen Niederschläge versickert werden. > 172

**Reparaturfähigkeit**

Demontierbarer Gegenstand zur Reparatur und zum Recycling. > 178 ff.

**Ressource**

Materielle, energetische oder Informationsquelle.
> 16 f., 23 ff., 72, 88, 108 ff., 168 f., 204, 212

**Rest der Welt**

Alles, was vermeintlich der Krone der Schöpfung (>) untersteht.

**Röhrenkollektor**

Flachkollektor mit konzentrierenden Eigenschaften durch verspiegelte Vakuumrohre. Aufwendig, aber effizient. > 82

**Rohwasser**

nicht zu Trinkwasser aufbereitetes Oberflächen- oder Grundwasser. > 65

**Rückwärtsmauern**

Vorgang auf der Baustelle bei mangelnder Kommunikation, fehlerhafter Planung oder Änderungen durch den Bauherren. > 198



**Saisonabhängige Depression (SAD)**

Angeblich eine Krankheit, wenn die dunkle Jahreszeit depressiv macht. In der Natur Normalzustand für sehr viele Lebewesen. > 167

**Sammelhof**

Einrichtung zur Materialtrennung unter fachkundiger Leitung. > 69

**Sanierung**

Reparatur von Schäden an Altbauten. Bekämpfung der Entropie.
> 128, 154, 189

**Schichtenontologie**

Nicolai Hartmann: Einteilung des Seienden in eine hierarchisch geschichtete Ordnung. Eines von vielen möglichen Weltmodellen. > 209

**Schlinger**

Pflanzen, die sich an Gegenständen zum Licht empor schlingen. An der Fassade brauchen sie ein Gerüst. > 141

**Schluckbrunnen**

Brunnen zur Rückführung von Wasser z.B. nach Entnahme von Wärme. Macht einen stehenden Grundwasserpegel. > 158, 175

**Schöpfung**

unsere Welt aus Sicht der Verlagerung des unbegreiflichen Wunders unserer Existenz auf einen Weltenschöpfer (Demiurg), entgegen den naturwissenschaftlichen Erkenntnissen und Hypothesen zur Geschichte des Universums. > 205 f., 210

**Schwache Kernkraft**

Dritte Hauptkraft des Universums, die Atomkerne zusammenhält. Wir spüren sie in der Kernspaltung. > 203

**Schwarzer Körper**

Kirchhoff: ideal schwarzer Körper als Maßstab für die Absorption elektromagnetischer Strahlung. Hier: Absorber im Flachkollektor (>). > 79

**Schwere Baustoffe**

Stoffe mit hohem Gewicht zur Speicherung von Wärme und möglichst auch Feuchtigkeit als passive Wärmespeicher (>). > 125 f.

**Seele**

Hartmann: dritte Seinsschicht, individuelles Bewusstsein und die Fähigkeit, über sich selbst nachdenken zu können. > 208 ff.

**Selektion**

Biologie: Sieg des Nützlichen im Laufe der Evolution. > 12, 16, 20 f., 109, 200, 203, 205

**Sky-lid**

Steven Baer: selbststeuernde Lamellen nach dem Umströmprinzip des „Liebesbarometers“. > 115

**Solarhaus**

Bauwerk mit besonderer Ausrichtung zur Sonne unter aktiver wie passiver Nutzung der Sonnenenergie. > 115

**Sondermüll**

Müll, der schlimmer ist als Müll. Dinge, die zu S. führen sind zu vermeiden, wenn dieser nicht angemessen aufbereitet werden kann. > 55, 190

**Sonnenenergie**

Energetisches Potenzial der Sonnenstrahlung. > 12 ff., 27, 37, 44, 47 f., 61 f., 70 ff., 86, 102 f., 107, 119, 131, 158, 212

**Sonnenschein**

Direkte Sonnenstrahlung bei blauem Himmel. Hinter Wolken: diffuse Strahlung. > 72 f., 77 ff., 110, 114, 126, 133

**Sonnenschutz**

Einrichtung gegen Blendung oder Überwärmung. S. kann technischer Art oder durch Pflanzen erreicht werden. > 73, 75, 77 f., 114 f., 131, 139

**Spalier**

Gerüst zum Anbinden von Pflanzen. > 138, 140, 142

**Spezifische Wärmekapazität**

Die einem Stoff eigene Aufnahme- und Speicherfähigkeit von Wärme. Wasser hat eine hohe Wärmekapazität, ebenfalls schwere Stoffe. Wärmedämmung hat geringe Werte, Luft sehr geringe, das Vakuum null. > 156

**Sprachentwicklung**

Weitsprung der Menschen aus dem Naturgeschehen durch rasche Informationsweitergabe und abstraktes Denken. > 13

**Spreizklimmer**

Pflanze, die sich durch Verkeilen in anderen Strukturen zum Licht empor rankt. Sie braucht an der Fassade Hilfestellung durch Gerüst oder andere Pflanzen. > 141

**Spülgut**

Sanitärtechnik: was weggespült werden soll. > 170



**Stadtnomade**

Der vermeintlich freie Städter, der durch Nichtbeachtung der Umwelt die Dichte verdrängt, um sich als Jäger & Sammler zu fühlen. > 206

**Stammesgeschichtlich**

Aus der Evolution fest in unseren Anlagen verankert.
> 17, 24, 29, 202, 206, 208

**Standby-Technik**

Wenn Geräte zwar nicht laufen, aber nicht wirklich ausgeschaltet sind. Fernseher, moderne Telefone, Faxgerät. > 168

**Starke Kernkraft**

Die vierte und stärkste der Hauptkraft des Universums. Hält Quarks & Leptonen zu Protonen oder Neutronen zusammen. > 203

**Stirling-Motor**

Motor, der mit niedrigen Temperaturen läuft, ohne Brennstoff zu verbrauchen. Modelle laufen gar mit der Wärme der Handfläche. > 84, 86, 103, 157 f.

**Stoßlüftung**

Kurzes, schnelles Lüften durch Öffnen aller Fenster. > 130 f.

**Strahlung**

Energietransport auf quantenoptischem Weg. Kann noch nicht genau erklärt werden. > 26, 71 ff., 103, 115 ff., 146 ff.

**Strahlungsverlust**

Hier: Abstrahlung der tags eingetroffenen Sonnenwärme nachts in das Universum. > 120

**Struktur statt Masse**

Baukonstruktive Maxime für ökologisches Bauen. Aufforderung zum strukturalen und phantasievollen Denken statt zu klotzen. > 194 f.

**Sublimation der Dichte**

Verdrängen der hohen Dichte von Menschen in der Lebensumwelt indem sie nicht wahrgenommen werden. Neurose des stammesgeschichtlich in uns lebenden Jägers & Sammlers. > 206

**Sublimation der Weite**

Verdrängen der räumlichen Enge durch die hohe Dichte von Menschen in der Lebensumwelt und Konzentration auf eine kleine Parzelle. Neurose des stammesgeschichtlich in uns lebenden Jägers & Sammlers. > 206



**Sukzession**

Ökologie: Aufeinanderfolge von Zuständen eines Ökosystems mit unterschiedlichen Lebensgemeinschaften. Am Ende der Sukzessionsstufen kann die Klimax (>) stehen. > 12, 26, 31, 109

**Supernova**

Mini Urknall kollabierender Sternenmassen. Unser Sonnensystem ist Produkt einer S. vor 5 Mrd. Jahren. > 100

**Supraleiter**

Elektrische Leitung ohne Widerstand. Kann bisher nur in tiefer Kälte (– 200 °C) erreicht werden. Wäre gut für Stromtransport aus der Sahara. So müssen wir wohl in die Sahara ziehen. > 34, 37, 87

**Tageslichtlenkung**

Erleben wir ständig in städtischen Gebieten durch spiegelnde Fenster. Hier: planvolles Vorgehen in guter Kenntnis des Sonnengangs und der Physik. > 132, 167, 172

**Temperaturzonen**

Zonen unterschiedlicher Temperatur in Bauwerken, wie unterschiedlich helle Räume. Gut ist eine hierarchische Abstimmung von nach außen kühler werdenden Räumen. > 78, 110, 122 f., 150

**Thermik**

Aufsteigende Luft, sagt man. Aber: durch Erwärmung leichter, wird warme Luft von der kalten Luft aus der Nähe des Erdmittelpunkt nach oben gedrängt. Also: hochgedrängt Luft. > 78, 85, 162, 167, 177

**Thermische Behaglichkeit**

ein Gefühl, das bei jedem anders ist und nicht in Normen passt. Temperatur, Feuchte, Luftbewegung, Luftqualität sowie Kleidung und Baustoffe spielen eine Rolle. > 148

**Thermodynamik**

Physik: Wärmelehre, nur viel schwerer. Hier wird der 2. Hauptsatz herausgegriffen, da er das Leben so tiefgreifend bestimmt. > 18 f., 28, 116, 157, 182, 203

**Tief**

Meteorologie: Gebiet niederen Luftdrucks, in das Luft aus einem Hoch fließen will. > 88 f., 94

**Toilettenspülung**

Symbol für die lineare Wegwerfgesellschaft: aus den Augen, aus dem Sinn. Dabei spülen wir Wertstoffe fort, über die sich mancher Regenwurm und dann manche Pflanze freuen würden. > 49 f., 170, 173 ff.



**Transmission**

Hier: Wärmewanderung von Molekül zu Molekül durch Schubsen bei erhöhter Eigenschwingung wegen der Erwärmung. > 117 ff., 148 ff.

**Transparente Wärmedämmung (TWD)**

Mischung aus Flachkollektor (>) und Wärmedämmung. Der kleinporige Dämmstoff ist transparent und lässt Sonnenlicht an die innere (schwarze) Fassade. Die Dämmung verhindert weitgehend die Wärmeabwanderung nach außen. Leider teuer und noch im Experiment. > 83

**Treibhauseffekt**

Einlass von Sonnenlicht und Sperre der langwelligen Wärmeabstrahlung erwärmter Materie im Ultrarotbereich in das Universum. > 75 ff.

**Trial & Error**

Forschungsmethode der Evolution, aber auch vieler Menschen, vielleicht aller. Dann heißt es heuristisches Forschen. Architekten sind Spezialisten für T. & E. > 14

**Trinkwasser**

Lebensmittel von hoher Qualität wie es in der Natur nur noch selten ist, weil die Wasserqualität von uns gesenkt und der Qualitätsanspruch gehoben wurde. > 48 ff., 65 f., 169 ff.

**Trombe-Wand**

Flachkollektor (>) aus Wand und Glasabdeckung in Nutzung des Treibhauseffekts für die monolithische Außenwand. Kann auch als Luftkollektor laufen. > 81 ff., 126 f., 158, 162

**TWD**

(>) Transparente Wärmedämmung.

**Unbelebte Materie**

Alle nicht lebendige Materie in Boden, Wasser, Luft, Universum. > 18, 188, 203, 209, 211

**Unbelüftete Teiche**

Abwassertechnik: Abwasserreinigung durch Sauerstoffeintrag über die Oberfläche des Teichs. Braucht große Flächen, ist aber preiswert.

**Ungeordnete Deponie**

Noch die Regel bei uns und noch lange im Rest der Welt. Mülllager an beliebigem Ort ohne Sicherungsmaßnahmen zum Schutz von Boden, Wasser, Luft. > 182

**Universelles Weltbild**

Steven Hawking: unsere marginale Lage als mittlerer Planet an einem mittleren Stern am Rande einer Galaxie unter Billionen im wahrnehmbaren Universum. > 210

**Unordnung**

Höchste Wahrscheinlichkeit. Ist der normale Zustand, auf den das Universum zugeht: lauwarmer Brei gleichmäßig verteilter Materie. > 19 f., 182, 203

**Unterwasser**

Wasserkraftwerk: unterer Pegel eines Wasserstaus. > 97, 99 f.

**Upcycling**

Wiederverwertung von Restmaterie auf höherem Niveau, als bisher verwendet. > 190

**Urknall**

Hypothese vom Beginn des Universums mit einem „Big Bäng" unendlich hoher Energiekonzentration vor 15 Mrd. Jahren. Das Auseinanderdriften (Hubble) spricht dafür. Aber: was war vorher? Was ist daneben? War das die höchste Ordnung, wenn doch alles unordentlicher wird? > 14, 34, 71

**Variabilität**

Umbaubarkeit als Bestandteil der Planung. Im Bauwesen mit veränderbaren Einbauten, elementierten Bauteilen und schneller Montagetechnik (anders: Flexibilität (>)). > 194, 196

**Venturi-Effekt**

Mitreißen von Stoffen an einer Düse. Die verdichtete schnelle Strömung zieht aus einer Öffnung in der Engstelle der Düse Stoff mit. Wasserstrahlpumpe zur Herstellung von Vakuum. Hier: Beschleunigung von Abluftströmen. > 85, 162

**Virtuell**

Spiegelbild ist virtuell. Real, aber nicht materiell wirklich. Der Plan im Kopf des Architekten, das Spiel im Computer, das Märchen im Kind. > 36, 183, 190 ff.

**Virtuelle Baukonstruktion**

Alle Bauwerksplanung, bis zum ersten Spatenstich. > 195

**Virtuelles Recycling**

Einbezug von Planung zur Flexibilität von Bauwerken, um sie später real, aber nicht materiell umnutzen zu können. > 190 ff.

**Volumenstrom**

Wasserkraftanlagen: Wassermenge je Zeit, die ein Kraftwerk von Oberwasser (>) zu Unterwasser (>) durchströmt. V. und Fallhöhe (>) ergeben das Energiepotenzial der Stauanlage. > 62, 97 ff.

**Vorfluter**

Fachbezeichnung für Bäche, Flüsse, Ströme als Transportmedium für Stoffe und Niederschläge zur Entsorgung in das Meer. > 169

**Wandstrahlungsheizung**

Niedertemperatur-Strahlungsheizung aus dem oberen Drittel der Wände. > 153

**Wärme**

Bewegung angeregter Moleküle ist als Wärme spürbar. > 18, 47, 53 f., 74 ff., 100 ff., 115 ff., 146 ff., 184, 188

**Wärmebewegung**

Übertragung der Wärme mittels Transmission, Konvektion, Strahlung. > 116 ff., 149

**Wärmedämmung**

Verhindern der Wärmebewegung durch Einsatz von Stoffen geringer Wärmeleitfähigkeit. > 53, 81, 83, 123, 125, 127, 138 f., 143, 149 ff., 162, 190

**Wärme-Kraft-Kopplung**

Kombination von Stromproduktion mit Wärmeherstellung, möglichst in ausgewogenem Verhältnis. > 54, 107, 159 f.

**Wärmepumpe**

Technische Einrichtung zum Anheben eines niederen Temperaturniveaus auf ein hohes. > 54, 80, 82, 86, 101 f., 157 ff.

**Wärmetod**

Endzustand des Universums in maximaler Unordnung. > 17

**Wasserenergie**

Energie der Lage. In die Lage hat die Sonne das Wasser getragen. > 34, 95 ff.

**Wasserräder**

Historische Techniken zur Gewinnung von Wasserkraft. > 98

**Wasserspülung**

(>) Toilettenspülung.

**Wasserstoffmotor**

Verbrennungsmotor mit Wasserstoffantrieb. Abgas ist Wasserdampf. > 160

**Wasserwirt**

Neues Berufsfeld für Landwirte, die Wassergewinnungsflächen bewirtschaften und Wasser als Ernte verkaufen können. > 65, 69



**Weiterverwendung**

In Nutzung halten von aussortiertem Gut. Gebraucht- und Flohmärkte sind dafür geeignet. > 28, 183 f., 186, 189

**Wiederverwendung**

Wieder in Nutzung nehmen, was schon einmal aussortiert war. > 28, 183 f., 186, 189

**Wilde Deponie**

Ungeordnete Deponie an Stellen, die nicht dafür vorgesehen sind. Beliebt ist der Wald oder Gewässer, die alles bedecken. > 55

**Wildschweinsiedlung**

Ansammlung von Häusle mit jeweils vollständig ausgelebtem, individuellem Gestaltsinn der Häuslebauer und Häuslebauerinnen. > 43 f., 138

**Windbruchzone**

Turbulenter Bereich hinter einer Bergkuppe mit Wirbelzonen, die Bäume brechen können. > 90

**Windkraft**

Luftströmung, die durch die Bildung von Hoch- und Tiefdruckzonen von der Sonne verursacht entstehen und mit Energie des strömenden Gases Ausgleich suchen. > 41, 59, 62, 89 ff., 168

**Windschutz**

Einrichtung zur Windberuhigung, Kleinklimabildung, Schneeschutz usw. > 110, 112 ff., 135 ff.

**Wüstung**

Verlassen von Siedlungsorten meist wegen Überweidung und mangelnder Nachhaltigkeit. > 24, 191

**Zähmung des Feuers**

Weitsprung der Menschen aus dem Naturgeschehen heraus durch die Fähigkeit, mit Energie umgehen zu können und sich so die Welt erschließen zu können. > 12 f., 17, 22, 24, 31, 103, 202

**Zimmertaifun**

Angebliche Erscheinung bei der Fußbodenheizung, die bekanntlich eine Inversionswetterlage im Raum herstellt. Geht die warme Luft vom Boden nach oben, reißt sie Staub mit, der langsam und gleichmäßig wieder niedersinkt. > 152

**Zisterne**

Von den Zisterziensern: Wasserspeicher zur Pufferung von Saisonunterschieden der Niederschläge und zu deren Nutzbarmachung im Haushalt. Z. sollten kühl und dunkel angelegt werden, um das Wasser frisch und keimfrei zu halten. > 47 ff., 65, 173 f., 189